Religião automática

Universidade Estadual de Campinas

Reitor
Antonio José de Almeida Meirelles

Coordenadora Geral da Universidade
Maria Luiza Moretti

Conselho Editorial

Presidente
Edwiges Maria Morato

Carlos Raul Etulain – Cicero Romão Resende de Araujo
Frederico Augusto Garcia Fernandes – Iara Beleli
Marco Aurélio Cremasco – Maria Teresa Duarte Paes
Pedro Cunha de Holanda – Sávio Machado Cavalcante
Verónica Andrea González-López

Paul Christopher Johnson

Religião automática

Agentes quase humanos no Brasil e na França

Tradução
Bhuvi Libanio

FICHA CATALOGRÁFICA ELABORADA PELO
SISTEMA DE BIBLIOTECAS DA UNICAMP
DIVISÃO DE TRATAMENTO DA INFORMAÇÃO
Bibliotecária: Maria Lúcia Nery Dutra de Castro – CRB-8ª / 1724

J636r   Johnson, Paul Christopher
        Religião automática : agentes quase humanos no Brasil e
na França / Paul Christopher Johnson ; tradutora Bhuvi Libanio.
Campinas, SP : Editora da Unicamp, 2023.

        Título original: *Automatic Religion*

        1.   Cultos afro-brasileiros. 2. Psiquiatria. 3. Animais.
Tecnologia – Aspectos religiosos. I. Libanio, Bhuvi. II. Título.

                                        CDD   – 299.6
                                               – 616.89
                                               – 591
                                               – 261.56

ISBN 978-85-268-1600-8

Copyright © by Paul Christopher Johnson
Copyright © 2023 by Editora da Unicamp

Opiniões, hipóteses e conclusões ou recomendações expressas
neste livro são de responsabilidade do autor e não
necessariamente refletem a visão da Editora da Unicamp.

Direitos reservados e protegidos pela lei 9.610 de 19.2.1998.
É proibida a reprodução total ou parcial sem autorização,
por escrito, dos detentores dos direitos.

Foi feito o depósito legal.

Direitos reservados a

Editora da Unicamp
Rua Sérgio Buarque de Holanda, 421 – 3ª andar
Campus Unicamp
CEP 13083-859 – Campinas – SP – Brasil
Tel./Fax: (19) 3521-7718 / 7728
www.editoraunicamp.com.br – vendas@editora.unicamp.br

Para Soren Wysockey-Johnson (2004-2020),
que tanto brilhou. Permanecemos atentos.

Agradecimentos

De onde vêm as ideias? Como nos inspiramos? Este livro, assim como todos os livros, é uma encruzilhada e uma confluência e até mesmo, às vezes, um coro. Mencionarei agora algumas de suas vozes.

Célia Anselme, do Núcleo de Memória do Instituto de Psiquiatria, ajudou-me de forma extraordinária ao ler registros de pacientes do século XIX escritos em caligrafia praticamente ilegível. Agradeço também ao Daniel Ribeiro, do Centro de Documentação e Memória, Instituto Municipal Nise da Silveira, por suas orientações e dicas bibliográficas. Ricardo Passos, diretor do Museu do Negro e membro da Irmandade de Nossa Senhora do Rosário, constantemente ajudou como facilitador. O pessoal do Museu Bispo do Rosário dedicou-se a me mostrar trabalhos não expostos e permitiram que eu me sentasse em sua cela, agora ainda maior. Agradeço a Brigitte Laude pela ajuda com a Coleção Charcot, em Paris. Jean Hébrard indicou-me os arquivos psiquiátricos no Fonds Lacassagne, em Lyon. Uma versão anterior do capítulo 2 jamais teria sido escrita sem Sally Promey, que orientou os grupos de trabalho em que partes deste livro adquiriram um formato. Stefania Capone também deu conselhos importantes para o capítulo 2 e tem sido amiga e colega, tanto em Paris quanto no Rio de Janeiro. Sou grato a Winnifred Fallers Sullivan, por sua crítica aos primeiros rascunhos do capítulo 5, e a Courtney Bender, Kathryn Lofton e Sarah Townsend, cada qual, em diferentes locais e diferentes conjunturas, ofereceu ideias valiosas para o capítulo 4. Katerina Kerestetzi foi generosa e sábia ao me ajudar a reescrever uma versão mais antiga do capítulo 3. Meus estudantes Roxana Maria-Aras e Richard Reinhardt também fizeram, cada um, críticas cuidadosas ao capítulo 3. Daniel Barbu traduziu para o francês de forma linda um fragmento bastante antigo da Introdução. Emily Floyd contribuiu com uma fotografia maravilhosa que aparece na Conclusão. Conversas com Webb Keane sobre mexilhões e martínis sustentaram-me ao longo dos anos e fizeram surgir algumas das ideias apresentadas aqui. Joseph Brown foi meticuloso e preciso em seu copidesque. A muito competente Isabella Buzynski ajudou a editar as notas e a dar forma à Bibliografia. Dois revisores anônimos ofereceram tanto incentivo quanto não poucos desafios, o que fez a obra ficar melhor. Minha editora, Priya Nelson, guiou este projeto com destreza e ofereceu sugestões importantes para o original como um todo.

Os mais importantes foram três pessoas que fizeram acurada leitura do original, cada qual contribuindo de formas significativas para o formato definitivo e o argumento do livro. John F. Collins forçou-me a elucidar o que estava em jogo. Matthew Hull e Henry Cowles fizeram críticas em diferentes rascunhos de todos os capítulos. Para citar a sagacidade do meu falecido professor e amigo Martin Riesebrodt: "Eles são responsáveis por todos os erros e todas as fraquezas desta obra; as ideias boas foram minhas". Vocês são heróis e tiraram-me dos escombros incontáveis vezes.

Livros dependem também de material de apoio. Sou grato pela ajuda do John Simon Guggenheim Fellowship, do Institute for the Humanities, na Universidade do Michigan, e do Eisenberg Institute for Historical Studies, na Universidade do Michigan.

Todos os capítulos deste livro foram apresentados em vários locais, inclusive no Instituto Universitário de Altos Estudos Internacionais, em Genebra; na École des Hautes Études, em Paris; na Society of Fellows, na Universidade Colúmbia; no Eisenberg Historical Institute, na Universidade do Michigan; no Departamento de Antropologia da Universidade Federal da Bahia; no Centro de Estudos de Cultura Material e Visual das Religiões, na Universidade Yale; na Divinity School, na Universidade de Chicago; no Centro de las Américas/Americas Center, na Universidade de Virgínia; no Center for Engaged Research and Collaborative Learning, na Universidade Rice; e no Programa de Doutorado em Antropologia e História, na Universidade do Michigan. Esses eventos também fizeram parte do coro que construiu este texto. As perguntas difíceis foram importantes.

Uma versão antiga e diferente do capítulo 2 saiu em *Sensational Religion: Sensory Cultures in Material Practice*, organizado por Sally M. Promey (New Haven – CT, Yale University Press, 2014). Uma versão antiga e diferente do capítulo 3 saiu no periódico *Journal de la Société des Américanistes*, vol. 104, n. 1, 2018, pp. 27-73. Saudações a esses espaços que me permitiram reutilizar partes desses trabalhos antigos.

Amor a Anaïs Zubrzycki-Johnson por aguentar minhas palestras enigmáticas, minhas digressões, minhas curiosidades inúteis e minhas piadas só um pouco engraçadas. E também porque, sim, você sempre me ensina coisas novas e me faz querer reaprender o que eu pensava saber. Finalmente, agradeço a Geneviève Zubrzycki por seu julgamento muito são e por sua companhia, ainda melhor, e por puxar as rédeas e controlar-me sempre que meus argumentos ficam muito pretensiosos. Você me mantém honesto.

Sumário

Introdução – Situações que se assemelham a religião 15

    Agência ambígua 24

    Automático 28

    Autômato 29

    Ao redor do mundo 37

    Religião automática 41

    Quase humano 43

    O incômodo 44

    Religião como o ser humano 47

    Livre-arbítrio, o humano e o animal 49

    Ciborgue 52

    Guia de viagem 54

    Capítulo 1 – Rosalie 56

    Capítulo 2 – Juca Rosa 57

    Capítulo 3 – Anastácia 58

    Capítulo 4 – Ajeeb 58

    Capítulo 5 – Chico X 59

    Conclusão – Agência e liberdade automática 60

1 – Rosalie – Uma quase humana psiquiátrica 75

    Sumo sacerdote Charcot 76

    A paixão de Rosalie 82

    O imperador e o doutor 88

Macaca Rosalie 92

O Salpêtrière brasileiro 97

Zoopsia brasileira 104

Automatismo 105

Gênero quase humano, raça quase humana 107

Ponte 111

2 – Juca Rosa – Um quase humano fotográfico 127

Fotômato 130

Artes da aparência 137

Pai Quibombo 142

Os dois corpos do pai de santo 152

3 – Anastácia – Uma quase humana santa 165

Animar 167

Encarnação na tinta e "santicida" 172

Técnicas de presença 185

Anastácia e o temperamento de trauma 186

Anastácia e o temperamento de serenidade resignada 191

Anastácia e o temperamento (e o mercado) erótico 194

Material temperamental 197

4 – Ajeeb – Um quase humano autômato 205

"A alma do autômato" 206

De *Frankenstein* a *R. U. R.* 206

Turcos maravilhosos 210

Ajeeb de Londres para o Rio de Janeiro 213

Ajeeb no Brasil 216

Corpos duplicados 222

Corpo espírito e corpo nacional 225

Aparelho 231

5 – Chico X – Um quase humano jurídico 239

O papagaio brasileiro de Locke.. 246

Espíritos, estática, documentos 251

O caso José Divino Nunes.. 253

O caso Ercy da Silva Cardoso 255

Reconhecimento da intenção.. 259

Conclusão – Agência e liberdade automática.. 271

Bibliografia.. 291

Arquivos consultados.. 291

Fontes de arquivos 292

Obras publicadas.. 293

Índice remissivo.. 319

INTRODUÇÃO

Situações que se assemelham a religião

O melhor é afrouxar a rédea à pena, e ela que vá andando, até achar entrada.

Machado de Assis, "Primas de Sapucaia", 1883

O artista incomum mais famoso do Brasil, Arthur Bispo do Rosário, passou 50 anos em um hospital psiquiátrico da periferia do Rio de Janeiro, diagnosticado com esquizofrenia. Nas paredes de sua cela-estúdio e nos objetos lá dentro, ele criou obras, muitas hoje expostas em museus. Quando, no fim da vida, ganhou reconhecimento público, mostrou-se contrariado: "não sou artista; sou orientado pelas vozes para fazer desta maneira". Ele explicou, "escuto as vozes [...]. Se pudesse eu não faria nada disso". Mais ainda: "Estão dizendo que faço arte. Quem fala não sabe de nada. Isto é minha salvação na Terra".[1] O que estava fazendo, ele sentia, era menos criação e mais trabalho automático, registrando tudo o que via, em um catálogo apresentável, para Deus.

Semelhante a Bispo do Rosário, a artista sueca Hilma af Klint fazia pintura automática seguindo seus guias espirituais, uma espécie de ditado visual. Sobre suas pinturas, ela disse: "Não fazia ideia do que deveriam representar. Trabalhava com rapidez e segurança, sem alterar uma pincelada sequer".[2] Quando Rudolf Steiner, em 1908, disse a ela para se esquecer de seus mestres sobrenaturais e seguir a própria intuição, confiar apenas em seu *eu individual*, ela ficou sem habilidade de pintar durante os quatro anos seguintes. O eu ao qual ele se referiu era esquivo, vasto e intenso. Aquilo a paralisou, limitando a liberdade que a automaticidade proporcionara. Apenas uma agência ambígua, construída em interface automática, poderia impulsionar sua obra.[3]

Ambas as histórias, a de Bispo do Rosário e a de af Klint, sugerem que a capacidade de produzir e de usar a ambiguidade do agente faz parte do nosso equipamento humano disponível. Ser humano é ser capaz de imaginar e de esboçar o não e o quase humano, e de brincar de se tornar ou de confiar no outro invisível. Ao mesmo tempo, é aceitar o projeto de uma identidade duradoura – reconhecer e narrar um "eu" de ontem e representar e projetar esse mesmo ser no amanhã. As duas habilidades – tanto a produção da encenação da ambiguidade do agente quanto a habilidade de representar um eu duradouro com uma identidade individual também duradoura – são conflituosas, mas ao mesmo tempo estão, de uma forma, relacionadas. Cenas e situações de movimento *entre* esses modos são até mesmo constituintes dos eventos com frequência agrupados no conceito de "religião". A religião está para lá e para cá no cabo de guerra entre "automatismo" e "agência". Por esse motivo, esses são os dois termos que delimitam este estudo. A Introdução discorre sobre o que é automático; e a Conclusão, sobre o que é agência. Os capítulos interpostos estão, com seus protagonistas quase humanos, suspensos em um entremeio.

Artistas automáticos, como Bispo do Rosário e af Klint, são fascinantes. Eles nos atraem. Ainda assim, o fato de terem resistido à agência individual ou de terem descoberto a própria potência criativa somente na condição de mediação espiritual é também o motivo do sofrimento dele e dela. Bispo do Rosário era negro, afro-brasileiro, e foi encarcerado em um hospital psiquiátrico. Hilma af Klint era uma mulher solteira excêntrica que seguia as orientações de seus espíritos. O fato de terem encontrado liberdade criativa somente enquadrados no automático é uma questão sobre a qual vale a pena refletir. Entre outras coisas, isso nos aponta para o fato de que, ao contrário da ação agentiva, o que é automático foi e é conceitualizado de maneira genderizada e racializada. De fato, pessoas consideradas inaptas para a agência racional – consideradas corpo autômato possuído de movimento, mas sem vontade genuína – eram na maioria mulheres e pessoas negras. Apesar de serem vistas como deficientes, uma minoria excepcional, como Bispo do Rosário e af Klint, encontrou formas de criar exatamente nos termos do automático. Tornaram-se heróis e heroínas, até mesmo santos e santas. Este livro reflete sobre uma série de pessoas e coisas quase humanas assinaladas como autômatos desprovidos de vontade que, ainda assim, tornaram-se agentes. Por meio do próprio automatismo, essas pessoas reformularam os termos da vida social na qual estavam inseridas.

Pense nisto: duas das capacidades mais comumente levadas em consideração para distinguir a vida humana da vida animal ou da máquina – religião e livre-arbítrio – são de forma significativa opostas. O livre-arbítrio há muito tem sido relacionado a qualidades como espontaneidade, autoria e escolha consciente entre alternativas.[4] Atos religiosos, em sua maioria, parecem contrariar essas formulações clássicas. No lugar de indivíduos autônomos, os religiosos são agentes híbridos compostos por um eu e por outros meta-humanos.[5] Atribui-se ao apóstolo Paulo: "Já não sou eu que vivo, mas é Cristo que vive em mim" (Gálatas, 2:20). A palavra "islamismo" é comumente traduzida como "submissão à vontade de Alá". Uma pessoa iniciada no candomblé junta o destino humano ao do orixá assentado, coautor de todas as ações futuras. Esses híbridos de humanos com agência divina transmitem ao mesmo tempo uma vontade individual limitada e mediada e um possível eu proteticamente estendido, com capacidade de alcance meta-humano. Se a agência fica restrita em termos de volição individual, ela, no entanto, pode também receber uma hipercarga em termos de alcance e intensidade: "direis a esta montanha: transporta-te daqui para lá, e ela se transportará, e nada vos será impossível" (Mateus, 17:20). Em todo o caso, a religião é reguladora da agência e da automaticidade e trabalha de variadas formas como freio, garrote, refinaria e rede de malha.

Este livro relaxa as fitas de tensão que conectam as ações agentivas e as automáticas em situações quase religiosas. Ele constrói uma perspectiva acerca de cenas quase religiosas como *performance* da agência suspensa, subjugada ou não autônoma e como ofício de recodificar as ações humanas como automáticas. Cenas e situações quase religiosas tramam ações no espaço entre as estruturas de agência e de automatismo, ainda que o discurso religioso com frequência decodifique e declare quem ou o que age em um dado evento com ambiguidade de agente. Aqui, reanimo o tropo do autômato para explorar a incerteza de figuras humanas encenadas e a atração por essas figuras. A ideia não é apenas ver como autômatos conseguem inesperadamente assumir vidas humanas quando são animados. É também – e eis aqui o ponto principal – mostrar como determinados grupos passam a ser considerados menos humanos, vistos como capazes apenas de agir automaticamente, mas agir, ainda assim, dentro dos termos do automatismo. O diagnóstico de atores livres e automáticos ajudou a construir uma excelente divisória antropológica. O livro conta uma história sobre máquinas humanoides, mas também – e principalmente – sobre seres humanos condenados à condição de animais ou máquinas – quase humanos – em sua constituição e em seu apelo. Digo "quase humanos" porque as características que descrevo não têm em comum apenas o automatismo, mas também a qualidade de ser quase, mas não exatamente, humanas. Ser simultaneamente próximos e diferentes do que é um ser humano real tornou-os objetos de atração ritualística, revelações e mediadores de poderes extraordinários.

A ação automática é parte constitutiva das práticas humanas agrupadas como religião, devido à agência oculta que sugere. Pode-se dizer que a perspectiva da automaticidade humana é a do campo discursivo e fenomenológico em que a religião é encenada. Qual tipo de agência ou de fazer está acontecendo, atuando nas pessoas, em dada situação? Eventos religiosos são explorações da questão acerca de como vontades individuais são calibradas como poderes sobre-humanos. Rituais servem como laboratórios de agência e automatismo. Proporcionam um espaço e uma linguagem para ver a ambiguidade de agência e para falar sobre ela. Constituem a experiência de haver algo em atuação no corpo humano ou através dele por meio de uma ordem transformadora. O ofício de construir situações e cenários de ambiguidade de agente, de algo que atua no corpo humano ou através dele requer aprendizado e habilidade. Quando executados com mestria, eventos com ambiguidade de agente fazem algo novo aparecer.[6] Produzem um modo de enxergar no qual a ação humana nada mais é que participante entre outras forças em atividade ou espectadora delas. Desse ponto de vista, religião é menos uma busca por agência, como em geral é compreendida, do que uma série de contextos e situações projetados para serem, ao menos temporariamente, aliviadas de seu peso. Paradoxalmente, isso talvez faça dela o mais radical de todos os tipos de agência.[7] Radical, porque semelhante à ciência, elimina os traços da agência humana para criar características transcendentais da natureza que se estendem em domínios além do ato inicial.[8] Um encontro com um deus em um corpo humano altera a interpretação do ser humano em outros espaços, expandindo, a fim de influenciar arenas, tais como morte, cura, gênero, dieta, lei, justiça e igualdade.

Não são as religiões, propriamente, que atraem ambiguidade de agente. Na maioria das vezes, essas situações ocorrem em algum lugar entre religião e outras partes da vida, algum lugar ao longo de um *continuum*. Por esse motivo, em vez de "religião" ou "sagrado", com frequência uso a expressão "situação que se assemelha a religião", uma adaptação da expressão "situação que se assemelha a arte", de Alfred Gell. Na descrição de Gell, situações que se assemelham a arte envolvem um índice material que permite a abdução de agência.[9] Situações que se assemelham a arte levam-nos a inferir coisas sobre a pessoa, o animal, ou a coisa retratada, bem como a inferir um criador humanoide. Podemos pensar em situações que se assemelham a religião como também motivadoras de abdução – a inferência –, mas também como agência e agentes "quase" humanos e "meta"-humanos. Elas motivam inferências acerca de agência porque o agente que se pensa estar em atividade é incerto. A obtusidade ou ambiguidade em relação a quem ou o que está em ação até mesmo constitui o domínio do que é "religião".

Situações que se assemelham a religião, ou situações quase religiosas, apresentam um formato recorrente. Assumem uma forma familiar e constroem, destacando divisões entre interior e exterior: alma e corpo; santuário interior e arena pública; compartimento fechado e mecanismos desconhecidos; corpo possuído e deus interior. Objetos utilizados em rituais de diversas tradições têm em comum compartimentos interiores escondidos como característica recorrente: santos católicos com portas, deuses indianos com uma abertura para o coração, a Arca da Aliança cercada por cortinas dos judeus, o Buda cingalês cuja vida interior é ativada pelo artista sacerdote, o terceiro olho pintado na testa que indica a presença divina no corpo, até mesmo a arquitetura de uma igreja da Idade Média que, a fim de ser consagrada, precisava conter relíquias para ativar o espaço. As formas são animadas e ganham força espiritual por meio do que Gell denominou, seguindo Lucrécio, a "reduplicação das peles".[10] Podemos acrescentar mais exemplos do mundo atlântico. Uma escultura *Nkisi Nkondi* do candomblé angolano no Brasil é animada pelas substâncias invisíveis que residem dentro dela. A garrafa haitiana *wanga*, muito bem fechada, contém o espírito de uma pessoa morta. A iniciada no candomblé brasileiro, cujas escarificações na cabeça coberta escondem, mas também expõem, sua agência híbrida recém-nascida composta por seu orixá e "ela mesma".

Os capítulos deste livro exploram objetos que atraem seus observadores, em parte devido a um interior secreto, desconhecido. Estão incluídos as visões de um paciente psiquiátrico, uma fotografia que parece ter poderes próprios, um desenho que se torna santo, um autômato empoleirado em cima de um armário fechado com uma porta aparente, um espírito escritor que descreve seu corpo como mero invólucro, um mecanismo e um veículo de transmissão para os mortos, e um desenho que, de alguma maneira, surge e então toma os traços do defunto colocado próximo a ele. No entanto, mais do que simplesmente ter um interior secreto, as formas e estruturas apresentadas em situações quase religiosas anunciam e tornam público o lugar secreto interior. Exibem ou tornam proeminentes a porta externa, a tampa, a entrada ou a passagem que pode ou não dar acesso a uma maravilha ou a um terror ocultos. Nossa percepção dessas pessoas ou coisas e da entrada e saída delas leva-nos a imaginar um agente que ocupa o lugar visualmente sugerido, mas escondido. Isso está mais relacionado a como nossa mente funciona do que a uma escolha. Sem a evidência de outra agência, inventamos uma figura humanoide no espaço vazio.

E não se trata apenas de ícones, altares ou prédios quase religiosos assumirem essa forma, mas o fato é que assumir essa forma faz com que qualquer coisa e qualquer lugar sejam potencialmente religiosos. Um corpo humano torna-se sagrado quando se entende que está possuído por um agente especial. Objetos, inclusive os conscientes de si, como nosso corpo, metamorfoseiam em situações quase religiosas quando o anúncio visível de espaços ocultos trazem à mente do observador agentes internos e a disjunção entre um corpo externo e um agente interno.[11]

Em todos esses casos, o que toma forma é um corpo dentro do corpo, um exterior que pode ou não corresponder a um caráter interior. Essa forma dupla traz à mente a questão acerca da agência e do automático; a atração e o risco da explicação. Isso é, proponho, um tropo quase religioso crucial: a figuração de uma agência oculta em atuação dentro de um corpo externo. Então como são as coisas quase religiosas? Ou, se preferir, quais são os tipos de coisas adequadas para situações e cenas quase religiosas? Objetos que anunciam a duplicidade e até mesmo chamam a atenção para ela por meio de camadas visíveis, esconderijos aparentes, compartimentos evidentes e passagens para um lugar outro e melhor. Pessoas religiosas são usuárias adeptas dessas coisas duplas, pessoas que se esforçam para estar em conformidade e para estabelecer uma aliança com essas coisas ou que até mesmo se reformulam dentro dos moldes de coisas duplas.

Estabeleci essa jornada dentro das últimas décadas do século XIX, quando ideias e figuras relacionadas ao automatismo (automático, autômato, automatismo) entraram em movimento em caminhos variados e, não por coincidência, surgiu a religião como tema de estudo. Essa aglomeração reuniu domínios anteriormente separados – de questões acerca de identidade pessoal a maquinaria, e de psiquiatria a comportamento animal. A descrição de pessoas escravizadas, pacientes psiquiátricos, animais, líderes de avivamento, autômatos e operários da indústria formou um agrupamento que produziu divisões sociais duradouras entre os atores supostamente automáticos e os livres.[12] Aqueles eram retratados como sem agência, ainda assim apresentavam uma espécie de atração incômoda. Corpos automáticos ou seres humanos representados como autômatos geravam não apenas piedade ou desdém, mas também reverência, êxtase e vertigem. A indefinição quanto à agência dessas pessoas apenas alimentava a fama delas. O debate nos capítulos a seguir está fundamentado em pesquisas de arquivo e etnográficas feitas no Brasil e na França, além de incluir o encontro com um macaco, um paciente psiquiátrico, um defunto e um praticante da psicografia. Cada qual com sua forma distinta de ser um quase humano e de possuir um vetor diferente de aproximação: discurso (soa como ser humano), tempo (já foi ou talvez no futuro seja ser humano), aparência icônica (parece um ser humano), sinédoque (apresenta em si parte de um ser humano) e qualidade (é um ser humano aprisionado ou depreciado). O que está em jogo nessa série improvável de episódios é a questão da *agência* agregada imprecisa como constituída nos limites da natureza humana.

O Brasil figura nessa série para mostrar como versões distintas de automatismo se conectaram e se sedimentaram pelo Atlântico de forma especialmente convincente, mas que ainda não foi adequadamente documentada. Essas narrativas apresentam um Atlântico diferente dos moldes anglófonos. Esse Atlântico foi determinado entre a França e o Brasil. O Brasil foi o local mais próximo do que europeus e euro-americanos com frequência demais, ingenuidade demais e imperialismo demais enxergaram como natureza crua, laboratório do humano.[13] O Brasil ofereceu uma intensidade rara de encontros e comparações entre quase humanos. Foi um espaço de convergência, um *workshop* sobre o ser humano e o automático, onde pacientes psiquiátricos, padres exorcistas, pessoas escravizadas, dissidentes religiosos, multidões, máquinas jogadoras de xadrez e macacos foram reunidos sob a alcunha de "autômato". A convergência discursiva explicita o fato de que as ideias acerca da ação automática perpassaram diferentes domínios e tiveram consequências políticas completamente diferentes daquelas relacionadas a essas figuras na Europa.

No Brasil, essas categorias foram criadas sob ameaça política, em um momento de mudança radical. A emancipação de pessoas escravizadas em 1888, o exílio do imperador na França em 1889, o nascimento da República em 1890 – o que demandou uma nova constituição, separando Igreja de Estado e exigindo, pela primeira vez, uma decisão sobre o que estaria incluído no termo "religião" ou excluído dele –; todos esses eventos aconteceram ao mesmo tempo que os termos "psiquiatria", "religião" e "automático" estavam em construção. A nação viu um investimento agressivo em tecnologias, a fim de – nos termos do darwinismo social então na moda – igualar-se à Europa e aos Estados Unidos e acompanhar o surgimento de uma escola de psiquiatria altamente influenciada pelos acadêmicos franceses. O Brasil estava bastante receptivo à influência europeia, sobretudo, à francesa.

No Rio de Janeiro, a então capital do Brasil, as elites imaginavam-se muito mais como descendentes espirituais de Paris do que de Lisboa. Na metade do século XIX, o poeta Junqueira Freire escreveu: "somos forçados a seguir princípios orientadores; que esses princípios sejam da França, afinal, ela é o farol que ilumina todo o mundo civilizado".[14] As prateleiras de livro das elites guardavam fileiras de clássicos franceses e de diários de viagem de observadores franceses no Brasil. Até mesmo um século depois, como a antropóloga estadunidense Ruth Landes registrou: "brasileiros disseram que tinham a vida espiritual nutrida apenas pela França e desdenhavam, ainda que com admiração, nossas gigantescas indústrias automotiva e cinematográfica".[15] Mas Paris e o Rio de Janeiro provocavam-se, semelhante às parisienses Inès e Estelle, colegas de quarto antagonistas do brasileiro Joseph Garcín, na peça *Entre quatro paredes* [também traduzida como *Sem saída*], de Sartre (1944). Na obra, o trio embarca em uma guerra eterna sobre suas respectivas culpa, responsabilidade individual e vontade.

Categorias de automatismo em oposição à vontade autêntica foram criadas na Europa, em relação às Américas – tanto às pessoas quanto aos animais. Por sua vez, essas mesmas categorias e esses mesmos modos de dividir o mundo ganharam nova utilidade nas Américas. O Brasil tornou-se uma estufa de videiras onde brotos anteriormente separados eram amarrados e enraizados em solo novo. O embaixador francês no Brasil, Arthur de Gobineau, chamava o povo de macaco; as pessoas escravizadas eram chamadas de autômatos; pais de santo exorcistas afro-brasileiros eram classificados com os termos recentemente cunhados pela psiquiatria francesa: "dissociação" e "histeria". De fato, embarquei nessa viagem histórica quando notei que psiquiatras criminais dos anos 1890 no Brasil escreveram sobre pacientes afro-brasileiros e religiões usando termos importados diretamente de Paris: "dissociação", "histeria", "desdobramento". Raimundo Nina Rodrigues, em 1896, descreveu a possessão espiritual afro-brasileira como "tam-tam da Salpêtrière", fazendo uma conexão entre a percussão e a classe de histeria criada no famoso hospital psiquiátrico de Paris.[16] Nina Rodrigues lia as práticas religiosas afro-brasileiras no Brasil apenas usando os termos dos diagnósticos psiquiátricos para mulheres francesas. Bastou essa transferência para me impulsionar na jornada que se tornou este livro. Por que as práticas de possessão espiritual afro-brasileiras no Brasil eram lidas pelo prisma do Hospital Salpêtrière de Paris? Essa pergunta e a descoberta de que os dois estavam conectados como versões de automatismo foram motivação para mais de uma década de trabalho no Brasil e na França.

As questões que este livro traz à tona não precisam, necessariamente, ser contextualizadas no Brasil, mas é útil, e até mesmo melhor, que sejam. O Brasil é epítome, modelo ideal para explicar como *animais*, *seres humanos* e *quase humanos* foram intensamente comprimidos dentro de definições adjacentes. Nos capítulos a seguir, desvendo como esses termos adquiriram camadas e se emaranharam. Espero que inspirem a comparação com outras percepções das divisões dos seres humanos, dos não humanos e dos quase humanos. Para observar duas das percepções das divisões com amplo potencial comparativo, autômato e automático foram ambos racializados e genderizados. O papel do gênero em representações históricas específicas do automatismo é explorado principalmente nos capítulos 1 e 3. Mulheres eram com frequência desenhadas como autômatos, do Salpêtrière ao primeiro hospital psiquiátrico da América Latina, o Hospício de Pedro II, no Rio de Janeiro, onde pacientes mulheres, além das enfermeiras e com elas as espíritas afro-brasileiras, eram sempre descritas como pessoas sem vontade e capazes de agir somente de forma automática. A intersecção entre gênero e raça nessa história expõe uma questão ainda mais ampla: a *criação* histórica de agentes e não agentes. Diferentemente de categorias como *não humano* e *meta-humano*, que podem ter qualidade estática, *quase humano* dá ênfase à historicidade fluida da definição de agência. Agência e automático destacam as medidas inconstantes de poder e classificação. *Grosso modo*, "automatismo" é atribuído a alguns a fim de aumentar o poder de agente de outros. Por essa razão, no século XVIII, "autômato" incluía tudo exceto homens brancos, como Michael Taussig observou.[17] Há negros de cartola, macacos em tambores, hotentotes dançantes, patos que defecam, pássaros em gaiolas e mulheres, muitas mulheres. Algumas vezes, mulheres foram autoras do próprio autômato, mas muito raramente – até mesmo *Frankenstein* de Mary Shelley sofreu implacáveis ajustes feitos pelo marido dela. Vamos nos encontrar novamente com a criatura de Shelley no capítulo 4.

Enquanto isso, agora abordaremos os três termos-chave que orientam esta obra: "agência", "automático" e "quase humano".

Agência ambígua

"Agência" já foi mais problema do que solução. A questão da agência em Hobbes, por exemplo, expressou a confusão entre causa natural e ações resultantes de "algum poder, ou agente invisível".[18] Adam Smith deu nome a uma falha diferente: o atraso entre, por um lado, a vontade de proprietários e, por outro, os gerentes seguindo contratos com o pé no chão – os agentes. Os donos conheciam pouco o funcionamento das coisas; os agentes não tinham investimentos pessoais, o sucesso da empresa não colocava nada em jogo para eles. Esse é o problema da agência.[19] Mas, conforme o termo emergia na ciência social, no século XX, aquela noção de agência como falha praticamente desapareceu, substituída pela ideia de algo que uma pessoa tem ou não tem.[20] "Agência" passou a denotar atos de um indivíduo autônomo fazendo escolhas restritas.[21]

Na obra de Judith Butler, por exemplo, agência é a fuga da mera repetição ou mimese automática: "hiato na iterabilidade".[22] Para Gayatri Spivak, está "relacionada a uma razão responsável [...], uma pessoa age com responsabilidade, possivelmente com intenção, liberdade de subjetividade".[23] William H. Sewell descreveu como "a eficácia da ação humana" ou, mais precisamente, "a capacidade de transpor e estender esquemas até novos contextos [...], a fim de ser capaz de exercer certo grau de controle sobre as relações sociais nas quais se está enredado" ou, novamente, a capacidade "de desejar, de formular intenções e de agir com criatividade".[24] Em todas essas versões, a "agência" foi associada a termos como "capacidade", "controle", "transformação", "intenção" e "liberdade". Como tal, teve importância ao dar voz a quem foi apagado em histórias mais antigas. No entanto, ao mesmo tempo, tornou-se uma palavra pesada, carregada. Walter Johnson acusou-a de contrabandear um ideal universal de individualidade liberal. Talal Asad perguntou: ainda que seja possível dizer "apenas agentes fazem história", quem disse que todo mundo quer fazer história? Bruno Latour, Constantin Fasolt e Dipesh Chakrabarty preocupam-se com o fato de que o uso de "agência" por historiadores reedita a maioria das coisas que pessoas de verdade na história enxergam atuando: deuses, espíritos e coisas.[25] E, de fato, pessoas que querem criticar o termo agência com frequência o fazem mencionando religião.

Um motivo para isso é os próprios atores religiosos duvidarem de conexões diretas entre subjetividade e agência. O eu é híbrido, e a agência é sempre mediada por deuses e outros atores. O religioso com frequência valoriza a submissão disciplinada ou a solidariedade coletiva acima da agência individual. Simplesmente tolerar, mantendo uma tradição, é também agir. Nesse sentido, Saba Mahmood explicou o fato de que as mulheres dos movimentos pietistas muçulmanos dos anos 1990, no Cairo, não queriam ser livres nos termos-padrão de autonomia ou de feminismo ocidental.[26] Atos religiosos muitas vezes parecem transgredir interesses individuais, refutando qualquer teoria sobre agente racional. É por isso que tanto Pierre Bourdieu quanto Judith Butler citam o suicídio como um caso limítrofe de agência, o que é abundante na história das religiões.[27] Outro motivo é o fato de religiosos usarem a noção de agência distributiva na qual coisas ou locais especiais são animados como transmissores ou foco de poder, ou, ainda, como eles mesmos contendo alma. Diferenças religiosas podem ser vistas como, fundamentalmente, diferenças nas definições do que é e do que não é agente.[28]

Sem dúvida, textos clássicos escritos por Mauss, Foucault e Weber argumentam – cada um de uma forma diferente – que religião, ou pelo menos o cristianismo, estava no centro da criação do indivíduo moderno. No entanto, em sua maioria, pessoas religiosas complicam as ideias acerca de personalidades individuais. "E que tal o fato", Veena Das questiona, "de que em muitos casos técnicas [religiosas] do corpo estão relacionadas a nosso corpo ser capaz de dar expressão a *outros* corpos, tais como os de animais?".[29] Ou, podemos acrescentar, corpos de máquinas ou de outros seres humanos. Rituais oferecem espaço para que se possa ser o meio pelo qual a ação acontece – ou para formas híbridas de autoria e vontade –, em vez de ter que agir como um solitário, um "eu protegido".[30] Agência é, nesse sentido, totalmente social. Eis Sewell novamente:

> As transposições de esquemas e remobilizações de recursos que constituem a agência são sempre atos de comunicação com outros. Agência implica a habilidade de coordenar as ações de um com outros e contra outros, para formular projetos coletivos, persuadir, coagir e monitorar os efeitos simultâneos da própria atividade e a dos outros. Ademais, o âmbito da agência exercida individualmente depende profundamente da posição da pessoa em organizações coletivas.[31]

Essa linha de pensamento traz à mente um trio do qual a agência participa e que restaura a ideia da questão da agência: não apenas agência contra estrutura, mas agência, coletivos e ações mediadas. Criar situações a fim de mediar ações não agentivas e fazer com que apareçam demanda trabalho. William James descreveu a dialética entre esforço voluntário e experiência involuntária, em 1902: "os estados místicos podem ser facilitados por [...]

operações voluntárias, como fixar a atenção ou passar por certas *performances* corporais".[32] Ele indicou a tensão entre a vontade e a suspensão dela, o trabalho da "agência renunciada",[33] que transforma o corpo em instrumento de outras transmissões.

Conforme Sewell mapeou a questão, trata-se também de trabalho social. Religião envolve, entre outras coisas, o ofício comunitário de montar cenas de ambiguidade de agente ou, para usar a expressão de Lucy Suchman, "interfaces da agência".[34] A religião recodifica o trabalho executado por pessoas como trabalho feito "por si mesmo", a fim de ativar uma sensibilidade de automatismo, de que coisas nos são feitas do lado de fora.[35] Podemos então também inverter a afirmação. Ambiguidade de agente e sensibilidade do automatismo produzem cenas e situações religiosas. Criar cenas e cenários de ambiguidade de agente – praticando religião – revela a verdade em forma de repertórios de agentes e capacidades ampliados. Desmente a grande ficção do Atlântico Norte sobre o indivíduo autônomo com liberdade de ação. Isso vai em sentido contrário ao da estrutura familiar ocidental e à definição do termo "agência", oferecendo modos alternativos de atuar no mundo.

No entanto, ambiguidade agentiva não é apenas buscada e criada, mas é também atribuída, com frequência à força. Algumas pessoas são identificadas como agentes ambíguos quase humanos ou são convertidas nisso, agrupadas e classificadas conforme o animal, a pessoa escravizada, o homem-máquina, a pessoa possuída, o automático, a histeria. Outras são registradas como agentes em processo de fazer história. O acúmulo de categorias de agência e de automatismo faz com que os termos sejam perigosos e duradouros. Walter Benjamin chamou a atenção para essa violência, o preenchimento do organismo humano com material de metal e de máquina, como o impulso básico do sadismo, uma questão que é retomada no capítulo 3.[36] Durabilidade, atributos de agência e a falta dela, nos termos da ciência social, produzem "estruturas", categorias duradouras e consequentes para seres humanos. Mas preste atenção: agência e automatismo parecem opostos, no entanto, estão sempre se alternando na relação de um com o outro. Agência implica a ativação seletiva de automatismos, até mesmo, quando automatismo menciona agência, a repetição mecânica de uma ação outrora agentiva. E também, desse modo, agência e automatismo jamais aparecem de forma pura. Por esse motivo, são mais bem configurados como pontos em um *continuum* de tipos de ação em qualquer evento. Deveríamos pensar em agência e automatismo como constituintes de uma escala entre tendências ou "posições atratoras"[37] de variadas formas ou reveladas ou ocultas em cenas de rituais específicos. Situações de ambiguidade de agente – situações que se assemelham a religião – surgem a partir da tensão performativa e da alternância entre agência e automatismo. O movimento entre agência e automático oferece prazer, curiosidade e verdade, redobrados nos espaços intermediários.

Ademais, agência e automatismo não são necessariamente forças contrárias, ainda que exista tensão entre eles. Pode-se, em tese, agir no mundo com efeitos causais ou poder transformador, como um agente, mas sem vontade ou intenção consciente.[38] Por exemplo, você pode se assustar com um rosto estranho na janela e derrubar da mesa a xícara de café quente e queimar o joelho da pessoa com quem está conversando.[39] Você atua como agente, como a causa direta de uma ferida em outra pessoa, mas sem má intenção. Ou talvez você acenda a luz para procurar seus óculos e, ao fazer isso, assuste um guaxinim ou um ladrão. Isso também é agência – você muda o curso dos eventos e age em outras pessoas, no entanto, sem intenção ou, pelo menos, o que de fato acontece não é o seu propósito. Portanto, poderíamos dizer que, amiúde, agência envolve intenção consciente e escolha, mas isso não é sempre nem necessariamente. O termo "religião" até poderia ser definido como projeto humano de adquirir agência exatamente por meio da vontade e da intenção abdicada ou ambígua. Neste livro, no entanto, abordo agência e automatismo como estruturas relacionadas para interpretar a ação. O mais importante, para meu propósito, é dizer que religião *é*, de forma significativa, a distinção entre essas estruturas, a criação e a narrativa delas, e a experiência de transitar entre elas.[40]

Visões estonteantes abrem-se a partir dessa linha de ascensão. O que se ganha na suspensão ou na transferência da agência para ser meio pelo qual uma ação acontece, via ação automática? O que é a atração do automático? Qual é a diferença entre compreender a humanidade em relação à agência automática e compreender a humanidade em relação à autonomia individual? O que as categorias comparativas de autômato, automatismo e atores automáticos fizeram com seres humanos de carne e osso, quando associadas a eles? Religião precisa fazer parte dessas investigações; no entanto, na maioria das vezes, não faz. Este livro coloca situações quase religiosas no centro do palco. Apresento o automatismo como uma forma de agência distintamente religiosa, até mesmo uma ação-padrão dentro do repertório da prática religiosa. Penso que o estudo sobre religião avançará com a análise de uma série de figuras quase humanas relacionadas à religião, mas que estão fora dela conforme, em geral, ela é compreendida. A trilha deste trabalho leva a cenas e situações de ambiguidade de agente e de ação automática, as formas pelas quais foram conectadas, o papel do poder na separação de agentes e autômatos, e o tipo de fascinação que a suposta falta de agência inspirou. Mostro como os termos "agência", "quase humanidade" e "o automático" foram reunidos como três pernas de um tamborete capenga, a religião.

Automático

No fim do século XIX, vontade, ou intenção consciente, era definida em relação à ação automática. É certo que hoje o termo "automático" está por todos os lados, está no ar que respiramos. Ficou até familiar demais. Aparelhos automáticos ligam e desligam em todos os ambientes. Os algoritmos humanoides Siri e Alexa pairam íntimos por aí, sempre prontos e disponíveis. Se Shoshana Zuboff estiver correta, nesta era do capitalismo de vigilância, a automaticidade é a nova natureza da expressão individual agentiva; a "conformidade antecipatória" estrutura até mesmo nossas escolhas individuais. Participamos das mídias sociais e emitimos dados a fim de atuar na sociedade; no entanto, essas avenidas de ação que deveriam oferecer agência são itinerários predeterminados por algoritmos de dados pulsantes, calculados e previstos comercialmente.[41] Agência *é* automática do ponto de vista desse algoritmo. Você não tem tanta autonomia quanto pensa ter. Os algoritmos de dados em massa já sabem qual será seu próximo passo e como fazer com que ele seja lucrativo. A expressão "agência lateral", cunhada por Lauren Berlant, descreve ações de mera manutenção, sobrevivência e "soberania prática" nesta era de um embotamento de matar a alma perpetrado em nome da vanguarda.[42] No mundo digital, o automático perdeu um pouco da estranheza brilhante. Parece estar perto demais. Ainda assim, até mesmo nossa humanidade é definida em relação a ele. Todos nós nos imaginamos fazendo escolhas ou selecionando dentre possíveis cursos de ação de um modo diferente de como Siri e Alexa calculam respostas e valorizamos essa diferença. Neste livro, mostro como a perspectiva do automático chegou tão próximo a ponto de alarmar, por sua vez, direcionando-se à expressão igualmente obsidiana "religião automática". Abordo, então, a ideia do autômato, o automático do fim do século XIX, as narrativas de viagem "ao redor do mundo", que indexavam uma mobilidade privilegiada em relação àquelas presas no lugar, e depois, finalmente, religião automática.

Autômato

A imagem mais vívida de ação automática é o autômato. O emprego de "autômato" como uma entidade executando uma ação sem vontade remonta aos primeiros usos do termo e ao mesmo tempo surge a partir deles. O autômato do fim do século XIX era diferente de suas versões mais antigas. Como eram esses modelos antigos? Em *Física*, Aristóteles anunciou "autômato" como sorte consequente ou casualidade que acontece com seres humanos com poder, mas sem intenção. Autômato seria uma rocha que cai sobre um homem e altera todo o curso de sua vida, só por ele ter passado no caminho dela. Hobbes usou autômato ou "homem artificial" como descritor do Estado, sendo a soberania a alma artificial do autômato:

> Pois vendo que a vida não é mais do que um movimento dos membros, cujo início ocorre em alguma parte principal interna, por que não poderíamos dizer que todos os autômatos (máquinas que se movem a si mesmas por meio de molas, tal como um relógio) possuem uma vida artificial? Pois o que é o coração, senão uma mola; e os nervos, senão outras tantas cordas; e as juntas, senão outras tantas rodas, imprimindo movimento ao corpo inteiro, tal como foi projetado pelo Artífice? E a arte vai mais longe ainda, [...]. Porque pela arte é criado aquele grande Leviatã a que se chama Estado, ou Cidade (em latim *Civitas*), que não é senão um homem artificial, embora de maior estatura e força do que o homem natural, para cuja proteção e defesa foi projetado. E no qual a soberania é uma alma artificial, pois dá vida e movimento ao corpo inteiro.[43]

Hobbes estava indicando a ideia de autômato como corpo (social) direcionado ou por meio do qual um agente separado, invisível atua, não diferente da alma, que se imagina ser um corpo dentro de um corpo, uma espécie de homúnculo agachado manipulando as alavancas de um ser humano e dirigindo suas expressões e ações externas.

Descartes foi mais adiante com a ideia de autômato, na direção de usos mais familiares nos dias atuais. Autômatos eram máquinas semelhantes ao ser humano, aparentemente autônomas, mas provavelmente sem autonomia: "entretanto, que vejo desta janela, senão chapéus e casacos que podem cobrir espectros ou homens fictícios que se movem apenas por molas?".[44] Descartes descreveu a perspectiva de máquinas que parecem pessoas humanas, mas também indicou o inverso, a pessoa que se assemelha a uma máquina – um organismo autoatuante que se move pelo mundo sem influência externa.[45] Espinosa, influenciado por Descartes, descreveu o "autômato espiritual" em termos semelhantes, como uma mente que funciona conforme as próprias leis, um mecanismo autodirigido.[46] Pascal, entre outros, considerou isso duvidoso e associou "autômato" à força do costume em nossos hábitos. "Somos tão automáticos quanto somos intelectuais", ele escreveu. "O costume é a fonte de nossas provas mais cabais e nas quais mais acreditamos. Ele influencia o autômato."[47] Não há dúvida de que ele não se surpreenderia com o que supostamente aconteceu com Descartes, cuja boneca mecânica, chamada Francine, foi parceira de viagem depois da morte trágica da filha dele, que tinha o mesmo nome. Quando a boneca foi descoberta a bordo do navio que levava Descartes até a rainha Cristina da Suécia, em 1649, o capitão entendeu aquilo como magia negra quase humana. Uma vez que ela foi responsável pelo vendaval violento que o navio enfrentava, ele ordenou que fosse jogada ao mar.[48]

Aristóteles chamou a atenção para a questão do acaso e da agência não humana, por causarem impacto na vida humana. Descartes, Espinosa e Pascal preocuparam-se com a questão da vontade individual e da personalidade soberana. Hobbes investigou o problema da vontade individual em um corpo coletivo, o Estado, governado por um soberano, a alma do corpo.[49] Todos, de variadas maneiras, associaram vontade com o humano e com a questão da agência em relação aos mundos não humano e meta-humano. Essas questões eram profundamente religiosas, como o medo de que a boneca de Descartes fosse possuída por feitiçaria diabólica.

Francine não estava só. Quase humanos autômatos são característica-padrão de mundos religiosos. Aristóteles contou que Daedalus fez uma Vênus de madeira se mover, usando mercúrio. Contos do Sul da Ásia narram estátuas de Vishnu ganhando vida, semelhante às histórias gregas de Pigmalião.[50] Gershom Scholem analisou a tradição mística judaica do golem centrada em Chelm e Praga, uma "alma motora" com força maior que a de um ser humano, mas que não fala nem tem "alma racional".[51] Bonecos vodu – animados por feiticeiros para causar a morte de alguém – têm semelhança com Pandora, de Hesíodo, que funcionou como um autômato fabricado por Hefesto e Atena para causar confusão na humanidade.[52] Os contos lembram que a fabricação de quase humanos era arriscada, possivelmente sediciosa, até mesmo diabólica. Chamam a atenção para os deuses que guardam ciosamente seu ofício peculiar de conceder movimento ou linguagem. Mais ainda, destacam a fascinação humana por agentes quase humanos. Máquinas quase humanas surpreenderam por seu movimento. Figuras móveis fabricadas mecanicamente aparecem em várias tradições, de autômatos hidráulicos e musicais do mundo islâmico do século XIII, como registrado no livro de

Al-Jazari, *O livro do conhecimento de dispositivos mecânicos engenhosos*,[53] a autômatos fabricados na China que funcionavam por meio de reações com mercúrio para acionar o movimento. No Ocidente cristão, Alberto Magno, teólogo do século XIII, registrou um manequim barbudo que tocava flauta por meio de um mecanismo de fole, o que ele tentou replicar.[54] Uma lenda do século XVI retratou o discípulo de Alberto Magno, Tomás de Aquino, considerando o homem de lata perigoso, "um autômato dotado do poder da fala [...] que serviu a ele como um oráculo infalível". O androide de Alberto foi destruído por São Tomás, porque parecia demoníaco demais.[55]

Jessica Riskin explorou as impressionantes qualidades divinas e diabólicas comunicadas através de autômatos ("estátuas inspiradas") do final do século XV e início do século XVI: demônios mecânicos, um Jesus móvel, anjos ascendentes. Ela escreveu: "a Europa Moderna, em seu nascimento, estava viva com seres mecânicos, e a Igreja católica era seu principal patrono".[56] O "monge robô" do século XVI criado por Juanelo Turriano andou, virou-se, dedilhou o rosário e o ergueu até os lábios, enquanto seus olhos giravam em um transe sombrio. Parecia que o objetivo era repreender e inspirar o filho do imperador.[57] Os "autômatos animais" de John Milton também atuaram com propósito pedagógico. Em sua representação do Jardim do Éden, os animais são todos autômatos, cuja presença permite que os dois humanos descubram se são diferentes dos animais e como são.[58] Também aí as figuras eram capazes de anunciar a proximidade do poder real do divino. Pense nos autômatos hidráulicos nas fontes do reino de Preste João e de Gengis Khan, descritas em *Viagens de Jean de Mandeville*, que ajudaram a instaurar a realeza sagrada e a excepcionalidade mongol de uma só vez.[59] Outra motivação ainda era o desejo de criar o quase humano e, ao fazer isso, tornar-se quase deus, por meio do poder da criação. Em sua obra *De natura rerum*, de 1537, Paracelso ficou famoso por registrar instruções para criar um homúnculo.[60] A receita de Cornélio Agrippa era semelhante; seus homúnculos, assim como o de Paracelso, tinham força sobre-humana e habilidade de adivinhar segredos, mas também não tinham alma e serviam apenas para serem escravos.[61]

Para resumir muito uma história bastante longa, as evidências de usos quase religiosos de quase humanos fabricados são convincentes. No entanto, os autômatos nas versões dos séculos XVIII e XIX eram bastante diferentes. É possível que até mesmo fizessem parte de um projeto de secularização no qual o mágico era desencantado, a fim de ser transformado em algo para o entretenimento, a recreação popular. Por exemplo, o Pato de Vaucanson, ou Canard Digérateur, de 1739, um pato que defecava e que rendeu ao seu criador,

Jacques de Vaucanson, acusações de blasfêmia, e a pálida A Tocadora de Tímpano, La Joueuse de Tympanon, de Maria Antonieta, construída por Peter Kintzing e David Roentgen, em 1784. O mais famoso de todos foi o jogador de xadrez, O Turco, de Wolfgang von Kempelen, que aproveitou múltiplas vidas, inclusive jogou contra Napoleão e fez vários *tours* pelos Estados Unidos. A carreira d'O Turco começou em 1770 e durou até 1850, bem depois da morte de Von Kempelen, em 1804; e, em 1896, trouxeram para o Brasil e colocaram para funcionar um modelo posterior, chamado Ajeeb, como ainda veremos. O homem-máquina de Von Kempelen tanto atraía quanto amedrontava – em geral, as duas coisas ao mesmo tempo. Quando uma mulher se aproximou do jogador de xadrez pela primeira vez, fez o pelo-sinal e correu, temendo que a máquina estivesse possuída.[62] A reação dela é mais do que uma anedota casual. Ela indica comportamentos quase religiosos direcionados a autômatos ao longo da era industrial. Até mesmo em sua forma popular e secular, quase humanos mantiveram a capacidade de encantar em meio à poluição da cidade, mesmo sob o escrutínio das ciências sociais incipientes elaboradas para decifrar e explicar as novas fronteiras da vida humana industrial.

Ademais, ao final do século XIX, o automático – ambos, a expressão e a experiência – infiltrou-se em grandes porções da vivência diária. A identidade deixou de ser assegurada por relações sociais para ser medida em fotografias e impressões digitais.[63] Automática era a câmera que registrava as diferenças humanas independentemente de interesse ou perspectiva. O relato sobre a primeira fotografia feita no Brasil foi enfática: "bem se via que a cousa tinha sido feita pela própria mão da natureza, e quase sem intervenção do artista".[64] Autômatos atuantes passaram a ser menos peça de exposição das elites do que um mecanismo de entretenimento disponível para todo mundo. Em Paris, o fabricante de brinquedos Ferdinand Martin vendeu milhares de pequenos autômatos, e o *best-seller* de 1890 foi *diable en boîte* [o diabo em uma caixa], um diabinho que brotava de uma caixa e tomava uma pancada na cabeça de um bonequinho ao lado – foi o precursor do *jack-in-the-box*, ou caixa-surpresa (Figura 1).[65] No mesmo ano foi o lançamento da boneca falante de Thomas Edison, em Nova York, um fracasso comercial graças à estranha desconexão entre a figura e a voz que produzia.[66] Os jornais do Rio de Janeiro relataram que "Ajeeb, o famoso autômato jogador de damas", provocou a curiosidade das massas, contribuindo para a inauguração de um teatro novo para autômatos.[67] Alguns anos depois, em 1898, Nikola Tesla maravilhou uma multidão no Madison Square Garden com seu "teleautômato", um barco de brinquedo que ele conseguia movimentar e controlar por ondas de rádio.

Fig. 4. — Le diable en boite et le lapin vivant.

Figura 1 – O diabo em uma caixa e o coelho vivo. Musée de Artes et Métiers. Fotografia feita pelo autor.

O autômato era um bom brinquedo, mas também era útil para pensar. No fim do século XIX, ele não só pôde aproveitar uma vida material sólida em forma de brinquedos criados por Ferdinand Martin, como também assumiu uma presença literária dinâmica.[68] Na ficção, tornou-se lugar-comum como descritor de ações e atores extraordinários, como na história de Júlio Verne, escrita em 1873, *A volta ao mundo em oitenta dias*:

> Passepartout esfregou as mãos, seu rosto largo se descontraiu e ele repetiu alegremente:
> – Ótimo, ótimo. Exatamente o que eu queria. O sr. Fogg e eu vamos nos entender às mil maravilhas. Um homem caseiro e metódico! Uma autêntica máquina! Ótimo! Acho excelente ser empregado de uma máquina![69]

A representação era caricatura de atos humanos exageradamente rígidos, automáticos, roteirizados, plácidos, inconscientes ou outros modos mecânicos. "Autômato maldito, sem vida!", Natanael acusa Clara em *O homem da areia*, de E. T. A. Hoffmann (1816).[70] No Rio de Janeiro, Machado de Assis narrou no conto "O espelho", em 1882, a descrição que um jovem alferes fez de si mesmo.

Primeiro: "Era como um defunto andando, um sonâmbulo, um boneco mecânico". Depois, transformado: "Não era mais um autômato, era um ente animado".[71] No clássico *Os sertões*, Euclides da Cunha descreveu o militar dos anos 1890 que comandou as forças que destruíram uma rebelião milenar, marechal Bitencourt, como alguém que "afeiçoara-se todavia ao automatismo típico dessas máquinas de músculos e nervos feitas para agirem mecanicamente à pressão inflexível das leis".[72] Nesses textos e em vários outros, de repente apareceram o reconhecimento e a classificação de atos humanos repetitivos como sendo automáticos e quase autômatos e, com essa retórica, um perfil renovado do ideal romântico de personalidade autônoma, emotiva, espontânea e livre.[73] Esses usos tão marcantes de "autômato" advertiram contra uma invasão rasteira do automático e a deformidade que isso causou no ser humano autêntico.

Com tendência semelhante, apelava-se para "automático" a fim de nomear tarefas diárias dentro de uma divisão de trabalho cada vez mais severa. Marx relacionou automático a demônio, como máquina industrial "cuja força demoníaca, inicialmente escondida sob o movimento quase solenemente comedido de seus membros gigantescos, irrompe no turbilhão furioso e febril de seus incontáveis órgãos de trabalho propriamente ditos".[74] Em seu livro sobre suicídio, Durkheim mencionou um trabalhador que se descreveu com a sensação de ser um mero "autômato".[75] Da mesma forma, o obituário de um jornal do Rio de Janeiro, em 1898, descreveu o suicídio por enforcamento de um homem que "vivia machinalmente" [*sic*], "era um perfeito autômato o infeliz operário".[76] No âmbito do direito, Max Weber descreveu o juiz moderno como "um autômato, em que se enfia em cima a documentação mais o custo para que solte em baixo a sentença junto com os considerandos mecanicamente obtidos de parágrafos".[77] No entanto, enquanto juízes figuravam como autômatos, no fim do século XIX, réus começaram a usar o automatismo em seu favor, como defesa legal viável, alegando terem sido hipnotizados ou possuídos e, portanto, inocentes, uma vez que um crime exige não apenas uma ação, mas também um indivíduo responsável a ser julgado, ou seja, um corpo que tenha personalidade e vontade racionais e que seja capaz de tomar decisões.[78] Isso aconteceu na França, durante o famoso caso de homicídio ocorrido entre 1889-1890 envolvendo Gabrielle Bompard e Michel Eyraud, conhecido como *l'affaire Eyraud* [o caso Eyraud]. Em consequência do estrangulamento de Toussaint-Augustin Gouffé, em 1889, ambos Bompard e Eyraud foram condenados por homicídio. A defesa de Bompard argumentou que ela fora hipnotizada por Eyraud e, portanto, estava sem vontade própria, era um peão e não um indivíduo agente responsável. O psiquiatra mais famoso do mundo, Jean-Martin Charcot, protagonista do capítulo 1, foi convocado para se pronunciar acerca da viabilidade dessa defesa. No Brasil, o caso Eyraud foi amplamente divulgado no fim de janeiro de 1891. Mas a imprensa brasileira estava igualmente preocupada com as defesas baseadas no automatismo que foram usadas perto de casa, como a de José Ferraz. O advogado de Ferraz, Joaquim Borges Carneiro, defendeu seu cliente contra acusações de exercício ilegal da medicina – curandeirismo –, argumentando que Ferraz não era propriamente o curandeiro, mas apenas um meio para os espíritos. Somente os espíritos poderiam ser condenados ou legalmente responsabilizados, uma vez que foram eles que tomaram as decisões relacionadas à cura.[79] A hipnose e os espíritos tornaram-se ameaças ao princípio legal da responsabilidade individual, uma questão que exploro no capítulo 5, com o uso de testemunhos espirituais em tribunais brasileiros. Tanto a psiquiatria quanto a religião parecem ter abalado os procedimentos da lei. Quem era o agente responsável e onde ele estava?

Multidões foram outra fonte de automatismo do fim do século, fonte de ação na qual a agência individual e a vontade podem desaparecer. Automatismo era visto como sofrimento coletivo; agência, como virtude individual. No *best-seller Psicologia das multidões*, Gustave Le Bon variava entre "autômato", "escravo" e "possuído", para se referir à pessoa em uma multidão.[80] Influenciada pelas ideias de Le Bon, a imprensa brasileira exortou líderes políticos republicanos a não serem "um títere das multidões, nem um autômato das facções em que as paixões tumultuam em convulsões – confusas e desordenadas".[81] Le Bon viajou por toda a Europa, a África do Norte e a Ásia e, em 1893, publicou a obra que o tornou famoso: *Os monumentos da Índia*. Com base em suas impressões formuladas em viagens na juventude, ele juntou retratos vívidos de massificação moderna para representações fantásticas da sociedade primitiva.[82] No cenário dele, sob força da multidão a humanidade moderna desceu a escada da evolução para se tornar primitiva e não racional, um estado para o qual as pessoas etíopes e as negras existiam como parâmetro. "Religião" foi o nome dado ao processo por meio do qual essa "alma das massas" primitiva tornou-se imanente no indivíduo. O homem perdido na multidão é, assim como o primitivo, cegamente obediente e incapaz de exercer seu livre-arbítrio. Ele está possuído. Le Bon estabeleceu uma estratificação racial potente em sua sociologia, e os africanos eram os mais propensos ao comportamento de multidão que nega a vontade individual.

Amiúde, referia-se a pessoas escravizadas em termos genéricos como "autômatos", corpos sem vontade que poderiam ser colocados para funcionar como máquinas. Certo periódico do Rio de Janeiro divulgou em 1884 uma matéria sobre uma escravizada que, "apesar de reduzida à posição de authomato" [*sic*], ainda assim tentou se defender contra o assédio sexual.[83] Uma outra reportagem descreveu uma escola técnica para filhos e filhas de ex-escravizados que, por meio dos estudos, deixam de ser um autômato, "brutalmente inconsciente, para ser um cidadão convencido do papel que deve representar na sociedade".[84] O estadista brasileiro José Bonifácio expressou a questão nestes termos: "com efeito, o homem primitivo [por certo, referia-se aos africanos escravizados] não é bom, nem é mau naturalmente, é um mero autômato".[85] A relação entre autômato e a condição de escravo não foi específica do Brasil. Escravos eram "máquina para lhes tirar o trabalho das costas", segundo o proprietário de escravos Harris, descrito em *A cabana do Pai Tomás*.[86] Trabalhadores japoneses e chineses do início do século XX no Havaí eram comparados a "um tipo de autômato agrícola", eficiente apenas quando sob adequada supervisão britânica ou estadunidense.[87] Apesar disso, ainda que pessoas escravizadas fossem representadas como autômatos, de repente eram consideradas agentes individuais autônomos e responsáveis quando queriam puni-las ou sujeitá-las à condenação legal.

Talvez ninguém tenha expandido o léxico e a amplitude de "automático" mais do que um grupo de psiquiatras no Hospital Salpêtrière em Paris, dirigido por Jean-Martin Charcot, que foi amplamente imitado no Brasil – tema do capítulo 1. Todo mundo, de Freud a William James, ao imperador do Brasil, Dom Pedro II, e ao fundador da psiquiatria brasileira, Antônio Austregésilo, peregrinou pelo laboratório de Charcot e assistiu às palestras de terça-feira. No início dos anos 1880, Charcot e seus estudantes começaram a resgatar a hipnose dos parques de diversão e dos salões para transformá-la em ferramenta médica. Charcot articulou novos diagnósticos ao traduzir relatos históricos de possessão demoníaca nos termos novos de automatismo, histeria e autossugestão, comparando pinturas medievais de pessoas possuídas pelo demônio com fotografias contemporâneas de pacientes atormentados, na maioria, mulher. Freud, Pierre Janet e outros seguiram o modelo de basear-se em registros de possessão demoníaca para criar diagnósticos e tratamentos.[88] O arsenal psiquiátrico apresentou uma série completa de termos que entraram para o léxico do português brasileiro via língua francesa: "sonambulismo", "histeria", "dissociação", "automatismo", "autossugestão", entre vários outros.[89] Em "O automatismo psicológico", de 1889, Pierre Janet, discípulo de Charcot, usou o conceito de automatizar para enquadrar na mente do leitor a imagem de uma pessoa que age sem vontade.[90]

Havia algo peculiar na densidade desta nuvem de palavras – automático, autômato, automatismo –, visto que se tornou um agrupamento transnacional e vernacular tanto coloquial quanto acadêmico, do fim do século XIX. O autômato como objeto já estava muito além de sua idade de ouro renascentista, mas isso não significou que se esgotara. Pelo contrário, integrou-se à linguagem e à prática cotidianas, uma engrenagem dos equipamentos classificatórios da época.[91]

Ao redor do mundo

O automático formou o mundo em termos populares, e a religião foi uma lenda, que seguiu o rasto. Ainda que já fosse um gênero conhecido, a literatura de viagem do fim do século XIX investiu no aprendizado acelerado de religião comparada. A convenção moldou o mundo de forma peculiar. As prateleiras estavam abarrotadas de narrativas de jornadas pelo mundo, de escritores como Jacques Arago, Mark Twain, Charles Darwin, Andrew Carnegie e o *best-seller* Júlio Verne. O livro *Viagem de um naturalista ao redor do mundo*, de Darwin, teve 11 edições entre 1860 e 1890. As descrições de viagens ao redor do mundo ajudaram a criar uma imagem nova de uma globalidade familiar e, com isso, estabilizar categorias de religiões.[92] No livro *Following the Equator: A Journey around the World* [*Seguindo o equador: uma jornada ao redor do mundo*], Mark Twain descobriu no Sul da Austrália uma terra de cosmopolitismo religioso radical. Ele se surpreendeu apenas com a relativa escassez de espíritas, segundo sua contagem, havia somente 37. Outro cronista das próprias viagens ao redor do mundo, Jacques Arago, aparece no capítulo 3 deste livro. O desenho que ele fez de uma brasileira escravizada, publicado no *Narrative of a Voyage round the World*, posteriormente tomou vida como a santa popular e agente quase humana viva Anastácia, conhecida como Escrava Anastácia. Arago morreu no Rio de Janeiro; ele foi mentor de Júlio Verne e inspiração para ele. Foi um observador entusiasmado das religiões que encontrou, assim como Verne.[93] No livro *A volta ao mundo em oitenta dias*, de Verne, os heróis Phileas Fogg e Passepartout trocam ideias com hindus e mórmons.

A invasão de livros que retratavam jornadas ao redor do mundo e o mercado aparentemente inesgotável para eles ajudou a moldar a religião em termos comparativos de maneira tão importante quanto, e provavelmente até mais, a obra de importantes acadêmicos como Max Müller fizeram. O conhecimento "daquilo" proporcionou provas de um cosmopolitismo genuíno; descrições coloridas da prática "daquilo" serviram como sinais de autenticidade genuinamente provinciana ou exótica. A religião ajudou a formatar o mundo, ainda que histórias de viagens ao redor do mundo tenham transmitido a religião de modo comparativo pela primeira vez a plateias gerais. Os gêneros formataram um ao outro. Ademais, as coisas e as práticas descritas como "religiões" eram, no gênero literatura de viagem, apresentadas em uma sequência rápida, muito próximas umas das outras. A religião surgia entre rodas de aço e caldeiras, conforme os quadros de horário, em alta velocidade. Isso era nada parecido com as digressões de Marco Polo acerca das práticas chinesas, absorvidas lentamente ao longo do tempo, ou com as narrativas de viagem tocadas ao vento no início do século XIX. O novo regime era o Steampunk, com os óculos de proteção distorcendo a visão sobre várias religiões. Novos modos de viajar e hábitos produziram similaridades absurdamente insípidas e, o mais comum, polêmicas grotescas de diferença radical. Em *Round the World in 124 Days* [A volta ao mundo em 124 dias], Ralph Watts Leyland ofereceu reflexões marcantes sobre budismo, jainismo, xintoísmo e a relação entre os hindus e os maometanos. Ele acumulou percepções em suas andanças – 16 dias na Índia, 17 no Japão, 2 em Hong Kong. Remetendo à fictícia volta no planeta em 80 dias de Verne, ele declarou que um giro rápido como esse era difícil, mas eminentemente possível: "no entanto, só é possível completá-lo depois de um cuidadoso planejamento anterior à partida da Inglaterra, a fim de concatenar os horários de chegada e de partida de trens e barcos a vapor".[94]

Os textos transmitem não apenas velocidade e compressão do tempo, mas também uma nova segmentação de pontos de vistas acerca da divisão do mundo, partido em modos específicos de enxergar e de narrar conforme gênero, cor de pele, profissão ou transporte. Por exemplo, *Jornada de uma mulher ao redor do mundo*, escrito em 1852 por Ida Pfeifer; *A Colored Man around the World*, escrito em 1858 por David Dorr; *Viagem de um naturalista ao redor do mundo*, escrito em 1860 por Darwin; *Around the World on Bicycle*,[95] escrito em 1889 por Thomas Stevens, que ficou animado ao descobrir que as religiões eram mal compreendidas em um ritmo lento: "a mitologia, a religião, os templos, a política, a história e os títulos japoneses parecem-me a pior mistura e a mais difícil para uma compreensão casual de qualquer coisa que eu tenha prometido investigar".[96] O mundo era um mosaico de envolvimentos de alta velocidade, e a religião fazia parte do espetáculo. Os agentes do *show* eram cientistas viajantes europeus e estadunidenses que, assim como antropólogos e historiados de hoje, podiam arcar com a mobilidade cosmopolita e tinham recursos financeiros para estudar o folclore "tradicional" e a "natureza", ou seja, aquelas pessoas, aqueles animais e aquelas plantas que supostamente agiram por repetição, hábito, instinto ou herança genética, em vez de inovação ou vontade. *Grosso modo*, agentes itinerantes coloniais e neocoloniais "descobriram" atores automáticos e autômatos presos a um lugar.

William James, Jean-Martin Charcot, Gustave Le Bon e Sigmund Freud estavam entre os viajantes. Vapt! Lá se foi William James para o Brasil, em 1865, para se juntar à Expedição Thayer com Louis Agassiz. Zoom! Lá se foi Jean Charcot fazer suas anotações no Marrocos. Ah! Que coragem podemos notar em Gustave Le Bon, no Nepal. Poof! Agora o jovem Sigmund Freud deixa a bagagem cair ao chão em um hotel de Paris e corre para assistir à palestra de Charcot. Todos foram observadores cuidadosos tanto do mundo natural quanto do religioso. William James observou que alguns seres humanos eram mais propensos ao automatismo do que outros.[97] Alfred Russell Wallace, o famoso naturalista e espírita que passou seis anos no Brasil, colocou a vida animal e a do espírito no mesmo patamar de vontade: o voo do pássaro é superior ao do inseto, porque é resultado da vontade; o voo do inseto é meramente automático. Espíritos organizadores (agentes dotados de vontade) agem em "almas celulares", cujo trabalho nada mais é que automático, devotado a sustentar a "maquinaria de vida".[98]

Além disso, todos eles encontraram pessoas que demonstravam uma falta de vontade evidente. Tanto Charcot, no Marrocos, em 1887, quanto William James, no Brasil, em 1865, ficaram surpresos – pelo menos foi o que expressaram – por terem se deparado com mulheres negras em diferentes estados de nudez (Figura 2).[99] Era possível elaborar uma longa lista das descobertas de viajantes andarilhos sobre pessoas automáticas ao redor do mundo. A questão é que relatos de viagens ao redor do mundo compuseram uma rede bipolar na qual atores se moviam apenas mecanicamente e no mesmo lugar, enquanto outros viajavam deliberadamente, de livre vontade. Pierre Bourdieu descreveu a construção do mundo como transformação da visão de divisões.[100] Nesse sentido, o mundo automático foi o nascimento de gêmeos, a divisão do mundo em agentes e não agentes. Mais do que isso, personagens no roteiro do automático estavam relacionados e costurados, a fim de serem duráveis. Em um tempo diferente, Espinosa associou papagaios a autômatos, ambos seres que simulam o entendimento, mas na realidade não o têm. Ele combinou a ideia de animalidade à de seres humanos sem vontade. David Hume fez praticamente o mesmo, ao expressar que papagaios e negros eram comparáveis no talento para imitação.[101] Hegel também concebeu seres humanos em relação a supostos autômatos. A descrição que ele fez de africanos como imitadores não agentes e pessoas sem história é o mais dramático de vários exemplos.[102] Teóricos sociais criaram uma escala menos estática, mas igualmente perniciosa, de evolucionismo e infância racial, unindo raça e idade. Gustave Le Bon escreveu que membros de uma multidão são ao mesmo tempo "possuídos" e "escravos" do sonho de um líder, unindo afeto e escravização.[103] As pessoas escravizadas eram descritas como "máquinas para tirar o trabalho das costas", unindo mecânica e dominação social. Mulheres sedutoras foram relacionadas a autômatos igualmente em histórias escritas por E. T. A. Hoffmann, Júlio Verne e Machado de Assis. E as pessoas consideradas particularmente suscetíveis ao automatismo eram africanas e ameríndios, o que amarrava juntas as ideias de raça, evolução e ausência de vontade.

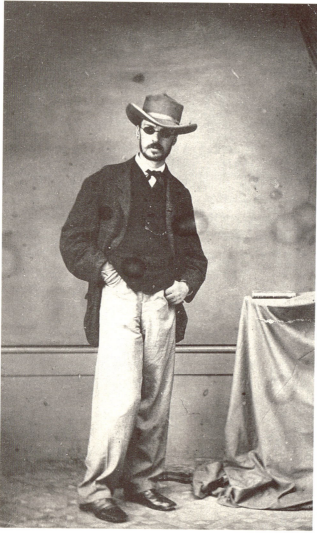

Figura 2 – William James no Brasil, depois de um ataque de varíola. Fotografia, 1865. MS Am 1092 (1185), Houghton Library, Universidade de Harvard.

Ainda assim, por virtude dessa falta mesmo, esses corpos supostamente sem vontade adquiriram a capacidade de se tornarem objetos de devoção ritualística, como mediadores de um poder direto, irracional, e é a atração que se assemelha a religião direcionada ao automático o que quero destacar.[104] Isso ocorreu, por exemplo, com o desenho que Jacques Arago, escritor viajante francês do século XIX, fez de uma pessoa escravizada, conforme descrito no capítulo 3. Aliás, foi no contexto dos efeitos "mundificantes" do florescente gênero literatura de viagem que as figuras de pessoas subordinadas e automáticas assumiram um sentido especial.[105] O que o quase humano e a não agência fizeram?

Religião automática

Em teoria da religião, a ideia do automático ajudou a fazer magia. Se a percepção era de que as pessoas agiam automaticamente, a religião representada por elas também poderia ser descrita como automática. James Frazer descreveu ações rituais mágicas como "automáticas". Religiões demandavam adoradores e deuses exercendo a vontade. Émile Durkheim descreveu desenhos aborígenes de animais totêmicos e suas aparições na consciência como "tradução automática".[106] Mark Twain publicou a expressão "religião automática" em 1907, ao descrever uma prática "tão acostumada com seu trabalho, que ela consegue executá-lo sem sua ajuda e até mesmo sem qualquer laço com você". A expressão identificou reações que estão arraigadas, inconscientes, terrivelmente rígidas, ainda assim, quase impossíveis de resistir.[107]

William James, amigo de Twain, era mais otimista: "quanto mais detalhes da vida cotidiana pudermos deixar por conta da falta de esforço do automatismo, mais nossos poderes elevados da mente serão libertados".[108] Ele indicou a descoberta do automatismo, que localizou precisamente em 1886, na publicação do compêndio *Fantasmas dos vivos*, como chave para compreender a maioria dos fenômenos religiosos, ampliando sua ideia de automatismo, de telepatia e transe para narrativas de conversões metodistas. Se alguns sujeitos são especialmente propensos à incursão de experiências além do campo convencional de consciência, *todas* as pessoas são, até certo ponto, "permeáveis e acessíveis", ele propôs.[109] Religião automática ou automatismo descrevia essa característica. Uma parte-chave do fenômeno da religião e como pensamos sobre ela é a liberdade relativa que se ganha e se perde, o grau de entrega a seres meta-humanos e seus objetivos imaginados. Eventos quase religiosos estão sempre situados entre e em relação a polaridades de agência e de autômato.

O conceito do automático moldou o de religião de outras formas também. James configurou a religião nos termos da mecânica:

cada alma individual [...], assim como cada máquina ou organismo individual, tem a própria condição ideal de eficiência. Uma dada máquina funcionará melhor com o vapor em determinada pressão, em determinada amperagem [...]. Da mesma forma ocorre com a diversidade de almas.[110]

Nisso, James não estava só. Em termos de teoria da religião, a virada do século XX produziu um mecanismo resistente com estrutura de ferro. Esse nem sempre foi o caso, nem era inevitável. Antes de se tornar mecânica e automática, a religião era, sobretudo, concebida de forma orgânica. Pense no trecho a seguir do livro *Sobre a religião*, de Friedrich Schleiermacher (1799): "A vida divina é como uma planta terna cujas flores são fertilizadas enquanto encerradas no botão, as intuições e os sentimentos sagrados que você é capaz de desidratar e preservar, e os belos cálice e corola, que se abrem logo após aquela ação secreta".[111] Johann Gottfried Herder utilizou termos orgânicos semelhantes aos utilizados por Schleiermacher. Religião era "o mais sublime florescer da alma humana".[112] Como Kant, Herder definiu o ser humano em contraste com o animal, cujas ações, ele alegou, eram automáticas, sem alma. Contraste aquele trecho com a linguagem de Ludwig Feuerbach, meio século depois: "o imperativo do amor funciona com energia eletromagnética; o do despotismo, com energia mecânica de um telégrafo [de madeira]".[113] Sem dúvida, Feuerbach em momento algum lançou mão do automatismo e até mesmo utilizou algumas das mesmas metáforas que Schleiermacher. Ambos descreveram a religião relacionando-a ao coração. Mas como eram improváveis esses corações! O coração de Schleiermacher expandiu com sentimento e profundidade; o de Feuerbach era uma bomba com mecanismo de sístole e diástole.[114]

No entanto, tenho em mente mais do que triturar juntos a religião e o automático na moenda do fim do século XIX. Quero refletir sobre como o automático gerou não apenas códigos novos de descrição, mas também modos novos de prática e experiência religiosas: a fotografia foi elencada para o conhecimento de espíritos; a fonografia foi elencada para ouvir as vozes na cabeça; a nomenclatura "energia", "luz", "vibração", "eletricidade" e "poder" começou a circular nas experiências registradas em eventos religiosos e a constituí-los.[115] A era do automático gerou novos modos de práticas religiosas mediadas pela tecnologia.[116] Também construiu novos muros. Categorias da antropologia e da história das religiões fortificam geografias teóricas – religião como agência aqui, religião como automatismo lá; religião como algo individual aqui, religião como abandono coletivo acolá.[117] Um mundo dividido entre agentes e autômatos foi eficiente na produção e reprodução de centros e margens, atores e imitadores. O sujeito escravizado, o paciente e o macaco, com a fotografia de um pai de santo exorcista, um defunto e um espírito escritor, todos sendo representados, mostram o automático como nascimento de gêmeos. Marcou a divisão entre os atores livres e os não livres, viajantes cosmopolitas *versus* supostos autômatos. Os primogênitos devoraram o mundo em circuitos vertiginosos de transporte mecanizado; os segundos foram fixados no lugar, dotados de uma repetição semelhante à de máquina. Essas figuras foram representadas sem agência, como semelhantes aos humanos, mas menos do que humanos – quase humanos –, ainda assim exerciam magnetismo. Poderiam ter se tornado objetos de atração, até mesmo de prática ritual.

Quase humano

Qual é o atrativo (ou horror) de figuras ou eventos que têm ambiguidade de agente? Como pessoas se tornam ambíguas em relação à agência ou, para usar um termo mais antigo, *incômodas*? Como o incômodo é cultivado e empregado como técnica para revelar algo novo? *O homem da areia*, de E. T. A. Hoffmann, narrou a história de um jovem que se apaixona por uma mulher que ele descobre ser um autômato. A falha em reconhecer isso e a confusão motivam o suicídio dele. Essa história ganhou um duplo sul-americano em "O capitão Mendonça", de Machado de Assis, publicado pela primeira vez em 1870. Machado escreveu sobre um homem que se apaixona por uma mulher que, também, ele descobre ser um autômato. Amá-la exigia que se tornasse como ela, ao mesmo tempo gênio (mais do que humano) e mecanizado (menos do que humano) por meio de cirurgia cerebral e injeção de éter. O protagonista de Machado fica angustiado: "senti uma dor agudíssima no alto do crânio; corpo estranho penetrou até o interior do cérebro. Não sei de mais nada. Creio que desmaiei".[118] Machado colocou o autômato e a atração por ele como a topografia de paisagens oníricas estranhas. "Incômodo" (*unheimlich*) ganhou fama internacional como termo para descrever atrações estranhas como essas. Apesar da familiaridade, tem em si potencial inexplorado. O mais importante é que descreveu e localizou uma dimensão afetiva da fascinação quase humana ou do horror, ou ambos ao mesmo tempo. Vale a pena dedicarmos tempo a esse termo estranho, porque passou a ser usado exatamente para nomear a questão dos limites inconstantes do humano e descrever a qualidade comovente do choque humano ao se dar conta da própria distinção frágil entre o animal e o mecânico.

O incômodo

As palestras de Friedrich Schelling em 1842 foram os primeiros contextos a apresentarem o conceito daquilo que deveria ter permanecido em segredo (*geheimlich*), mas foi revelado, relacionando o que foi escondido ou o segredo ao incômodo. Publicadas como *Historical-Critical Introduction to the Philosophy of Mythology* [Introdução histórico-crítica da filosofia da mitologia], elas citaram o incômodo (*unheimlich*) quatro vezes: em relação a experiências com o que é anômalo na natureza, experiências de receio, terror ou obscuridade, figuras infantis e selvagens e, no referente geográfico dado, território da América do Sul, especialmente La Plata.[119] No ensaio "On the Psychology of the Uncanny" ["Psicologia do incômodo"], Ernst Jentsch revisitou o conceito de Schelling. Ele se concentrou na desorientação e na incerteza causadas quando o animado e o inanimado são confundidos por ambiguidade do agente. Um homem apaixona-se por uma mulher que parece ser viva e enlouquece quando se dá conta do equívoco. Ou, em um museu, fica desvairado entre estátuas de cera que são semelhantes demais a um ser humano natural. As estátuas evocam a sensação de incômodo devido à forma demais humana que elas têm, mas humanos reais também se tornam um incômodo quando de repente parecem mecânicos ou despossuídos de uma psiquê unificada. Jentsch narrou uma pessoa que se encontra com uma outra que anteriormente era conhecida como orgânica e animada, mas no momento parece orientada por um "mecanismo" ou "processos mecânicos".[120] O incômodo, conforme ele articulou, seguiu na direção de um sentimento de experiência de desorientação ou interrupção na experiência cotidiana. Ele o descreveu principalmente como perturbador. Ainda que essas experiências de desorientação talvez resultem de estados temporários – bebedeira, alucinação, medo (por exemplo, escuridão em um espaço desconhecido) –, elas talvez sejam também cultivadas, como quando "alguém se dispõe a reinterpretar algum tipo de coisa sem vida como parte de uma criatura orgânica, principalmente em termos antropomórficos, de modo poético ou fantástico".[121]

Um lago isolado é reconfigurado como o olho gigante de um monstro; o contorno de uma nuvem ou uma sombra são transformados em um rosto satânico ameaçador. Objetos tomam vida ao abordá-los, mantendo uma conversa com eles, imitando-os ou tratando-os como algo familiar. Os casos de experiência com o incômodo apresentados por Jentsch estão concentrados no arranjo de mulheres, crianças, sonhadores e primitivos, todos apresentados como irracionais. Ele foi presciente também ao combinar em desenho exemplos de histéricos, autômatos e deuses, devido à incerteza que provocam.

Freud repudiou o próprio ensaio "O incômodo", escrito em 1919, por ser nada mais que trivial.[122] Não foi apenas falsa modéstia. Seu esforço de circunscrever o termo "incômodo" beirou a comicidade quando, conforme observou Nicholas Royle, ele mencionou tudo em uma só frase "animismo, magia e feitiçaria, a omnipotência dos pensamentos, o comportamento do homem em relação à morte, a repetição involuntária e o complexo de castração".[123] Seguindo o resumo que Jentsch fez de *O homem da areia*, Freud reconheceu o estranho encantamento por uma garota que é na realidade um autômato, mas declarou que a questão de ambiguidade de agente é secundária ao medo da castração:

> o sentimento do [incômodo] está diretamente colado à figura do *Homem da Areia*, ou seja, à representação de que os olhos devem ser roubados e que uma incerteza intelectual, no sentido de Jentsch, nada tem a ver com esse efeito. A dúvida legítima em relação ao caráter animado da boneca Olímpia não está de forma alguma em questão nesse forte exemplo do [incômodo].

As características da história "se tornam plenos de sentido quando se substitui o *Homem da Areia* pelo temido pai, de quem se espera a castração".[124]

No entanto, mais revelador do que o medo da castração é o uso que Freud fez da palavra "incômodo" para descrever as próprias experiências de desorientação inquietantes. Em 3 de dezembro de 1885, Freud escreveu para a esposa, Martha: "A cidade e seus habitantes tocam-me como um incômodo; as pessoas parecem-me ser de espécies diferentes [...]. São todas possuídas de milhares de demônios".[125] Ao escrever a partir da própria experiência em vez de como analista, ele nos ajuda a enxergar o incômodo como registro afetivo, confirmando as primeiras ideias de Jentsch. Para este, a sensação de incômodo categoriza tanto a desorientação causada pelo quase humano quanto a atração simultânea por ele, como Freud pensou que Paris era não somente incômoda e possuída, mas também irresistível. Seres humanos buscam desorientação temporária, a fim de enxergar o mundo de forma diferente. Eventos religiosos são espaços para a produção dessa mudança.[126] O ponto de vista de Jentsch estava, parece-me, em sintonia com o de Hoffmann. Na novela *Automata* (1814), a personagem de Hoffmann apega-se ao afeto – conduta reverente com a qual pessoas passeiam em museus de cera e o sentimento "de horror, estranho, instável" que experimentou em um deles:

> Quando vejo os olhos arregalados, sem vida, vidrados de todos os potentados, heróis celebrados, ladrões, assassinos etc., fixados em mim, sinto-me disposto a chorar com Macbeth: "não tens nenhuma especulação naqueles olhos com os quais tu encandeias". E sinto-me certo de que a maioria das pessoas experimenta o mesmo sentimento.[127]

O hiato existente entre o agente exterior visível e o interior secreto parece ser chave para a fascinação por autômatos e ações automáticas. A atração do incômodo tem a ver com essa duplicação e a reação afetiva a ele. Ele relaciona o autômato, possuído de uma agência incerta, à prática emergente da obsessão da psiquiatria do fim do século XIX por "dupla consciência", uma expressão em uso pelo menos desde o caso Mary Reynolds, de 1817, publicado em *Medical Repository*.[128] Uma pessoa de verdade torna-se incômodo quando de repente parece mecânica ou despossuída de um *self* unificado. O incômodo aqui é uma experiência de desorientação, uma desconexão, uma mudança de quadro que irrompe em experiência cotidiana. Em rituais de automatismo – roteiros que envolvem ou tornar-se não agente ou estar na presença deles ou de corpos sem vontade –, os participantes tomam consciência de algo que não conseguem nomear, ou seja, a própria duplicidade e a de outros.

Duplicidade – *dédoublement* – tem sido ensaiada em uma dezena de modos diferentes e, com frequência, assume um sentido específico, como aconteceu para W. E. B. Du Bois em seu uso da expressão "segunda visão", "dupla consciência", em 1903, e "duplicidade" para descrever a internalização do racismo: "um americano, um negro; duas almas, dois pensamentos, duas lutas irreconciliáveis; dois ideais antagônicos em um corpo escuro".[129] Mas isso também possibilitou amplas leituras sobre agência. Ana Karenina, Tolstói escreveu, caiu em tortura moral, "via-se agora agravada de um sentimento novo, que ela, com verdadeiro pavor, compreendia apoderar-se-lhe da consciência, sentia em duplicado".[130] Pierre Janet escreveu: "homens comuns oscilam entre dois extremos, algumas vezes autômatos com ações determinadas e força moral fraca, algumas vezes merecedores de serem considerados seres livres e morais".[131] Atores religiosos ensaiam esse tipo de oscilação entre polaridades do duplo. Ela encena a outra que é também ela mesma. Encontros ritualísticos com antiagentes como o corpo possuído, o escravizado, o catatônico ou o comatoso e o ator mecânico lançam a oposição outrora indescritível ao alívio e, por vezes, tornam-na disponível para a consciência: entre liberdade e limitação, movimento e imobilidade, vivacidade e quietude. O prazer de cultivar o automatismo ou a duplicação talvez, seguindo Paul Ricœur, resida na "hermenêutica do eu" que proporciona: a recepção de agência por meio da interação com um outro ao vivenciar-se como o outro ou em relação a ele, o quase humano.[132]

Religião como o ser humano

Há muito tempo a religião tem sido usada como teste de humanidade, amiúde, colocando muita coisa em risco. Na América do Sul, decidir se ameríndios tinham uma religião – algumas ações combinadas que pudessem ser reconhecidas como religião pelos espanhóis – determinou se estaria correto considerá-los humanos (*anthropos*) e com potencial para serem convertidos ao cristianismo. Se fosse decidido que estavam mais próximos dos animais do que dos humanos, seria então legítimo matá-los ou escravizá-los. Em geral, os europeus impuseram sua ordem. Eis o que o humanista espanhol Juan Ginés de Sepúlveda escreveu em 1545:

> Você compreenderá bem, Leopold, se conhece costumes e modos de povos diferentes, que a Espanha tem todo o direito de dominar esses bárbaros no Novo Mundo e ilhas adjacentes, que em prudência, habilidade, virtude e humanidade são inferiores aos espanhóis, assim como crianças são inferiores aos adultos ou mulheres aos homens, pois existe entre os dois tanta diferença quanto há entre selvagens e raças cruéis e os mais misericordiosos, entre os mais descomedidos e os moderados e temperantes e, devo ainda dizer, entre macacos e homens. [...] Apesar de alguns deles demonstrarem certa engenhosidade para variados trabalhos de artesanato, isso não é prova de inteligência humana, afinal, pode-se observar animais, pássaros e aranhas construindo determinadas estruturas que nenhuma realização humana consegue imitar de forma competente. [...] Compare, portanto, os dons de prudência, talento, magnanimidade, temperança, humanidade e religião com aqueles que quase homens (*homunculi*) têm – neles você dificilmente encontrará vestígios de humanidade.[133]

Em sua defesa da escravidão natural de americanos nativos, Sepúlveda descreve o ser humano, sobretudo, os supostos homúnculos ou quase humanos do Novo Mundo, em relação aos primos animais. No entanto, não somente os europeus tentaram traçar os limites da humanidade. O nobre espanhol Gonzalo Fernández de Oviedo y Valdés (1478-1557) relatou, por volta de 1524, que os nativos de Porto Rico conduziam eles mesmos experimentos para testar a humanidade dos brancos; matavam-nos, jogavam-nos à água e vigiavam para ver se a carne apodreceria, como a deles.[134]

Enquanto isso, na Europa, Kant ficou famoso ao afirmar que a sensibilidade moral e a capacidade de comparação eram qualidades peculiares do ser humano, comparadas com o mero impulso animal de sobrevivência e reprodução que não humanos também buscam. Essa sensibilidade moral estava bem expressa principalmente na religião, sobretudo, no protestantismo ético. Herder, também, concentrou-se no dom especificamente humano da alma. Assim como Kant, ele definiu o ser humano contrapondo-o ao animal, cujas ações eram automáticas, desprovidas de alma. Para ele, até mesmo a razão e a linguagem – duas capacidades que, amiúde, propõe-se serem qualidades peculiarmente humanas – emergiram apenas secundariamente na tentativa de compreender e descrever fenômenos incipientes como o destino da alma após a morte. Ele argumentou que a razão e a linguagem surgiram dentro da religião e a partir dela.[135]

Cem anos depois, no fim do século XIX, a religião era da mesma forma constitutiva da humanidade, dessa vez segundo antropólogos evolucionários, incluindo Edward Burnett Tylor (1832-1917), conhecido como o pai da antropologia moderna. Para Tylor, todos os seres humanos têm religião ou algo parecido, que ele denominou "animismo" depois de descobrir que a rubrica "espiritismo" já estava tomada. Todas as raças inferiores que conhecemos compartilham, ele afirmou, a crença em seres espirituais. Observações como essa levaram à elaboração de sua definição famosa de religião, que também ficou famosa por ser curta: crença em seres espirituais.[136] É importante observar que essa definição foi elaborada sob medida para incluir todos os seres humanos conhecidos e, por conseguinte, ajudar a precisar o momento em que a humanidade ocorreu no processo evolucionário. Quando foi que primatas passaram a fazer parte da humanidade? Tornaram-se humanos quando começaram a se questionar acerca da vida após a morte ou dos sonhos – isto é, quando expressaram interesse pela alma. Para Tylor, assim como para Herder, a *alma* foi um marcador crucial. A religião surgiu a partir das experiências humanas de sono, sonhos e vigília, o corpo animado *versus* o corpo inanimado, e o mistério das mudanças entre presença e ausência da experiência consciente.

Essa associação pode dar certo vice-versa: animais podem se tornar legalmente pessoas, ao menos em tese, quando demonstram ter religião. Jane Goodall, por exemplo, argumentou que chimpanzés têm religião, portanto, têm garantidas as mesmas proteções legais que os humanos. Eles organizam celebrações e homenagens em cachoeiras – rituais – sem função aparente que não seja celebrar o fato de estarem naquele local. Ela escreveu sobre um chimpanzé:

> Em pé ereto, ele balança ritmicamente de um pé para outro, pisando na água rasa e impetuosa, pegando e arremessando pedras grandes. Às vezes ele sobe pelas videiras esguias que pendem das árvores, no alto, e balança, entrando no jato d'água que cai. Essa "dança da cachoeira" pode durar 10 ou 15 minutos.[137]

Ou então veja as palavras corriqueiras de uma pessoa da Carolina do Norte:

> Se o Pé-Grande fosse real – você sabe onde moro, há muitos avistamentos do Pé-Grande aqui –, se o Pé-Grande fosse real, qual seria a consequência para, digamos, a religião, a economia, todas essas outras coisas que tocam nisso? Digamos que o DNA do Pé-Grande é meio humano. Será que ele tem alma? Isso ajuda a pensar.[138]

Ele está certo. Isso faz pensar.

Livre-arbítrio, o humano e o animal

Tanto Goodall quanto a curiosidade na Carolina do Norte acerca do Pé-Grande demonstram como a humanidade é interpretada em relação a animais e à presença da religião ou da alma.[139] Pelo menos desde a *História dos animais*, de Aristóteles, os macacos ocupam um ponto intermediário privilegiado entre seres humanos e animais, tanto no trabalho quanto na filosofia (seja como condutores de mula no Brasil, músicos de rua nos Estados Unidos ou companheiros de brincadeira para crianças na Europa). Macacos serviram ao mesmo tempo como fulcros para a acusação de menos do que humanos (meros mímicos automáticos sem vontade) e como cifra para a *resistência* à desumanização – como no "macaco significante" descrito por Henry Gates[140] ou em casos recentes de defesa aos direitos dos macacos como pessoas legais. William James, também, descreveu como a particularidade humana foi estabelecida em relação aos animais – humor, empatia, linguagem, vontade humana – em oposição à ação "automática" de um cachorro.[141] Determinados animais ajudaram e estruturar *o humano*, devido à incômoda proximidade que têm de características humanas, como os papagaios com habilidade para a mímica e para a fala, mas, sobretudo, os macacos com sociabilidade, expressividade e destreza. A abundância de macacos e papagaios – quase humanos por excelência – fez com que o Brasil fosse crucial no projeto de humanização.

Todos os relatos de viagem do Brasil no início da modernidade mencionaram macacos e papagaios. Em 1511, o navio português *Bretoa* partiu do Brasil com 5 mil árvores de pau-brasil, 22 periquitos, 16 calitriquídeos (macacos pequenos [popularmente conhecidos como sagui ou mico-leão]), 15 papagaios e 3 macacos grandes. Um navio francês capturado pelos portugueses em 1531, o *Pelerine*, carregava 300 toneladas de madeira, quase 2 toneladas de algodão, sementes e óleos, 300 peles, 600 papagaios e 300 macacos.[142] A narrativa de cativeiro de Hans Staden, publicada pela primeira vez em 1557, relatou negociações com o povo tupi, na costa do Brasil, por pimenta e macacos de rabo longo.[143] Jean de Léry, em relato sobre o Brasil, em 1556, mencionou como era fácil atravessar o oceano transportando determinados macacos, se comparados a outros animais.[144] Durante os séculos XV e XVI, Portugal tornou-se centro de comércio de macacos e papagaios na Europa.[145] Eles começaram a chegar do Brasil depois de 1500, e Lisboa passou a ser o núcleo do comércio conforme marinheiros portugueses retornavam a Sagres, Lagos e Lisboa com macacos, tanto como companheiros quanto como um amplo estoque para venda. A presença de macacos na vida doméstica cresceu vertiginosamente na Europa, no fim do século XVIII. Em Paris, era possível encontrá-los em vários lares, e eram comuns nos mercados das grandes cidades.[146] Macacos capuchinhos, das Américas, principalmente do Brasil, eram vistos diariamente, e os vendedores de macaco chamavam a atenção para a humanidade deles em seu discurso de venda: um macaco pequeno de 10 meses, por exemplo, era apresentado como tendo "rosto e mãos de negro".[147] Macacos dormiam com crianças no quarto, invadiam a penteadeira das mulheres e sentavam-se à mesa do jantar.

Estrangeiros que visitavam o Brasil no século XIX enchiam seus relatos com gritos de papagaios e macacos, como se os animais dominassem a paisagem.[148] Ouça a voz de Charles Darwin a bordo do *Beagle* em abril de 1832, desdenhando os brasileiros "miseráveis", mas animado para observar "a natureza em sua forma mais grandiosa", suas "florestas selvagens povoadas por belos pássaros, macacos e preguiças e lagos com capivaras e jacarés". Em junho ele estava atirando nesses animais junto com seus guias.[149] E lá estava William James no Brasil a bordo da expedição de Agassiz em 1865, com um macaco como melhor amigo: "amarrado a um dos postes do galpão estava talvez o melhor amigo que encontrei nesse lugar, ou seja, um macaco-aranha muito grande, ou melhor, coatá".[150] O próprio Louis Agassiz expressou que a floresta era "barulhenta" devido aos roncos e que pessoas negras se assemelhavam a macacos de braços longos.[151] Ele se antecipou ao relato do conde Gobineau, embaixador francês da corte, no Rio de Janeiro, que, em 1869, disse que o Brasil era "uma multitude de macacos".[152] Naquela época também, vendedores de macacos eram comuns no mercado do século XIX do Rio de Janeiro, e o produto deles era barato. O viajante americano Thomas Ewbank relatou que lhe ofereceram um macaco por 6 mil-réis [aproximadamente R$ 13,00].[153] No Nordeste do Brasil, macacos pequenos chamados *ouistiti* eram comumente animais de estimação para crianças, e os comerciantes sertanejos do interior com frequência treinavam os macacos para conduzirem suas mulas de transporte.[154]

Macacos tornaram-se animais de estimação na Europa também. Durante a Belle Époque, eram menos comuns, ainda assim serviam como marca de estilo e distinção. Por isso, o *designer* de moda Paul Poiret apresentou-os com papagaios em uma festa famosa que ele ofereceu com o tema "As mil e uma noites", em 1911.[155] Sarah Bernhardt possuía um papagaio e um macaco chamado Darwin, além de outros animais.[156] Ao apresentar o neuroanatomista Franz Josef Gall a seus leitores, o editor Nahum Capen citou Gall, dizendo: "Há quem realmente não quer que nem seus cachorros e macacos façam parte de minha coleção [para estudos de anatomia por meio da dissecação] depois de mortos". Isso sugere que tanto cachorros e macacos eram parceiros domésticos comuns por quem os donos desenvolviam sentimentos de apego.[157] O capítulo 1, a seguir, descreve o papel de um símio brasileiro da Belle Époque em Paris: Rosalie, amado animal de estimação do psiquiatra Jean-Martin Charcot.

Ainda que o macaco fosse uma maravilha do Novo Mundo de origem brasileira, ele era também uma figura de características quase humanas diabólicas. Satanás era imaginado como o "macaco de Deus". Demônios apareciam como macacos não totalmente humanos.[158] Isso continuou no século XIX. Na história "Chá verde" de Sheridan Le Fanu, de 1872, o vigário Sr. Jennings é atormentado por visões de um macaco demoníaco que o seguia, subia na *Bíblia* enquanto ele tentava pregar e, por fim, tomou a mente dele, levando-o ao suicídio.[159] O macaco como demônio em aspectos específicos assemelha-se a várias histórias sobre autômatos como figuras demoníacas, da lenda sobre o companheiro de Descartes a histórias escritas por Jean-Paul Richter, E. T. A. Hoffmann, Júlio Verne e Hans Christian Andersen. Então a semelhança entre os papéis demoníacos dos autômatos e o macaco não são acidentais. Apresentam duas versões do quase humano. Ofuscam os limites com a humanidade por serem muito próximos a ela. Ambos são representados agindo automaticamente – ou mecanicamente ou por meio da mímica –, não por uma vontade genuína ou por ações espontâneas. Como autômatos mecânicos, macacos colocaram o humano em risco e fizeram com que fosse questionado. Assim como os papagaios fizeram. Esses animais especificamente impuseram desafios ao humano devido à sua estranha habilidade de imitar as qualidades. A individualidade humana foi trabalhada e elaborada em relação aos papagaios, macacos e espíritos como atores automáticos quase humanos. Todos eram abundantes e estavam de pronto evidentes no Brasil, o que fez do país o lugar dos sonhos para visitantes como Agassiz, James e Darwin.

Ciborgue

Do animal à máquina. Somos equipados com membros artificiais e contamos com órgãos transplantados. Desenhamos na superfície da pele com plástico, silicone e tinta. Andamos agarrados a telefones brilhantes, e em breve o acesso à internet será comercializado como um implante de cérebro protético viável, colocando em debate conceitos comuns de memória. Outra provocação para o tipo de humanismo que a religião ajudou a produzir vem das perspectivas atual e futura de seres humanos híbridos. Bruno Latour, por exemplo, cita o fato de que humanos, assim como os não humanos, são constituídos em si dos instrumentos que usam e daqueles que são usados para estudá-los, da mesma forma constituem-se a partir deles, por meio das ferramentas e dos mecanismos de discernimento. Nesse sentido, a agência humana não é diferente da agência de outros animais e coisas. Latour utiliza "autômato" para descrever graus de montagem automática – desde os choques entre entidades anteriormente díspares até aquelas que se tornam tão calibradas a ponto de agir como uma e então, como um autômato, alteram as ações dos usuários humanos dos agenciamentos.[160]

A verdade acerca de nossa condição no mundo, segundo Latour argumenta, está mais próxima à do iniciado no candomblé afro-brasileiro do que aquela de um eu protegido. A iniciação é denominada "fazer santo", que para os iniciados acontece concomitantemente a "fazer a cabeça", uma outra expressão que descreve a iniciação no candomblé. A realidade do santo existe junto à realidade de como ele foi feito.[161] *Self*, mundo e religião estão em emergência, sendo feitos ao mesmo tempo. Mais radical ainda, essa ideia de hibridez pede-nos para questionar se a religião é um evento unicamente humano, e, se for, até que ponto é, ou se é um modo de perceber a agência que pode ser compartilhado com outros tipos de seres. Animais não humanos vivem experiências, sofrem dores, sentem tristeza e alegria, agem em busca de circunstâncias diferentes do presente, e até mesmo conduzem rituais de dança. Eles organizam sistemas de comunicação, provavelmente não o que linguistas normalmente chamariam de "linguagem". Será que podemos imaginar religiões ou eventos quase religiosos não humanos, como Goodall fez? Deveríamos.[162]

Eis um motivo para isso. Como reação ao livro mais famoso de Latour, *Jamais fomos modernos* (1991), Donna Haraway passou a utilizar a expressão "we have never been human" ["jamais fomos humanos"].[163] Assumindo como seu ponto de partida o fato de que vários seres humanos vivem na companhia de animais e até mesmo pensam neles como amigos dos quais dependem, Haraway escreveu sobre a "zona de contato cultural natural" compartilhada entre humanos e cachorros e outros. Através do desdobramento da carne orgânica e tecnológica, já somos todos extra-humanos, todos ciborgues agora. Haraway aplica a imagem do ciborgue a um projeto profético. Ao abordar nossas fusões com animais, por um lado, e com máquinas, por outro, podemos nos tornar novos seres. "Podemos aprender a não ser o Homem" da forma desastrosa que "fomos Homem" no passado.[164] Haraway perfura o próprio "Homem" cuja categoria religião foi estabelecida para discernir e definir, com justa causa. Afinal, a história sobre a permeabilidade da mulher é antiga, desde antigos modelos de humores corporais a recentes estudos acerca da possessão espírita. Haraway exorta leitores à política emancipatória, através de autômatos técnicos – uma espécie de visão coletiva e de interface da personalidade –, para além da couraça da autonomia mecânica, masculinista e engaiolada. Ela se apropria das máximas antigas de permeabilidade e automatismo da mulher e inverte a valência para construir algo novo. Espero que este livro seja uma contribuição para esse esforço.

Com muita frequência as mulheres ocuparam espaços irracionais semelhantes ao de animais ou, quando representadas como autômatos, serviram como intermediárias entre as categorias humano, animal e ciborgue.[165] Certamente há autômatos masculinos nos registros: homens histéricos, homens que praticam a psicografia, estátuas masculinas animadas. O que me parece interessante, no entanto, é genderizar quase humanos. Por exemplo, enquanto mulheres histéricas eram vistas como seres cativos, maleáveis e plásticos, homens histéricos em Paris sofriam de *fugue* [fuga], percorrendo longas distâncias de trem, dissociados, sem consciência de suas ações. Mulheres histéricas eram estáticas; homens histéricos desapareciam no ar. Autômatos femininos são coquetes que tocam instrumentos no estilo de La Joueuse de Tympanon, dedos recatados em teclas de marfim. Autômatos masculinos são jogadores de xadrez barbudos ou super-humanos em força e velocidade, como o homem mecânico de Frankenstein. Enquanto fêmeas primatas são companheiras brincalhonas, como as amigas macacas de Charcot e de James, os machos são poderosos e ameaçadores.[166] Em certos aspectos, até mesmo como autômato ou macaco, quase humanos masculinos continuam agentes. É mais difícil argumentar isso em relação a quase humanos femininos. O caminho adiante depende de desatar a trança sufocante do humano, desatar o nó tecido de indivíduo, agência e religião.

Minha esperança é que a sólida associação entre religião e humanos agora esteja mais frouxa tanto do lado animal quanto do lado ciborgue. As linhas que desenham o humano – uma especificidade estabelecida em uma associação mais antiga de humanidade e religião – estão agora borradas. A "máquina antropológica" – uma máquina que não para de fabricar o humano por meio das oposições humano-animal e humano-não humano (ou máquina) – quebrou, e que bom. Porque, junto com o humano, a máquina antropológica sempre fabricou "exclusões", o não humano.[167] Com tanto a religião quanto o humano abertos ao questionamento, podemos levantar questões menos antropocêntricas. O que é a não religião do animal humano? Qual é a religião de animais não humanos? Qual é a atração religiosa de quase humanos? O que são coisas quase religiosas no limite desses termos? Este livro vai fundo nos espaços abertos entre ações agentivas e automáticas.

Guia de viagem

Coisas quase religiosas deleitam-se na ambiguidade de quem ou o que atua em uma dada cena e como raramente sabemos com segurança. Situações quase religiosas atravessam e movimentam-se entre atribuições de agência, entre a arrogância e a entrega de si mesmo – um sacrifício que requer o resgate prévio da vontade individual –, para aqueles projetos denominados "religião". No entanto, as atribuições utilizadas na religião jamais são inocentes. Perfis de atores livres e automáticos construíram uma divisão antropológica. Este livro questiona os termos nos quais seres humanos foram convertidos em máquinas automáticas. Chamo a atenção para quase humanos tanto em sua constituição quanto em seu apelo.

Enquanto o Ocidente moderno de outrora debateu a agência individual em relação à figura do imitador, do possuído ou do animal – pense na descrição que John Locke fez do papagaio brasileiro que falava como uma pessoa, mas que talvez fosse possuído –, no século XIX o não agente era relacionado ao autômato condenado à repetição mecânica. Mas a não agência era aplicada também a pessoas *vistas* em termos automáticos. Por exemplo, tanto pessoas escravizadas no Brasil quanto pacientes psiquiátricos na França e no Brasil eram denominados "autômatos". A diferença entre agentes e autômatos era um muro, mas também uma ponte sobre o Atlântico. Suas estacas e grades eram compostas de tipos humanos divididos em agentes e não agentes. Na maioria das vezes, o trânsito na ponte fluía no sentido França-Brasil: categorias psiquiátricas criadas em Paris eram aplicadas em corpos afro-brasileiros no Rio de Janeiro ou em Salvador, Bahia. Mas, às vezes, fluía no sentido contrário – Dom Pedro II, imperador do Brasil, e um macaco brasileiro doado por ele tinham um papel importante nos salões de Paris do psiquiatra mundialmente famosos Jean-Martin Charcot e além. Apesar de figuras do mundo anglo-americano também, de tempos em tempos, fazerem parte da narrativa – William James, Herbert Spencer, Mark Twain –, a voz deles é, na maioria das vezes, fraca, um sussurro disfarçado. Espero contar uma história transatlântica um pouco diferente da mais conhecida envolvendo a mecânica britânica e a estadunidense e as vidas humanoides que nutriram.

Epígrafes por Machado de Assis conduzem cada capítulo a seguir. Machado será nosso guia, profeta e bardo. Nascido em 1839 e falecido em 1906, o maior escritor brasileiro viveu uma vida que se encaixa na mescla de trilhos do automático que este livro segue. Neto de pessoas escravizadas que foram libertas e um genuíno francófilo que jamais saiu do Brasil, Machado criou uma variedade de histórias, romances e figurou em colunas de jornais tratando de temas como escravidão, psiquiatria, alienismo, autômatos, animais falantes e religião, todos com uma sagacidade afiada como a lâmina de um punhal. Os temas caros a este livro convergiram primeiro no corpo e na pena de Machado, e então a escrita dele ajudou a inspirar minhas próprias reflexões sobre a convergência de papéis aparentemente diversos envolvendo os tópicos agência e automatismo. Nas epígrafes que escolhi, ele nos convida para as ruas do Rio de Janeiro e de Paris. Na Conclusão, ele finalmente se faz presente, acrescentando sua voz aos argumentos conclusivos. Enquanto isso, eis os agentes quase humanos que encontraremos no caminho.

Capítulo 1 – Rosalie

O capítulo 1 revela uma rede de intersecções entre percepções de animais quase humanos como macacos, quase humanos na forma de pacientes psiquiátricos e pessoas escravizadas, e modos de ação quase humanos, como possessão espiritual, sonambulismo e hipnotismo. A história desdobra-se, por um lado, entre a psiquiatria francesa do fim do século XIX, concentrada no Salpêtrière e sob a direção de Jean-Martin Charcot e, por outro, o fim da escravidão no Brasil, em 1888, que gerou uma crise de assimilação e liberdade religiosa. Os rituais de possessão espírita afro-brasileiros foram classificados, diagnosticados e tratados em termos de automatismo, contando com as ferramentas da hipnose e diagnósticos como histeria, dissociação e catatonia, conforme cunhados por Charcot. Demonstro que Charcot foi um dedicado estudioso de possessão e exorcismo do período medieval e do início da era moderna, e as fotografias de pacientes do Salpêtrière reproduziam seus detalhados desenhos em pinturas sobre possessão e exorcismo. Nesse capítulo, mapeio essa rede de trocas. Pacientes psiquiátricos aos cuidados de Charcot e suas ações automáticas foram interpretados pelo prisma da história documentada de possessão espírita na Europa. Por outro lado, possessão espírita afro-brasileira na esteira da Abolição era interpretada em termos de desvio psiquiátrico francês. Demonstro que a possessão espírita formulou diagnósticos de pacientes psiquiátricos franceses e de médicos que atendiam pessoas afro-brasileiras escravizadas. Foi por meio do nascimento da psiquiatria moderna que esses diagnósticos se uniram em um quadro compartilhado chamado "automatismo" e suas categorias secundárias. No entanto, não foram apenas discursos e diagnósticos que transitaram entre o Brasil e a França. Quando o imperador do Brasil se exilou em Paris, Charcot tornou-se seu médico pessoal e amigo íntimo. Seu estimado macaco capuchinho, Rosalie (talvez o nome seja homenagem a uma estimada paciente psiquiátrica), que jantava à mesa com a família todas as noites, foi um presente do próprio imperador. Rosalie influenciou em certos aspectos a nova ciência de Charcot, expandindo as mediações do automatismo para incluir animais quase humanos, uma situação não diferente da de William James, cujos primeiros diários de sua viagem ao Brasil também mostravam seu relacionamento com um macaco simpático. Demonstro que o papel de um macaco capuchinho brasileiro constituiu conceitos de ação automática na França. Por outro lado, demonstro a infiltração da psiquiatria francesa nos tratamentos feitos no Brasil, em pais de santo exorcistas afro-

-brasileiros. A categoria "automatismo" foi aplicada para unir pacientes psiquiátricos, possessão espírita afro-brasileira e macacos em um só quadro, com efeitos sociais significativos.

Capítulo 2 – Juca Rosa

A fotografia, assim como a histeria, veio da França para o Brasil. O capítulo 2 investiga as múltiplas vidas de uma fotografia que retratava um pai de santo exorcista afro-brasileiro do século XIX – a vida social, a vida ritualística, a vida legal e a vida depois da morte. A fotografia foi feita por volta de 1870 e hoje está dobrada e arquivada em uma pasta desbotada no Arquivo Nacional do Rio de Janeiro. Nela figura um renomado feiticeiro chamado Juca Rosa em pé, em um proscênio com um devoto ajoelhado diante dele. O devoto aponta um bastão ou baqueta na direção do mestre, expressando humildade, homenagem e devoção. A fotografia representava um outro tipo de quase humano, porque era utilizada como representante da presença do pai de santo, e os seguidores entendiam que ela carregava e transmitia o poder dele. Contar essa história leva-nos a reflexões teóricas acerca da relação entre religião e fotografias e administração da vida religiosa de coisas-imagem como veículo de poder. Levanto a questão de administração para assinalar que, no Brasil do fim do século, a coalisão entre fotografias e espíritos tomou forma dentro de rigorosos regulamentos e regimes de aparência legal, social e cultural. Essa fotografia exercia agência, no entanto, estava longe de ser um agente livre. Trabalhava secretamente, automaticamente, através de sua mera, mas dificilmente notável, presença. Juca Rosa preparou o cenário e pagou pela fotografia para usá-la como uma espécie de cartão de visita, que distribuía para seguidores e clientes como um santinho e indicativo de sua presença e seu poder estendidos, mesmo em sua ausência de corpo. A fotografia era praticamente o próprio Juca. Ela oferece uma abertura para enxergar o momento de transformação social e de forças que se cruzam: a Abolição da Escravatura no Brasil, no século XIX, e a questão da assimilação e da nacionalização de pessoas não mais escravizadas e a religião delas, assim como o surgimento da fotografia como uma nova tecnologia de mediação, como utilizada nas religiões afro-brasileiras e na regulamentação delas. O objetivo é mostrar a fotografia e a possessão espírita como artes que se cruzam e que frequentemente são simbióticas, tornando visível o que antes era invisível. Mas é também para explorar a diferença de agência entre a pessoa Juca Rosa e sua icônica imagem fotográfica.

Capítulo 3 – Anastácia

O capítulo 3 revela um encontro diferente entre automatismo e agência. Ele relaciona um desenho icônico de um ser humano e seres humanos verdadeiros que foram escravizados quando foram associados para produzir a Santa Escrava Anastácia. A história registra uma escravizada que se tornou santa no Brasil, devido ao desenho de um viajante francês do século XIX. Trata-se da ocasião em que o desenho de uma vítima desumanizada, um corpo escravizado sem vontade, torna-se, por meio da representação de sua subjugação, objeto de devoção ritualística. Sua imagem e seu santinho foram reproduzidos em massa e geraram não apenas piedade, trauma e repulsa, mas também reverência e atração. Anastácia foi menos uma pessoa histórica do que um compósito ou tipo. De desenho, ela se metamorfoseou em santa e fenômeno da mídia de massa, aparecendo em uma miríade de santuários e de aparências múltiplas, atraindo um constante fluxo de peregrinos e, hoje, de cliques na internet. Levam-na em santinhos, rezam para ela em santuários, visitam-na em *websites*, assistem a telenovelas sobre ela e vestem maiôs cuja estampa é ela. Paradoxalmente, uma vez que sua imagem é de sujeição e silenciamento violentos, ela circula, e sua voz é ouvida em todos os lugares. Através da figura de Anastácia, interpreto a atração ritualística pelo corpo-vítima desumanizado, o mártir. Demonstro como o tipo de agência ativada nas trocas com santos emerge de forma diferente, conforme o modo de configuração material e social do santo e o do estado emocional evocado pela manifestação dele ou dela. Escrava Anastácia tem significados distintos e efeitos sociais variados para diferentes grupos de usuários. Nesse capítulo, utilizo essa disjunção radical entre formas de presença gerada pelo mesmo santo para repensar o modo de funcionamento de santos por disseminação de um estado emocional. Ao prestar atenção a uma específica santa brasileira não oficial e sua variedade de contextos e temperamentos, proporciono uma textura e complexidade histórica à noção de agência automática.

Capítulo 4 – Ajeeb

O capítulo 4 aborda a atração da quase humanidade em forma de máquinas quase humanas. Transita de uma discussão ampla acerca do exemplar uso religioso e literário de androides até o escopo mais restrito do romance do século XIX com um jogador de xadrez mecânico. Após uma rápida exposição da história de figuras famosas daquele time, desde o monstro de Shelley ao famoso Turco de Von Kempelen, o capítulo aprofunda-se em um autômato menos conhecido chamado Ajeeb, que foi da Europa para a América do Norte e depois para o Brasil, levado por um empreendedor chamado Fred Figner. Apesar da curta carreira de Ajeeb no Rio de Janeiro (de 1896 a 1897), ele deixou sua marca – um rasto de encantamento, questionamento acerca de sua interioridade e polêmicas sobre personalidade e fraude. A presença dele coincidiu com a imigração em larga escala de pessoas do Império otomano, sobretudo, libaneses e sírios, para o Brasil, onde eram todos rotulados como "turcos". Narro a migração simultânea de coisas quase humanas e seres humanos de verdade, colidindo para gerar novas formas, novas práticas e novos sistemas religiosos. Quando o jogador de xadrez autômato chamado Ajeeb chegou ao Brasil no mesmo tempo em que o grande grupo novo de imigrantes turcos, juntos eles ajudaram na disseminação de um gênero novo de entidades espirituais, chamadas "turcos", em espaços religiosos populares. Utilizo a história de um homem-máquina específico, residente no Rio de Janeiro, de 1896 a 1897, para repensar o trabalho sobre o autômato a partir de um ponto de vista diferente, a saber, o da atração ritualística por quase humanos mecânicos e seus poderes de gerar novos agentes quase religiosos.

Capítulo 5 – Chico X

O capítulo 5 narra os usos legais de testemunhos espíritas – declarações de pessoas que já faleceram, recuperadas por médiuns espíritas, inspirados pelos escritos do francês Allan Kardec –, quando utilizados em uma série de julgamentos por homicídio no Brasil. Os eventos aconteceram devido ao famoso médium e autor Chico Xavier. Chico publicou dezenas de livros por meio da chamada psicografia. Os livros eram de autoria de almas sábias desencarnadas que, Chico alegava, faziam seu braço se movimentar como uma máquina anexada a seu cotovelo. Ele também participou de processos legais, representando a voz de vítimas falecidas. Nesse capítulo, exploro, de modo geral, o fato de pessoas não poderem estar possuídas ou de alguma maneira agir de forma automática no tribunal, uma vez que são obrigadas a atuar (ou performar) como pessoas livres, individuais. Os espíritos, no entanto, atuam na jurisprudência brasileira com depoimentos entregues no formato de psicografia feita por médiuns espíritas. Eles são permitidos em tribunais brasileiros e aparecem por lá, mas somente no formato de documentos. Exploro o dedicado trabalho semiótico exigido para um comunicado quase humano transferir um espírito para um documento, a fim de que ele chegue às mãos do juiz. Processos em cima desses depoimentos legais continuam até o presente. O capítulo parte de discussões anteriores sobre as potencialidades religiosas automáticas para refletir sobre os limites e os riscos desses engajamentos. Ativar figuras quase humanas ou aproximá-las como uma transferência de agência é uma forma ritual efetiva, como os capítulos anteriores mostram. No entanto, passa a ser problemático em contextos que exigem um grau mais elevado de personalidade confiável ou contínua e um indivíduo mais claramente responsável do que vários espaços ritualísticos circunscritos. Espaços acadêmicos, legais e governamentais validam atuações persuasivas de personalidade bem definida e duradoura – personalidade individual ou forense, por assim dizer – para garantir solidez no uso das declarações, descrições, teorias, hipóteses e leis emanadas desses espaços. O capítulo detalha a justaposição entre, por um lado, o prestígio legal da intenção e o tipo de individualidade que tal aferição da intenção requer e, por outro, o prestígio religioso da não intencionalidade, os espíritos ou o Espírito agindo em ou através de um corpo que é visto como recipiente de um poder invisível e maior, com eventos rituais destinados a dramatizar os transdutores entre essas condições. O capítulo pergunta: o que acontece quando esses dois sistemas colidem em espaços públicos como os tribunais? Que conflitos surgem quando uma ação automática aparece em locais onde a instituição exige ação agentiva e um indivíduo responsável?

Conclusão – Agência e liberdade automática

Trabalhando em sentido contrário ao de uma série de teorias proeminentes para compor uma genealogia de agência conforme usada no estudo de religião, a Conclusão apresenta uma teoria de agência religiosa como ofício. A religião é o ofício de encenar eventos performativos de agência individual subjugada, suspensa ou abandonada. Olhando por esse prisma, aparenta menos uma busca por agência, conforme normalmente concebida, do que uma busca por automatismo, a experiência de ser meio pelo qual a atuação acontece. Isso é, em si, uma forma de agência, mas de um tipo específico.

***

Cada capítulo revela uma questão diferente e cada um segue o desdobramento de um argumento em vez de uma cronologia estrita. O capítulo 1, "Rosalie – Uma quase humana psiquiátrica", demonstra como ideias sobre automatismo e agência ficam agrupadas em intersecção – nesse caso, psiquiatria, religião e vida animal. O capítulo 2, "Juca Rosa – Um quase humano fotográfico", examina a capacidade que a quase humanidade tem de percorrer espaço e tempo em determinadas formas semióticas, como fotografias que parecem carregar em si vida própria. O capítulo 3, "Anastácia – Uma quase humana santa", reflete sobre o fato de a fascinação e a atração evocarem temperamentos diferentes por meio da interação entre espaços específicos de produção e grupos de usuários. O capítulo 4, "Ajeeb – Um quase humano autômato", demonstra que esses temperamentos de agentes são materialmente produzidos e expressos por meio da divulgação de interiores secretos, que, por sua vez, liberam novos tipos de agentes espirituais, os chamados "turcos". O capítulo 5, "Chico X – Um quase humano jurídico", finalmente muda de atração para os riscos da agência quase humana ou seus limites necessários ao mostrar que limiares estabelecidos de personalidade confiável têm um domínio específico: o tipo de agência automática que talvez seja desejável em cenas quase religiosas oferece riscos às legais que precisam que agentes responsáveis funcionem. Quais são os problemas decorrentes da transgressão de limites legais de personalidade responsável por projetos de quase humanos realizados no lugar errado? No fim das contas – pelo menos este é meu argumento –, ainda precisamos do limite individual, ou um semelhante, de personalidade confiável em determinados contextos sociais.

Notas

[1] Morais, 2013, pp. 23-24. Ver também Denizart, 1982; D. Abreu, 2014; Cabañas, 2018.

[2] Retirado de Kellaway, 2016.

[3] Rousseau, 2013.

[4] Por exemplo, Hobbes escreveu: "Pois ele é livre para fazer algo, pode fazê-lo se tem a vontade de fazê-lo, e pode abster-se se tem a vontade de se abster". Hobbes, 1841, p. 38. John Locke descreveu a liberdade do agente em termos semelhantes: "Liberdade [...] é o poder que tem um Homem de fazer qualquer ação específica ou dela abster-se de acordo com a preferência da mente, isso é o mesmo que dizer: de acordo com a própria volição". Locke, 1722, p. 101. *Ensaios de Teodiceia*, de Leibniz (1710), descreveu a moralidade humana como dependente do livre-arbítrio. O livre-arbítrio inclui três características: a espontaneidade da ação, ou seja, a certeza de que a ação tem origem na pessoa que age; a contingência da ação, ou seja, o fato de que outros cursos que não foram tomados eram possíveis; e a racionalidade da ação, ou

seja, a garantia de que a ação resulta da deliberação acerca das alternativas. A manutenção dessas três qualidades da ação pode garantir a manutenção da lei. Leibniz, 1985. No fim do século XIX, vontade era conceitualizada em termos médicos em relação ao automatismo. Por exemplo, eis Daniel Hack Tuke: "Um autômato é substituído pelo verdadeiro eu volitivo. A vontade é a escrava de um sonho ou de uma sugestão". Tuke, 1884, p. 4. Ou então ver Pierre Janet, 1898, pp. 390-391, no qual "l'acte volontaire" e "phénomènes automotiques" estão justapostos. O movimento para compreender a vontade em relação ao que é automático é o que esse livro explora.

[5] David Graeber e Marshall Sahlins descrevem meta-humanos como parte de uma "organização política cósmica" na qual seres humanos estão situados. Trata-se de uma organização política "ocupada por seres com atributos humanos e poderes meta-humanos que controlam o destino das pessoas. Na forma de deuses, ancestrais, espíritos, demônios, mestres da espécie e seres animistas incorporados nas criaturas e nas qualidades da natureza, essas metapessoas são dotadas de poderes vastos de vida e de morte humana" e "controlam as condições do cosmos", portanto, são "árbitros para tudo relacionado ao bem-estar e ao mal-estar".

[6] A possessão é um "evento", escreveu Michel de Certeau: "A possessão reestimula conflitos antigos, mas os transpõe [...]. Ela revela algo que existiu, mas também, e sobretudo, permite – torna possível – algo que antes não existia [...]. Algo ocorre que não pode ser reduzido ao que era antes. Portanto, o que acontece torna-se um evento. Tem as próprias regras, o que demonstra categorias precedentes". Certeau, 2000, p. 22.

[7] Esse é o argumento de Mary Keller em relação à possessão espiritual, ressoando, em certos aspectos, o ponto de vista de David Hume acerca do entusiasmo religioso como parceiro da liberdade civil. Ver Keller, 2002, p. 46; Hume, 1741.

[8] Aqui sigo a obra pioneira de Suchman, 2007.

[9] Gell, 1998, pp. 13-15. Aqui também devo agradecer à obra de Ann Taves por colocar religião no escopo das "coisas especiais". Ver Taves, 2009.

[10] Gell, 1998, pp. 142, 148.

[11] *Idem*, pp. 132, 150-152. Sobre a inevitabilidade cognitiva do antropomorfismo, ver Guthrie, 1993; Boyer, 2001.

[12] *Assemblage* [agrupamento] tornou-se um termo familiar, sobretudo, com a obra de Bruno Latour, mas a história é mais longa. Na arte, foi usado por Jean Dubuffet em 1953, para descrever "assemblages d'empreintes", uma justaposição em uma obra de múltiplas litografias. Ele descreveu *assemblage* como uma estética da acumulação que vai além da mera colagem. Dubuffet, Letter to William Seitz, 21 abr. 1961.

[13] Rüdiger Bilden, "Brazil, Laboratory of Civilization", *The Nation*, 16 jan. 1929, pp. 73-74.

[14] *Apud* Rego, 1997, p. clxx.

[15] Landes, 1947, p. 35. A pesquisa de Landes começou em 1938.

[16] "O tam-tam da Salpêtrière não teria maior eficacia para os hystericos de Charcot." Nina Rodrigues, 2006, p. 75.

[17] Taussig, 1993, pp. 213-214.

[18] Hobbes, 1909, p. 83.

[19] Para citar apenas um de vários exemplos possíveis: "Os bancos escoceses [...] foram todos obrigados constantemente a empregar agentes em Londres para recolher dinheiro para eles, tendo com isso uma despesa que raramente era inferior a 1,5 ou 2%". A. Smith, 1791, p. 46 [1996, p. 310].

[20] No livro *Social Statics* [*Estática social*], Herbert Spencer, por exemplo, utilizou os termos familiares "agência *joint-stock*" e "agência de estado", mas também propôs expressões como "agência pessoal", "agência impessoal" e "agência mental". Seu livro *First Principles* [*Princípios da sociologia*] expandiu esse repertório ainda mais. Em uma revisão de um artigo mais antigo sobre estratificação social, Talcott Parsons apresentou "agência" (destacando a palavra como se não tivesse sido usada antes) como uma das três características do sistema social, incluindo qualidades, *performances* e possessões. "Agência" é *performance*. Parsons comparou com "qualidades" ou estruturas duradouras. Ver em Parsons, 1953a, p. 95. O artigo anterior está em Parsons, 1940.

[21] No sentido clássico, vontade individual exige espontaneidade, contingência e racionalidade. Ver n. 4.

[22] Butler, 1993, p. 220.

[23] Spivak, 1996, p. 294.

[24] Sewell, 1992, pp. 2, 18, 20.

[25] Entre vários outros exemplos possíveis, W. Johnson, 2003; Asad, 1993, p. 19; Fasolt, 2004; Chakrabarty, 2000, p. 103; Latour, 2013, p. 229. Em uma linha similar, Ian Baucom considera agência "cosmopolitismo melancólico" e utiliza a história "como meio de nos fazer acontecer dentro do espaço do traumático". Ver em Baucom, 2005, p. 248. Enquanto isso, Jean Baudrillard propõe que não existe nada como ação ou escolha espontânea, porque há um mundo real mais amplo onde agir. (Baudrillard não utiliza o termo "agência", propriamente dito, porque não existe uma tradução direta no francês; ele com frequência usa o termo "instância" – semelhante ao "evento" de Marshall Sahlins –, como em "une instance psychique", traduzido para o português como "instância psíquica".) Ver em Baudrillard, 1976, p. 211 [1996, p. 280].

[26] Mahmood, 2005, pp. 15-16. Samuli Schielke censura Mahmood, no sentido de que essas mulheres não são exatamente "antiliberais", na medida em que parecem ainda dedicadas à meta da autorrealização. Ver em Schielke, 2015. Agradeço a Roxana-Maria Aras por chamar a atenção para isso.

[27] Bourdieu, 2000, p. 146; Butler, 2015, p. 230. Isso não obstante a afirmação de Durkheim sobre membros de comunidades religiosas serem muito menos propensos a cometer suicídio. Ver em Durkheim, 1897. Especificamente, Durkheim destacou que judeus e católicos eram menos propensos ao suicídio; protestantes não receberam imunidade. Em *The Elementary Forms of Religious Life* [*As formas elementares da vida religiosa*], no entanto, ele descreveu "suicídio religioso" como uma forma bastante radical de "ascetismo religioso" e, nesse sentido, uma forma possível de agência. Durkheim, 2008, p. 40.

[28] Webb Keane escreveu sobre o fato de que precisar os limites define as comunidades religiosas. Ver em Keane, 2007. John Lardas Modern e Eduardo Kohn, cada um à sua maneira, apresentam agência perturbada como propriedade exclusivamente humana. Modern mostra que se trata de um domínio interseccional ou um dístico, a junção da origem com a motivação na ação humana. Ver em Modern, 2011, p. 279. Segundo a análise de Eduardo Kohn, trata-se de um produto compósito do modo de pensar do humano e do não humano. Ver em Kohn, 2013, p. 42.

[29] Das, 2018, p. 172.

[30] Taylor, 2007, pp. 37-41. Taylor distingue o "eu protegido" do período moderno do "eu poroso" de uma era antiga, encantada, quando as pessoas entendiam que eram permeadas por deuses, espíritos e seres meta-humanos similares. Mas há outras maneiras de pensar a permeabilidade

que não pressupõe agentes meta-humanos, como a ideia de Charles Sanders Peirce acerca da "continuidade do ser". Peirce escreveu: "Quando eu comunico meus pensamentos e meus sentimentos a um amigo com quem estou em completa empatia, de modo que meus sentimentos passem para ele e eu esteja consciente do que ele sente, será que eu não vivo no cérebro dele assim como ele no meu – quase literalmente?". Essa "continuidade do ser", como" uma espécie de pessoa frouxamente compacta, é em alguns aspectos de um nível mais alto do que a pessoa de um organismo individual". Hartshorne; Weiss & Burks, 1931-1960, vol. 7, p. 591, vol. 5, p. 421.

[31] Sewell, 1992, p. 21.

[32] James, 1902, p. 372. Marcel Mauss também deu ênfase à dialética entre técnicas corporais e estados místicos: "Ato técnico, ato físico, ato mágico-religioso confundem-se para o agente". Mauss, 1973, p. 75 [2003, p. 407].

[33] De la Cruz, 2015, p. 224. Asad também é peculiarmente sutil ao expressar como agência pode ser articulada em relação à renúncia da vontade. Ele descreve o quanto a vida profissional abarca a capacidade de ser bem-sucedido na atuação de um roteiro. Assim, um bom ator de teatro ou do audiovisual aprende a ser tomado por um texto ou uma personagem de forma persuasiva: "A habilidade de atores para negar a si mesmo ou esvaziar-se de si articula a agência deles com uma tradição de atuação específica". Asad, 2003, p. 76.

[34] Suchman, 2007. Ver também Battaglia, 2000, pp. 137-139.

[35] Cavell, 1971, pp. 16, 107-108.

[36] Benjamin, 2003, p. 396 (J80, 1).

[37] Sperber, 1996, p. 108.

[38] Ver em, por exemplo, Segal, 1991, p. 9: "Uma ação ocorre quando há algum evento do qual uma pessoa é agente, e essa relação entre pessoa e evento, chamada agência, é causa direta do evento pela pessoa. Agência, desse ponto de vista, não é uma questão de determinado estado da pessoa ou de algum evento dentro da pessoa causando algum outro evento, mas é algo diferente, peculiar e adicional". Por outro lado, "uma pessoa é agente de suas ações quando, apenas quando, seu eu está presente em si". *Idem*, p. 50. A questão aparentemente problematizada por atos religiosos é o que significa ter um eu presente na ação.

[39] O exemplo foi inspirado em Anscombe, 2000. *Grosso modo*, Anscombe argumenta que a "intenção" é uma subclasse de ações sobre as quais pode se perguntar "por quê?". Isso talvez exclua a maioria das ações humanas, até mesmo algumas que podem ser interpretadas como agência.

[40] A observação de ações corporais sem vontade desencadeou crises religiosas, doutrinas e técnicas de revelação. Por exemplo, Augustine ficou abalado com a própria ereção involuntária. Se sexo era necessário para reprodução, por que era, pelo menos em parte, vontade externa? A questão levou-o a conceber a doutrina do pecado original. Ver em Stephen Greenblatt, "How St. Augustine Invented Sex", *New Yorker*, 12 jun. 2017 ["Santo Agostinho, inventor do sexo", *Revista Piauí*, n. 138, mar. 2018]. O automático pode servir não apenas como um trapaceiro subversivo e ambíguo para a categoria "religião", mas também como fonte, estímulo e defesa. O capítulo 5, mais adiante, aborda a obra de Chico Xavier, um espírita praticante da psicografia e autor mais vendido no Brasil. Chico Xavier não era anômalo. William James supunha que, assim como Chico, quase todos os líderes religiosos tinham experiências de automatismo. James, 1902, p. 467.

[41] Zuboff, 2019.

[42] Berlant, 2007.

[43] Hobbes, 1909, p. 8 [1973, p. 9].

44 Descartes, 2003, p. 29 [1979, p. 148]. Séculos mais tarde, Wittgenstein expressou praticamente a mesma ideia: "Mas não posso imaginar que as pessoas ao meu redor sejam autômatos desprovidos de consciência, mesmo que seu comportamento seja o mesmo de sempre? Se eu agora, sozinho no meu quarto, tentar imaginar isso, verei as pessoas com olhares fixos (como que em transe) seguindo seus afazeres, e essa ideia será talvez um pouco inusitada". Wittgenstein, 2010, p. 23.

45 Descartes também argumentou que um observador não seria capaz de distinguir um macaco mecânico de um biológico, uma vez que ambos são agentes automáticos. Descartes, 1999, pp. 31-32.

46 Aqui, segui Marshall, 2013. "Autômato espiritual" aparece em *Treatise on the Emendation of the Intellect*, de Baruch de Espinosa (1677).

47 Pascal, 2003, p. 74.

48 G. Wood, 2002, pp. 1-5.

49 Descartes, 1985. Ver também Marshall, 2013, p. 4.

50 Hersey, 2009, pp. 11-12. Sobre o período clássico em geral e as formas como os usos dos autômatos prefiguram certos usos contemporâneos dos androides, ver Mayor, 2018.

51 Scholem, 1965, pp. 198-199. Sobre a comparação com autômatos, ver *idem*, pp. 164, 195, 202. Sobre as conexões entre o golem e os androides, ver Wilson, 2006, pp. 63-94.

52 Caillois, 1937, p. 110.

53 Al-Jazari, 1979, pp. 19-23.

54 Sighart, 1876, p. 143.

55 Waite, 1888, pp. 58-59. Waite cita o escritor Michael Maier, século XVI, como fonte.

56 Riskin, 2007, pp. 27, 23 (citação).

57 E. King, 2007.

58 Maisano, 2011.

59 Mandeville, 1983, p. 171.

60 O homúnculo, Paracelso explicou, parece-se com seres humanos; no entanto, não tem alma e assemelha-se a um escravo. Ver em Grafton, 1999, pp. 328-329.

61 Agrippa, 2004, p. 109.

62 Conforme relatório de Karl Windisch: "Certa senhora, especificamente, que não se esquecera das histórias que lhe contaram quando jovem, benzeu-se com o sinal da cruz e, suspirando piedosamente, escondeu-se, sentada próxima a uma janela, tão distante quanto pôde do vil espírito que ela acreditou piamente ter possuído a máquina" ("Eine alte Dame aber, die vielleicht die ersten Eindrücke von guten and bösen Geistern durch ihre Umma erhalten hatte, schlug ein Kreuz mit einem andächtigen Seufzer vor sich, und schlich an ein etwas entferntes Fenster, um dem-Gott sei mit uns! den sie unfelhbar um, oder in der Machine vemuhtete, nicht zu nahe zu sein."). Ver em Windisch, 1784, p. 15. Soube do texto de Windisch por Reilly, 2011. Essas experiências relembram a descrição de Rudolf Otto para experiências religiosas como *mysterium tremendum et fascinans*, uma fascinação aterrorizada ou repulsa e atração simultâneas. Ver em Otto, 1958, p. 8.

63 Sobre o impacto da identificação fotográfica de Bertillon e o sistema de impressão digital de Francis Galton's, ver, por exemplo, Agamben, 2011. Galton também investigou "pensamento automático" e desenho automático. Ver em Galton, 1883, p. 205.

64 *Jornal do Comércio*, 17 jan. 1840. Eis o trecho completo: "É preciso ter visto a cousa com os seus próprios olhos para se fazer ideia da rapidez e do resultado da operação. Em menos de nove minutos, o chafariz do Largo de Paço, a praça do Peixe, o mosteiro de São Bento e todos os outros ob-

jetos circunstantes se acharam reproduzidos com tal fidelidade, precisão e minuciosidade, que bem se via que a cousa tinha sido feita pela própria mão da natureza, e quase sem intervenção do artista".

[65] Alguns anos depois, Martin criou um macaco autômato popular, modelo que já estava pronto no fim do século XIX. Encontramos, por exemplo," le singe fumeur habillé en Incroyable" por Léopold Lambert (1890) e "le singe savant" por Martin (1908). Inventário 43.867, Musée des Arts et Métiers, Paris. A empresa de Lambert, Maison Lambert, também produziu um autômato chamado Turc Fumeur, em 1905, uma associação do macaco com o Turco, lançando uma comparação entre eles.

[66] Gitelman, 1999, pp. 172-181.

[67] *Jornal do Brasil*, 14 abr. 1897: "Ajeeb, o afamado autômato jogador de damas, que ainda continua a excitar a curiosidade do povo fluminense". Em paralelo, vale a pena notar como o orientalismo dos fabricantes de autômatos na Europa parece ter continuado em vigor no Brasil. Machado de Assis referiu-se a esse mesmo autômato em sua coluna de 7 de junho de 1896, na *Gazeta de Notícias*: "Não levarão daqui a nossa vasta baía, as grandezas naturais e industriais, a nossa Rua do Ouvidor, com o seu autômato jogador de damas, nem as próprias damas".

[68] "L'automate disparaît en tant que modèle et objet solitaires pour qualifier la forme du travail en milieu industriel", em Beaune, 1980, p. 256.

[69] Verne, 2013, p. 8 [2019, p. 23].

[70] Hoffmann, 1982, p. 106.

[71] Assis, 2018a, p. 452 [1994, pp. 349, 352].

[72] E. da Cunha, 1944, p. 394. Aqui, "autômato" também flerta com a ideia de primitivo. Esse flerte estende-se até a obra de Claude Lévi-Strauss. Lévi-Strauss descreveu sociedades primitivas como autômatos, máquinas mecânicas que poderiam seguir em operação indefinidamente com a mesma energia com a qual iniciaram, diferentemente da sociedade moderna, que são como máquinas termodinâmicas: "Nossas sociedades modernas não são apenas sociedades que fazem uso extensivo da máquina a vapor; estruturalmente, elas se assemelham a máquina a vapor, pois funcionam com base em uma diferença de potencial". Lévi-Strauss, 1969, pp. 32-33.

[73] Digo "renovado" em vez de "inventado" porque a figura do indivíduo autônomo, discreto é um mito recorrente. Como Bakhtin expressou: "essa peculiar identidade consigo mesmo é o centro organizativo da imagem do homem no romance grego". Bakhtin, 1981, p. 105 [2018, p. 38].

[74] Marx escreveu: "Como sistema articulado de máquinas de trabalho movidas por um autômato central através de uma maquinaria de transmissão, a produção mecanizada atinge sua forma mais desenvolvida. No lugar da máquina isolada surge, aqui, um monstro mecânico, cujo corpo ocupa fábricas inteiras e cuja força demoníaca, inicialmente escondida sob o movimento quase solenemente comedido de seus membros gigantescos, irrompe no turbilhão furioso e febril de seus incontáveis órgãos de trabalho propriamente ditos". Marx, 1912, pp. 416-417 [2011, p. 560]. O autômato é animado, mas sua consciência, Marx argumentou, está em outro lugar, a saber, a pessoa capitalista, que era dotada de um misterioso poder de "mestre". Enquanto Marx oferecia uma epopeia sobre homem contra máquina, ele também demonstrava como seres humanos transmutaram-se em máquinas híbridas: "Todo trabalho na máquina exige instrução prévia do trabalhador para que ele aprenda a adequar seu próprio movimento ao movimento uniforme e contínuo de um autômato". *Idem*, p. 605. Adolescentes tornam-se híbridos de máquina e humano, "como máquinas vivas para a limpeza de chaminés". *Idem*, p. 578. A primeira pessoa a citar Marx no Brasil foi o professor de direito em

Recife, Tobias Barreto, que, autodidata de alemão, citava *Das Kapital* em 1885, menos de dois anos após a publicação da obra.

[75] Durkheim, 1897, p. 29.

[76] *Jornal do Brasil*, 6 maio 1898.

[77] Weber, 1978, p. 978 [2004, p. 216].

[78] Levingston, 2014.

[79] Borges, 2001, pp. 198, 207.

[80] Le Bon, 1895, p. 20: "Il n'est plus lui-mème, il est devenu un automate que sa volonté ne guide plus". Por volta da mesma época, Friedrich Engels observou a influência dúbia da multidão na agência individual e descreveu o que chamou de "consciência falsa": "A ideologia é um processo conquistado conscientemente pelo chamado pensador, é verdade; no entanto, com uma consciência falsa. A verdadeira força motriz a impeli-lo permanece a ele desconhecida". Engels, 1968. Bem antes do tratado de Le Bon, a multidão e "a religião das massas" figuraram em, entre outros, W. R. Smith, 1889, p. 14.

[81] *Jornal do Brasil*, 25 out. 1897.

[82] Le Bon, 1893.

[83] *Gazeta da Tarde*, 28 jan. 1884: "O crime da criança foi tentar oppor-se ao castigo de uma escrava, que apesar de reduzida à posição de authomato, todavia possuia ainda o pudor, para não deixar saciar os desejos lebidinosos de seu tyranno" [*sic*].

[84] *Jornal do Brasil*, 24 jun. 1897: "Além da educação do espirito, recebem os dignos moços a educação oral e civica, a educação do character que faz com que o caixeiro deixe de ser um automato, brutalmente inconsciente, para ser um cidadão convencido do papel que deve representar na sociedade" [*sic*].

[85] José Bonifácio, *apud* Mota, 1999, p. 84.

[86] Stowe, 2016, p. 12. Ver também Malheiro, 1866, vol. 3, pp. 14-15. E também "Autômato com o pretexto de o julgarem indefinidamente incapaz de se reger". *Idem*, vol. 2, p. 28. Sobre escravizados comparados a máquinas ou coisas, ver, entre outros, Degler, 1971, p. 31.

[87] Commons, 1920, p. 131. Paradoxalmente esses humanos autômatos caíram na armadilha do sistema de mecanização abrangente, que tornou obsoleto o trabalho automático deles. Conforme Sidney Mintz observou, uma forma de caracterizar a expansão da produção de açúcar foi como mudança de cultivo agrícola para industrial, uma lenta transformação da mão de obra humana em máquina, à qual os escravizados certamente estavam mais atentos do que qualquer outra pessoa. Ver em Mintz, 1985, p. 47.

[88] Charcot & Richer, 1887; Belcier, 1886. Como mais um exemplo, Charcot investigou a mediunidade como uma forma de "contágio" histérico, uma vez que percorreu uma família por todos seus membros. Ver em Luckhurst, 2002, p. 96; Charcot, 1890b, p. 71. De modo semelhante, nos anos 1890, Freud aceitou a noção medieval de possessão como sendo "idêntica à nossa teoria de um corpo estranho e de uma divisão da consciência". S. Freud, 1971, p. 10 [1996, p. 181]. Talvez devêssemos ter cuidado ao pensar em Charcot sempre traduzindo religião em termos psicofuncionais. Na sua casa de campo, em Neuilly, havia vários totens guardando o local; em uma placa estava inscrito "On ne me touché pas avec impunité", em outra (retirada do *Inferno* de Dante), "Les ennemis, on les regarde, ils passent". Finalmente, acima da entrada, Charcot pendurou um retrato de Franz Anton Mesmer. Os objetos indicam sua própria prática de magia, religião automática, fetichismo, ainda que potencialmente em um modo irônico ou jocoso. Ver em Bouchara, 2013, p. 217.

SITUAÇÕES QUE SE ASSEMELHAM A RELIGIÃO

[89] Aparentemente, a psiquiatria chegou à América do Sul, sobretudo, por meio da influência francesa, e isso não apenas no Brasil. Na Argentina, Freud foi citado pela primeira vez, em um estudo francês, apenas em 1910, quando Pierre Janet era muito mais conhecido. Ver em Plotkin, 2001, pp. 13-14. Plotkin sugere que a psiquiatria foi aceita mais facilmente no Brasil do que na Argentina, "na esperança de aplicá-la em favor de seus interesses por dominar os componentes exóticos e 'selvagens' da cultura deles". *Idem*, p. 14.

[90] Janet, 1889. Janet, por fim, a partir de seu estudo sobre automatismo e dissociação, desenvolveu toda uma teoria acerca da religião. (Ele deixou de usar o termo "dissociação" para usar "automatismo" em 1889.) Em um estilo que posteriormente Durkheim ou imitou ou sem saber replicou, Janet começou seu *L'automatisme psychologique* com a proposta de redução ao mais simples e "elementar". Enquanto a maioria dos acadêmicos estavam envolvidos com as mais elevadas ações humanas, ou seja, questões relacionadas à deliberação e ao livre-arbítrio, Janet propôs dar atenção ao mais básico, rudimentar e simples: o automático. Em 1906 ele apresentou suas ideias em Harvard, e elas foram publicadas em inglês, em diferentes edições, até pelo menos 1920. Ver em Janet, 1920.

[91] Minsoo Kang é persuasivo ao argumentar que o século XVIII é a era dourada do autômato. Ver em Kang, 2011.

[92] Houve também várias descrições do tipo "ao redor do mundo" publicadas no século XVIII, sendo a mais famosa de James Cook. Ver em Forster, 1777.

[93] Arago, 1823.

[94] Leyland, 1880.

[95] Pfeifer, 1852; Dorr, 1858; Stevens, 1889. Pfeifer passou bastante tempo no Brasil. No Rio de Janeiro, ela encontrou uma "religião não real" que era "bastante deficiente", nada mais que orações, procissões e festivais que serviam como "diversão". Pfeifer, 1852, p. 32.

[96] Stevens, 1889, p. 459.

[97] James, 1902, pp. 236, 467. Ver também Taves, 2003.

[98] Wallace, 1911, pp. 93, 425-426.

[99] Charcot, 2012, pp. 71, 117. Charcot cruzou informação sobre tipos raciais e histeria. Por exemplo, ele comentou "até que ponto aquela raça [isto é, os judeus] apresenta em frequência incomparável manifestações nervosas de todos os tipos", mas ele era mais sutil em relação à comparação entre muçulmanos negros e brancos no Marrocos, argumentando que o casamento inter-racial era parte da causa de doenças nervosas. *Idem*, p. 21. Ver também James, 2006, p. 23 [Machado, 2011].

[100] Bourdieu, 2000, pp. 185-186.

[101] Os animais descritos em relação às pessoas ou à mímica e às questões de vontade autêntica eram, na maioria, papagaios ou macacos, animais que atraíam atenção pelas qualidades que se assemelham a seres humanos. Descartes descreveu macacos e papagaios talentosos como sendo, em determinadas capacidades, seres iguais às crianças humanas, apesar de terem a alma muito diferente. Ver em Descartes, 1999, pp. 32-33. Locke menciona um papagaio no Brasil em sua exploração acerca da personalidade individual. Ver em Locke, 1975, pp. 446-447 [1999, pp. 143, 149, 263]. Espinosa faz referência a um papagaio e um autômato como seres que falam "sem lógica nem sentido". Ver em Spinoza, 2007, p. 174 [Espinosa, 2004, p. 304]. David Hume mencionou um papagaio relacionando-o ao mundo da escravidão: "Na Jamaica, de fato, fala-se de um negro como homem talentoso em várias áreas; mas é provável que ele seja admirado por realizações inúteis, como um papagaio que fala algumas palavras claramente". Ver em Hume, 1784. Os companheiros mais próximos de William James e Jean-Martin Charcot eram macacos, conforme o próximo capítulo explica.

102 "Neste ponto, deixamos a África e jamais a mencionaremos novamente, porque não se trata de uma parte histórica do mundo; não tem qualquer desenvolvimento ou movimento a exibir." Hegel, 1956, p. 99. Hegel colocou a culpa da falta de progresso do Brasil mais no catolicismo do que na descendência africana. Na América do Norte, em contrapartida: "da religião protestante surgiu o princípio de confidência mútua de indivíduos". *Idem*, p. 84.

103 Le Bon, 1897, pp. 34, 114. Le Bon também assistiu a palestras de Charcot no Salpêtrière. Ver em Van Ginneken, 1992, p. 143. Os textos de Le Bon sobre automatismo das multidões foram escritos a partir do suposto automatismo da histeria e de outras enfermidades psíquicas.

104 A primeira vez que David Hume fez essa conexão foi em 1741, relacionando esse direcionamento da religião com a possibilidade de resistência política. Ainda que ele tenha apresentado a superstição e o entusiasmo como forças opostas, apenas aquela resulta em tirania política: "minha terceira observação sobre esse assunto é que a superstição é um inimigo da liberdade civil, e o entusiasmo, amigo". Hume, 1741. Mais recentemente, conforme Jeremy Stolow descreveu, "o automático" ajudou a instalar uma divisão colonial/racial, mas também ajudou a diminuir essa distância. O espiritismo, por exemplo, invocou espíritos racialmente diversos em salões segregados. Ver em Stolow, 2006, p. 8.

105 Várias técnicas locais de mundificação não requerem transporte físico. Por exemplo, um dos informantes afro-cubanos de David Brown relatou a prática de construção de mundo por meio de um objeto ritualístico chamado "prenda" que é colocado dentro de um pote de ferro: "a prenda é como o mundo inteiro, há uma coisa de tudo, onde quer que você esteja deve colocar algo dentro dela. Se vou a Nova York para estabelecer um ponto, preciso trazer algo de lá e colocar dentro da prenda. Veja, somos como guerreiros. Quando um Exército conquista um país, eles deixam um Exército de ocupação. Moro em Union City; se vou a Nova York para 'trabalhar', precisarei deixar sentinelas ou guardas, estabelecer um perímetro, um forte". D. H. Brown, 1989, p. 389.

106 Frazer, 2010, p. 281; Durkheim, 2008, p. 363. Automatismo com frequência é tratado como ilegítimo, por motivos semelhantes às calúnias contra a magia. Stanley Tambiah resumiu: "A mágica é uma ação ritualística feita para ser automaticamente efetiva, e trata-se de uma ação ritualística que brinca com forças e objetos fora do escopo dos deuses ou independentes deles. Pensa-se que atos mágicos, em sua forma ideal, têm eficácia automática e intrínseca". Tambiah, 1990, p. 7. Durkheim descreveu ritos (por exemplo, *Vedic sacrifice*) que funcionam "sozinhos": "A eficácia deles não depende do poder divino; eles produzem mecanicamente os efeitos que são a razão de sua existência. Não consistem nem em orações nem em oferendas a um ser de cuja boa vontade os resultados esperados dependem. Esse resultado é obtido por meio da operação automática do ritual". Durkheim, 2008, p. 34. Ele argumenta que todas as religiões incluem "práticas que atuam sozinhas, por virtude própria, sem intervenção de qualquer deus entre o indivíduo que pratica o ritual e o fim almejado. Acreditava-se que o fenômeno desejado seria um resultado automático do ritual". *Idem*, p. 35. Compare Mauss, 2005, p. 144: "Sentimo-nos justificados ao concluirmos que o conceito envolvendo a ideia de poder da magia costumava ser encontrado em todos os lugares. Envolve a noção de eficiência automática". Sobre rituais automáticos em outras fontes, "a magia deriva de erros de percepção, ilusões e alucinações, assim como de estados agudos, emotivos e subconscientes de expectativa, predisposição e excitação: todos eles vão desde o automatismo psicológico ao hipnotismo". E "até mesmo os rituais mais comuns, que funcionam de forma automática, jamais são isentos de emoção". *Idem*, pp. 159-160. Da mesma forma, Mary Douglas definiu *magia* como prática ritualística com "efeito automático" previsto. Douglas, 1966, p. 18. Clifford Geertz, para

citar outro exemplo, ficou famoso por expressar que a ação automática, por definição, *não* é genuinamente religiosa, porque não invoca a "fusão simbólica de ethos e visão de mundo", o que para ele é exigência. "No entanto, apesar de qualquer ritual religioso, independentemente de parecer automático ou convencional (se for verdadeiramente automático ou meramente convencional, ele não é religioso), envolver essa fusão simbólica de *ethos* e visão de mundo é principalmente alguns mais elaborados e em geral mais públicos, aqueles que envolvem uma ampla gama de emoções e de motivações por um lado e concepções metafísicas por outro, que moldam a consciência espiritual das pessoas." Geertz, 1973, p. 113. Com essa justaposição do automático com o genuinamente religioso, Geertz refletiu escritores abertamente teológicos da virada do século XIX, como Frederick Morgan Davenport, que desabonou o automatismo da reunião de avivamento, dizendo ser uma religião não autêntica: "no que concerne à relação com uma experiência religiosa genuína, o máximo que pode ser dito é que pode ser, algumas vezes, uma combinação de experiências, mas jamais deve ser confundida com uma". Davenport, 1905, p. 244.

[107] Twain, 1990, p. 174. A autobiografia foi composta em fragmentos, entre 1870 e 1910. Twain escreveu: "[a religião automática] traiu Susy e levou-a a cometer uma injustiça comigo. Só poderia ser automática, porque ela estaria longe de ser injusta comigo em seu juízo perfeito". *Idem*, *ibidem*. O incidente que motivou o neologismo de Twain não é importante aqui. Mas observe a justaposição que ele fez entre automático, "juízo perfeito" e questões acerca de justiça e injustiça. Twain estava lendo William James, que também era fascinado pelo automatismo, e os dois conheceram-se pessoalmente em Florença, em 1896. Ver em Horn, 1996. O interesse de ambos os homens convergiu-se em espiritismo e fenômenos mediúnicos. Twain foi recrutado pela Society for Psychic Research, cujo diretor era James, e estava profundamente convencido do mérito da pesquisa. É possível ler sobre as experiências dele com um incômodo automático: "Cartas com frequência agem assim. Em vez de o pensamento ocorrer-lhe em um instante [...], a carta (aparentemente) não senciente transmite-o a você conforme desliza imperceptível por seu cotovelo dentro da sacola de correio". Twain, 1897, p. 135. Ou: "agora não sou capaz de acreditar que com frequência gero ideias em minha mente, mas adquiro quase todas elas na de outra pessoa por transferência de pensamento inconsciente e não intencional". Twain, 1995, p. 206. Hegel mencionou o automático relacionando-o à religião, na Alemanha: "a Igreja já não era um poder espiritual, mas sim eclesiástico; e a relação que o mundo secular manteve com ela, não espiritual, automática e destituída de *insights* e convicções independentes". O outro momento em que citou o automático no texto foi em relação ao progresso dialético da história: "atividade automática autorreflexiva da consciência". Hegel, 1956, pp. 381, 77.

[108] James, 1981, vol. 1, p. 126. Ver também Gurney, Myers & Podmore, 1886. Conforme Frederick Myers escreveu dramaticamente em sua Introdução para esse texto: "finalmente agora temos uma alavanca que aciona o mecanismo de nosso ser [...], um eclipse da consciência normal que pode ser repetida à vontade". *Idem*, pp. xlii-xliii. O teólogo James Freeman Clarke argumentou praticamente a mesma coisa que James em sua discussão sobre "moralidade automática". Ver em J. F. Clarke, 1886.

[109] "Os impulsos podem tomar a direção da fala ou psicografia, cujo significado o próprio sujeito talvez não entenda enquanto a pronuncia; e, generalizando o fenômeno, o sr. Myers deu o nome de automatismo, sensorial ou motor, emocional ou intelectual, a toda essa esfera de efeitos, devidos a 'irrupções', na consciência ordinária, de energias procedentes das partes subliminais da mente." James, 1902, pp. 234, 244.

110 *Idem*, pp. 293-294.

111 Schleiermacher, 1996, p. 33. Talvez os termos orgânicos não devessem surpreender: o historiador de economia Werner Sombart certa vez descreveu o século XVIII como "de madeira", não apenas por sua dependência à madeira, mas também pela cultura, em seu "aspecto material e sensual". Sombart, 1902, p. 1.138.

112 Herder, 2005, p. 85.

113 Feuerbach, 1855, p. 168.

114 Compare como Schleiermacher e Feuerbach usam a palavra "coração". Primeiro Schleiermacher: "para todas as pessoas que se importam por todas as questões do fundo do coração". Schleiermacher, 1996, p. 13. Agora Feuerbach: "Assim como a ação das artérias leva o sangue até as extremidades, e a ação das veias trazem-no de volta, a vida em geral é um perpétuo mecanismo de sístole e diástole; e da mesma forma, acontece na religião". Feuerbach, 1855, p. 54. A religião, assim como o ser humano, fora mecanizada antes, na releitura de Descartes do hermetismo e do rosacrucianismo. Ver em Yates, 1972, p. 152 e ss. Mas isso, um automático em sentido diferente, sobretudo, porque o mecânico perdeu sua aura sagrada. O autômato de Descartes refletiu a ordem natural de Deus. O novo automático criou tanto Deus quanto seu duplo demoníaco.

115 Ver em Stolow, 2013. Ver também Hacking, 1995, 1998.

116 Dr. Thwing (presidente da Academia de Antropologia de Nova York), 1885, pp. 307-308: "a totalidade com que a vida voluntária é revogada é uma medida para a meticulosidade do controle demonstrado na vida involuntária. Mas então, se a alma do homem pode ser completamente cativada por seu amigo de tal maneira que as verdades da vida, até mesmo a própria identidade dele, são contrariadas, ninguém há de duvidar das possibilidades da possessão da alma por influências demoníacas, hoje assim como no passado [...]. Na vivacidade, precisão e intensidade da vida involuntária da alma temos, se não um paralelo, uma indicação profética da supremacia imortal da vida espírita sobre a vida terrena, transitória do corpo. Processos de computação automática do tempo – nomeadas por Dr. Carpenter 'cronometragem inconsciente' – são ilustrações dessa precisão superior da ação involuntária. De fato, conforme Francis Galton disse, 'a consciência parece ser um espectador desamparado de nada mais que uma fração de minuto de uma imensa quantidade de trabalho mental automático'".

117 Estudos acerca do que é conhecido tanto como "mediunidade" quanto como "possessão" em sua maioria aderiram à divisão geográfica estrita. "Mediunidade" é usado em tradições espíritas euro-americanas, com suas problemáticas concomitantes acerca da tecnologia, neurologia incipiente e psiquiatria, e a reificação do indivíduo autônomo. "Possessão" tem sido usado para descrever contextos ritualísticos mais distantes, ou no tempo ou na geografia – no passado cristão medieval, que guarda uma distância segura, ou na contemporaneidade do Sul da Ásia ou de Trinidad, mas, principalmente e sobretudo, onde se considera que espíritos estão presentes em eventos ritualísticos africanos, afro-americanos e inspirados na África. O importante é considerar que esses termos têm utilidade tanto para praticantes, como atividade que rompe fronteiras, quanto para genealogias e itinerários nos quais tradições diferentes são arranjadas.

118 Assis, 1973.

119 Primeiro Schelling descreve "uma condição que ainda estava livre do terror religioso e todos aqueles sentimentos incômodos pelos quais mais tarde a humanidade foi atormentada". Em seguida ele expressa que "a personificação e os conceitos de natureza que, no máximo comparáveis a jogos de sagacidade infantil, não eram capazes de por um momento envolver seus

criadores com seriedade, nem mesmo em comparação com jogos de piada infantil", e então "o obscuro e incômodo poder da crença em deuses". E então encontramos: "o receio irracional antes de algo incômodo e jamais visto na natureza não será estranho para os selvagens que vagam pelos campos de La Plata, um medo que acreditamos notar até mesmo em alguns animais". E finalmente: "a ponto de que a unidade ainda tem um grande poder, a representação do sistema de deuses indianos e egípcios ainda aparece com muito mais conteúdo doutrinal, mas da mesma forma mais incômodo, excessivo, em parte até mesmo monstruoso". Schelling, 2007, pp. 14, 45, 54, 65.

[120] "O conhecimento sombrio nasce sobre o observador sem educação formal de que processos mecânicos estão ocorrendo naquilo que ele estava acostumado anteriormente a considerar como psique unificada." Jentsch, 1906, p. 14.

[121] *Idem*, p. 13.

[122] A falta de consideração de Freud em relação às próprias reflexões acerca do incômodo aparece nas cartas dele a Sándor Ferenczi; no entanto, pode ser falsa modéstia: "não somente terminei o rascunho de 'Para além do princípio do prazer', que está sendo copiado para você, mas também me ocupei novamente com aquela coisa do 'incômodo'". "Estou muito cansado, além disso, mal-humorado, consumido por ira impotente. Terminei mais um – desnecessário – trabalho sobre o 'incômodo' para Imago." Falzeder & Brabant, 1996, p. 354 (May 12, 1919), p. 363 (July 10, 1919).

[123] Royle, 2003, p. 13.

[124] S. Freud, 1999a, p. 232 [2019, pp. 63, 65].

[125] E. Freud, 1960, p. 187.

[126] Roger Caillois até mesmo especificou técnicas genéricas aplicadas a obter tal desorientação: *ilinx* (giro ou vertigem), cobrir o rosto etc. Ver em Caillois, 1958.

[127] Hoffmann, 2006, pp. 27-28.

[128] Albert Binet preferiu "consciência dupla", enquanto Freud se referiu à "segunda consciência".

[129] Du Bois, 2003, p. 9.

[130] Tolstoy, 2000, p. 288.

[131] Janet, 1889, p. 478: "Les hommes ordinaires oscillent entre ces deux extremes, d'autant plus determinés et automates que leur force morale est plus faible, d'autant plus dignes d'être considérés comme des êtres libres et moraux".

[132] Ver principalmente em Ricoeur, 1994. Quase humanidade relaciona-se conceitualmente com dois princípios-chave da ciência cognitiva da religião: primeiro, antropomorfismo e, segundo, memorabilidade como levemente, mas não totalmente, estranho.

[133] Sepúlveda, 1547.

[134] Oviedo, *apud* Lévi-Strauss, 1974, p. 76.

[135] Herder, 2005, p. 89.

[136] Tylor, 1871.

[137] Goodall, 2005.

[138] Christian MacLeod, Asheville (NC), *apud New York Times*, 21 fev. 2017, B2.

[139] O uso da religião como distinção entre animalidade e humanidade e como defesa desse limite ideológico foi lindamente sabotado em Schaefer, 2015, pp. 2, 217.

[140] Gates, 1988.

[141] James, 1981, vol. 2, p. 355.

[142] Veracini, 2017, p. 159.

143 Staden, 2008, p. 102.

144 Léry, 1993, pp. 84, 201.

145 Aqui e no próximo parágrafo, baseio-me em Veracini, 2017.

146 Robbins, 2002, p. 130.

147 *Affiches de Paris*, 23 de fevereiro de 1788, p. 540. *Apud* Robbins, 2002, p. 131.

148 Visitantes que deixaram relatos escritos incluem Thomas Ewbank, os reverendos James Fletcher e D. Kidder, William James, Charles Darwin, e a francesa Adèle Toussaint-Samson, entre outros. Ela prestou atenção aos gritos de macacos e papagaios. Dela, ver Toussaint--Samson, 2001, pp. 14, 29, 53, 63. Toussaint-Samson também descreveu o hábito europeu de enxergar os brasileiros como pessoas com "modos de macacos selvagens", um padrão que ela esperava extinguir com seu livro. *Idem*, p. 12.

149 Darwin, 1988, pp. 52, 71.

150 James, 2006, pp. 99-100 [Machado, 2011].

151 Agassiz, 1879, pp. 180, 529 [Agassiz & Agassiz, 2000, pp. 188, 486].

152 Gobineau, citado na carta de Louis Agassiz a A. Marie Dragoumis, 21 jul. 1869, em Raeders, 1934, p. 44.

153 Ewbank, 2005, pp. 95, 249.

154 Fletcher & Kidder, 1868, pp. 509, 522.

155 McAuliffe, 2014, p. 232.

156 Charlton, 2012, p. 13.

157 Capen, 1835, p. 15.

158 L. de M. e Souza, 2003, p. 157.

159 Le Fanu, 1872.

160 Haraway, 1992; Latour, 1987, p. 131. Deixo de lado a análise de Lacan sobre "autômato" como uma "rede dos significantes" e "o retorno" como o "encontro do real", porque Lacan evita as questões relacionadas a agência, vontade e personalidade, que são centrais aqui. Lacan, 2018, pp. 53-65 [1973, p. 56].

161 Latour, 2010, p. 6.

162 Uma importante análise acerca dessa questão está em Schaefer, 2015.

163 Haraway, 2008.

164 *Idem*, 1991, p. 310.

165 Boisseron, 2018, p. 35.

166 O homem mecânico de *Frankenstein* nunca é chamado de "símio", mas com frequência se referem a ele como "animal". O melhor exemplo da união do autômato mecânico com primatas é o conto de Ambrose Bierce, de 1899, "O mestre de Moxon", discutido no capítulo 4.

167 Agamben, 2004, p. 37.

1

Rosalie
Uma quase humana psiquiátrica

> O macaco e o homem, o homem e o macaco, eram dous amigos inseparáveis, dentro e fora de casa, na lua nova. Mil versões corriam a respeito deste misterioso solitário. A mais geral é que era um feiticeiro. Havia uma que o dava por doudo; outra por simplesmente atacado de misantropia.
>
> *Machado de Assis, "Linha reta e linha curva", 1866*

Permita-me apresentar-lhe Rosalie. Na verdade, são duas Rosalies. A primeira foi uma das pacientes psiquiátricas francesas mais famosas, Rosalie Leroux. Por vezes, o estado de Rosalie – ou pelo menos o que seu célebre médico, Jean-Martin Charcot, relatava – assumia característica de êxtase religioso, enquanto em outros momentos ela rosnava como um cachorro. A segunda Rosalie foi uma adorável macaca de estimação, e Charcot amava-a como filha. Rosalie Leroux era um ser humano que agia como besta; a macaca Rosalie, um quase humano bestial. Presente de Dom Pedro II, imperador do Brasil, a macaca Rosalie despertou prazer no outrora distante psiquiatra; ela foi o presente perfeito. A paciente Rosalie, por outro lado, representava risco e desafio. Charcot assumiu seu cuidado institucional em 1871, e ela permaneceu hospitalizada pelo resto da vida. A macaca Rosalie surgiu como um presente dois anos após ter herdado a paciente Rosalie. De Rosalie para Rosalie – de uma paciente francesa estimada a uma macaca brasileira estimada. É quase certo que esses dois agentes supostamente automáticos jamais se encontraram; mas, agora, eis que se encontram. Aqui, convido-as para dialogar por meio das histórias gêmeas sobre a psiquiatria do fim do século XIX, na França, e a psiquiatria do fim do século XIX, no

Brasil; e sobre um imperador e um neurologista. As histórias retratam painéis adjacentes em uma dobra dividindo possuidores e possuídos, o mestre e o escravo, o humano e o animal.

Ofereço a narrativa em uma série de passos, a começar pela psiquiatria francesa, seguindo então para uma amizade entre o psiquiatra francês mais honrado e o imperador do Brasil, e terminando, finalmente, nos corredores do primeiro hospital psiquiátrico do Brasil. Ao traçar esse veio, tento demonstrar, por meio de uma série de mudanças específicas, como a "histeria" passou de uma descrição para a manifestação de uma doença "feminina" do "útero errante", na França, para um diagnóstico racializado de pacientes afrodescendentes no Brasil. Nesse itinerário, no meio do caminho, seguiremos lentamente e refletiremos sobre o papel interpretado pelo macaco.

Sumo sacerdote Charcot

No início dos anos 1880, nenhum alienista gostava da reputação de Jean-Martin Charcot. William James viajava para ouvir suas palestras, em 1882, assim como Daniel Hack Tuke, em 1878, e Wilhelm Fliess, em 1886. Freud frequentou as palestras de Charcot e posteriormente os salões, de outubro de 1885 a março de 1886, cheirando cocaína para acalmar a ansiedade, e logo estava almoçando com uma tropa de residentes bem-sucedidos, como Désiré-Magloire Bourneville, Pierre Marie, Joseph Babinski e Georges Gilles de la Tourette. O curto tempo que passou em Paris foi fundamental para Freud. Lá ele largou a fisiologia da anestesia e voltou-se para o estudo da inconsciência.[1] Em palestras abertas ao público, terças e sextas-feiras, celebridades e diletantes aristocráticos sentavam-se lado a lado com cientistas locais e visitantes, como Freud, Fliess, James, Gustave Le Bon e, não menos importante, Dom Pedro II, imperador do Brasil.

Tourette, que ficou famoso devido à doença que identificou, registrou em uma linha do tempo a ascensão de Charcot.[2] Ele nasceu em 1825. Seu pai era fabricante de carruagem, e sua mãe, dona de casa; em 1853, Charcot defendeu sua tese. Em 1862, ele chegou ao hospital psiquiátrico Salpêtrière e começou a tratar de uma quantidade grande de pacientes – quase todos eram mulheres consideradas insanas e incuráveis. Começou a dar aulas clínicas em 1868. Em 1870, depois da demolição de um prédio anexo,[3] pediram a ele que incluísse em sua ala médica os pacientes que ficaram deslocados. Inspirado por sintomas que encontrou nesse novo grupo cativo, ele começou a oferecer palestras sobre histeria. Depois da guerra contra a Prússia e da Comuna de Paris, a ele foi garantida uma ala especial para essas e outras pessoas que ele considerou serem "histeroepilépticas". O ano era 1871, o mesmo em que ele conheceu a primeira de suas duas Rosalies. As paredes do hospital mantinham cerca de 4.403 pessoas, das quais: 580 eram funcionários, 87 *reposantes*, 2.780 *administrées*, 853 *aliénées* e 103 crianças.[4]

Nos anos 1870, a estrela de Charcot brilhou mais. Ele fez descobertas importantes em anatomia patológica e doenças degenerativas do sistema nervoso. Ele catalogou os sintomas da esclerose múltipla e cunhou esse nome; além disso, descreveu a esclerose lateral amiotrófica (ELA), aneurismas e a doença de Parkinson. Ele elaborou uma teoria para a localização das patologias cerebrais em localizações neurológicas específicas e fez publicações sobre os efeitos secundários de lesões neurológicas, como atrofia muscular.[5]

Figura 1.1 – *Une leçon clinique à la Salpêtrière*. Pierre Aristide André Brouillet, 1887.

Cada uma dessas conquistas foi extraordinária; juntas, foram monumentais. Em 1882, ele foi nomeado a uma nova cadeira na universidade e, um ano depois, entrou para a Academia de Ciências. Charcot viveu na França o ápice de seu prestígio profissional. A fama internacional ainda estava por vir. E chegou na última década de sua vida com demonstrações públicas de histeria e hipnose.[6] As palestras e as demonstrações proporcionaram às suas técnicas – e por conseguinte à psiquiatria – um rosto público e legitimidade provisória (Figura 1.1).

O distúrbio do útero errante, obviamente, já tinha um *pedigree* de 3 mil anos, pelo menos desde Hipócrates e Galen. Mas a histeria assumiu novas formas ao longo dos séculos. As tentativas de Charcot e de Freud de caracterizá-la dentro de um quadro médico e científico foram muito mais o fim do que o começo da história.[7] Há vários fins ainda sendo contados, uma vez que, no século XX, a histeria novamente se metamorfoseou em uma doença da mente, um quadro social e até mesmo um diagnóstico de período histórico. Há uma bibliografia enorme sobre as culturas da histeria e sobre o trabalho e os danos causados tanto pela palavra quanto pela categoria.[8] Ainda há o que ser dito? Penso que sim. Primeiro, deve-se considerar que a histeria está acomodada entre versões de quase humanos – o autômato, o possuído e o animal. Segundo, demonstrar como a histeria e outras categorias atravessaram o Atlântico, viajando para lugares como o Brasil, onde receberam formas raciais novas de classificação do uso –, assim, houve a mudança de histeria como essência do gênero para histeria como marca de um outro racial. Terceiro, situar a histeria em relação a situações quase religiosas como forma de automatismo e atração incômoda.

Ainda que no século XIX várias pessoas tenham escrito sobre histeria, nenhuma delas obteve tanto sucesso quanto Charcot.[9] Ele argumentou que a histeria podia iniciar em experiências traumáticas específicas ou até mesmo em sugestão. Era indicada por sintomas físicos universais ou *stigmata* [estigma], tais como mudanças nas percepções sensoriais, sensibilidade da pele alterada e suscetibilidade para hipnose.[10] A universalidade e a regularidade eram cruciais. Conforme Jan Goldstein descreve, Charcot concentrou-se no desenvolvimento temporal – a sequência típica em quatro fases ou o *grand attaque* [grande ataque] histérico. Suas "leis de ferro" incluíam (1) aumento do tônus muscular (fase "epileptoide"), (2) espasmos (acrobacias ou *grands mouvements* [grandes movimentos]), (3) *attitudes passionnelles* [atitudes passionais] (expressão dramática de emoções ou "período de alucinações") e (4) um delírio final com lágrimas e risada. Estes eram seguidos de um retorno à realidade.[11] As fases fixas formatavam a histeria em uma história familiar sequencial e um drama ritualístico envolvente. Tornavam a doença compreensível e convincente. A previsibilidade do ritual servia como garantia da veracidade do procedimento.

Os segredos da alma revelados não eram diferentes dos dramas populares de possessão e exorcismo de um período anterior. Os modos e classificação foram baseados em descrições católicas de possessão demoníaca. Histeria era sempre "a mesma coisa", em populações diferentes, ao longo dos tempos ou em lugares diferentes: "histeria sempre existiu, em todos os lugares e em todos os tempos".[12] As possessões e visões da freira ursulina Jeanne des Anges [Joana dos Anjos], em 1642, eram iguais às de Rosalie Leroux. Charcot e o residente Paul Richer buscaram na história da arte gravuras que retratavam Jesus curando pessoas possuídas. Encontraram semelhanças convincentes entre as pessoas histéricas de Salpêtrière e as figuras retratadas em obras renascentistas, como *Transfiguração*, de Rafael, na qual o artista "nos mostra um jovem endemoniado em crise".[13] Toda a história da arte poderia ser empurrada para dentro da máquina antropológica do automatismo histérico. E todos os lugares também poderiam. Quando os termos da histeria alcançaram o Brasil, foram facilmente aplicados para descrever a possessão espiritual de afro-brasileiros, como veremos.

As leis universais da histeria fizeram um prognóstico de um futuro secular, quando todos os fenômenos desse tipo seriam colocados em seu contexto neurológico apropriado. Nesse sentido, Charcot, assim como a psiquiatria em geral, assumiu o papel de positivista anticlerical e apoiador da secularização das instituições médicas francesas. No entanto – para seguir um argumento transmitido em obras separadas de Asti Hustvedt e de Cristina Mazzoni –, em outro sentido, ele espiritualizou a prática médica. Seu olhar e sua presença silenciosa "deram[-lhe] uma aura de homem sagrado, permitindo que reproduzisse o ataque histérico à vontade, portanto, aparentemente operar milagres", conforme Mazzoni.[14] Ele assumia o papel de xamã. O romancista Maupassant chamava-o de "sumo sacerdote" da histeria. Havia boatos de curas milagrosas no hospital. Freud também escreveu sobre o trabalho de Charcot com hipnose, que conheceu na França, conferindo a ele certa reputação de milagreiro. E surpreende que esse milagreiro e esses pacientes religiosamente engajados produzissem uma sinergia performativa e terapêutica distinta? O papel da religião no Salpêtrière parece passar despercebido, mas foi fundamental na vida, no pensamento e na experiência de Rosalie Leroux. Para enxergar isso, no entanto, é necessário estabelecer um escopo mais amplo para situações quase religiosas do que as questões acerca do anticlericalismo ou do que o secularismo em geral permite.

Deveríamos observar, por exemplo, como Charcot e seus residentes preenchiam relatórios e diagnósticos usando nomenclaturas religiosas: "transfiguração", "estigma", "postura crucificada", "possessão demoníaca", "êxtase", "aura".[15] O Prefácio da residente Désiré-Magloire Bourneville para o último artigo publicado por Charcot, "The Faith-Cure" ["A fé que cura", título original: *La foi qui guérit*] (1893), oferece um exemplo dos estranhos híbridos que surgiram com os neologismos que ele propõe, tais como "histerodemonopatia" (*hystéro-démonopathie*) ou "histérica possuída" (*hystérique-possedée*).[16] Outra é a conexão que a palavra psicorreligiosa "estigma" promovia, pelo menos desde que São Francisco de Assis a relacionou com manifestações espirituais cristãs reveladas na pele. Outra ainda é "transfiguração", um termo que Charcot usou com igual entusiasmo para se referir à pintura feita por Rafael de uma cena bíblica e ao rosto distorcido de uma paciente.[17] Os termos e os procedimentos de Charcot e de seus discípulos reuniram duas formas de dissociação sob classificações novas de doença. Possessão demoníaca e histeria estavam ligadas como participantes de um mesmo evento, apenas com um diagnóstico distinto: possessão do passado, histeria do presente.

Charcot apresentava essas cenas de possessão e patologia em demonstrações públicas regulares – encenações que, argumento, eram tanto históricas quanto diagnósticas, porque eventos medievais de possessão e pacientes contemporâneos foram perfeitamente enredados em uma mesma vertente. Se a própria histeria foi transformada em um ritual dramático convincente, sua apresentação pública também foi. Houve as palestras de terça-feira, as interpretações mais ou menos improvisadas de pacientes, feitas antes de uma audiência, e as palestras de sexta-feira, cuidadosamente escritas para acompanhar demonstrações encenadas por pacientes conhecidos e fidedignos. Um anfiteatro novo com lugar para 500 pessoas estava sempre cheio. Visitantes lotavam as palestras e faziam de Charcot e seu elenco coadjuvante de pacientes estrelas. A neurologia passou a ser vista como maravilha.

Além das leis previsíveis da histeria, os efeitos especiais ofereciam uma outra razão para o apelo público de Charcot. Ele mesmo enfatizava o visual em seus próprios estudos – "sou certamente apenas um fotógrafo; registro o que vejo" –, assim como em suas apresentações.[18] Era fantasticamente efetivo. Como a maioria dos espectadores, Freud foi visualmente inspirado: "com surpresa, verifiquei que nessa área determinadas coisas aconteciam *abertamente diante dos nossos olhos* e que era quase impossível duvidar delas;

assim mesmo, eram tão estranhas que não se podia acreditar nelas, a menos que delas se tivesse uma experiência pessoal".[19] Em um apelo diferente ao visual, as posturas de pacientes foram traduzidas em desenhos vívidos pelo próprio Charcot e por Paul Richer. Por volta dos anos 1870, os esboços tiveram a companhia de fotografias feitas por Albert Londe e Paul Regnard, reveladas no laboratório de fotografia novo do hospital, Le Service Photographique de la Salpêtrière. Em 1876, essas fotografias começaram a ser impressas em uma publicação especial dedicada somente ao corpo de pacientes, *Iconographie photographique de la Salpêtrière*. Fotos de Augustine, que tinha 15 anos, de Marie "Blanche" Wittman, de Rosalie Leroux e de outras mulheres foram divulgadas.

As fotografias enfatizavam a vulnerabilidade erótica das mulheres.[20] Os comentários dos médicos também faziam isso. Bourneville notou que Blanche era "muito rechonchuda e peituda" e que Augustine era "bem desenvolvida".[21] Rosalie Leroux tinha "atrativos" de uma garota simples do campo. Um médico de Kansas City assistindo a uma palestra em 1889 descreveu uma demonstração na qual figurava "uma menina pálida, com cabelos negros abundantes e um rosto belo [...]. Deitada, indefesa em um travesseiro branco, seus cílios longos curvos sobre os olhos cerrados, ela fazia lembrar a 'Bela Adormecida'". Quando ela acordou do estado de hipnose, ele acrescentou: estava "seminua diante de uma multidão de jovens estudantes de medicina".[22] Apesar de Charcot ter ampliado o domínio da histeria para incluir homens, apenas mulheres apareciam nas imagens publicadas nos volumes do *Iconographie*. As fotografias e as demonstrações anunciavam outra característica encantadora da histeria, a falta de agência das mulheres afetadas.

Esses corpos sem vontade fascinavam. Blanche, Augustine, Geneviève e Rosalie, todas elas se tornaram figuras públicas conhecidas, devido à plasticidade nula, como autômatos.[23] Charcot às vezes pedia a histéricas em transe para escrever o nome dele, uma versão da psicografia.[24] Um gongo tocava; corpos eram espetados e posicionados. No entanto, dentre as pacientes-estrela, Marie Blanche Wittman, que figura na pintura de Brouillet de 1887 (ver a Figura 1.1), era a mais famosa.[25] Uma vez que alcançava um estado de catalepsia através da hipnose, os residentes de Charcot colocavam os membros dela em variadas posições sem que ela oferecesse qualquer resistência. Seu corpo permanecia congelado em uma dada posição por tempo indefinido, até que eles a reposicionassem. Wittman era, ou pelo menos foi o que estudantes de Charcot, Tourette e Richer, escreveram, "um verdadeiro autômato que obedecia a cada uma das ordens dadas por seu magnetizador". E continuaram:

> [essa catalepsia] transforma o paciente em um autômato perfeitamente dócil [...], no qual se pode imprimir, com a maior tranquilidade, as mais variadas posições. Ademais, essas posições são sempre harmoniosas, fazendo de nosso autômato algo mais do que um simples mecanismo *à la* Vaucanson.[26]

Esse "homem-máquina", como Charcot a chamou, em referência a La Mettrie, poderia ser animada por eletricidade – uma sonda em contato com o rosto dela provocaria uma série de expressões de forma completamente mecânica.[27] "Como outro Pigmalião", acrescentou o Dr. François-Victor Foveau de Courmelles.[28] Além de serem comparadas a autômatos, as mulheres eram comparadas a animais, devido à habilidade de mostrar atos reflexos automáticos; elas eram "os sapos da psicologia experimental".[29] Era uma lógica familiar: o frenologista Franz Josef Gall, que estudou em Paris de 1807 até sua morte, em 1828, era conhecido por ter comparado o cérebro da mulher e o do macaco em sua teoria da patologia localizada. Mulher, máquina, animal.

As demonstrações ofereceram considerações médicas novas acerca da vontade. De fato, "força de vontade deficiente" era um dos sintomas conhecidos da histeria.[30] Pierre Janet, estudante de Charcot, acrescentou ao *kit* de ferramentas, além de "dissociação", o termo "abulia", para denominar a doença da perda de vontade. Pacientes sofrem "a invasão de todo tipo de fenômeno que não conseguem impedir". Tornam-se "escravas voluntárias".[31] Para quem sofria de abulia, a mímica automática era a única forma de ação. Thomas Saville, outro ex-estudante de Charcot, citou "força de vontade deficiente", "falta de controle sobre as emoções" e comportamento "imprevisível [...], sem introspecção nem respeito às regras", em sua obra *Lectures on Hysteria*.[32]

A *paixão de Rosalie*

Entre os atores mais confiáveis e dramáticos de ações automáticas e a prodigiosa ausência de vontade, estava Rosalie Leroux. Ela era mais velha do que vários pacientes – dois anos mais velha do que Charcot. Ela entrou para o Salpêtrière em 1846, com 33 anos, e foi colocada sob os cuidados de Charcot em 1871, mesmo ano em que ele começou a palestrar sobre histeria. Na primeira ocasião em que a descreveu, ela tinha 48 anos e já era um "caso célebre nos anais da histeroepilepsia".[33] Os sintomas eram tão dramáticos, Bourneville escreveu, que todo mundo que trabalhava no Salpêtrière tinha lembranças vívidas dela.[34]

Para os outros, ela era memorável como um "caso" famoso, mediadora do específico e do geral, uma ferramenta pedagógica, um exemplo.[35] Talvez possamos até dizer que Charcot ajudou a estabelecer estudo de caso como o gênero apropriado para a pesquisa psicanalítica, em parte, com e por meio de Rosalie e de outras pacientes célebres. A ideia não era tanto curá-las ou tratá-las, mas descrever, documentar e expô-las. Dessas pacientes, poucas chegaram a sair do hospital. Estavam capturadas em uma série rígida de termos e procedimentos, o papel delas era representar de forma convincente um "caso de". E, como procedimento ritualístico, essa representação corporal precisava ser feita repetidas vezes.[36] Rosalie foi traduzida em uma série de fotografias, episódios de diagnósticos, lições faladas e relatórios escritos. Todos os detalhes de sua identidade precisavam ser conhecidos e compreendidos, somente então seria possível deixá-los recuar para que ela pudesse representar um tipo regular, até mesmo universal. No entanto, para a própria Rosalie, suas memórias eram mais do que um caso, marcaram-na e eram uma ameaça. Aos 11 anos de idade, um cão raivoso correu atrás dela enquanto ela levava o jantar para seu pai adotivo em uma outra vila. O cachorro espumava e tinha os olhos esbugalhados. Ao tentar fugir dele, Rosalie caiu e machucou-se muito. Durante oito dias teve ataques de pânico recorrentes, imaginando aquele animal perseguindo-a. Ela começou a ter episódios de letargia inconsciente que duravam alguns minutos. Então, aos 16 anos, deparou-se com o cadáver de uma mulher e o assassino (o marido da mulher) em pé, próximo ao corpo. Um terceiro susto aconteceu quando ela atravessava a floresta à noite, na mesma região onde uma garota fora morta uma década antes. Ela levava uma quantidade de dinheiro consigo e um ladrão correu atrás dela pela floresta, gritando: "vou te pegar, sua porca!". Ela teve convulsões violentas e ficou inconsciente. Quando voltou a si, estava embrulhada em um matagal, mas novamente entrou em outro estado de inconsciência prolongado.[37] Quando foi internada no Salpêtrière, estivera por três dias e três noites em estado de letargia, seguido de paralisia.

Os gritos de Rosalie eram uma mistura do medo por cada um dos três terrores: o cão, o cadáver, o ladrão. Outras pacientes, como Geneviève, Charcot escreveu, demonstravam sinais de tarantismo, mas Rosalie era "demoníaca, uma pessoa possuída", semelhante às "pessoas que esbracejavam nos encontros metodistas".[38] Ela se passou a ser para Charcot o exemplo de "histeria epileptiforme violenta", ou *grande hystérie*.[39] Suas aparições tornaram-se um conjunto de palestras públicas. Seus ataques de ira, durante os quais ela tentava morder as pessoas que estivessem por perto, alternavam-se com letargia. Em seu delírio, ela via cães raivosos na floresta e sentia que havia pássaros em sua cabeça e lagartos em seu estômago. Ela sofria de alucinações visuais e auditivas: andorinhas e borboletas no chão, lagartos na parede, um animal grande e preto parecido com um boi. Ela balançava, de um lado para o outro, diante da plateia do anfiteatro, emitindo um som rouco "parecido com o rosnado de um cachorro".[40]

Em 1878, Charcot cunhou um termo novo, *zoopsie* [zoopsia], para se referir a visões de animais e descrever algumas das alucinações de Rosalie. Em sua descrição, histéricas eram às vezes amedrontadas por visões de animais que apareciam em uma área previsível do campo visual: "elas veem ratos, gatos, animais pretos, em geral, e sempre no mesmo lado [...], ou se aproximando delas por trás".[41] Freud usou esse neologismo para o caso de Emma von N., também conhecida como Fanny Moser, que sofria ao mesmo tempo de zoofobia e zoopsia.[42] Apesar da grande riqueza, da postura, do privilégio de Moser, ela gaguejava e tinha tiques nervosos, estalando os lábios. Ela constantemente se assustava com imagens de animais: representações de povos originários da América do Norte vestidos de animais, lembrança de seus irmãos jogando animais mortos nela quando era criança e visões de coisas como pernas de cadeiras se transformando em cobras, um falcão bicando-a, sapos, sanguessugas, minhocas, cavalos, um touro correndo atrás dela, lagartos pequenos que cresciam até ficarem gigantes. Ela contou a Freud que relutava em apertar a mão de qualquer pessoa por medo de que sua mão virasse um animal. Não conseguia fazer viagens longas de trem. A zoopsia ajudava a explicar não somente seu medo geral de animais, mas também o pânico da proximidade deles – de que ela se tornasse parte animal, como na história com sua mão, ou que animais passassem por sua pele, como a ideia de pernas de cadeira como cobras ou a visão de andar sobre sanguessugas. A repulsa ao ver povos originários norte-americanos vestidos com pele de animais tocava em um tema semelhante, a possibilidade de o ser humano tornar-se animal. As bestas estavam perto demais, encostando nela, talvez até entrando nela. Isso explicaria sua dor de estômago crônica. Talvez ela já fosse um animal.[43]

Rosalie sofria de medos semelhantes, mas sua dor alternava com o êxtase religioso. Bourneville era quem tinha mais contato diário com ela e, em 1875, descreveu o caso. Nos *grandes attaques* de Rosalie, ela passava por contrações físicas que tomavam forma de crucifixo (*crucifiement*). Em uma crise, ocorrida em 19 de outubro de 1872, Bourneville relatou: "seus membros superiores ficam extremamente contraídos e esticados perpendicularmente em relação ao corpo, NA CRUZ". A crucificação durou das 10 até as 14h15. Depois disso, ela retornou ao estado normal e disse: "meu Deus! Eu me senti tão bem!".[44] Cinco minutos depois, retornou à cruz por mais três horas e meia. No dia 30 de outubro, houve uma outra crise de crucificação que durou 13 horas, da manhã à noite.

Em 31 de outubro de 1875, depois de mostrar seus estigmas e de passar pelo estágio de êxtase, Rosalie declarou ter visitado o Paraíso, onde viu Cristo, Maria e outros santos. Bourneville escreveu:

> agitação, soluços, deglutição. A cabeça e então as pernas ficavam rígidas. Em seguida a crucificação estava completa [...]. A descida da cruz acontecia aos poucos [...]. [Rosalie] parecia acordar de um sonho: "onde estou?". Desperta, levanta-se, senta-se novamente, lamenta: "me senti tão bem lá em cima! [...] Foi tão lindo!".

Bourneville transcreveu a descrição dela:

> ela estava no Paraíso, em uma luz deslumbrante. Por todo lado havia espuma, uma pequena Santa Joana, ovelhas com muita lã, diamantes brilhantes, desenhos, pinturas, estrelas de todas as cores. Nosso Senhor tinha cabelos castanhos longos e encaracolados e barba ruiva. Ele é bonito, alto, forte, todo em ouro. A Virgem Sagrada também é de ouro [dois dias antes, ela era de prata]. O Senhor conversou com ela, mas ela não se lembra das palavras dele. Não conseguiu responder, estava muito emocionada! [...] Viu Mlle Léontine D [filha de uma pessoa da equipe], que disse estar muito feliz, que havia um lugar lá para ela e a mãe dela. Resmungava, parecendo chateada por não conseguir ter essas visões novamente.[45]

Rosalie colocou-se verbalmente no Paraíso, descrevendo-se na companhia de Jesus e então "descendo". Mas os médicos mantiveram-na na cruz: o desenho de Paul Richer, inserido no relatório de Bourneville, retratou o corpo dela virado verticalmente, como se estivesse pregado, ainda que, durante o episódio, ela tivesse sido colocada na cama. Bourneville publicou o desenho daquele jeito, com alinhamento vertical, como em uma crucificação. A fotografia que depois foi inserida no *Iconographie* foi posicionada da mesma forma (Figura 1.2).

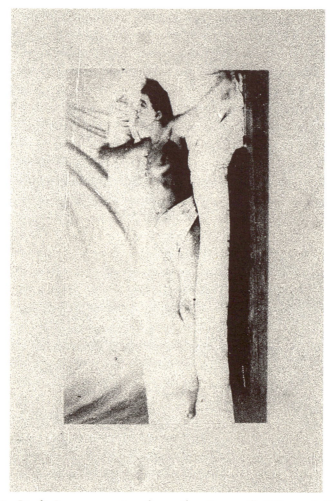

Figura 1.2 – Rosalie Leroux na postura de crucifixo. Bourneville & Regnard, 1876-1877, vol. 1, p. 39, fotografia 6.

As visões religiosas de Rosalie tinham uma intensidade incomum, mas não peculiar. Afinal, várias pacientes do Salpêtrière foram criadas em internatos que eram conventos e tinham visões repletas de imagens religiosas. Duas delas eram ex-freiras.[46] Outra, Geneviève Basile Legrande, que Charcot comparava com Rosalie, nasceu em Loudun, um lugar famoso pelas possessões demoníacas e pelos exorcismos que aconteceram lá no século XVII – o caso Jeanne des Anges.[47] No volume do *Iconographie photographique* de 1876, Bourneville e Charcot incluíram um relato completo da possessão e do exorcismo de Jeanne. E ela era apenas um dos exemplos de pacientes entre vários. Blanche Wittman e Geneviève admiravam uma visionária contemporânea chamada Louise Lateau, da Bélgica, sobre a qual Bourneville publicou um volume inteiro, em 1875, *Science and Miracle: Louise Lateau; or, The Belgian Stigmatic.*[48] Lateau, nascida em 1850, ficou famosa – foi coroada como a "santa histérica" pelo criminologista italiano Caesar Lombroso – por sangrar regularmente às sextas-feiras, na lateral do corpo e nas mãos. Bourneville entendia que Rosalie tinha exatamente a mesma doença de Lateau: contrações, posturas rígidas de crucifixo, visões, estigma. A colega paciente de Rosalie, Geneviève, dizia que Lateau era "irmã" dela e, em 1876, até mesmo fugiu do Salpêtrière para visitá-la.[49] Rosalie também sentia que havia um parentesco entre ela e Lateau. Mas, durante seus *grandes attaques*, suas posturas de crucifixo pareciam imitar outra célebre mística contemporânea, Santa Bernadette Soubirous de Lourdes, lendária pelas visões que teve de Maria, que transformou Lourdes no local de peregrinação mais visitado da França.[50]

Charcot mesmo não tinha religião e era um pouco anticlerical, mas, para manter-se alinhado com as normas sociais de sua classe, batizou seus filhos e entretinha o prelado, como o cardeal Lavigerie, em sua casa.[51] Apesar de sua aversão pessoal, ele estava bastante em sintonia com a história da religião como fonte de dados psiquiátricos. Eu até diria que a religião era fundamental para seu trabalho. Em sua palestra "Seizième leçon: Spiritisme et hystèrie" (conforme transcrita por Tourette), ele apresentou a religião como causa da histeria – uma ideia que seria adotada e repetida na psiquiatria brasileira. E, em "The Faith-Cure" ["A fé que cura"], ele reconheceu a capacidade de cura da religião, mas não do modo que devotos acreditavam que curava. Tanto como causa quanto como possível cura, a histeria, segundo Charcot, era permeada pela religião. Foi elaborada a partir da história da possessão demoníaca, promovida a categoria essencialmente por um ato de tradução e revisão histórica de episódios de possessão, cujas duas características principais eram automatismo e visões de deuses, animais ou ambos.

Entre as mais ilustres testemunhas desses casos de tradução, estava o imperador do Brasil, Dom Pedro II. Seguidor da carreira de Charcot desde os anos 1860 e elegante falante e escritor de francês, o imperador era um entusiasta e, consequentemente, leitor e ouvinte, quando o assunto era a mente. Afinal, ele havia inaugurado o primeiro hospital psiquiátrico de toda a América Latina. Compreender o relacionamento entre ele e Charcot ajudará a revelar questões sobre Rosalie, Charcot e a tradução da psiquiatria francesa para termos do português em instituições brasileiras.

O imperador e o doutor

O imperador do Brasil viajou para a Europa três vezes – em 1871-1872, 1876-1877 e 1887-1888 – antes de seu exílio na França, que aconteceu na esteira da derrubada da Monarquia brasileira, em 1889. Até mesmo mais jovem, ele era um dedicado seguidor e benfeitor da ciência na Europa. A primeira correspondência entre o imperador e Charcot data de 1869, quando, em 15 de março daquele ano, Charcot escreveu para Dom Pedro, a fim de agradecê-lo por nomeá-lo para receber a Imperial Ordem da Rosa (Grand-Croix de l'Ordere Imperial de la Rose), uma medalha nacional de honra no Brasil, equivalente à nomeação de cavaleiro:

> senhor, estou orgulhoso dessa alta distinção, ainda mais preciosa, por me conectar, de uma forma nova, a uma soberania liberal que há muito tempo admiro como intelectual e recentemente aprendi a amar com respeito vigoroso e sincero. De seu colega no Instituto da França, Charcot.[52]

Dom Pedro conheceu Charcot pessoalmente em Bruxelas, em agosto de 1876, quando considerava os serviços dele para tratamento de sua esposa, Theresa.[53] Charcot fora-lhe recomendado pelo Dr. Charles-Édouard Brown-Séquard, quem Dom Pedro conheceu nos Estados Unidos, por ocasião da Exposição Internacional de Filadélfia.[54]

Assim começou a amizade e o relacionamento profissional que durou até a morte do imperador. Os dois homens nutriam laços de cuidado, respeito mútuo e interesses compartilhados – "doutor para as doenças do Estado", foi como Dom Pedro se autodenominou durante uma conversa com Longfellow e um médico da mente.[55] Nenhum dos dois tinha interesse por política. O imperador confessou em carta para o conde Arthur de Gobineau, teórico racial e embaixador do Brasil na França: "para mim política nada mais é que a difícil tarefa de exercer uma função... carrego minha cruz".[56] Charcot tinha um ponto de vista semelhante.

Ele era amigo de políticos importantes e até mesmo oferecia jantares oficiais importantes, mas, na maioria das vezes, mantinha-se indiferente às situações de revolta na França do início dos anos 1870.[57] O Trabalho, o estudo, a arte e a família preenchiam sua agenda diária. Ambos eram leitores extremamente bem informados em praticamente qualquer assunto. Da primeira vez que Gobineau conheceu o imperador do Brasil, ficou impressionado e escreveu para a esposa, dizendo que era "inaudito" o quanto o imperador leu, que ele já havia lido "tudo, mas realmente e verdadeiramente tudo".[58]

Dom Pedro II foi aceito na Academia de Ciência da França no início de 1875, e a correspondência entre ele e Charcot cada vez mais compartilhava novidades da frente intelectual de Paris.[59] "Sua Majestade, a ciência ficou um pouco preguiçosa [*un peu chômé*]", Charcot escreveu.[60] Ele relatou as vacinas antirrábicas de Louis Pasteur, somente testadas em animais quando, de fato, era necessário testar em sujeitos humanos.[61] Uma das cartas relatou o pavilhão brasileiro na exposição internacional de Paris e a boa impressão que causou: Charcot garantiu a Dom Pedro que a seção do Brasil estava bem acomodada na exibição francesa, "parece ter sido recebida como convidada predileta".[62] Os dois trocavam notícias e bons votos pela saúde e pelo bem-estar de esposa e filhos.

Quando em Paris, durante suas estadas prolongadas, o imperador assistiu às palestras de Salpêtrière. Ele com frequência era hóspede na casa de Charcot, onde jantavam e jogavam bilhar. Frequentava as *soirées* de Charcot semanalmente às terças-feiras, às quais vários outros convidados ilustres compareciam. O último residente de Charcot, Georges Guinon, enfatizou a incomum amizade entre seu mestre e Dom Pedro, destacando-o como convidado especial na casa de Charcot.[63] O diário com relatos cotidianos do imperador permite-nos conhecer um pouco do ritmo da vida social deles:

23 DE OUTUBRO DE 1887 [DOMINGO]
7h 10' da noite. Fui à Salpêtrière. Assisti a experiências de Charcot de hipnotismo sobre pessoas nervosas. Dão-se fatos notáveis que não se podem atribuir a fingimento. [*sic*][64]

5 DE ABRIL DE 1890, SÁBADO
10h 1⁄2 Vi meus netos grandes. Estive com o Charcot a quem falei sobre os trabalhos da Academia das Ciências o qual parte hoje para Paris onde encar-

reguei-o de lembranças para os meus confrades mais conhecidos dizendo a de Quatrefages [um biólogo francês na academia] que me deixou lendo seu artigo sobre "Théories transformistes" no *Journal des Savants* de março. [*sic*][65]

10 DE OUTUBRO DE 1890, SEXTA-FEIRA
10h 50' Jantei bem em companhia de Charcot com quem conversei sobre suas experiências de hipnotismo sobretudo. [*sic*][66]

27 DE OUTUBRO, SEGUNDA-FEIRA
Visitei Charcot em sua casa no Faubourg St. Germain nº 237. É como um museu e não poderia de pronto falar do que aí vi de artístico e interessante. A casa tem jardim bonito. Esteve toda a família Charcot, retirando-se o filho antes de eu sair por ter seguir um curso. Vou agora falar a uma senhora. [*sic*][67]

As anotações de diário do imperador também oferecem detalhes sobre a rotina da vida dele em Paris, entre as visitas que fazia à família Charcot. Ele se vestia por volta das 8 horas e ia para a cama à meia-noite. Ele dormia bem e comia com gosto. Observava a chuva cair e fotografava. Durante a maior parte de seu tempo em Paris, parecia extasiante, livre das mudanças dramáticas em curso no Brasil, desde a Abolição da Escravatura, em 1888, à fundação da Primeira República.[68] Talvez, de certo modo, ele estivesse finalmente livre do peso da política, o que ele não escolheu para si e da qual jamais gostou. Então, deu liberdade total aos seus gostos estéticos e intelectuais. Jogava sinuca, ou na casa de Charcot ou no Club Nautique, lia artigos científicos, ia a *shows* de Sarah Bernhardt e de Georges Sand, viajou para Cannes com Fustel de Coulanges, conversou com Ernst Renan. Traduziu textos originalmente em árabe, hebraico e sânscrito. Leu em inglês livros de Shakespeare (escritor predileto de Charcot) e de Longfellow – este, amigo pessoal dele. Assistiu a aberturas de exposições e palestras sobre os símios no Musée de l'Homme.[69]

Entre várias outras atividades, Dom Pedro era muito interessado em psicologia. Em 11 de setembro de 1880, escreveu para Pasteur em Paris sobre o curso em anatomia do sistema nervoso que estava fazendo.[70] Mas seu interesse em psicologia e no sistema nervoso ficou evidente também em sua edição com muitas anotações e muitos rabiscos do *Essai de psychologie contemporaine* [*Ensaios de psicologia contemporânea*], de Paul Bourget.[71] Ele ficava muito impressionado com as demonstrações de hipnose feitas por Charcot. Tanto que assistiu a exibições de hipnose apresentadas por outros especialistas a fim de comparar e considerou-as deficientes. Uma delas foi de um ator chamado Pickman, cujos truques considerou pura charlatanice. Em 25 de novembro de 1887, ele escreveu: "Jantei com appetite. Depois assisti a experiencias d'hypnotismo feitas por Pickman. Parece-me um grande charlatan, mas divertiram-me bastante porque fizeram-me rire".[72] [*sic*]

No fim dos anos 1880, Charcot acompanhou o imperador como médico pessoal em viagens terapêuticas a Baden-Baden, na Alemanha, e a Aix-les-Bains, no sul da França. Ele escreveu cartas para o médico de Dom Pedro, Claudio Velho da Motta Maia, nas quais detalhava a saúde instável do imperador, chamando a atenção para o excesso de trabalho psíquico e físico e para a fadiga.[73] Esse diagnóstico, *surmenage* [excesso de trabalho], foi invenção do estudante de Charcot, Paul Richer. Ele se baseava em outros males comuns na ocasião, como "neurastenia" (George Beard, 1870) e "degeneração" (Max Nordau, 1892). Os termos nomeavam enfermidade e fadiga geral, que, no fim do século XIX, ganhou fama, junto com a histeria.[74] As novas doenças cruzaram registros, nomeando ao mesmo tempo medos individuais, sociais e nacionais de declínio. Serviam para traçar distinções nacionais; por exemplo, a visão de Beard da neurastenia como uma doença particularmente americana, ou o diagnóstico de Charcot do judeu errante húngaro ("automatismo ambulatorial") como um mal-estar israelita, ou o delírio de posse de Henri Meige como uma doença especialmente africana. É possível traçar uma linha entre diagnósticos individuais, como o que foi dado ao imperador, e teorias sociológicas de anomia e deterioração em obras como *O suicídio*, de Durkheim (1897), *Psicologia das multidões*, de Gustave Le Bon (1895), e talvez até mesmo *A decadência do Ocidente*, de Spengler (1918). Aliás, quando Charcot dirigiu o Congresso Mundial de Psicologia de 1890, Freud, William James, Durkheim e Le Bon estavam todos na sala, todos respirando o ar do automático como símbolo do declínio do ser humano.

Para compensar *surmenage*, neurastenia e degeneração, médicos buscavam as chamadas fontes dinamogênicas de vitalidade. Beard apresentou algumas curas promissoras – Bordeaux, Claret e maconha, por exemplo. Outras coisas entre seus remédios hoje nos fariam parar: estricnina e correntes galvânicas na cabeça. Outros tônicos ainda incluíam injeções subcutâneas de altas doses de cafeína, frequentemente administradas em Dom Pedro.[75]

Figura 1.3 – Charcot com Rosalie. Goetz, Bonduelle & Gelfand, 1995.

Colega de Charcot, Dr. Brown-Séquard relatou um caso de "rejuvenescimento da habilidade sexual" aos 72 anos de idade, depois de "injeções subcutâneas de extrato de testículo de macaco".[76] William James, assim como Durkheim, enxergava a religião como um possível antídoto contra *surmenage* e excesso de civilização. Charcot e o imperador, ao contrário, cultivavam dinamogenia na companhia de animais (Figura 1.3).

Macaca Rosalie

Ambos, Charcot e o imperador, eram membros da Sociedade de Proteção de Animais em Paris. Dom Pedro, assim como Charcot, repudiava a crueldade contra animais e questionava a necessidade de eles serem cobaias em experimentos médicos. Apresentava-se como defensor da natureza brasileira e envolveu especialistas na catalogação dos pássaros no Brasil. Contratou um paisagista francês para supervisionar seus jardins e parques, inclusive os de seu principal palácio, na Quinta da Boa Vista, Rio de Janeiro, que ele encheu com diversas espécies. Influenciado pelo barão de Drummond, criou um jardim zoológico no bairro Vila Isabel, no Rio de Janeiro. Seus intercâmbios com Pasteur sobre experimentos em animais relacionados à pesquisa sobre raiva e cólera demonstram que ele foi mais flexível do que Charcot. Em uma dessas ocasiões, em 1884, Pasteur, refletindo sobre como, em vez de experimentar em animais, fazer testes em cobaias humanos, expressou inveja em relação ao cargo do imperador como chefe de Estado e pediu a ele que levasse em consideração oferecer-lhe a oportunidade de fazer experimentos em pessoas julgadas por crimes e condenadas à morte. No lugar da pena de morte, ele propôs, poderiam escolher ser cobaias para as vacinas contra raiva e cólera, uma opção que certamente aceitariam. O imperador escreveu respondendo que havia suspendido a pena de morte, mas implorou a Pasteur que fosse ao Rio de Janeiro para desenvolver a vacina contra febre amarela. Dessa vez, quem declinou foi Pasteur, alegando que tinha 62 anos e estava muito debilitado.[77]

Da parte dele, Charcot imaginava-se em termos de animais e identificava os outros em relação aos animais. Quando estudante, em seu exame *agregé*, ele fez desenhos na prova, inclusive desenhou o rosto de alguns membros do corpo docente de medicina como macacos. Certa vez, desenhou um autorretrato em forma de papagaio, com nariz em formato de bico.[78] Seu totem pessoal era um urso, e ele tinha um preso à parede de sua casa de verão em Neuilly e outro em seu escritório da casa de Paris.[79] A casa de verão da família abrigava vários gatos, pelo menos dois cachorros (incluindo um dogue alemão chamado Sigurd e um labrador chamado Carlo), um burro (Saladin), um papagaio (Harakiri), em certo momento dois macacos (Zibidie e Rosalie), depois um terceiro (Zoë) e um pato.[80] Harakiri e os macacos foram presentes do imperador, trazidos do Brasil.[81] "Ele amava animais, ou melhor, ele tinha carinho por eles e um grande respeito pelas coisas vivas", comentou o secretário pessoal de Charcot, Georges Guinon.[82]

Charcot foi também defensor ferrenho das leis em defesa dos direitos dos animais.[83] Em um evento internacional em Londres, em 1881, ele denunciou o "Cruelty to Animals Act", decreto de lei britânico de 1876 que liberava a preciosa caça a raposas dos aristocratas.[84] No mesmo evento, ele testemunhou um debate entre Friedrich Goltz e David Ferrier, o primeiro apresentou um cão cujo córtex havia sido extraído; e o segundo, macacos com lesão cerebral. A questão em pauta era se funções mentais estão localizadas em partes específicas do cérebro. Participantes viajaram para o laboratório de ambos os médicos para ver os animais, propriamente ditos. Quando um dos macacos de Ferrier apareceu mancando, Charcot suspirou, "mas é um paciente!" ("Mais c'est une malade!"), reconhecendo e anunciando a semelhança entre pacientes humanos psiquiátricos e animais cobaias.[85] Em suas lições publicadas, até mesmo quando se referia a pesquisas feitas em macacos – por exemplo, para investigar a restrição do alcance de visão como resultado de lesão no córtex –, ele insistia que significava pouco, sem observar evidências diretamente de experimentos com seres humanos.[86] Ainda que fosse contra o uso do corpo de macacos como material de pesquisa, a forma do macaco algumas vezes foi usada como prisma de diagnóstico para uma doença humana, como na descrição que fez de um paciente que atendeu em dezembro de 1874 com "mão de macaco" ("main de singe"): "o dedão é caído para trás e para fora, no mesmo plano dos outros dedos".[87]

Uma placa pendurada sobre a entrada de seu laboratório anunciava: "você não encontrará cachorro de laboratório aqui".[88] Na casa de verão, em Neuilly, uma outra placa citava o Rei Lear de Shakespeare: "O que para os garotos são as moscas, nós somos para os deuses: matam-nos por brinquedo".[89] Ele abominava tourada e caçada. Repreendeu seu residente por seus estudos sobre toxicidade em cobaias. Inscreveu-se em uma liga antivivissecção.[90] Além disso, sua ética animal permeava seu lar. As crianças de Charcot jamais machucariam uma borboleta ou um sapo, nem desmanchariam uma teia de aranha. Vizinha deles no Hotel Chimay, de 1875 a 1884, Marie-Louise Pailleron lembrou-se de que, quando o *poodle* que tinha quebrou um pé e era impossível curá-lo, o veterinário deu a ele clorofórmio, e o jovem Jean Charcot lamentou por ela não ter levado o cachorro para ele, porque certamente o teria salvado.[91]

Léon Daudet, amigo da família e frequentador da casa dos Charcot, associou a misantropia do doutor com o amor raro que ele tinha pelos animais e o ódio por qualquer forma de crueldade contra eles.[92] Assim como Daudet, o imperador ficou surpreso com o contraste entre o amor de Charcot por animais e, comparativamente, a distância com que tratava seus pacientes.[93] Isso era evidente, sobretudo, em relação ao macaco de Charcot, ou melhor, aos macacos. Aparentemente, o imperador enviou macacos à família em duas ocasiões: primeiro Rosalie e depois Zoë, um macaco capuchinho.[94] A macaca Rosalie juntou-se à família em 1870, depois que Charcot tratou a esposa de Dom Pedro, Dona Teresa, em Bruxelas, 1876. Marie-Louise Pailleron lembrou que Rosalie gostava de se pendurar pelo rabo nas luzes do apartamento, que tinha pé-direito alto, e passava despercebida, até que caía abruptamente no colo de um convidado desprevenido.[95] Jean Charcot, o filho do psiquiatra, descreveu Rosalie como um macaco-guenon, presente do imperador do Brasil. Ele contou uma anedota reveladora. O ano era 1881. Havia um jantar especial na residência dos Charcot em homenagem ao grão-duque da Rússia, Nicholas. O grão-duque quis ter uma conversa particular com o presidente Léon Gambetta, para discutir uma aliança entre França e Rússia. Por ser amigo íntimo de Gambetta, Charcot concordou em recebê-los na propriedade em Neuilly, fora de Paris. Naquela ocasião ilustre, o macaco brasileiro mordeu todas as maçãs perfeitas que estavam na fruteira, em seguida, reordenou-as de tal maneira a esconder as mordidas. O truque foi descoberto somente quando serviram a fruta. Madame Charcot ficou envergonhada, mas todas as outras pessoas caíram na gargalhada, quando se deram conta de quem era a culpa e de que ela estava escondida dentro do piano.[96] Rosalie foi levada de volta à mesa e, sentada no joelho do grão-duque, jantou com sua família humana.[97] Ela era até mesmo agente, alterando as condições do ambiente que lhe cercava: uma vez que quebraram o gelo, uma informalidade aconchegante substituiu a frieza anterior e preparou o campo para a descontração.

Anos depois, a família Charcot recebeu um novo hóspede quase humano. Charcot escreveu ao principal médico brasileiro do imperador:

> imagine que o macaco preto grande (um guenon) que você enviou a Mlle Charcot é uma criatura maravilhosa – doce, inteligente, fácil de criar, esperamos [...]. Daqui a pouco começará a falar – todos os dias come conosco sentada à mesa, em uma cadeira alta para criança![98]

Geroges Guinon, que com frequência ia à casa dos Charcot, também a descreveu:

> Ouvi falar do primeiro macaco; só conheci o segundo, um pequeno guenon com força na cauda, rápido como pólvora, inteligente como... um macaco, fofinho como um gato, limpo como uma moeda de um centavo. Seu benfeitor amava-a muito e entretinha-se com todas as suas brincadeiras. Ele preparou para ela um lugar à mesa ao seu lado, em uma cadeira de criança com uma tábua, e

ficou entusiasmado quando Rosalie roubou uma avelã ou um doce de seu prato, ou, ainda, quando em certo momento ele não estava olhando, com o rabo pegou da fruteira uma banana. Então o patrão riu, aquele tipo de riso silencioso que sacudiu seus joelhos, seu peito e seu corpo inteiro, e de repente animou e iluminou seu olhar normalmente concentrado.[99]

Jean-Martin ficava mais animado e entusiasmado com a companhia de seus macacos. Está menos evidente se sua esposa compartilhava da mesma atração. Talvez a vida com todos os animais às vezes sobrecarregasse Madame Charcot. Ela ficou aterrorizada com o incidente envolvendo o grão-duque da Rússia, e em 1887, quando Charcot e a filha viajaram para o Marrocos, ela deu o macaco maior, Zibidie, para um zoológico em frente à casa deles, do outro lado da rua.[100] Lá, Zibidie foi exibido junto a quase humanos: axântis, núbios, bosquímanos, zulus, esquimós e outros expostos no zoológico humano que abriu em 1877 e fechou em 1931, o Jardin Zoologique d'Acclimatation.[101]

Dianne Sadoff argumentou que Charcot utilizou uma ideia estática de natureza na qual pintou suas histórias dinâmicas de psicose.[102] Essa natureza incluía o corpo de pacientes do Salpêtrière, um repositório vasto de material experimental. A ideia é que a fascinação de Charcot por animais, assim como a proximidade entre eles, funcionava como um *tableau vivant* estável, uma base na qual enxergar e medir desvios e doenças. Isso faz sentido, mas gostaria de acrescentar outra perspectiva, uma rota mais simples e mais direta. Charcot sentia-se mais humano na companhia de seus animais. Seus estudantes Alexandre-Achille Souques e Henri Meige escreveram que era com os bichos que ele mais expressava emoções e parecia estar mais tranquilo.[103] Ele ficava animado e mais leve com eles, escreveu seu secretário pessoal.[104] É até mesmo possível – apesar de eu não ter conseguido confirmar isso – que sua macaca Rosalie tivesse recebido o nome em homenagem à sua paciente Rosalie. Se for o caso, isso indica que ambas estavam sobrepostas e convergentes em seu pensamento, e até mesmo que ele *identificasse* uma na outra.

"Identificação" é, obviamente, uma palavra carregada para se usar nesses círculos. Freud escreveu sobre isso em suas cartas a Wilhelm Fliess, sendo a primeira vez em 1897. O próprio Freud identificava-se com Leonardo da Vinci e com Hamlet (inclusive com a histeria de Hamlet). A identificação era um ponto central na teoria do Édipo, na qual crianças aprendem a se identificar com os pais em diferentes modos que não precisamos repassar aqui. Em seu último *Psicologia das massas*, "identificação constitui a forma mais primitiva e original do laço emocional". Mas é também a base estrutural da histeria. Uma pessoa identifica-se tanto com outra a ponto de sentir e de atuar a dor ou a hostilidade dela. Essa identificação pode se espalhar e se tornar "contagiosa", até mesmo uma "ordem hipnótica", e tomar um grupo inteiro, levando à ausência de vontade: "a personalidade consciente desvaneceu-se inteiramente; a vontade e o discernimento perderam-se".[105] "Identificação" refere-se a como as características de um ser são recebidas em outro, um tipo de possessão. Minha proposta para o caso em questão é que a identidade de ambas as Rosalies foram recebidas e associadas à de Charcot, de tal modo que as Rosalies estivessem identificadas no pensamento dele e até mesmo se relacionassem entre si através das questões e dos laços emocionais da animalidade, do estado de quase humano e da vontade.

A macaca Rosalie sentada em uma cadeira alta de criança; Zibidie com axântis no zoológico. Agência, estrutura. Ao deixarmos Paris, quero chamar a atenção para outro contraste. Para pacientes como Rosalie Leroux ou Fanny Moser, animais eram aterrorizantes. A zoopsia de Charcot e de Freud estava repleta de autômatos animais que transbordavam de instinto cego e faminto. A paciente Rosalie oscilava entre visões bestiais e visões beatíficas. Na experiência de Charcot, por outro lado, animais eram extensões sublimes e espelhos dele mesmo, parte de sua agência compósita. Para Charcot, a macaca Rosalie era autêntica, não mediada e verdadeira. Pessoas eram problemas.

O Salpêtrière brasileiro

"O principal macaco de Paris usa chapéu de viajante e todos os macacos da América fazem o mesmo", Henry Thoreau escreveu.[106] Em nosso caso, o principal macaco em Paris construiu um hospital para tratar a alienação psiquiátrica, e todos os macacos nas Américas seguiram o exemplo. O primeiro hospital psiquiátrico construído na América Latina foi no Rio de Janeiro. Antes de suas viagens, inspirado pela França, o imperador estava bastante engajado na elaboração de um sistema de cuidados para pessoas com doenças mentais no Brasil. Ele fundou o primeiro hospital voltado para distúrbios nervosos em 1841, entre suas primeiras ações como soberano. A instituição foi inaugurada em 5 de dezembro de 1852 e trazia seu nome – Hospício de Pedro II. O Hospício seguia o modelo do Salpêtrière e espalhadas pela instituição havia estátuas dos mais famosos alienistas, como Philippe Pinel e Jean-Étienne Dominique Esquirol. O nome de cada salão dentro do hospital brasileiro também homenageava lendas francesas: Pinel, Esquirol, Bourneville, Calmeil, Morel. Visitantes franceses retribuíam, conhecendo a instituição nova e, em seguida, escrevendo sobre ela. De acordo com um desses visitantes em 1880, era bem equipado e até mesmo luxuoso, o edifício mais imponente da cidade. A gigantesca estrutura abrigava 350 pacientes. "A maioria era de europeus raciais, relativamente poucos eram *métis*, quase nenhum era *nègres*, e os *indiens* estavam totalmente ausentes", outro visitante francês escreveu. Isso fez com que ele questionasse se havia um fato racial envolvido em doenças mentais.[107]

Os diagnósticos mais frequentes eram as várias versões de mania, demência, alcoolismo e epilepsia.[108] De 1853 a 1890, dos 2.088 pacientes internados, 846 foram diagnosticados com diferentes formas de mania. Mania e monomania – isto é, preocupação obsessiva com uma única coisa – eram diagnósticos também difundidos pelo Salpêtrière, no trabalho de Esquirol, que foi estudante do lendário Pinel. Histeria ainda não era relatada como tal, apesar de em nove casos ela aparecer em termos híbridos, por exemplo, "histeromania". As pessoas – é possível contar nos dedos de uma das mãos – diagnosticadas com histeria, propriamente dita, eram mulheres, brancas, privilegiadas. Por exemplo, Maria da Pureza Guimarães foi internada em 1872 com 21 anos e morreu no Hospício em 1907. Ela era portuguesa e rica, uma paciente "de primeira classe" que exigia serviço particular, refeições preparadas separadamente e acomodação de luxo.[109] Pessoas afrodescendentes constituíam uma grande parcela da população nos primórdios do Hospício. Entre os pacientes registrados durante a internação, 996 foram descritos como brancos, 483 como pretos, e o restante como uma das 11 categorias de cor com notável precisão – por exemplo: pardo, pardo claro, pardo escuro, moreno, escuro, crioulo e cruzado –, ou não foram descritos. Aproximadamente 20% dos internos eram escravizados ou libertos. Duzentos e trinta e cinco eram nascidos na África.[110] Provavelmente, alguns dos escravizados foram empurrados para o hospital psiquiátrico simplesmente como forma de se livrar deles, por causarem problemas ou por não terem valor. Um "crioulo" de nome Marcolino foi internado em 1865 por seu "mestre" Joaquim Maria Carlos Verani, sendo "monomania" a justificativa. Joaquim alegou que Marcolino sofria de "alucinações ambiciosas, o que tornava conveniente que fosse tratado no Hospício".[111] "Proprietários" com frequência libertavam as pessoas escravizadas institucionalizando-as, a fim de evitar o pagamento de pensões.

No período entre 1890 e 1917, o Hospício ficou ainda mais cheio, tanto de pacientes (7.360 casos) quanto de novos diagnósticos populares.

Um fim de século repleto de hospitais psiquiátricos foi aparentemente típico na Europa e na América do Norte. Conforme Anne Harrington escreveu, o hospital psiquiátrico "criou sua própria clientela em expansão".[112] A população crescente de pacientes talvez tenha sido consequência da sífilis e de suas sequelas mentais, na ocasião ainda desconhecidas. No caso do Brasil, é possível indicar também algumas causas mais específicas: o fim da escravidão, em 1888, e a migração repentina para cidades como Rio de Janeiro, ambos os fatores contribuíram para a súbita precariedade. Nos registros de internação, mania e monomania diminuíram e as doenças atribuídas com mais frequência eram epilepsia (976 casos), histeria (573 casos) e loucura (541 casos). A religião afro-brasileira, nunca nomeada dessa maneira, tornou-se a principal colaboradora no aumento das internações. A proporção de pacientes negros aumentou em mais da metade.[113] Obviamente, essas classificações eram sempre incertas. Até mesmo entre as pessoas treinadas para identificar, diagnosticar e tratar; o tipo de vida interna ou de consciência que chamamos "identidade" permanecia fluida e nebulosa. Raça e cor eram flexíveis, quando se tratava dos registros de internação do Hospício. Da primeira vez que o jornalista e romancista Afonso Henriques de Lima Barreto foi internado, ele foi registrado como branco, mas alguns anos depois, quando foi pego embriagado em um dia de Natal, tagarelando citações de seus poetas franceses prediletos – Bossuet, Chateaubriand, Balzac, Taine e Daudet –, registraram-no como "pardo". Provavelmente, a cor de sua pele foi vista de forma diferente porque ele era um notório alcoólatra e paciente reincidente (Figuras 1.4 e 1.5).[114]

Vejamos, também, Alexandrina Maria de Jesus, que foi internada pela primeira vez em 1894. Ela era parda, tinha 45 anos de idade e um diagnóstico de histeria e alcoolismo. Em 1899, ainda tinha 45 anos, mas a raça era fula (de Fulani), um etnônimo capcioso usado no Brasil para designar africanos muçulmanos. Em 1905, ela tinha 48 anos de idade e sua cor era preta. No entanto, em 1910, mais uma vez foi registrada como parda, mas de repente fez 63 anos e recebeu um diagnóstico complexo de insanidade, mania, depressão. Em 1913, continuava parda, mas regrediu para 50 anos de idade e o diagnóstico mudou para "psicose periódica". A questão é que seus diagnósticos, a cor da pele e sua idade constantemente mudavam, até mesmo entre pessoas com registros e experiência para discerni-los e defini-los. Identidade continuou sendo algo misterioso e inescrutável, mesmo quando técnicas forenses como a fotografia foram usadas para estabelecê-la.

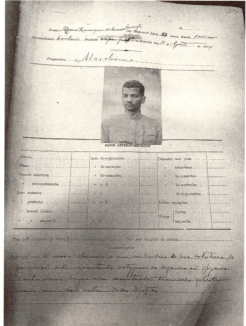

Figuras 1.4 e 1.5 – As duas fichas de internação distintas de Lima Barreto. Núcleo da Memória, Instituto de Psiquiatria, Universidade Federal do Rio de Janeiro. Fotografias do autor.

É possível que fotografias tenham sido utilizadas mais para apoiar e confirmar julgamentos psiquiátricos subjetivos dos internos do que para ancorar as identidades dos pacientes de maneira duradoura e confiável; da mesma forma, no caso de Rosalie Leroux no Salpêtrière, fotografias serviram para justificar e documentar sua postura de crucifixo. Cada um cumpriu sua função para rotular Alexandrina de histérica, louca e psicótica periódica. As fotografias não expressavam seus diagnósticos tanto quanto eram uma representação deles ou quanto ajudavam a elaborá-los. O que me impressiona em casos como o de Alexandrina é a estranha disjunção entre, por um lado, a apresentação fluida da identidade em termos de características pessoais externas e, por outro, o cuidado obsessivo tomado para discernir e nomear as múltiplas identidades que ocupam um corpo físico. Este foi o que realmente contou na tradução de Alexandrina em um caso exemplar, aquele importou bem menos. Quanto a Rosalie no Salpêtrière, quem realmente se importava com sua origem ou onde terminaria seus dias? O que importava era que ela fosse afixada na cruz, que ela fornecesse provas de uma etapa regular do processo ritualístico de histeria.

Temas religiosos aparecem no registro de internação e na documentação de vários pacientes. Interessa-me saber como a vida religiosa de pacientes era vista como desviante, ainda que, à primeira vista, possam ser interpretadas como sendo muito parecidas com várias experiências religiosas descritas por William James em suas Palestras Gifford de 1901-1902, que, conforme observei, apresentam o termo automatismo 19 vezes. No conto *O alienista*, de 1881, Machado de Assis parodiou esse suposto desvio, em um sanatório evidentemente inspirado no Hospício:

> O primeiro, um Falcão, rapaz de vinte e cinco anos, supunha-se estrela-d'alva, abria os braços e alargava as pernas, para dar-lhes certa feição de raios, e ficava assim horas esquecidas a perguntar se o sol já tinha saído para ele recolher-se. [...] A mania das grandezas tinha exemplares notáveis. O mais notável era um pobre-diabo, filho de um algibebe, que narrava às paredes (porque não olhava nunca para nenhuma pessoa) toda a sua genealogia, que era esta:
> – Deus engendrou um ovo, o ovo engendrou a espada, a espada engendrou Davi, Davi engendrou a púrpura, a púrpura engendrou o duque, o duque engendrou o marquês, o marquês engendrou o conde, que sou eu. [...]
> Não falo dos casos de monomania religiosa; apenas citarei um sujeito que, chamando-se João de Deus, dizia agora ser o deus João, e prometia o reino dos céus a quem o adorasse, e as penas do inferno aos outros; e depois desse, o licenciado Garcia, que não dizia nada, porque imaginava que no dia em que chegasse a pro-

ferir uma só palavra, todas as estrelas se despegariam do céu e abrasariam a terra; tal era o poder que recebera de Deus.[115]

Na história de Machado, pacientes engajam-se no projeto religioso com dedicação heroica. Esforçam-se para fazer parte de um projeto divino e para executar sua participação especial. Trabalham para mapear as estranhas figuras da imaginação em um esquema de um plano mais elevado. Apesar de escrito como sátira, o conto de Machado de Assis não estava distante da realidade. Pacientes verídicos eram demasiadamente dedicados às visões que tinham e ao espírito. A tarefa dos clínicos deve ter sido cansativa. Aparentemente, era quase impossível convencer pacientes de que seu comprometimento religioso era equivocado. Pinel relatou, em 1806, que os maníacos religiosos e os melancólicos eram de longe os mais difíceis de curar, talvez até mesmo incuráveis.[116]

Se assim fosse, determinados aspectos da dedicação religiosa de pacientes eram espelhados por funcionários. O que tem sido ignorado, devido à ênfase nos esforços anticlericais de determinados médicos, mas é uma visão muito limitada.[117] Pinel já havia observado que a maior parte da história do tratamento de "transtornos mentais" estava associada a padres e às obrigações do sacerdote.[118] Talvez possamos dizer que houve uma troca dialética entre os objetivos religiosos de pacientes e os de funcionários. Na história de Machado de Assis, o alienista explica que "a Casa Verde [...] é agora uma espécie de mundo, em que há o governo temporal e o governo espiritual".* A filosofia de tratamento do Hospício de Pedro II foi inspirada em Pinel e Esquirol, famosos médicos do Salpêtrière, que abordavam a alienação como orgânica, causada por lesões cerebrais ou por outras falhas do sistema nervoso, mas também como algo experiencial, mental ou até mesmo espiritual.[119]

Na metade da década de 1860, de acordo com Dr. Manoel José Barbosa, "o médico alienista pouco receita; observa porém as condições higiênicas do doente, consola-o, anima-o e procura por todos os meios ao seu alcance restituir-lhe a calma do espírito".[120] Está evidente que internos e médicos tinham conceitos normativos fortes acerca de religião, até mesmo mais para o fim do século. Por isso, entre dois pacientes distintos internados no mesmo dia, 1o de abril de 1897, um foi registrado como alguém que tem "ideias religiosas incoerentes", e o outro, como alguém que "manifesta ideias religiosas perfeitamente coerentes".[121] E, assim como no Salpêtrière, psiquiatria e

---

* Assis, 1997, p. 257. (N. da T.)

religião sobrepunham-se em noções de espírito saudável *versus* delírio religioso. A historiadora Lilia Schwarcz relatou a observação gravada por um médico:

> Apresenta-se calmo; atitude de obediência, humor tranquilo. Interrogado sobre o motivo da internação diz que foi preso sem saber porquê; tem noção de meio, não de lugar e de tempo [...], diz que na Ilha do Governador onde morava era tido como feiticeiro e por isso um padre ia frequentemente benzê-lo [...], tem delírio religioso e assume atitude mística.[122]

Em 1914, como vimos, o escritor e jornalista Lima Barreto foi internado por alcoolismo e relatou que fazer parte da comunidade do Hospício era viver o "espetáculo da loucura". Metade dos pacientes sofria de alguma doença hereditária e 10% eram alcoólatras, mas os 40% restantes eram espíritas de alguma linha. Era impossível contar quantos pacientes tinham a mente povoada por espíritos e coisas sobrenaturais. Lima Barreto escreveu: os mortos da família, grandes mestres iluminados, forças astrais, todos vivos, tocados, ouvidos, vistos. Ele mesmo sonhava com um mundo sobrenatural. Na biblioteca do hospital, ele revisitava seu amor por Júlio Verne e sonhos com viagens a zonas distantes, navegando a bordo do *Náutilus*, sob o efeito da cachaça.[123] Nesse hospital, ele escreveu, "tudo é negro", porque a maioria dos pacientes era negra; a cor preta era a "mais cortante" e impunha-se naquele lugar. Lilia Schwarcz observou que o diagnóstico de delírio religioso era sempre associado a degeneração. No Hospício, assim como em outros países, o delírio religioso, a degeneração, o automatismo e a negritude estavam associados.[124]

A religião da instituição constituía a vida religiosa intensa de pacientes. As principais responsáveis pelos cuidados diários eram irmãs católicas, e o modelo de tratamento tinha intenções tanto médicas quanto morais, um "tratamento misto". Havia missas diárias das quais pacientes podiam participar uma vez por semana e em datas religiosas. Oficialmente, o hospital psiquiátrico era gerido pela Igreja, tendo conexão com a Irmandade da Misericórdia, até a Proclamação da República e a separação entre Igreja e Estado, em 1890. A segunda autoridade no hospital era a madre superiora; ela era responsável pelas finanças e pelo funcionamento diário da instituição. Um padre que morava no Hospício era encarregado da capela, localizada bem no centro do edifício, imediatamente acima da farmácia.

Quando o hospital tentou modernizar os tratamentos e profissionalizar a equipe secular, novamente o modelo foi o Salpêtrière. Em 1881, o diretor reclamou que sua autoridade estava ameaçada pelas irmãs responsáveis por cuidar dos pacientes.[125] Ele exigiu que enfermeiras fossem treinadas no Salpêtrière, em Paris, em suas habilidades específicas, mas também para cultivar a subserviência. Conforme Manuella Meyers descreveu, psiquiatras tinham o objetivo de laicizar as instituições, livrando-se das funcionárias que eram freiras. No entanto, ao mesmo tempo, em vez de compartilhar responsabilidades com as freiras, eles esperavam instituir uma hierarquia de gênero apropriada: psiquiatras homens e enfermeiras mulheres. O diretor Andrade, assim como outros médicos brasileiros – todos homens –, invejava a formação universitária das enfermeiras francesas treinadas e a complacência respeitosa delas em relação aos médicos, que eram seus superiores. Ele tentou substituir a antiga ordem de religiosas pela sacralização dos diplomas universitários, o que Lima Barreto chamou de outro "fetichismo".[126] Mesmo em 1920, vários textos disponíveis para a equipe eram escritos em francês. Lima Barreto, que nunca concluiu a universidade, traduzia instruções, tanto para médicos quanto para enfermeiras.[127]

Zoopsia brasileira

A palavra "zoopsia" apareceu de repente em relatórios de observações clínicas no hospital psiquiátrico brasileiro, em 1º de junho de 1897; tornou-se comum em 1898 e depois desapareceu na virada do século.[128] Obviamente, "zoopsia" não poderia significar exatamente a mesma coisa para pacientes no Rio de Janeiro e para os parisienses e vienenses. Era habitada por um zoológico tropical de macacos, papagaios, onças, cobras e borboletas. O paciente Canisio Baptista de Magalhães, diagnosticado com "degeneração psíquica", tinha visões não apenas de Jesus na cruz, mas também de uma reunião de macacos em que seu líder, um demônio, amarrava Canisio – talvez, ele disse, por não ter confessado seus crimes.[129] Um outro paciente relatou visões com macacos, golfinhos, cachorros e touros, e atribuiu seus problemas à bruxaria.[130] João Simões, internado em 17 de novembro de 1899, sofria de alucinações com lobisomens junto com um enxame de macaquinhos. Ele os escutava chamar seu nome e gritava por ajuda, para ser salvo.[131] Com frequência, a visão de animais e espíritos aparecia lado a lado. Manoel Caluleo, sofrendo "delírio", sentia a presença de um espírito e à noite "tinha zoopsia", com baratas, ratos e uma porção de sapos embaixo de sua cama.[132] Eliza Maria Allina de Mello sofria de histeria. Ela via demônios o tempo inteiro, além de escutá-los falar dentro dos ouvidos. À noite, ela também tinha zoopsia: lulas enormes, um peixe voraz de água salgada, enroscadas em seu pescoço.[133] Candidio Pinto sentia formigas-de-fogo correndo ao longo do corpo e via animais transformando-se em gente.[134] America Borges da Silva, diagnosticado com epilepsia, relatou que baratas invadiam seu corpo pela orelha.[135] O que chama a atenção nesses relatórios é a questão acerca da proximidade entre animais e seres humanos. Pacientes sentiam animais tocando a pele deles, dentro dos ouvidos, batucando dentro da cabeça, invadindo a cama deles, muito semelhante a Emma von N., paciente de Freud, que sentia um urubu rasgando sua pele com o bico. Pacientes brasileiros também pareciam temer que a qualquer momento teriam o corpo invadido por animais que poderiam então tomá-los e controlá-los. Vários deles descreveram transmutações entre animais e seres humanos ou parte do corpo deles. Um paciente relatou ter visto o pênis de um ser humano e o de um animal trocando de lugar um com o outro.[136] Lydia Paes, uma outra paciente, diagnosticada com histeria em 1899, descreveu ter visto uma figura de cera transformar-se gradativamente em São Miguel.[137] Aliás, os termos "transfigurar", "transmutar" e "transformar" estão espalhados pelos relatórios. Nesse sentido, animais eram como espíritos, mas diferentes dos demônios quase humanos ou dos ancestrais. A característica principal deles era a força física enfurecida – pululando sem pensamentos, perseguindo "sem quê nem para quê".

Assim como no caso de Rosalie Leroux, no Salpêtrière, a vida animal inspirava a observação que residentes brasileiros faziam de seus pacientes e o diagnóstico que davam. Margarida, diagnosticada com "idiotice", foi descrita como alguém que parece agir sob a influência de alguma força exterior; sua voz era automática e monotônica, "como a voz de papagaios".[138] Outra paciente, Elvira Monteiro, diagnosticada com histeria, tinha zoopsia, mas também foi descrita como alguém que tinha um "ar bestial".[139] Pacientes não apenas enxergavam animais, como também eram tratados como animais ou em termos animalescos.[140]

Automatismo

No hospital psiquiátrico brasileiro dos anos 1890, automatismo não era um mero sintoma ("movimentos automáticos"), mas o próprio diagnóstico ("automatismo ambulatorial"), como no caso de Domingos Bonito, branco, 42 anos de idade, internado em 27 de junho de 1896. Domingos desapareceu, inconsciente por 15 dias: "ele pegou um trem, mas começou a sentir tonteira".[141] Ovídio José de Sant'Anna, um alcoólatra delirante internado no hospital psiquiátrico em 1899, foi admitido porque, ao participar de uma sessão espírita para assistir à invocação de espíritos, ficou perturbado, perdeu a consciência e sentiu que estava sendo transportado a algum outro lugar sem o uso da própria vontade.[142] Histeria – ausente nas fichas de internação de décadas anteriores – também passou a ser um critério-padrão. No Rio de Janeiro, residentes e médicos com frequência a associavam com espiritismo. De fato, em 1896, *histeria com delírio espírita* tornou-se um diagnóstico em si. Relatórios incluíam descrições típicas de religiões afro-brasileiras. Eis Emiliana de Jesus, preta, internada em 29 de maio de 1896, apresentando um quadro de histeria e delírio espírita: "inventa espíritos na mente. [...] Sente o espírito de outras pessoas, que ela vê entrar no próprio corpo. [...] Tem feito várias oferendas para diferentes santos para ser curada dessas invasões".[143] Um outro histérico, José Braz Guimarães, também "invoca os santos".[144]

"Santos" era um termo que ia em múltiplas direções – por exemplo, seguia práticas católicas populares e a religião afro-brasileira de possessão espiritual –, referindo-se à possessão por deuses como santos, e outros termos como orixás. Está evidente nos relatórios de internação que, de forma rotineira, residentes perguntavam se pacientes seguiam religiões afro-brasileiras, às quais toda a equipe referia-se como "espiritismo", e que eram vistas como algo depravado. Por isso, na descrição dos pacientes, dizem terem "confessado" participar desses tais rituais. Essas entrevistas de admissão eram parte de um rito de passagem que transformava pessoas em, propriamente, pacientes e casos, através do que Harold Garfinkel denominou "cerimônias bem-sucedidas de degradação".[145] Joanna Philomena Ribeiro – preta, 40 anos de idade – tornou-se este caso:

> constante duplicação de personalidade. [...] Manifestação de ideias religiosas, fazendo referência a coisas anteriores a sua vida. [...] Confessou frequentar sessões espíritas na casa de Abala, e lá ela foi tomada por perturbações mentais. [...] Aparentemente, um ou mais espíritos atuam nela. Quando entram em seu corpo, eles fazem o corpo dela tremer todo. Então ela sente como se uma ou mais pessoas estivessem dentro dela, brincando, brigando, falando sobre coisas diferentes.[146]

A histérica Maria Enéas Ferreira, parda, "fala em entidades religiosas, invocando Deus como seu protetor. Foi levada a uma sessão espírita. Lá ela viu somente espíritos ruins de mulheres que queriam lhe fazer mal. Fala em casamento e em feitiçaria, da qual foi vítima".[147] Deolinda Ferreira dos Santos, 38 anos, registrada como preta e histérica, sofria também de visões e descrevia-as como causadas por feitiço feito por conhecidos que tinham inveja de sua felicidade e de seu emprego.[148] Paulo Claudinhos disse a residentes que tinha feitiço no corpo que causava a epilepsia da qual sofria e que foi enviada a ele por um preto que trabalhava na fazenda onde ele morava.[149] Eugenia Felicia da Silva, branca, 27 anos, "reclama que é atormentada por espíritos e [alega] ser médium". "Ela diz que se dá bem com [os espíritos]. Enxerga a sombra do espírito de pessoas que ela conhece. [...] Os espíritos conversam com ela dentro de seu peito."[150]

Em vários casos, zoopsia e espíritos apareciam juntos. Uma das avaliações começa com o diagnóstico de histeria acompanhada por visões de insetos subindo as paredes. E segue: "recentemente, ele curou suas doenças recorrendo ao espiritismo, agora, envolto nas teorias espíritas, ele se considera médium de primeira categoria, com poderes celestiais sobre todos os santos da terra".[151] Uma mulher de nome Thereza, diagnosticada com histeria e delírio religioso em 1898, viu um lagarto no prato. Esse lagarto era, segundo ela, seu anjo da guarda. O residente anotou que ela era envolvida com feitiçaria.[152] Manuel Bernardo da Silva Rosa, também internado em 1898, acreditava que era, ao mesmo tempo, macaco e espírito.[153] Observe os termos que se repetem na classificação da religião afro-brasileira e que são "suturados psiquiatricamente": "feitiçaria", "espiritismo", "negritude", "animalidade".

Gênero quase humano, raça quase humana

Parecia óbvio, no século XIX, tanto no Brasil quanto na Europa, que o tratamento para a alienação mental poderia variar entre os pacientes conforme as diferentes raças. "Deveriam, evidentemente, lidar com um camponês russo ou uma pessoa jamaicana escravizada a partir de máximas diferentes daquelas que se aplicariam exclusivamente ao caso de homens franceses irritadiços que foram bem-criados", escreveu Pinel.[154] Os primeiros visitantes franceses que estiveram no Hospício também identificaram uma estratificação racial nos primeiros pacientes do Rio de Janeiro. No entanto, especificamente os pacientes afro-brasileiros eram difíceis de ser interpretados. Em 1896, menos de uma década após o processo de Abolição da Escravatura ter se concluído no Brasil, Dr. Raimundo Nina Rodrigues, psiquiatra e criminologista forense, publicou o primeiro relato detalhado de práticas ritualísticas afro-brasileiras. Seu foco foi o que pensou ser perigoso e exótico, as "danças extravagantes e estranhas", a "poesia selvagem e misteriosa".[155] No Brasil, o fato de a Proclamação da República ter ocorrido em 1890, logo após a Abolição da Escravatura em 1888, contribuiu para que o primeiro estudo antropológico de Nina Rodrigues sobre as religiões afro-brasileiras surgisse enquadrado em um questionamento nacional tenso acerca da possibilidade de inclusão das pessoas anteriormente escravizadas e dos riscos de contágio impostos pela repentina proximidade social delas e pela religião que seguiam. Médico treinado, Nina Rodrigues publicou uma série de oito artigos em uma edição de 1896 da *Revista Brasileira*. Em sua Introdução para a tradução francesa, em 1900, na qual os artigos foram publicados primeiramente como um volume, ele dedicou seu trabalho ao desenvolvimento da perfeição (*perfectionnement*) de pessoas para o bem da nação.[156]

No livro, Nina Rodrigues descreveu como verificar uma possessão autêntica em comunidades ritualísticas a partir da amnésia e falta de vontade que produzia. Ele observou perfeita sintonia com o trabalho do psicólogo francês Pierre Janet, a quem admirava imensamente. Como Charcot e depois Janet, Nina Rodrigues tentou regularizar o procedimento da hipnose; entretanto, não obteve muito sucesso. Veja esta sequência de eventos extraordinária: certo dia, enquanto observava um ritual do candomblé, Nina Rodrigues notou uma jovem negra próxima a ele, também assistindo atenta e extasiada. Ele então iniciou uma conversa: "você tem um santo? Qual?". A garota respondeu que não tinha recursos para sua iniciação e, portanto, não tinha santo sentado em sua cabeça. Quem sabe ele a ajudaria? Ele aceitou ser seu benfeitor e financiou sua iniciação. Ela começou a dançar na roda, o círculo de dançarinos do ritual, com uma expressão que o faz ter "certeza que ela não estava em seu estado normal". Quando depois ele a "interrogou" (palavra dele), descobriu um hiato na memória dela, exatamente no momento em que dançava possuída. Sem questionar, ele confiou na descrição dela, que por certo iria "confessar" a verdade. Dias depois, ele a encontrou novamente, dessa vez na rua. Após persuadi-la a ir com ele ao consultório, ele a hipnotizou na primeira tentativa. Ela entrou em um "estado de sonambulismo". Uma vez que estavam sozinhos no consultório, ele decidiu não fazer mais experiências até conseguir juntar colegas como testemunhas. A garota retornou no dia seguinte, quando ele providenciou que outro professor estivesse presente, Dr. Alfredo Britto. Quando ela estava novamente hipnotizada, Nina Rodrigues sugeriu a ela que estivesse, naquele instante, em um terreiro de candomblé, o mesmo onde se conheceram. Ele pediu a ela que ouvisse a música do ritual aos deuses, a fim de chamá-los à mente. Quando ela escutou a música de seu santo, Obatalá, ele disse, com vigor, para "cair no santo" e possuir-se. Ela começou a sacudir conforme o esperado.

Nina Rodrigues chamou-a pelo nome: "Fausta! O que há de errado?". Ela respondeu que não é Fausta, mas Iorubá – Obatalá, deus afro-brasileiro. Ele tentou fazê-la dançar feito o deus Obatalá, mas naquele momento ela se recusou. Obatalá-Fausta não dança – saiu do roteiro. Ela então fez um sermão para Nina Rodrigues sobre a mitologia de Iorubá e sua relação com o catolicismo. Dessa vez, no entanto, ele suspeitou de algo. Identificou que a visão do espírito aparentava ser bastante semelhante à visão da própria Fausta – aliás, era parecido demais com ela. Fausta despertou do transe confusa e atordoada. Até mesmo várias horas depois, ela ainda estava tão tonta e disse que perdeu o dinheiro que Nina Rodrigues lhe deu.[157]

Que cena! Psiquiatra brasileiro estuda possessão espiritual afro-brasileira dentro de um quadro de hipnotismo induzido em seu consultório, por meio de métodos importados da França. Tenho menos interesse no diagnóstico de Nina Rodrigues para esse episódio – desde termos comuns como "possessão demoníaca" e "histeria" a suas próprias invenções criativas, como "misticismo neuropático" – do que tenho no episódio, propriamente dito, no qual ocorre uma sequência memorável de fatos, um incluindo o outro. Deuses iorubás são levados para o laboratório e invocados e dispensados à vontade. O hipnotismo abarcou a possessão – foi Nina Rodrigues quem criou a descida do santo celeste Obatalá por força de sua sugestão. E seu livro mesmo, que acabou sendo citado diretamente em casos legais na década seguinte, colocou o candomblé dentro dos parâmetros republicanos de uma religião tolerável, legal. Nessa inclusão tripla, Nina Rodrigues revelou sua maestria com idiomas, movendo-se com agilidade de um mundo ao outro. Observe como palavras antigas se fundiram com novas – por um lado, demônio, interrogatório, confissão, verdade; e por outro, hipnose, histeria, psicologia, experimento –, inserindo totalmente o primitivo no moderno e a experiência de Fausta em seu diagnóstico. Ela foi refeita como "estudo de caso", conforme o gênero médico novo. Mas Nina Rodrigues também se refez aqui. Foi por meio de sua relação com a possessão – a habilidade de discernir entre a verdadeira e a falsa (afinal, foi sob a suspeita de exploração da credulidade pública que as religiões afro-brasileiras seriam regulamentadas no início do século XX) e traduzir com tamanha segurança a possessão nos termos da saúde pública que emergia – que ele se estabeleceu como antropólogo médico, um doutor capaz de partir de um caso para alcançar o coletivo e o universal e, dessa maneira, cuidar do corpo da nação.[158]

No entanto, esses eventos de hipnose não eram tão seguramente contidos quanto o bom doutor esperava. Conforme Michel de Certeau descreveu:

> A possessão reacende conflitos antigos, mas ultrapassa-os. [...] Revela algo que existiu, mas também, e sobretudo, permite – possibilita – algo que não existia antes. [...] Portanto, o que acontece se torna um evento. Tem as próprias regras, que revela divisões anteriormente estabelecidas.[159]

Do meu ponto de vista, Nina Rodrigues não era capaz de distinguir a possessão real da simulada. Aparentemente, ele deu dinheiro a Fausta em várias ocasiões. Quando ela estava tonta até mesmo horas depois do episódio de possessão, recusando-se a dançar para lhe dar um sermão sobre o mito iorubá, ela perdeu dinheiro, talvez garantindo um outro pagamento. A imitação dela era contida. Até mesmo Nina Rodrigues comentou que os movimentos dela estranhamente se assemelhavam aos de outras sacerdotisas. Ela brincou com a fé inabalável dele em sua habilidade de separar consciência e vontade reais das versões mediadas. Possivelmente – jamais poderemos saber – ela conseguiu fazer com que ele a pagasse duas vezes e depois nunca mais o viu. "Gire os olhos em êxtase e imite cada movimento dele", Zora Neale Hurston aconselhou.[160]

Nina Rodrigues tentou compreender a possessão espiritual afro-brasileira a partir do vocabulário potente da psiquiatria francesa. "Histeria" foi um termo particularmente útil. Ele utilizou essa palavra livremente para comparar os rituais afro-brasileiros com outro local: Paris e seu hospital psiquiátrico mundialmente famoso. "O tantã de Salpêtrière não é mais eficaz para os histéricos de Charcot [do que a música dos negros para induzir a possessão]", ele escreveu. Enfatizou o talento especificamente africano para a mímica. Mas, de fato, ele mesmo era de certa forma um mímico, cuidadosamente imitando as técnicas francesas. Ele procurou e encontrou seus próprios histéricos no Brasil. E, assim como o famoso Jean-Martin Charcot na Salpêtrière em Paris, ele hipnotizou sujeitos, a fim de acessar melhor seus automatismos – o sonambulismo, a sugestionabilidade, a catalepsia semelhante a um transe e, segundo o termo cunhado por Janet, a dissociação. Bastante semelhante a Henri Meige, outro estudante de Charcot em Paris, Nina Rodrigues lidou com o fulcro transatlântico para responder difíceis questões acerca da histeria africana.[161]

Ponte

Dom Pedro II morreu no Hotel Bedford, em Paris, em 5 de dezembro de 1891. Charcot foi um dos três signatários do atestado de óbito.[162] E, não muito depois, ele também morreu, em 1893.

Charcot nunca visitou o Brasil, apesar de seu filho ter aportado no Rio de Janeiro, durante sua expedição ao Polo Sul, e, da cidade, enviar uma carta relembrando a homenagem feita a seu pai pelo Instituto Histórico e Geográfico Brasileiro. Ambos, Charcot e Dom Pedro II, aproveitaram a vida após a morte como espíritos. Dom Pedro II continuou a espalhar suas palavras através do médium Chico Xavier, tema do capítulo 5.[163] A animação póstuma de Charcot foi vivida por menos tempo. O escritor León Daudet relembrou a movimentação espectral:

> Aproximadamente às 4 horas, antes do amanhecer, acordei no meu quarto de hotel que tinha vista para o parque e era invadido pelo canto dos pássaros. Senti uma presença e, sem que a porta se abrisse, o professor Charcot apareceu para mim, com seu familiar jeito solene e sério, e atravessou o quarto amplo. Sua camisa branca luminosa estava aberta, na altura de seu pescoço imponente, e ele trazia a mão sobre o coração. Desapareceu, evaporando no canto dos pássaros; ele, um grande amante da bela música. Logo em seguida, tive a intuição de que algo terrível acontecera.[164]

Daudet achou que a música, na visão, era algo significativo. Mas o que me chama a atenção é o fato de Charcot ter evaporado no canto dos pássaros.

E o que dizer da música da histeria? O aparecimento e a ascensão da histeria parecem, olhando em retrospectiva, um acidente bizarro, um cronotopo de determinada década. Ian Hacking detalhou o estranho contingente dessa doença ao fazer esta pergunta: "como pode uma forma de doença mental surgir, ascender, tomar conta, tornar-se uma obsessão em algum espaço e em algum tempo, e depois, talvez, desaparecer?".[165] O Salpêtrière gerou muito mais registros de momentos de histeria do que outras instituições durante o mesmo período, o que sugere uma concentração local estranha.[166] Pelo menos a histeria foi parcialmente restrita quanto ao espaço, apesar de sua bem-sucedida emigração ao Brasil. Mais ainda, foi restrita no tempo. O diagnóstico de histeria tornou-se mais e mais prevalente em um determinado momento para então cair drasticamente depois da morte de Charcot. Uma vez que Charcot partiu, sua paciente-atriz mais famosa, Blanche Wittman, de uma hora para outra, parou de ter crises histéricas e passou a trabalhar em laboratórios de fotografia e de radiologia. Quando lhe perguntavam sobre a vida pregressa como atriz histérica, ela não dava atenção. Ainda assim, negava que suas *performances* eram totalmente falsas. Em uma declaração estranha, ela disse: "se éramos hipnotizadas, se tínhamos a crise, é porque era impossível não tê-las. Para citar um motivo: porque de jeito nenhum aquilo era prazeroso. Simulação?! Você pensa que seria tão fácil enganar *monsieur* Charcot?".[167] E, de fato, Charcot prestara bastante atenção a técnicas de simulação. Ele se maravilhava com a inventividade de pacientes e a capacidade do corpo para a "neuromímese", ou seja, para simular doenças orgânicas.[168] Parecia que Wittman sugeria que a histeria era uma falsidade real. Um automatismo autêntico.

Os críticos eram mais duros do que os antigos pacientes. Farsa e espetáculo, intensificados pela lógica da autovalidação e do carisma, alegou Daudet.[169] Josef Babinski, estudante polonês de Charcot, rejeitava as causas orgânicas da histeria, depois da morte do mestre, e como alternativa propôs um termo novo: pitiatismo; "do [grego] 'eu persuado' e 'curável', ou, ainda, uma doença curável pelo poder da sugestão".[170] Tudo aquilo foi nada mais do que conjuração e contágio. Alexandre-Achille Souques e Henri Meige, outros estudantes, elencaram a *l'hysterie de la Salpêtrière*" como doença caseira, um mal indígena com características da própria terra. Até mesmo o próprio Charcot, no fim, questionou seu modelo.[171] Hippolyte Bernheim, da Escola de Nancy, principal rival de Charcot na França, argumentou contrário a Charcot que a suscetibilidade à hipnose tinha nada a ver com histeria, mas sim era a hipnose que apresentava uma capacidade humana universal, um posicionamento com o qual Freud por fim concordou. Ainda que Freud tenha traduzido para o alemão os artigos de Charcot e publicado uma eulogia e uma homenagem respeitáveis, ele mantinha uma distância cautelosa. Ele tinha suas dúvidas, especificamente com relação à regularidade do termo de Charcot. Para Freud, o gênero estudo de caso tinha características peculiares, idiossincráticas, ainda que "estudo de caso" em algum momento acabaria por servir como evidência de desordens mais amplas. Guy de Maupassant, outro contemporâneo, não tinha desses escrúpulos: "somos todos histéricos, uma vez que Dr. Charcot, o sumo sacerdote da histeria colhida nos hospitais, gasta uma fortuna para manter uma raça de mulheres nervosas que ele infecta com loucura, provocando um frenesi demoníaco".[172]

Depois de um intervalo de um século, Georges Didi-Huberman escreveu de forma mais gentil, mas não muito:

> as histéricas do Salpêtrière eram tão "bem-sucedidas" no papel que lhes era sugerido que o sofrimento delas perdeu algo como credibilidade básica. Eram tão "bem-sucedidas" como *sujeito da mimese* que, aos olhos dos médicos, que se tornaram diretores da fantasia delas, elas perderam completamente a condição de *sujeito de sofrimento*.[173]

Até mesmo admiradores preocupavam-se com a possibilidade de Charcot ter investido confiança demais na técnica da hipnose e na teoria orgânica da histeria, com razão. Rivais como Bernheim e depois Freud determinaram que praticamente qualquer pessoa pode ser hipnotizada, dentro das condições corretas. A reputação do grande Charcot foi por água abaixo. A fama dele estava encolhendo, e isso era evidente não apenas na França, mas também no Brasil, onde a imprensa publicava histórias citando-o, especificamente, e a histeria como um diagnóstico que teve seu pico entre 1890 e 1920, para depois desabar.[174]

Ian Hacking argumenta que os debates acerca de algo como histeria ser real ou construído socialmente são desimportantes. A pergunta relevante não é "aquilo era verdadeiro?". Deveríamos, sim, questionar: "em qual nicho ecológico os termos dessa doença prosperaram? Em qual taxonomia mais ampla eles se encaixaram?".[175] Minha resposta é: histeria, dissociação, monomania, zoopsia e várias outras, no fim se resumem a questões referentes à agência. Qual era a natureza da consciência e do arbítrio? Como o trauma, assim como deuses e demônios, agiram em nós? No espírito daquelas questões mais amplas acerca das coisas quase religiosas, as próprias perguntas sobre agência e automático, elaboradas por Charcot, deixaram contribuições permanentes. Desde o início dos anos 1880, ele voltou sua atenção ao papel de experiências traumáticas, emoções e ideias – "um processo mental ativo, no entanto inconsciente, a elaborar sintomas" –, incluindo aqueles que denominou histéricos por falta de uma gênese orgânica óbvia e por vezes mantida por processos mentais dissociativos.[176] A vontade consciente não era uma característica da experiência humana tão estável ou consistente quanto as pessoas pensavam. Era rompida pelos automatismos.[177]

***

Tentei demonstrar como configurações de quase humanos, atores automáticos se acumulavam em uma ponte social, religiosa e médica, que abarcava França e Brasil. Em parte, essa ponte foi construída a partir da presença concomitante de espíritos humanos e de animais nas experiências de pacientes e médicos e nos diagnósticos que classificavam essas experiências. Pacientes sentiam animais tocarem a pele deles, enroscar no pescoço deles, abri-los e entrar neles. No Rio de Janeiro também, a zoopsia de pacientes classificava o medo de ser envolto por animais ou de se tornar um deles, de forma a ocupá-los e a controlá-los, de perder a humanidade e atravessar uma linha tênue. A vida animal serviu para definir a vida psíquica do ser humano e sua fragilidade. Ao mesmo tempo, poderia servir como um bálsamo para aliviar a exaustão do fim do século, o *surmenage*, como no caso da macaca Rosalie.

O diário de William James no Brasil oferece uma compreensão possível do porquê. Enquanto esteve na Amazônia, em 1865, na missão Louis Agassiz, James descreveu um macaco-aranha – ou coatá – como seu melhor e único amigo na vila: "a mobilidade mental excessiva dos macacos, sua profunda inabilidade de controlar a atenção ou as emoções [...] são completamente possuídos por qualquer que seja o sentimento que por ventura venha a ser predominante neles no momento" (Figura 1.6).[178] Ele rejeitou a ideia de macacos como meros mímicos ou bobos comediantes, para se concentrar na franqueza e plenitude de expressão, sem filtro. Essa ideia, penso, toca o outro lado da moeda, do automatismo como repetição mecânica, a saber, a ideia de automático como sem filtro, direto e genuíno, "liberdade automática", conforme James denominou. Se automático fosse um sintoma de doença industrial do fim do século, também poderia tornar-se a cura de si mesma. A experiência de James tanto quanto a de Charcot na companhia de macacos espelham uma a outra nesse sentido.

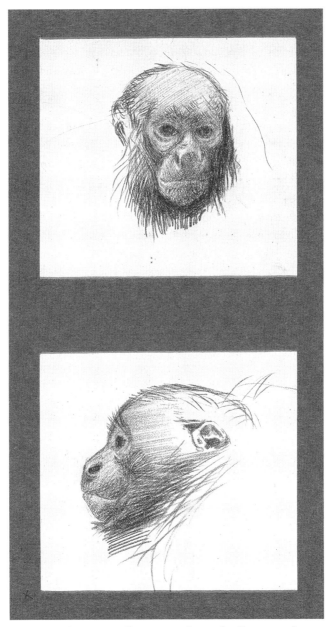

Figura 1.6 – Desenho feito por William James de seu "melhor amigo" em uma vila na Amazônia, Brasil, 1865. Houghton Library, Harvard University.

Essa versão do automatismo, muito semelhante à própria macaca Rosalie, ajudou a perfurar a crosta da supercivilização, da neurastenia e do *surmenage* [excesso de trabalho]. A ação do autômato foi revista, tornando-se uma espécie de habilidade e ofício cultivados.[179] A agência de Charcot foi feita e ampliada em relação às duas Rosalies, as inversões e justaposições de um humano animalizado e um animal humanizado. O que não foi possível a Charcot saber era que essa agência múltipla, depois da morte dele, continuaria a agir de forma a gerar ideias duradouras de não agência e automatismo. Os termos eram consequentes. No Brasil, depois da separação entre Igreja e Estado, religiões afro-brasileiras foram reguladas pela legislação sanitária e de saúde pública, de maneira alguma considerada religião. Então, em 1896, Raimundo Nina Rodrigues, psiquiatra e criminologista forense brasileiro, classificou os rituais de possessão afro-brasileiros como uma forma de histeria. De certa maneira, o comportamento de Charcot era peculiar. Ele interpretou a histeria relacionando-a com os exorcismos católicos franceses do século XVII; Nina Rodrigues interpretou possessão espiritual afro-brasileira do século XIX relacionando-a a Charcot. Entretanto, se em Paris os demônios do catolicismo eram o conteúdo das visões histéricas, no Brasil eram os espíritos das religiões afro-brasileiras e a chamada feitiçaria que proporcionavam a matéria-prima para as experiências de diagnósticos. E, enquanto em Paris histeria era, sobretudo, um distúrbio de mulheres, no Brasil ela se tornou, majoritariamente, uma síndrome atribuída a pessoas afro-brasileiras e suas religiões.

Durante décadas, pouco mudou na visão psiquiátrica dessas religiões. Henrique de Brito Belford Roxo, um dos últimos diretores de um pavilhão no Hospício, começou a escrever o manual-padrão de psiquiatria, em 1921, e em 1938 a obra ainda era publicada e utilizada. Nele, Roxo escreveu:

> Há certamente delírios episódicos que não têm como causa o espiritismo. Mas no nosso povo este motivo é muitíssimo comum como causa do delírio. As alucinações surgem sem preparo prévio. [...] Estes delírios espíritas episódicos são muito mais comuns nas classes populares do Rio de Janeiro do que nos outros meios. São também muito mais frequentes no Brasil do que na Europa. Qual é o motivo? Suponho que se trate de falta de instrução. [...] Nos negros, particularmente, [depara-se com eles] com grande frequência, em parte por causa da herança Africana, com suas crenças e sugestibilidade fácil.[180]

A agência de Charcot e de outros – a capacidade de facilmente transpor esquemas entre domínios – resultou em estruturas duradouras médica e legal de quase humanos para os outros afro-brasileiros e de além-mar. Apesar da opressão que sofreram e restrição legal por ser uma crise contagiosa de saúde pública, no entanto, essas práticas de possessão e visões híbridas de agência povoada por espírito eram objeto de desejo para pessoas afro-brasileiras, assim como para descendentes de europeus e consequentemente estigmatizados. Conforme João do Rio, jornalista, escreveu em 1906: "somos nós [as classes média e alta] que garantimos sua existência [da religião afro-brasileira], como o amor de um homem de negócios por sua amante atriz".[181]

No dia em que Freud deixou Paris, em fevereiro de 1886, Charcot presenteou-o com uma fotografia de si mesmo. Nela estava escrito: *"À Mssr. de Dr. Freud. Souvenir de la Salpêtrière. 1886. 24. février"*. O retrato fora feito profissionalmente no estúdio *Photographie Champs Elysée*. Charcot posava com expressão séria, as mãos enfiadas no casaco longo, preto. Freud certamente a guardou, assim como a cópia da pintura feita por Brouillet de Charcot hipnotizando Blanche Wittman, pendurada na parede, acima de sua escrivaninha, onde permaneceu por toda sua carreira. Dessa forma, Charcot sobreviveu não apenas como um espírito que assombrava Daudet, mas também em um rastro fotográfico. O capítulo 2 detalha mais a intersecção dessas versões de quase humanos automáticos: fotografias e espíritos.

Notas

[1] Freud visitou Charcot e o Salpêtrière de outubro de 1885 a 28 de fevereiro de 1886. Antes de partir para Paris, investigava as propriedades anestésicas da coca; em Paris, interessou-se pela histeria e pelo uso da hipnose para chegar às suas causas inconscientes. Quando retornou a Viena, ele mesmo usou a hipnose, retornando a Nancy para estudar com Bernheim, a fim de dominar melhor a técnica e a teoria da sugestão de Bernheim, trazendo uma de suas melhores pacientes aristocráticas com ele para praticar nela. Ele usava a hipnose não apenas para "enxergar" os sintomas, como Charcot a usava, mas também para fazer com que os pacientes declarassem as razões de sua doença, o que eles não poderiam fazer de outra forma. Ele chamou isso de "segunda consciência". A partir daí, rotulada até então como "catarse" por Joseph Breuer, ele mudou para psicanálise (por volta de 1890), que implicava o trabalho mais longo de se sentar atrás de pacientes reclinados, enquanto conversavam.

[2] Tourette, 1891, p. 33.

[3] Este era o prédio Saint Laure, onde pacientes do alienista Delasiauve estiveram internados. Ver em Goetz, Bonduelle & Gelfand, 1995, p. 180.

[4] Didi-Huberman, 2003, p. 17. Didi-Huberman, citando J. Losserand, parece ter errado na matemática, totalizando 4.383 pessoas na instituição.

[5] Dejerine, 1925; Shorter, 1997, p. 85.

[6] Goldstein, 2001, p. 328; Bouchara, 2013, p. 110.

[7] Rousseau & Porter, 1993, p. ix.

[8] Ver, entre outros, Hacking, 1995, 1998; Showalter, 1985, 1993; Micale, 1995, 2008; Gilman, 1993.

[9] Esses escritos apareceram em variados gêneros. Encontro, por exemplo, nos poemas em prosa de Baudelaire escritos entre 1855 e 1867: "Eu sentia minha garganta apertada pela mão terrível da histeria". Baudelaire, 1970, p. 26. Um século antes, Charles de Brosses descreveu possessões por espírito falsas como "vapores histéricos" em mulheres que estão sob o controle de homens. Brosses, 1970.

[10] Veith, 1965, pp. 232-233.

[11] Goldstein, 2001, pp. 327-328.

[12] Charcot, *apud* H. King, 1993, p. 8 ("L'hystérie a toujours existé, en tous lieux et en tous temps.").

[13] Charcot & Richer, 1887, pp. v-vii, 28.

[14] Mazzoni, 1996, p. 19.

[15] Hustvedt, 2011, pp. 272, 289; Mazzoni, 1996, pp. 24-29; Charcot & Richer, 1887, pp. 91-109.

[16] Bourneville, 2012, p. 2. Ver também Belcier, 1886.

[17] Ver, por exemplo, Boureau, 2006, pp. 179-182. Estigma como sintoma que conecta demoníacas do início da Idade Moderna com histéricas do fim do século XIX destaca-se, por exemplo, em Tourette, 1891. Steve Connor ressalta o estranho fato de o estigma ser aceito na psiquiatria como sintoma e a transformação dos termos, de *stigmata* para estigma, sendo este muito mais comum no século XX, como sinal de uma laicização deliberada, ou pelo menos a transferência, do termo para medicina. Ver Connor, 2004, pp. 122-124. Sobre a expressão "histérica possuída", ver Belcier, 1886.

[18] Charcot, *apud* Sadoff, 1998, p. 105.

[19] S. Freud, 1956, p. 4 [1996, p. 19].

[20] Didi-Huberman e Sander L. Gilman concentram-se, sobretudo, na dimensão visual da fama do Salpêtrière. Ver em Didi-Huberman, 2003; Gilman, 1993.

[21] *Apud* Walusinski, 2014, p. 69. Compare com Mazzoni, 1996, pp. 21-22. A inclusão de descrições detalhadas do "delírio erótico" por Bourneville na publicação de *Iconographie* [Iconografia] é comentada em Goetz; Bonduelle & Gelfand, 1995, pp. 185-186.

[22] Harold, 1889.

[23] Por exemplo, de um texto na biblioteca de Charcot: "Um autômato é substituído pelo verdadeiro eu volitivo. A vontade é a escrava de um sonho ou de uma sugestão". Tuke, 1884, p. 4. Ou de Pierre Janet, estudante de Charcot: "Estes sujeitos estão tão dispostos ao hábito e ao automatismo". Janet, 1898, p. 266. Ou do próprio Charcot: "Vou usar a expressão automatismo ambulatório baseado em descrições que fiz no passado de pacientes que caminham automaticamente e não mostram nenhum sinal externo de que seu caminhar é inconsciente". *Apud* Hacking, 1998, p. 36. O romance satírico de Léon Daudet sobre Charcot e o Salpêtrière também mostra um médico referindo-se aos pacientes como "les automates" [autômatos]. Ver Daudet, 1894, p. 156.

[24] Charcot, 1890a, p. 293.

[25] No ano de 1887, Wittman e Charcot tornaram-se ícones na pintura *Une séance à la Salpêtrière*, por Brouillet, que hoje está exposta no Musée de l'Histoire de la Médecine. Uma litografia dessa obra decorou o escritório de Freud, primeiro em Viena, depois em Londres. A imagem de Charcot e Wittman pairou sobre Freud ao longo de sua carreira. Wittman ficou ainda

mais imortalizado no século XX, reformulado como a personagem Blanche em *Um bonde chamado desejo*, de Tennessee Williams.

[26] Hustvedt, 2011, pp. 68-70.

[27] *Idem*, p. 70. Enquanto Charcot interpretava seus pacientes baseando-se no homem-máquina de La Mettrie, este afirmava ter descoberto a catalepsia histérica em 1737. Ver em Goldstein, 2010, p. 49; La Mettrie, 1748.

[28] Hustvedt, 2011, p. 71.

[29] Charles Féré, *apud* Mayer, 2013, p. 48.

[30] Savill, 1909, p. 18.

[31] Janet, 1901, pp. 150, 154.

[32] Savill, 1909, p. 18.

[33] Charcot, 1872-1873, p. 301.

[34] Bourneville, 1875b, p. 43.

[35] Ver em Forrester, 1996, p. 14.

[36] Obviamente, essa era a opinião de Freud em seu ensaio de 1907, "Atos obsessivos e práticas religiosas", traduzido para o inglês em 1924 [e para o português em 1976]. Ver em S. Freud, 1999b.

[37] Charcot, 1872-1873, p. 301; Bourneville & Regnard, 1876-1877, pp. 15-19.

[38] Charcot, 1872-1873, p. 301; Goetz; Bonduelle & Gelfand, 1995, p. 193.

[39] Há um resumo do caso em *Idem*, pp. 192-196.

[40] Harold, 1889, p. 210.

[41] Charcot, 1890a, p. 292.

[42] Breuer & Freud, 2009.

[43] A síndrome que leva alguém a acreditar que se transformou em um animal ou de ser acusado disso em um julgamento de bruxas é chamada licantropia, em referência ao grego Lycaon, que foi transformado por Zeus em lobo. Depois ela passou a ter aparência mais especificamente médica com o termo diagnóstico "metamorfose zoofílica". Akhtar & Brown, 2005, p. 8.

[44] Ver Bourneville, 1875a, p. 142. (A tradução para o inglês foi tirada de Goetz; Bonduelle & Gelfand, 1995, p. 195.) Bourneville também descreveu esses eventos em Bourneville, 1875b, pp. 43-46.

[45] Bourneville, 1875a, p. 143.

[46] Kane, 2013, p. 169.

[47] Charcot, 1872-1873, p. 300. Ver também Hustvedt, 2011, pp. 216, 273.

[48] Nesse livro sobre Lateau, Bourneville desviou-se repetidas vezes para explicar o caso dela em relação a Rosalie Leroux. Ver em Bourneville, 1875b, pp. 40-47, 56.

[49] Hustvedt, 2011, pp. 277-278. Ver também Mazzoni, 1996, p. 32; Kane, 2013, p. 169.

[50] Taithe, 2010.

[51] Souques & Meige, 1939, p. 341.

[52] "Cette haute distinction, Sire, dont je me sens bien fier, me semble d'autant plus precieuse qu'elle me ratache par un lien nouveau au souverain liberal que, depuis longtemps j'admire comme savant et que j'ais appris recemment a aimer respecteusement d'une affection vive et sincère. De votre confrére à l'Institut de France, Charcot." Maço 145-doc. 7074, Correspondência de Charcot, Arquivo Histórico, Museu Imperial, Petrópolis.

[53] Priore, 2008.

[54] Cartas de Dom Pedro II a Brown-Séquard, 24 fev. 1876 e 29 jun. 1876 (desde a Filadélfia), Arquivos do Royal College of Physicians, London: "Ma femme souffre depuis longtemps

avec des interruptions plus ou mois longues d'horribles douleurs neuralgiques à la jambe, et tous dernièrement, pour la première fois, du corps et à la tête, dans le cuir chevelu. Deux points sur l'épine dorsale se ressentent plus ou moins à la pression. Son état general est bon". "Je veux y consulter aussi le Dr. Charcot et c'est bon que vous deux puissant s'entendre aux meme temps avec mon médicin qui a soigné ma femme, et vous donnera tous les renseigments nécessaires."

55 *Apud* R. Brown, 1945, p. 240.

56 " La politique n'est, pour moi, que la dur accomplissement d'un devoir... je porte ma croix." Carta de Dom Pedro II a Gobineau, 23 jul. 1873, cad. 64.02.002, n. 003, Biblioteca Nacional, Rio de Janeiro.

57 Thuillier, 1993, p. 185.

58 *Apud* Carvalho, 2007, p. 223.

59 Uma carta de Ferdinand Denis, escrita de Paris, em 9 de março de 1875, revela a denominação usada pelo imperador: "notícias de Paris". Ver em Raeders, 1944, p. 172.

60 "Sire, La science a un peu chômé!", 24 jan. 1890. Maço 202-doc. 9168, Correspondência de Charcot, Museu Imperial, Petrópolis.

61 "Dans le categorie de la medicine l'evènement a eté la communication de Ms. Pasteur relative à la vaccination anticholerique du Dr. Gamalei d' Oduje. Malheureusement il ne s'agit – que d'experiences faites sur les animaux et il faudrait faire la prevue chez l'homme." 1 set. 1888, I-DMM-1887/92-Ch. 1-19, Museu Imperial, Petrópolis.

62 "Elle est place au beau milieu des sections françaises qui semblent l'acuellir comme hôté [?] preferé." Maço 28-988-cat. B, Arquivo Histórico, Museu Imperial, Petrópolis.

63 "et S. M. don Pedro, empereur du Brésil, très lié d'amitié avec Charcot et hôte assidu de la maison." Guinon, 1925, p. 511.

64 Maço 36, doc. 1056, cad. 27, Museu Imperial, Petrópolis. Charcot escreveu uma carta para Motta Maia no mesmo dia, descrevendo a memória boa e a atenção do imperador durante as visitas ao Salpêtrière e à casa de Charcot. Charcot, carta a Motta Maia, 23 out. 1887, 63.05.006, n. 36, Biblioteca Nacional, Rio de Janeiro.

65 Maço 36, doc. 1056, cad. 27, Museu Imperial, Petrópolis.

66 *Idem*.

67 *Idem*.

68 No entanto, em uma ocasião, depois de ter ido permanentemente para exílio, ele transcreveu em seu diário um artigo do *New York Herald* sobre a agitação no Rio de Janeiro e o governo provisório estabelecido quando ele partiu. 27 mar. 1890, maço 37, doc. 1057, cad. 31, Museu Imperial, Petrópolis.

69 Anotação no diário, 23 maio 1890, maço 36, doc. 1056, cad. 27, Museu Imperial, Petrópolis.

70 A carta está traduzida em Raeders, 1944, p. 137.

71 O livro que ele estudou foi Bourget, 1883. O exemplar no qual o imperador fez suas anotações pode ser visto no Arquivo Hélio Viana, DL1446/11, Instituto Histórico e Geográfico Brasileiro.

72 25 nov. 1887, maço 36, cad. 27, pp. 126-244, Museu Imperial, Petrópolis.

73 Carta de 29 de julho de 1888 de Aix-les-Bains, I-DMM-1887/92-Cha. C1-19, Museu Imperial, Petrópolis. Outras cartas longas do médico pessoal de Dom Pedro na corte, Motta Maia, para o genro do imperador, Conde d'Eu, em 28 jun. 1887 e 4 jul. 1888, contam as várias viagens de Paris a Milão para consultá-lo. Instituto Histórico e Geográfico Brasileiro, lata 490, cad. 41, cartas 8-9.

74 De certa forma, esses termos reiteravam a categoria mais antiga criada por Pinel, *melancholia*, uma das quatro classes principais de doenças descritas no *Traité*. Ver em Pinel, 1806, pp. 136-149.

75 Por recomendação de outro médico, Dr. Mariano Semmola, de Nápoles.

76 Supostamente, milhares de homens experimentaram a terapia após o relato de Brown-Séquard. Brown-Séquard, 1889.

77 Louis Pasteur, carta a Dom Pedro, 22 set. 1884; e Dom Pedro, carta a Pasteur, 10 out. 1884, em Raeders, 1944, pp. 145-148.

78 Hustvedt, 2011, p. 10.

79 Goetz; Bonduelle & Gelfand, 1995, p. 275.

80 Emmanuel, 1967, pp. 12-13; Hustvedt, 2011, p. 17. Emmanuel descreveu o cachorro maior como um mastim, não um dogue alemão. Em seus relatos, Marie-Louise Pailleron, que na infância, durante uma década (de aproximadamente 1875 a 1884) foi vizinha dos Charcots, teve uma lembrança diferente da raça dos cachorros: Carlo não era um labrador, mas um galgo, e Sigurd era de fato um dogue alemão. Ela também relatou que Rosalie era uma *grande guenon*, preta com uma roupa branca e presente de Dom Pedro, e que o macaco menor era um *oustiti* (*marmoset*) chamado Gustave. Pailleron, 1947, p. 35. Guinon relatou que o segundo macaco já não existia em 1884, quando começou a trabalhar para Charcot, mas ouviu histórias sobre ele. Em 1884 havia apenas Rosalie, uma "petite guenon à queue prenante de l'Amérique du Sud, vive comme la poudre, futée comme [...] un singe, câline comme un chatte, propre comme un sou. Le patron l'aimait beaucoup". Guinon, 1925, pp. 515-516. Ver também Emmanuel, 1945, pp. 33-34.

81 Thuillier, 1993, p. 187.

82 Guinon, 1925, p. 515.

83 Por exemplo, a Lei Grammont de 1850, cujo nome é homenagem a Jacques Delmas de Grammont, deputado que a apresentou ao Congresso.

84 Sadoff, 1998, p. 84.

85 *Idem*, p. 85.

86 Por exemplo, Charcot, 1872-1873, p. 171.

87 Charcot, 1890c, p. 273.

88 *Apud* Goetz; Bonduelle & Gelfand, 1995, p. 71.

89 Ato 4, cena 1, *apud* Thuillier, 1993, p. 188. Léon Daudet também lembrou a predileção de Charcot por essa passagem. Daudet, 1922, p. 242.

90 Thuillier, 1993, p. 188.

91 Pailleron, 1947, p. 36.

92 Daudet, 1922, p. 236.

93 Thuillier, 1993, p. 188.

94 Ouliér, 1937, p. 35.

95 Pailleron, 1947, pp. 35-36.

96 Guillain, 1955, p. 30; Emmanuel, 1967, p. 12 (baseado em conversas pessoais dos arquivos de Jean Charcot). A mesma história, baseada em conversas pessoais da neta de Charcot, foi narrada em Goetz;Bonduelle & Gelfand, 1995, pp. 271-272. Há um pouco de confusão nos relatos em relação ao macaco envolvido ser Rosalie, Zoë ou Zibidie (e se dois desses nomes se referiam ao mesmo ser).

97 Thuillier, 1993, p. 187.

98 "Figurez vous que le grand singe noir (une guenon) que vous avez envoyé a Mlle Charcot est une creature delicieuse, douce, intelligente, faite a elever et que nous esperons

bien, en raison de tres – au'on lui predignon. Un peu plus elle parlerait – Elle mange tous les jours avec nous à table, assise dans une chaise d'enfant!!" 24 jan. 1890, I-DMM-1887/92-c.1.19d.11, Museu Imperial, Petrópolis.

[99] Guinon, 1925, p. 516.

[100] Ouliér, 1937, p. 35. Sobre a viagem de Charcot, ver Charcot, 2012.

[101] Bonaparte, 1890; Aldrich, 2005, p. 61.

[102] Sadoff, 1998, pp. 102-104.

[103] "Cette sensibilité, qu'il tenait à garder secrète, éclatait sans retenue à propos des bêtes." Souques & Meige, 1939, p. 341.

[104] Guinon, 1925, p. 516.

[105] S. Freud, 1922, pp. 10-12, 61-64.

[106] Thoreau, 1882, p. 42.

[107] Jouin, 1880, pp. 244-245. Ver também Rey, 1875.

[108] *Idem*, p. 94.

[109] No entanto, suas acomodações de primeira classe não foram permanentes. Em 1894 ela foi rebaixada para a "segunda classe" e, em 1897, para a "terceira class". Provavelmente, seus pais, ou algum benfeitor, morreram ou perderam o interesse em seu destino. Arquivo DC 17, 01, Fundo Hospício de Pedro II, Centro de Documentação e Memória do Instituto Municipal Nise da Silveira.

[110] Encontrei 217 registrados como "escravo", 3 como "cativo", 146 como "liberto", 2 como "alforriado", 4 como "forro", e 1.389 como "liberto". O *status* dos demais não fora indicado.

[111] Arquivo DC 13, 43a, Fundo Hospício de Pedro II, Centro de Documentação e Memória do Instituto Municipal Nise da Silveira.

[112] Harrington, 2019, p. 6.

[113] Durante o período, 3.741 foram registrados como "brancos"; 1.475, como "pardos"; e 1.362, como "pretos", sem falar em uma gama de outras categorias.

[114] *Observações clínicas de 25 de junho a 1 de setembro*, 1914, p. 315; *Observações clínicas de 26 de novembro a 30 de dezembro*, 1919, p. 389. Ver também Schwarcz, 2011, p. 142.

[115] Assis, 2018b, p. 320 [1997, pp. 256-257].

[116] Pinel, 1806, pp. 78, 82. Uma das partes mais fascinantes do livro de Pinel é a descrição que ele fez do expurgo revolucionário francês do hospital psiquiátrico. Como retirar da capela as imagens de santos e da cruz, quando vários pacientes são devotos? A solução foi escalar outros pacientes para fazerem o trabalho, aumentando a devoção destes à revolução e depois destruindo as imagens e os objetos, quebrando-os em pedaços, provavelmente para que fosse difícil identificá-los.

[117] Há uma abundância de exemplos de esforços de médicos voltados para a secularização. Em sua tese de doutorado, sobre a insanidade da multidão, certo Dr. João Pacífico escreveu sem rodeios que as religiões não deveriam ser consideradas a causa de insanidade, mas sim o efeito; a medicina é a única religião verdadeira. Pacífico, 1915.

[118] Ver *idem*, p. xxii.

[119] Gonçalves, 2011, p. 75. Por certo, o Hospício de Pedro II nem sempre seguiu as regras do Salpêtrière. Magali Gouveia Engle relata, por exemplo, que, no regulamento de 1852 (art. 25), a instituição no Rio de Janeiro proibiu o uso de tratamento por meio de banhos, com o argumento de que se tornavam também forma de punição. Ver em Engel, 2001, p. 212. Teoricamente, talvez. Na prática, os documentos de internação e os protocolos de tratamento deixavam explícito que banhos eram amplamente utilizados no Rio de Janeiro, assim como em Paris.

[120] Manoel José Barbosa, *apud* Gonçalves, 2011, p. 63.

[121] *Observações clínicas de 20 de abril a 17 de julho*, vol. 7, 1897, pp. 156, 160.

[122] Schwarcz, 2011, p. 137.

[123] Lima Barreto, 1993, p. 66.

[124] *Idem apud* Schwarcz, 2011, p. 142.

[125] Andrade; Lima & Santos, 2014, p. 40.

[126] Sobre a escola nova de enfermagem, consulte Arquivo Nacional, Série Saúde IS3 21, ofícios e relatórios 1900-1901, 6. Fetiche com diplomas universitários, em Lima Barreto, 1993, p. 60.

[127] *Idem*, p. 83.

[128] O primeiro caso em que aparece é o de "Margarida", descrita como negra, 50 anos de idade, sofrendo de alcoolismo e delírio relacionado ao uso de álcool. Margarida entrou em observação em 25 de maio de 1897. *Observações clínicas de 20 de abril a 17 de julho*, vol. 7, 1897, p. 117. "Zoopsia" é obviamente um termo emprestado, de origem estrangeira. Em outros casos, também é óbvio que termos psiquiátricos tiveram origens independentes em ambos os lados do Atlântico. Por exemplo, "sentimento oceânico", comumente atribuído a Romain Rolland, em uma carta escrita em 1927 a Freud, já aparecera em janeiro de 1897, em relatórios de observação de uma instituição brasileira situada, aliás, na praia. *Observações clínicas de 4 de janeiro a 22 de março*, vol. 6, 1897, p. 17.

[129] *Observações clínicas de 20 de abril a 17 de julho*, vol. 7, 1897, p. 157.

[130] *Observações clínicas de 15 de janeiro a 27 de abril*, vol. 10, 1898, pp. 20-25.

[131] *Observações clínicas de 2 de novembro a 12 de outubro*, vol. 19, 1899, p. 73.

[132] *Observações clínicas de 18 de julho a 16 de outubro*, vol. 8, 1898, p. 25.

[133] *Observações clínicas de 18 de julho a 16 de outubro*, vol. 8, 1898, p. 71.

[134] *Observações clínicas de 23 de setembro a 15 de dezembro*, vol. 5, 1896, p. 36.

[135] *Observações clínicas de 2 de novembro a 12 de dezembro*, vol. 19, 1899, p. 66.

[136] *Observações clínicas de 23 de setembro a 15 de dezembro*, vol. 5, 1896, p. 105.

[137] *Observações clínicas de 21 de abril a 24 de maio*, 1899, p. 146.

[138] *Observações clínicas de 18 de julho a 16 de outubro*, vol. 8, 1898, p. 36.

[139] *Observações clínicas de 18 de julho a 16 de outubro*, vol. 8, 1898, p. 135.

[140] Erving Goffman descreveu isso como característica do hospital psiquiátrico. Adultos recebiam castigos tipicamente reservados a animais e crianças; isso era parte do necessário "constrangimento da autonomia". Ver em Goffman, 1961, pp. 44, 51.

[141] *Observações clínicas de 20 de junho a 28 de setembro*, vol. 4, 1896, p. 30. Ver também estes outros casos: Angelo Paulo Fudomenico, internado em 20 de junho de 1896 (*Observações clínicas de 26 de maio a 19 de junho*, vol. 3, p. 72); Pedro Gonzaga da Costa (*Observações clínicas de 23 de setembro a 15 de dezembro*, vol. 5, 1896, pp. 26-27); paciente não nomeado (*Observações clínicas de 20 de junho a 28 de setembro*, vol. 4, 1896, p. 22). "Movimentos automáticos" como sintoma aparecem em *Observações clínicas de 21 de abril a 24 de maio*, 1899, p. 36.

[142] *Observações clínicas de 2 de novembro a 12 de dezembro*, vol. 19, 1899, p. 27.

[143] *Observações clínicas de 26 de maio a 19 de julho*, vol. 3, 1896, p. 26.

[144] *Observações clínicas de 20 de julho a 28 de setembro*, vol. 4, 1896, p. 30.

[145] Garfinkel, 1956.

[146] Avaliação em 8 de outubro de 1896. *Observações clínicas de 23 de setembro a 15 de dezembro*, vol. 5, 1896, pp. 6-7. "Confessou" não aparece com frequência, a não ser em relação à participação no espiritismo. Um outro tópico em relação ao qual a palavra aparece é onanismo, por exemplo, "confessa que foi onanista". *Observações clínicas de 21 de abril a 24 de maio*, 1899, p. 35.

[147] *Observações clínicas de 20 de julho a 28 de setembro*, vol. 4, 1896, p. 112.

[148] *Observações clínicas de 21 de abril a 24 de maio*, 1899, p. 139.

[149] *Observações clínicas de 2 de novembro a 12 de dezembro*, vol. 19, 1899, p. 48.

[150] *Observações clínicas de 23 de setembro a 15 de dezembro*, vol. 5, 1896, p. 89.

[151] *Observações clínicas de 17 de outubro a 14 de janeiro*, vol. 9, 1898, p. 172.

[152] *Observações clínicas de 15 de janeiro a 27 de abril*, vol. 10, 1898, p. 39.

[153] *Observações clínicas de 15 de janeiro a 27 de abril*, vol. 10, 1898, p. 186.

[154] Pinel, 1806, p. 66.

[155] Nina Rodrigues, 2006, p. 51.

[156] *Idem*, 1900, p. 1.

[157] *Idem*, 2006, pp. 77-82.

[158] O mesmo ocorreu em Cuba, onde, conforme relato de Fernando Ortiz, ele conseguia desvendar com facilidade as possessões simuladas. Ver em Ortiz, 1973, p. 84.

[159] Certeau, 2000, p. 22.

[160] Hurston, 1934. Tanto Charcot quanto Janet relataram momentos semelhantes em que a hipnose falhou. Charcot não conseguiu hipnotizar Louise Augustine Gleizes, que fugiu do Salpêtrière em 1880, vestindo roupas masculinas. Ver em Hustvedt, 2011, p. 297. Janet tentou e não conseguiu hipnotizar Aquiles. Ver Janet, 1898, pp. 379-386. Ele até mesmo tentou chamar o capelão para "ensinar a distinguir a verdadeira religião da superstição diabólica", mas o padre não pôde comparecer. *Idem*, p. 386.

[161] Nina Rodrigues, 2006, pp. 75, 87; Meige, 1894. Ver também Plotkin, 2001, p. 14. Plotkin escreveu sobre a psicanálise ter sido rapidamente apropriada no Brasil por motivos diferentes do que foi na Argentina, "com esperança de aplicá-la a questões relacionadas à repressão de componentes exóticos e 'selvagens' da cultura deles". *Idem, ibidem*. Há muitas evidências disso na escrita tanto de Nina Rodrigues quanto do estudante Arthur Ramos, que enviou seu manuscrito a Freud, incluindo o texto "Primitivo e loucura", tese de doutorado, Faculdade de Medicina da Bahia, 1926. Freud agradeceu-lhe pelos textos por meio de cartões-postais enviados de Viena em 3 de novembro de 1928, 6 de janeiro de 1932 e 1º de fevereiro de 1932. Arquivo Ramos, I-35, 29, 1303; I-35, 29, 1306, Biblioteca Nacional, Rio de Janeiro.

[162] Os demais signatários foram Motta Maia, por muito tempo médico de Dom Pedro no Brasil, e Bouchard, que foi seu médico francês, apesar de o imperador ter consultado também com Pasteur e outros. Ver em Carvalho, 2007, pp. 200, 238.

[163] Ver, por exemplo, Xavier, 1932.

[164] "Vers les quatre heures du matin, au petit jour, je me révellai dans ma chamber d'hôtel, donnant sur le parc, plein de chants d'oiseaux. Je perçus une présence, et, sans que la porte se fût ouverte, le professeur Charcot m'apparut, telle une forme grave et pesante, très reconnaissable, traversant la pièce dans sa largeur. Sa chemise, d'une blancheur mystique, était ouverte sur son cou puissant et il portait la main à son coeur. Il disparut, il s'évapora dans les trilles du petit people ailé, lui qui aimait tant la belle musique. J'eus immédiatement l'intuition qu'il était arrivé malheur." Daudet, 1922, p. 238.

[165] Hacking, 1998, p. 31.

[166] Goldstein, 2001, p. 330.

[167] Baudouin, 1925.

[168] *Neuromimésie*: "cette propriété qu'on les affections sine material de simuler les maladies organiques". Charcot, 1925, p. 468. Nessa aula inaugural, Charcot falou sem rodeios sobre as

possibilidades da histeria fingida: "Il s'agit de la catalepsie produite par hypnotization chez certaines hystériques. La question est celle-ci: cet état peut-il être simulé de façon à tromper le médecin?". Ele descreveu testes que desenvolveu para comparar pessoas que fingem ser e pessoas que realmente são catalépticas. Aqueles, ele notou, começam a apresentar tremedeira nos membros, enquanto estes nunca se cansam de ficar com o braço esticado. *Idem*, p. 469. Ver também Charcot, 1872-1873, p. 248. Aqui, Charcot observou: "Les supercheries de tout genre dont les hystériques se rendent coupables".

[169] Léon Daudet, filho de Alphonse Daudet, amigo íntimo de Charcot, que durante a infância e no início da vida adulta frequentemente estava na casa de Charcot, foi bastante bruto na sátira *Les morticoles*, entre outros escritos. Atualmente, Edward Shorter é muito afiado nas críticas. Ver Shorter, 1997.

[170] Babinski, 1918, p. 17.

[171] Souques & Meige, 1939, p. 345. O relato de que, perto de morrer, Charcot reconheceu a necessidade de repensar seu modelo foi de seu último secretário pessoal. Ver em Guillain, 1955, p. 176.

[172] Maupassant, 1882, p. 355. A invenção da doença psiquiátrica já teve pelo menos nove versões. Frantz Fanon, *i.e.*, propôs que a imposição colonial europeia da psiquiatria em pessoas africanas resultou em psicoses novas. Ver em Fanon, 1952. Agradeço a Nana Quarshie por ter chamado a minha atenção para Fanon nesse contexto.

[173] Didi-Huberman, 2003, p. 229. Seguindo um caminho semelhante, o antropólogo I. M. Lewis descreveu Charcot induzindo a *grande hystérie* para então curá-la. Ver em Lewis, 1971, p. 45.

[174] Veith, 1965, p. 228. No que diz respeito à perda de prestígio de Charcot no Brasil, considere um grande jornal como representativo no Rio de Janeiro: *Gazeta de Notícias*. Nele, Charcot apareceu impresso 1 vez na década de 1870; 95 vezes na década de 1880; 119 vezes na década de 1890; 328 vezes entre 1900 e 1919; 28 vezes na década de 1920; e 12 vezes na década de 1930. O diagnóstico "histérica" segue um arco semelhante na imprensa brasileira, apesar de permanecer por mais tempo, com 50 citações na década de 1940, antes de uma queda vertiginosa.

[175] Hacking, 1998, pp. 1-2.

[176] Macmillan, 1997, pp. 66-67.

[177] Isso teve implicações na lei, entre outros âmbitos. Charcot foi convocado como testemunha especialista, no caso de homicídio mais famoso da época, "l'affaire Gouffé" (1889), no qual, como vimos, um cúmplice no estrangulamento de Toussaint-Augustin Gouffé, Gabrielle Bompard, alegou ter sido hipnotizada por seu parceiro, Michel Eyraud, e ter agido de forma automática, não por vontade. Ela disse para a polícia: "esse homem [...] roubou meu livre-arbítrio". Eyraud foi guilhotinado. Bompard cumpriu uma pena muito mais leve de 14 anos de trabalho na prisão. Bompard *apud* Levingston, 2014, p. 20.

[178] James, 2006, pp. 99-100.

[179] Talvez não surpreenda o fato de André Breton ter sido estagiário de psiquiatria antes de lançar o Surrealismo. É possível imaginar as técnicas da psicografia utilizadas por espíritas e surrealistas envolvendo difusão no sanatório, uma vez que Breton estudou psiquiatria, inclusive a histeria, de 1913 a 1920. Ele trabalhou no La Pitié Hospital, próximo ao Salpêtrière, sob a direção do ex-pupilo de Charcot, Joseph Babinski. Seu primeiro manifesto do Surrealismo surgiu logo após abandonar a medicina, em 1924. Ver Haan; Koehler & Bogousslavsky, 2012.

[180] Roxo, 1938, p. 743.

[181] Barreto, 1951, p. 51.

2

Juca Rosa
Um quase humano fotográfico

Eu recolhi-me ao meu gabinete, onde me demorei mais que de costume. O retrato de Escobar, que eu tinha ali, ao pé do de minha mãe, falou-me como se fosse a própria pessoa.

Machado de Assis, Dom Casmurro, 1899

Fotografia e espíritos colidiram-se no corpo de José Sebastião da Rosa, conhecido simplesmente como Juca Rosa. Ele nasceu no Rio de Janeiro, em 1834; sua mãe era africana, e o pai, desconhecido. Jovem, na sociedade escravocrata do Brasil monárquico, ele se sustentava como alfaiate e cocheiro livre. Nos anos 1860, era racialmente diversa a clientela que conquistara para seu trabalho como pai de santo exorcista de habilidades prodigiosas. No entanto, seu sucesso e sua fama relativa – que não era menor como sedutor prolífico – renderam-lhe inimigos também. Em 1870, foi denunciado em uma carta anônima para a polícia. Em seguida, durante um ano inteiro, a história do célebre pai de santo gerou uma enxurrada de fofocas e notícias. Depois do julgamento mais famoso da década, ele foi condenado por estelionato com pena de seis anos de trabalho forçado. Depois disso, desapareceu dos registros históricos, mas seu nome sobreviveu, porque sua história virou folclore – "aquele cara é um verdadeiro Juca Rosa"; "a fatal epidemia da questão Juca Rosa".[1] Surgiram reportagens sobre imitadores e seguidores que estavam distantes até mesmo centenas de quilômetros – um "adepto de Juca Rosa" no Rio Grande do Sul e outro no estado de São Paulo.[2]

A longa sobrevivência dessas expressões demonstra que não se tratava apenas de um suposto vigarista. O negócio dele era multifacetado, uma mistura de gêneros. Os acontecimentos que envolveram Juca Rosa entrelaçaram as questões de raça, sexo, classe e religião e os gêneros jornalístico, legal, fotográfico e de rumor. Relatos sobre ele ter deflorado várias mulheres brancas e o casamento dele com uma senhora portuguesa foram, em parte, o que fizeram a história atraente. Mais além, Juca Rosa era o ponto central de debates sobre religiões afro-brasileiras e o espaço que ocupavam em uma nação que caminhava para a emancipação. A investigação criminal chamou a atenção para as práticas de possessão e os rituais afro-brasileiros, em geral, fechados para a participação de pessoas que não fossem da religião. A apropriação de Juca Rosa do catolicismo foi a principal questão observada: o fato de ele ter realizado batizados e casamentos, além de ter usado santos católicos em possessão religiosa inspirada em rituais africanos, assumindo o controle da aparência deles e de forma insidiosa transformando-os.[3] Ele ter sido possuído por espíritos "estrangeiros" também incitava preocupação. Uma reportagem de jornal descreveu: "O feiticeiro diz-se inspirado por um poder invisível que não é Deus, nem santo do nosso conhecimento".[4] Conforme Antônio de Paula Ramos, promotor público, resumiu a questão, o réu apresentou-se como mestre de poderes sobrenaturais, vestido de "modo especial" diante do altar de Nossa Senhora da Conceição, para conduzir cerimônias e, então, alegando inspiração e infalibilidade por virtude desse estado de iluminação ("santo na cabeça"), recebia dinheiro e presentes. Afirmando ter conhecimento espiritual, ele "enganava os espíritos virgens, fracos e supersticiosos [de seus seguidores]".[5]

Nos anos 1880, como vimos no capítulo 1, acusavam a feitiçaria e o espiritismo de causar histeria.[6] Mas, em 1870, o pivô da acusação – tanto pelos incipientes termos legais para feitiçaria quanto pelos novos, do século XIX, para fraude – era a questão da possessão, o momento em que Juca Rosa vestia uma roupa especial, ele assumia uma nova persona – o santo na cabeça – e falava com uma voz sobrenatural e com mais autoridade. Em seu estado de possessão, de agência dupla, híbrida, diziam que ele privava "espíritos fracos" do julgamento e da autonomia individuais. Descreviam-no como um ator possuído que subjugava mulheres, passíveis de responder automaticamente, oferecendo sexo e dinheiro sem vontade própria. Esse "aventureiro social" subversivo, como o chamavam, era o símbolo das religiões afro-brasileiras infectando o corpo nacional. Ameaçavam sabotar a evolução racional do Brasil. Um parasita em desenvolvimento, a epidemia da questão Juca Rosa parecia determinada a tomar conta de dentro para fora.

A vida e o caso de Juca Rosa foram registrados com riqueza de detalhes na obra de Gabriela dos Reis Sampaio, *Juca Rosa*, e contei com o trabalho dela para estabelecer a estrutura que utilizo aqui, ainda que eu tenha minha própria leitura dos documentos judiciais. Uma característica do caso que foi, apesar de tudo, bastante ignorada, mas que considero importante, é o papel de uma fotografia específica usada na investigação e no julgamento. A foto está até hoje guardada nos arquivos do caso. Aliás, é a única fotografia que encontrei naquele arquivo; ou ainda em qualquer arquivo do período. Quando a imagem saltou de entre as páginas amarelas manuscritas, parecia que o próprio pai de santo de repente entrou em cena. Ele atrai nosso olhar, faz pose, torna-se real de uma forma que não fazia como texto, nome, categoria, crime, epidemia social. Muito semelhante à mente de múltiplas personalidades do paciente psiquiátrico, a diferença motiva a pergunta: o que há naquela fotografia?

A imagem de Juca Rosa tinha uma vida como objeto ritualístico e outra como documento policial. De fato, ela teve vidas múltiplas – social, ritual, legal –, além de várias vidas após a morte. Contar a história desse quase humano, um rastro de luz automática que agia por conta própria até mesmo à distância do corpo de seu sujeito humano, expõe os usos quase religiosos de fotografias e o manejo da vida religiosa de imagens. Se no capítulo 1 lidamos com configuração quase humana de animais e de pacientes psiquiátricos, este traz para o foco a aliança entre fotografias, espíritos e possessão. A coalizão entre fotografias e espíritos tomou forma dentro de sistemas convincentes legais, sociais, culturais e de aparência. Essa fotografia exercia a força do automático, ainda que estivesse longe de ser um agente livre. Como os poderes espirituais de Juca Rosa, os poderes fotográficos da mediação estavam contidos, regulados e controlados. Também foram colocados em uso.[7]

A convergência entre fotografia e possessão espiritual pode parecer improvável. No entanto, ao examinarmos esse caso, fica difícil evitá-la. O que estava em jogo era a questão acerca da possibilidade de pessoas afro-brasileiras – escravizadas ou ex-escravizadas – tornarem-se totalmente humanas e totalmente cidadãs, responsáveis, dignas de um contrato de trabalho, racionais e autônomas, mas também fiéis o suficiente à nação que os acorrentara. A fotografia desenvolveu-se concomitantemente à gradual emancipação de pessoas escravizadas, de 1850 a 1888. Tanto quem, de origem afro-brasileira, era escravizado quanto quem fora libertado eram vistos como tendo dons peculiares na arte da possessão e, também de forma peculiar, precisavam ser interpretados. Havia interesses de Estado em jogo no aprendizado de como interpretar a possessão, em enxergar, padronizar e reformar as forças secretas subjacentes à pele e, posteriormente, nos registros antropológicos da vida interior. Afro-brasileiros na época da emancipação gradual exigiam assimilação estratégica e contenção por meio de vigilância policial e médica. Qual era o papel das fotografias? A nova máquina da verdade, que ingressou para as emergentes ciências sociais antropológicas e criminologia, prometia representar estados internos, capacidades mentais e até mesmo sentimentos religiosos de forma visual.

Fotômato

Um refrão conhecido: "a fotografia foi herdeira do projeto do Iluminismo em seu incansável anseio de eliminar a obscuridade do mundo".[8] E, nesse sentido, foi uma máquina desencantadora, equipada para expor o que anteriormente fora misterioso e oculto. Entretanto, sabemos que isso é apenas parte da história; afinal, as tecnologias visuais também abriram novas paisagens de encantamento. Longe de deletar as práticas de possessão espiritual com ideias de verdade ocular objetiva, nascidas na metade do século XIX, o surgimento e a disseminação da fotografia ajudaram a povoar o mundo moderno com espíritos e os fez circular.[9] Em certa perspectiva, a intersecção entre espíritos e fotografia parece até mesmo óbvia. Os espíritos dependem das tecnologias visuais e materiais para se manifestarem. Eles aparecem em corpos, coisas, imagens e sons. Mais surpreendente é a questão inversa, que as buscas pelo congresso com os espíritos fizeram parte da atualidade de tecnologias modernas de visualização e materialização, como a fotografia, e a "ensonificação", como a fonografia.[10] Produziram não somente uma mídia nova, mas também um novo tipo de padre: "o médium fotógrafo, especialista em capturar espíritos".[11] Quero resistir à justaposição bipolar de secular e religioso, desencantamento e encantamento, a fim de privilegiar outras tentações, tais como a atração por situações quase religiosas que caem em alguma posição do espectro do quase humano, automático. Nenhuma tecnologia foi tão prolixa na geração de quase humanos quanto a fotografia. Nenhuma se beneficiou mais do prestígio do automático. De acordo com Lorraine Daston e Peter Galison, a câmera, acompanhada de outras máquinas, "deixava a natureza falar por si só": "onde a autodisciplina humana se manifestava, máquinas ou seres humanos atuando como máquinas involuntárias assumiriam o controle". Aqui, o prestígio da *objetividade mecânica*: "o impulso insistente de reprimir a intervenção voluntária do autor-artista e de definir uma combinação de procedimentos que [...] fazem a natureza correr por meio de um protocolo rígido, se não automático".[12]

Assim como a histeria e o espiritismo, a fotografia chegou ao Brasil vinda da França. Em 1840, foi feito o primeiro daguerreótipo no Brasil, apenas um ano após Daguerre anunciar sua nova tecnologia em Paris. Foi Louis Compte quem o fez, um abade francês que aportou em Salvador, Bahia, a bordo do navio *L'Orientale*.[13] E, como também foi o caso da psiquiatria no Brasil, a fotografia assumiu novos papéis, capacidades, poderes e significados na travessia transatlântica. Ela não simplesmente chegou; foi desmontada, refeita e implantada em projetos novos e com finalidades diferentes. Obviamente, nem tudo mudou. Assim como na Europa, a fotografia no Brasil ganhou fama em virtude de sua alegada automaticidade, a capacidade de replicar e de representar sem as distorções da interpretação humana ou da arte. Em ambos os lados do Atlântico, ela assumiu uma função probatória. Oferecia uma tecnologia de atividade de memória, um modo visual de registrar corpos que eram populares, sobretudo, na esteira das guerras e sua consequente moralidade de massa abrupta: Comuna de Paris, de 1870 a 1871; Guerra de Secessão, de 1861 a 1865; guerra entre Brasil e Paraguai, de 1865 a 1870.[14] As décadas iniciais da fotografia transformaram a ideia de memória, de uma impressão de lembranças pessoais e uma história consensual alinhavada a partir de variadas fontes com menos ou mais legitimidade, inclusive versões pintadas ou escritas, em uma ideia mais dura da verdade. As fotografias eram consideradas documentos daquilo que transparecia, independentemente da percepção humana e de quem seria o fotógrafo, mas uma extensão das lentes. Lembre-se da confiança que Charcot tinha nas provas visuais da vida interna de seus pacientes em seu laboratório; do capítulo 1: "sou certamente apenas um fotógrafo; registro o que vejo".

A fotografia mostrava o mundo de forma automática, não se tratava de um relatório ou uma interpretação, mas o que estava objetivamente presente. A primeira reportagem sobre a câmera no Brasil, em 17 de janeiro de 1840, sugere este otimismo:

> É preciso ter visto a cousa com os seus próprios olhos para se fazer ideia da rapidez e do resultado da operação. Em menos de nove minutos, o chafariz do largo de Paço, a praça do Peixe, o mosteiro de São Bento e todos os outros objetos circunstantes se acharam reproduzidos com tal fidelidade, precisão e minuciosidade, que bem se via que a cousa tinha sido feita pela própria mão de natureza, e quase sem intervenção do artista.[15]

Pela própria mão de natureza! Depois de rever o relatório de Samuel Morse sobre sua visita, em 1839, a Louis Daguerre em Paris, o *New York Observer* escreveu: "qual não seria nosso interesse ao visitarmos a galeria de retratos de homens notáveis, feitos não com traços falsos, fracos, bajuladores de um lápis, mas com a potência e a verdade da luz que emana do Paraíso!".[16] Segredos da natureza até então invisíveis aos olhos tornaram-se visíveis, desde as imagens de Muybridge, em 1877, de um cavalo a galope, às primeiras fotografias de um relâmpago, primeira página dos jornais brasileiros, em 1889.[17] Conforme escreveu Alfred Stieglitz em 1899: "geralmente, supunha-se que, após a seleção de pessoas, a pose, a luz, a exposição e a revelação, cada um dos passos era puramente mecânico, exigia pensar pouco ou nada".[18] A fotografia oferecia-se ao mundo, ou pelo menos era o que parecia, uma reputação de autenticidade que perdura nas cabines de fotômato hoje espalhadas nos *shoppings* de Paris. Não é necessário fotógrafo; um rosto e um cartão de crédito bastam. E eis que a imagem surge, bidimensional, quase humana, inerte, na bandeja.

Sua automaticidade perceptível garantiu à fotografia o "privilégio epistêmico" de ser verdade, em jornalismo, direito, atividades forenses, ciências e arquivos históricos, uma posição da qual ainda desfruta, ainda que tenha deixado de ser considerada não artística ou sem intervenção.[19] O privilégio epistêmico fez a fotografia de Juca Rosa uma testemunha importante em seu próprio julgamento, como veremos. Ao mesmo tempo, a aura de automaticidade dotou a fotografia de uma força quase religiosa baseada em agência automática. O célebre artigo de André Bazin sobre a ontologia da imagem fotográfica, escrito em 1945, tem por argumento, *grosso modo*, o que Stieglitz escrevera meio século antes: "Pela primeira vez, entre um objeto inicial e sua reprodução há interferência apenas de um instrumento, de um agente não vivente. Pela primeira vez, uma imagem é formada automaticamente". Bazin chamou a atenção para o impulso quase religioso da representação, a necessidade de superar o tempo. Portanto, a fotografia assemelha-se à qualidade parcialmente automática de uma máscara mortuária moldada no rosto de um cadáver cuja imagem vive hoje. Assim sendo, uma fotografia é "um objeto em si [...] libertado das condições do tempo e do espaço que o governam", uma "identidade mágica substituta". Fotografias são "quase fantasmas [...], a presença perturbadora de vidas congeladas em um dado momento de sua duração, libertadas de seu destino [...] pelo poder de um processo mecânico impassível".[20]

Em sua escrita três décadas depois, em 1977, Susan Sontag também destacou as características duplas da automaticidade e o poder de superar o tempo. Ela citou uma propaganda dos anos 1970: "A Yashica Electro-35 GT é uma câmera da era espacial que sua família vai amar. Tire fotos lindas, de dia ou de noite. Automaticamente. Sem bobagens". Ela também observou que "imagens fotográficas não parecem tanto declarações sobre o mundo quanto parecem ser pedaços dele". Elas eram provas cabais de que houve diversão, um lugar foi visitado, você esteve lá, essas pessoas existem, outras foram mortas. Sontag destacou a agressão no uso de fotografia para "colecionar", até mesmo no uso da palavra *shoot* [atirar] como o verbo relacionado. No caso Juca Rosa, conforme veremos a seguir, policiais mostravam a fotografia dele durante interrogações e exigiram evidências forenses a partir de suas pistas visuais. O que está acontecendo na imagem? Por que ele está vestido assim? Por outro lado, retratos transmitem a imortalidade de pessoas e eventos, convertendo-os de agentes presos ao tempo a agentes atemporais. Aqui, assim como Bazin, Sontag é atraída pelo caráter quase religioso da fotografia: seus usos como talismãs, *memento mori*, como modo de participação, como imprimátur do real, até mesmo como compulsão ritualística.[21] Uma oscilação análoga entre o poder de averiguação científico e forense da fotografia e seus poderes quase religiosos aparece em *A câmara clara* de Roland Barthes, na divisão que faz do trabalho da fotografia nos papéis de operador (a pessoa empunhando a câmera), espectador (a pessoa consumidora de imagens) e espectro (o objeto do enquadramento da imagem). O espectro paira entre o espetáculo e o retorno dos mortos. Anuncia um ser presente como futuro cadáver e espectro assombroso.[22] Vários argumentaram por meio de termos semelhantes, alternando entre o lado forense, probatório da fotografia e seu poder de assombrar.

A foto de Juca Rosa exercia ambos os papéis: o de prova para a polícia e o de extensão espectral dele mesmo para seus seguidores, que levavam a imagem dele no corpo ou a tinham em casa. A questão é observar a justaposição entre afirmação do automático e observações acerca das capacidades quase religiosas. Talvez, então, devêssemos enxergar a fotografia e as situações quase religiosas não como se estivessem em uma relação de tensão, mas sim totalmente interdependentes. A automaticidade de uma fotografia convida a atrações quase religiosas e usos ritualísticos. A imagem surge do além, vinda diretamente da natureza, intocada pelo preconceito humano ou por limites de espaço e tempo. Situações quase religiosas de possessão espiritual contam com esse senso de imediatismo também. Não é o humano que fala, mas apenas o deus por meio dela. No caso de Juca Rosa, essas *techne* – a fotografia e a possessão – foram forçadas a uma aliança. Até a prisão dele em 1870, isso funcionou bem.

A tarefa das fotos como portadoras de presença tem sido importante no contexto forense e legal, da mesma forma, em atividades quase religiosas. As múltiplas vidas da fotografia fazem parte do que, desde sua invenção, a transformou em ferramenta ritualística importante. Elas operam milagres sobrenaturais, fazendo coisas que de outra forma são invisíveis aos olhos aparecerem. Giordana Charuty prevê essa capacidade da fotografia para a encarnação.[23] Eu gosto de pensar na possessão espiritual e na fotografia como duas formas de *poiesis*, tanto no sentido proposto por Platão, de um tipo de fazer que se opõe à moralidade, quanto no sentido proposto por Heidegger da elevação de um estado a outro, uma *ek-stasis*, um sair de si. A possessão espiritual e a fotografia são artes duplas, por vezes interligadas, de trazer à tona ou de fazer o que antes estava escondido aparecer. Dessa maneira aplicada, *poiesis* combina a noção de Schelling de *unheimlich*, apresentada na Introdução, o momento no qual o que fora segredo é segredado. Tanto a possessão espiritual quanto a fotografia são técnicas de aumento ou extensão da presença através de um espaço. Como o retrato de uma pessoa amada, a chegada de um espírito e repentina partida classifica tanto ausência quanto presença. Ambos sustentam "o advento de mim mesmo como o outro", para usar a memorável frase de Barthes.[24] Nesse sentido, a fotografia herdou potencialidades religiosas de práticas e doutrinas de representação de tempos muito anteriores em pintura, em escultura e no uso de superfícies refletoras. Bazin, Sontag e Barthes destacaram cada qual algo na fotografia que fosse transcendente e com capacidade para perpetuação. Veremos a seguir como a foto de Juca Rosa moldou suas habilidades espirituais notáveis e as estendeu.

Dada a aparente tensão entre a intenção de documentar, de racionalizar do retrato e os motivos quase religiosos da possessão espiritual ou da mediunidade, pode parecer contraditório quiçá anacrônico dizer que possessão e fotografia são artes contemporâneas e entrelaçadas da revelação. No entanto, isso é o que se tornaram no fim do século XIX, não obstante a história da possessão espiritual ser longa, milenar, se comparada ao recente nascimento da fotografia. Espíritas, pais de santo afro-brasileiros do candomblé e outros atores de rituais utilizaram provas científicas proporcionadas pela fotografia na própria argumentação, assim como fez a Igreja católica. João Vasconcelos demonstrou que a nova declaração de infalibilidade papal (no primeiro Concílio Vaticano, convocado pelo papa Pio IX em 1868, com término em

1870) foi acompanhada de uma prova fotográfica da aparição de Nossa Senhora de Lourdes, o que confirmava a mudança. Desencantamento moderno, ele propôs, está menos relacionado ao declínio da religião do que à sua integração com regimes de provas.[25] Mas funcionava no outro sentido. Cientistas entravam em cenas e situações quase religiosas para adentrar horizontes desconhecidos de evidência. Para citar um exemplo proeminente, Alfred Russell Wallace escreveu o Prefácio da terceira edição (1896) de *Perspectives in Psychical Research* com muita convicção: "As chamadas fotografias espirituais [...] são conhecidas há mais de 20 anos. Vários observadores competentes fizeram experimentos bem-sucedidos". Uma década depois, em 1908, o famoso antropólogo criminal italiano Cesare Lombroso apresentou um argumento semelhante, dizendo ser a fotografia "uma potência artística transcendental". Uma década depois, *Sir* Arthur Conan Doyle ainda argumentava o mesmo.[26]

Se a fotografia supostamente desencantou o mundo com provas forenses, ela também ofereceu novos prazeres de mediação, imagens quase humanas dos próprios espíritos. Como as duas Rosalies, fotos apresentaram eventos com ambiguidade de agente e cenários que atraíam espectadores e prendiam a atenção deles. Aliás, as fotografias digitais de hoje também fazem isso, embora de outra maneira. Apesar de os retratos assegurarem certa autoridade como provas, tanto na academia quanto nas principais divulgações de notícias, atualmente os levamos em consideração, suspeitando deles devido à maleabilidade digital que têm. Qualquer fotografia digital hoje em dia provoca questionamentos. É real? Até que ponto é real? O que é a realidade? Dúvidas quase religiosas. As perguntas surgem porque fotografias replicam e imitam, mas também contêm resíduos do que foi espelhado. Sontag chamou isso de traço: "algo diretamente decalcado do real, como uma pegada ou uma máscara mortuária".[27]

A incômoda sensação de uma pessoa estar *dentro* da foto é um conceito caro aos modernistas do século XX, assim como foi para as pessoas colonizadas do século XIX, forçosamente sujeitas à catalogação etnográfica. Na terceira edição de *O ramo de ouro*, publicada em 1911, Frazer apresentou (em apenas 3 páginas) uma lista de 20 casos relativos a diferentes grupos étnicos que resistiram à fotografia por medo de que ela lhes levasse embora a alma ou a possuísse. Ele conectou esse medo a ideias antigas que localizavam a alma em sombras ou reflexos na água, no espelho e desenhados e na similitude das pinturas.[28] Pelo menos, alguns dos casos que ele destacou indicam a agressão e a violência colonial implicadas no desejo de colecionar. William

James, que encontramos na Amazônia com um amigo macaco, no capítulo 1, ficou constrangido com a exigência de Louis Agassiz de fotografar sujeitos de todas os "tipos raciais" brasileiros nus, algumas vezes contra a vontade dessas pessoas e apesar do evidente desconforto delas.[29] No Salpêtrière também há indícios de que pacientes se ofendiam e demonstravam resistência à captura e exposição pública de sua imagem. Paul Richer relatou o caso de uma interna que roubou vários retratos de pacientes. Ao ser pega com as fotografias escondidas no bolso, ela imediatamente ficou paralisada pela catalepsia e não deu qualquer explicação para seu comportamento, mas não é difícil imaginar a ira dela e de outros pacientes diante dessa invasão do corpo.[30] Roger Bastide, o antropólogo francês que passou grande parte de sua carreira no Brasil, mantinha em seus arquivos uma carta sobre a resistência à fotografia. Um aldeão na Córsega recusou-se a permitir que o fotografassem com seu burro. O homem explicou: "no ano passado um turista como você fotografou meu avô e disse que enviaria a foto para ele. Meu avô recebeu-a 3 meses depois. Em 15 dias ele morreu! No aparelho estava o olho do mal. A foto fez com que ele morresse".[31]

Resistir à exigência de serem fotografados pode colocar grupos em conflito com nações. Os *amish*, nos Estados Unidos, por exemplo, algumas vezes se recusaram a ser fotografados com o argumento de que os retratos estimulam o orgulho ou que contam como as imagens esculpidas proibidas na *Bíblia*.[32] Em algumas situações, os tribunais desautorizaram o direito à recusa de ser fotografado, alegando um interesse convincente do governo em catalogar os cidadãos para proteger a segurança pública.[33] Em todos esses casos, o medo de ser fotografado indica o potencial que há nessa mídia. Fotografias despertam pavor porque materializam e capturam o sujeito. E, uma vez que as imagens são capturadas, as fotografias podem metamorfosear-se, assumindo uma vida nova distante da vontade ou do controle de seu sujeito. Uma foto de diagnóstico no Salpêtrière foi convertida em um efeito pessoal quando um paciente a roubou e a fez sua. Fotografias de pessoas histéricas no Salpêtrière foram reutilizadas como imagens de transgressões surrealistas na colagem *O fenômeno do êxtase*, feita por Salvador Dalí, em 1933. Georges Bataille pegou as fotografias que Alfred Metráux fez de possessão vodu e deu-lhes uma nova apresentação em seu estudo *L'erotism*. Uma fotografia etnográfica feita por um antropólogo foi colocada em um altar, para ser tratada ou idolatrada, ou ainda situada entre espíritos notáveis. Karen McCarthy Brown descreveu a mãe vodu Mama Lola, do Brooklyn, pendurando uma fotografia de si possuída pelo deus Ogou em seu altar para Ogou.[34] Uma fotografia de uma cena ritualística pode ser transformada em documento de prova legal, como veremos no caso de Juca Rosa. O poder de transportar a presença, mas também de metamorfosear, de levar os vestígios raspados da pele de uma cena para outros locais, torna as fotos ferramentas valiosas, mas também perigosas. Consequentemente, retratos – e sua interdição – com frequência estão envolvidos em cenas e situações quase religiosas.

Em "The Faith-Cure" ["A fé que cura"], Charcot escreveu sobre imagens usadas como ex-votos, para descrever como fotografias são extensões de personalidades.[35] O vestígio da pessoa curada permanece eternamente no santuário como testemunha, mesmo quando o resto da pessoa segue em frente. Retratos concentram luz que contém traços da pessoa e projetam luz em outros espaços: bolso, parede, mesa, um pingente usado contra a pele. A inserção dos poderes quase religiosos das fotografias no dia a dia transformou as relações sociais. Como temos visto, Charcot deu a Freud uma fotografia de si, no dia em que Freud partiu de Paris, a fim de que um pedaço de si fosse com ele, mas não foi uma versão qualquer de Charcot, era uma estilizada e aperfeiçoada, uma colagem ampliada com pistas visuais de um ideal. Não se tratava de Charcot, mas de "Charcot". Em outras palavras, não era o real, mas sim um Charcot semideus. O imperador Dom Pedro II enviava e recebia com frequência fotografias que transitavam entre o Brasil e a Europa: imagens de cônjuges e crianças, além de retratos cuidadosamente produzidos de si, com imagens de obras da engenharia, divulgando progresso. Amiúde, recebia por correio fotografias de arte do exterior: fotos de pinturas de Luiz Montero (em 1867), a de um busto de Béatrice de Portinari (em 1873), retratos relacionados a Linnaeus (em 1872), uma fotografia de um trabalho realizado pelo escultor italiano Magni (em 1878). Em 1881, ele escreveu para a princesa da Alemanha solicitando fotografias de esculturas de Pérgamo.[36] A fotografia era para ele o caminho ao cosmopolitismo, uma técnica de se sentir parte daquilo tudo até mesmo na ausência corporal. E funcionou. Ele era famoso na sociedade parisiense, até mesmo antes de chegar à cidade – ele se fizera presente, e a Europa se fizera presente para ele em imagens captadas com uma câmera.

Artes da aparência

A imagem de Juca Rosa que foi confiscada pela polícia embaçou o gênero científico e o estético da fotografia.[37] Era um trabalho criativo, um retrato peculiar que continha pistas forenses na pose, nas roupas e nos objetos do cenário. Não era raro Juca Rosa distribuir cópias da própria imagem. Já fazia uma década que retratos eram moda no Brasil. Em 1840, o padre Louis Compte imprimiu um daguerreótipo do imperador Dom Pedro II com o equipamento que ele trouxe da França. Pedro, com seus 15 anos de idade, encomendou imediatamente seu próprio equipamento e daguerreótipos de todos os membros da família real. A tecnologia nova recebeu aprovação imperial pública e todas as famílias de recursos seguiram o exemplo.[38] Também em 1840, foi aberto o primeiro estúdio de fotografia do Rio de Janeiro. No início dos anos 1860, as pequenas e baratas fotografias sobre fundo de papelão, *cartes de visite*, estavam circulando amplamente, seguidas daquela um pouco maior "fotografia cartão cabinet", quase tão populares no Brasil quanto foram na Europa.[39] Essas imagens – quase todas no formato *cartes de visite* – estavam dedicadas à criação de respeitabilidade e à divulgação.[40] Poderiam ser distribuídas, organizadas no salão, pregadas à porta de alguém, usadas como adereço, oferecidas em tributo ou usadas para organizar um encontro.[41] Em 1870, havia 38 estúdios de fotografia em funcionamento no centro do Rio de Janeiro.[42] A moda não era apenas carioca, também não pegou apenas na capital. Nos anos 1840, fotógrafos itinerantes começaram a viajar de cidade em cidade com equipamento de daguerreótipo, parando no caminho para trabalhar nas cidades.[43]

Durante as últimas décadas de escravidão, em um clima positivista de ordem e progresso, período de definição e formação da República moderna, a fotografia ganhou autoridade protoantropológica. Essa autoridade, como a das ciências, estava baseada no princípio da copresença da máquina observadora e da coisa observada. A câmera era como Charcot – "registro o que vejo" – e vice-versa, a visão sem o preconceito ou a fragilidade do olho humano. A câmera ajudou a documentar, unir e definir grupos humanos.[44] Muito parecido com a maneira como funcionou no Salpêtrière, o papel da fotografia foi servir como compilador de fatos objetivos. Assim como fatos foram aplicados à classificação e à divulgação de diagnósticos psiquiátricos, Estados utilizaram a câmera para registrar cidadãos, pessoas escravizadas e as não mais escravizadas, coletando e catalogando "o povo", inclusive a vida religiosa deles e delas, em uma grade de classificações padronizadas. No Brasil, a fotografia foi importante para o projeto de documentar e definir a nação não apenas por meio de registros e divulgação do progresso tecnológico, mas também ao inventariar, ordenar, demonstrar e exercer controle sobre o território nacional, "não apenas como aliado da ciência, mas como validação dela", um controle que surgiu graficamente na Exposição Antropológica de 1882 feita no Museu Nacional do Rio de Janeiro.[45] A amostra de indígenas brasileiros, apresentados à nação como fundadores e vítimas de sacrifício, foi feita por Marc Ferrez, que na ocasião era o fotógrafo mais talentoso no Brasil, e divulgada na antiga revista fotográfica *Revista Illustrada*.[46]

"Colecionar fotografias é colecionar o mundo."[47] No entanto, não se tratava apenas de nomear e descrever o Estado com precisão; tratava-se também de reforçar o poder do Estado. Isso ficou evidente na França, com o primeiro uso pela polícia de fotografias de dissidentes para capturar rebeldes da Comuna de Paris, em 1870 e 1871. Logo em seguida, Charcot abriu sua unidade, começou a oferecer palestras sobre histeria e a cuidar de Rosalie Leroux.[48] Álbuns de fotografia repletos de pessoas encarceradas eram colecionados durante os anos 1870, na Rússia, nos Estados Unidos e no Brasil. A tecnologia da fotografia estava atrelada à visão positivista de um mundo que era possível compreender e governar, um mundo inteiro presente em evidência objetiva. Alcançou até mesmo a vida interna de pessoas, inclusive pacientes psiquiátricos, detentos e padres exorcistas. O mundo completo tornou-se imaginável, em parte, por meio da câmera, tornando-a não apenas máquina, mas também um artefato moral que coloca em ação efeitos sociais, legais e materiais. Dentro desse novo mundo estranho, retratos fotográficos no Brasil, assim como em outros lugares, ajudaram a produzir uma imagem de "indivíduos únicos dotados de interioridade e apresentados como se [a interioridade individual] fosse um fato".[49]

O principal uso da fotografia era, de longe, na confecção de retratos do dia a dia, para utilização particular quanto para distribuição. Por serem baratas, as fotografias pequenas ficaram bastante populares e transformaram os meios de estabelecer e manter redes. No Brasil, assim como na França, essas redes incluíam santos, espíritos e pessoas mortas, e aplicavam-se as fotografias a uma gama de rituais dedicados a reunião deles. Charcot, por exemplo, observou os retratos em santuários católicos como testemunhos de milagres. Ao visitar a Igreja de Santa Maria, no sul da França, ele encontrou o gesso da perna de uma garota de 12 anos de idade que, por milagre, foi curada (a idade foi conjectura dele baseada no tamanho do gesso), uma histérica que tinha o pé torto. Junto com o gesso, havia uma fotografia da garota apoiada no pé afetado logo após ter sido curado.[50] O ex-voto continha o gesso e a fotografia juntos. Igrejas católicas no Brasil com frequência contam com um santuário semelhante onde objetos votivos e fotografias são colocados lado a lado; pilhas de gesso de órgãos curados agora têm a liberdade de subir pelas paredes do santuário no corpo elegante da imagem fotográfica. Mattijs van de Port escreveu: "o 'real fotográfico' foi resgatado em práticas religiosas e mágicas nas quais vem a substituir o corpo".[51] Para citar outro exemplo, em algum momento da década de 1930, na ocasião de uma missa católica celebrada em 27 de setembro, dia dos gêmeos Cosme e Damião, uma garota jovem levou o retrato de sua família para a frente da igreja e colocou-o no altar para receber as bênçãos dos santos.[52] E, na Bahia, era costume fotografar crianças mortas em pose, como se ainda vivas, referir-se a elas como "anjinhos", e sair com as imagens em procissão pelas ruas.[53] A fotografia substituía a presença corporal da pessoa falecida; continha em si algo em reserva, algo da alma da criança. Ao fim do século XIX, crianças recebiam um retrato de si, como um presente raro e precioso, por ocasião da primeira comunhão, supostamente a única.[54]

Enquanto isso, os terreiros afro-brasileiros de candomblé usavam fotografias para identificar e anunciar a linhagem, pendurando na parede retratos de mães e pais de santo fundadores, acompanhando o *ethos* barroco que valorizava a representação visual no Brasil do século XIX. Mas também empregavam a fotografia para uma gama de outros propósitos, como rituais relacionados a assegurar ou restaurar o amor. Nesses casos, o retrato *torna-se* as pessoas em tratamento no ritual. Igualmente importante, a fotografia e o direito de fazer fotos dividem o público de espaços privados e de partes dos rituais. Nesse sentido, a fotografia ajudou a mapear o espaço sagrado de forma sutil, mas significativa. Conforme afirmou Roger Sansi:

> o controle sobre a reprodução mecânica de imagens no Candomblé é, em primeiro lugar, uma questão de privacidade e intimidade [...]. Objetos que vêm do corpo, incluindo fotografias, como parte da pessoa distribuída, podem ser usados para rogar pragas contra as pessoas ali representadas. Intimidade e feitiçaria são correspondentes de várias formas; a questão é quem vai usar a imagem, para que e até que ponto essas imagens podem ser consideradas parte da pessoa.[55]

O espiritismo não migrou da França tão rápido quanto a fotografia; entretanto, na virada para o século XX, o Brasil havia se transformado em centro internacional do espiritismo, uma característica que sustenta até hoje.[56] Possivelmente, nenhuma tradição religiosa foi tão tomada pela fotografia quanto o espiritismo no Brasil, inspirado no místico francês Allan Kardec, também conhecido como Hyppolyte Léon Denizard Rivail. O espiritismo prometia a prática de possessão espiritual sem as obrigações espirituais. Ainda que não fosse exatamente respeitável, era totalmente francês, cosmopolita e *à la mode*. Exemplares de *O livro dos espíritos*, de Kardec, publicado em 1857, foram encontrados no Rio de Janeiro em 1860, e o livro foi traduzido para o português em 1866.[57] Grupos espíritas, como o Groupe Confucius, também chamado Société des Études Spiritiques, reuniam-se regularmente em 1873. A *Revista Espírita* lançou sua primeira publicação em 1875 e a organização espírita de larga escala Federação Espírita Brasileira reuniu-se pela primeira vez no início de 1884.[58] Nos anos 1880, espiritismo e curandeiros e feiticeiros afro-brasileiros, como Juca Rosa, rechearam juntos as notícias diárias.

Na França e nos Estados Unidos, assim como no Brasil, fotografia e possessão estavam emaranhados no espiritismo. Fotos de espíritos – a exposição de espíritos atrás ou próximos de sujeitos vivos em retratos – foram importantes para a expansão e o perfil público do espiritismo depois de 1860, a começar pelas imagens de William Mumler.[59] Pierre Janet, ao escrever sobre o automatismo em Paris, ficou impressionado – e talvez confuso – com a história estadunidense de uma fotografia que mostrava um homem rodeado por 33 espíritos. A reação dele ajuda-nos a enxergar como essas imagens circulavam pelo Atlântico.[60] A influência das fotos de espíritos e posteriormente a denúncia contra elas – uma vez que, assim como Édouard Buguet em Paris, Mumler acabou sendo julgado sob acusação de fraude – foram um descante a retratar o surgimento da fotografia na vida diária.[61] Seguidores de fotógrafos de espíritos, como Mumler nos Estados Unidos e Buguet na França, dificilmente eram dissuadidos por depoimentos no tribunal impostos contra os criadores de imagens. Várias pessoas estavam convencidas de que os espíritos de pessoas mortas apareciam apesar ou por meio de práticas que tinham por intenção defraudar clientes. Não encontrei provas de que as fotos de espíritos exerciam um papel tão importante no Brasil quanto na França e nos Estados Unidos, talvez porque no Brasil a evidência visual de espíritos não teria sido tão nova ou surpreendente. No entanto, uma fotografia intitulada "Fotografia com espírito", feita por Militão Augusto de Azevedo na ainda pacata cidade de São Paulo, por volta de 1880, retrata um "almofadinha" satírico posando com um vaso egípcio sobre sua escrivaninha e um fantasma branco enorme pairando atrás dele. Dadas as fotografias icônicas antiespírito, como a de Militão, deve ter havido, portanto, fotos de espíritos feitas no Brasil, imitando o trabalho de Buguet em Paris.[62]

As utilizações quase religiosas de fotografias dependiam de sua materialidade. Ainda que fotos possam comunicar transcendência, até recentemente elas eram (e em vários aspectos ainda são) objetos com todas as qualidades das coisas: bordas, formato, textura, solidez e durabilidade variável. Tinham não somente qualidades visuais, mas também táteis e até mesmo olfativas. Por ser ao mesmo tempo imagem e coisa – um objeto que atrai o olhar, cujo peso se pode perceber ao segurá-lo, ocupa espaço em um arquivo, ou ainda se solta do prego que o prende na parede –, uma fotografia faz a mediação entre uma cena ou uma pessoa em lugar e tempo diferentes daqueles nos quais a foto é vista e o aqui e agora. A qualidade de ser ao mesmo tempo imagem e coisa é importante, porque possibilita à fotografia múltiplas vidas, variadas dimensões. Uma dimensão é sensorial: fotografias eram possuídas por vida visual, vida tátil e assim por diante. Outra dimensão é espaçotemporal: elas tinham uma primeira vida em relação tanto ao tempo quanto ao local onde eram feitas e o tema do enquadramento (pessoa ou paisagem), e uma segunda vida no espaço e na psique de seus observadores. De fato, elas têm várias outras vidas possíveis que persistem muito tempo depois de o sujeito vivo morrer ou de a arquitetura de sua primeira exposição ter mudado. A foto de Juca Rosa ainda atua hoje, remetendo-nos a um arquivo de 1871, estimulando novas ideias e palavras.

Pai Quibombo

Vamos arrumar o cenário para trazer o personagem principal de volta ao palco. No Brasil, a emancipação foi um processo longo, arrastado. Ainda que o transporte de pessoas escravizadas tivesse se tornado oficialmente ilegal depois de 1836, pelo menos "para inglês ver", ele continuou, interrompido apenas parcialmente pela Marinha britânica até 1850. Depois desse ano, o transporte de pessoas africanas escravizadas foi reduzido radicalmente; no entanto, a instituição escravidão e o mercado interno de pessoas nessa condição continuaram. Houve uma migração grande das zonas açucareiras do Nordeste, da Bahia e de Pernambuco, para as emergentes plantações de café no Sudeste, no Rio de Janeiro e em São Paulo. Ofereceram liberdade aos escravizados que lutaram na guerra contra o Paraguai, de 1865 a 1870, mas o radicalismo da antiga instituição começou a afrouxar apenas em 1871, com a Lei do Ventre Livre. A emancipação total foi finalmente declarada em 1888 com a Lei Áurea, assinada pela princesa Isabel, enquanto seu pai estava no exterior, em Paris, com Charcot. Foi exatamente no momento em que a Lei do Ventre Livre foi discutida e então assinada que o mais notório caso de feitiçaria ilegal ocorrido no século XIX foi julgado na capital do Brasil (Figuras 2.1 e 2.2).

O caso de Juca Rosa é incomum nos arquivos legais do período, distinguindo-se não apenas em virtude da abundância de documentos que sobreviveram, mas também por incluir uma fotografia do acusado. A foto foi encontrada pela polícia na residência de uma das seguidoras de Juca Rosa e foi usada para estimular a fala de testemunhas.[63] Ela tinha o formato de *carte de visite*. A distribuição desses cartões teria sido viável para alguém entre os contatos de Juca, dada sua ampla rede de clientes – dos quais pelo menos alguns eram ricos. Ele ostentou e melhorou sua posição ao participar do passatempo burguês de trocar cartões. A maioria dos *cartes de visite* que se trocava no Brasil oferecia retratos sóbrios do sujeito quase sempre só, fazendo pose e vestindo roupas chiques, diante de um painel-padrão disponível no estúdio. Na época, retratos de pessoas escravizadas focavam menos em poses ou cenários bucólicos; em vez disso, as fotografias eram feitas em um estilo antropológico de documentário, com roupas simples e sem adereços e ferramentas de trabalho em punho. O propósito de Juca Rosa parece ter sido diferente tanto do objetivo de mostrar respeitabilidade quanto de fazer uma produção. A pose que ele elegeu para cuidadosamente fazer e mostrar resultava em algo completamente distinto. A imagem retrata-o em pé junto a um companheiro, em um proscênio com flores pintadas e fundo branco liso, dando a impressão de um espaço aberto inusitado. O espaço é preenchido por uma cena ritualística – ou uma imitação. João Maria da Conceição, um devoto, está ajoelhado diante de Rosa no proscênio – se é homenagem, deferência, súplica ou representação da hierarquia do ritual é impossível dizer – e aponta um bastão na direção dele. Sampaio acredita que o bastão seja uma baqueta chamada "macumba", o mesmo nome dado aos tambores usados para chamar a descer as manifestações divinas em eventos de possessão espiritual.[64] Ao ser interrogado, João disse em seu depoimento que havia simplesmente assumido a posição que Juca Rosa exigiu dele, sem ter a menor ideia do significado dela.[65]

Apesar da ação transmitida, a imagem é silenciosa ao criar um fato, conforme comprova o depoimento de João.[66] Sabemos que os clientes de Juca possuíam essa fotografia e que ele também mantinha retratos de todos seus clientes e devotos. O que fazia com elas? O uso ainda é uma incógnita para nós. Mas a ideia de um traço pessoal contido na imagem, aliado ao nosso conhecimento de outros eventos ritualísticos no Brasil que usavam fotografias como receptáculo e transmissor de personalidade, oferece-nos dicas. Ameaças que Leopoldina Fernandes Cabral, uma participante, relatou em seu depoimento indicam que Juca Rosa mantinha retratos de seus seguidores como, em parte, meio de controlar o ritual deles. Leopoldina contou a Tavares, investigador de polícia, que, até mesmo quando queria se libertar da influência de Rosa, ela não conseguia devido às ameaças dele: "disse-lhe que, se o fizesse, ele, com o espírito que dominava para o bem assim como para o mal, faria com que ela fosse desgraçada e acabasse no Hospital da Misericórdia".

Figuras 2.1 e 2.2 – A fotografia de Juca Rosa no arquivo da polícia de 1870-1871, Arquivo Nacional, Rio de Janeiro (fotografada pelo autor), e a mesma foto editada digitalmente, como foi publicada em Sampaio, 2009, p. 188.

Dizia-se que Juca Rosa tanto dava quanto tirava fortunas por meio de testamentos de clientes. Houve também o relato de uma ameaça de morte contra certo Henrique de Azurar.[67] Talvez o fato de guardar a fotografia de Leopoldina e as de todos seus clientes era em parte o que fazia a ameaça parecer real. Registros legais no Brasil proporcionam pistas sobre como fotografias foram usadas em práticas curandeiras de variadas tradições religiosas. Em 1930, por exemplo, Ubaldina D. Rodrigues enviou uma foto de seu marido ao famoso "Dr. Mozart", a fim de que ele fosse curado do "caminho ruim" que estava seguindo.[68] E ainda hoje, no Brasil, suplicantes deixam fotografias com bilhetes e dinheiro em altares de santos, inclusive no da Escrava Anastácia, presente no próximo capítulo. Juca Rosa provavelmente utilizou imagens em *carte de visite* de seus devotos como substitutas para o corpo dessas pessoas. O ritual dele, atuando na fotografia para o mal ou para o bem, afetava a pessoa também. Vários depoimentos afirmavam que ele havia admitido isso. Ao mesmo tempo, seu próprio retrato talvez tenha servido como um avatar que estendia sua presença e seu poder até o lar e o corpo de clientes e devotos. Mas também o colocava em risco.

A fotografia tinha um sentido bastante diferente para a polícia: evidência da realização de rituais ilegítimos e de práticas potencialmente ilegais. Foi mencionada pela primeira vez no relatório do inspetor Ignácio Ronaldo: "consegui alcançar o retrato que com este ofício tenho a honra de enviar [...], que mostra o crioulo nos seus trajes de feiticeiro e acompanhado por seu ajudante".[69] Para a investigação da polícia e posteriormente no julgamento, a fotografia serviu como evidência visual das possessões de Rosa, o fato de que ele envolvia espíritos africanos em rituais em nome de clientes às custas dos quais ele lucrava, sendo a questão do lucro chave para a acusação de fraude ou charlatanismo. Mas também mostra que o trabalho da polícia se interessou pela tendência ao visual e ao uso da câmera. A prática ritualística e a prática policial estavam igualmente presas à tendência ao visual e dependentes especificamente dessa fotografia como prova dos poderes genuínos de possessão de Juca Rosa. Ambos foram absorvidos pelo "efeito fotografia", para citar Jonathan Crary, "uma nova economia cultural de valor e troca", um "sistema totalizante" de novos desejos.[70] O investigador e o promotor público pareciam se interessar pouco pelas músicas que eram cantadas, por exemplo, ou pelo alimento que era preparado e oferecido aos santos. "Variadas ervas, raízes, pós e líquidos" foram confiscados e enviados para exame por dois médicos; no entanto, descobriu-se que nas misturas havia apenas ingredientes do dia a dia. Não havia no relatório descrições de tambores, ícones ou comida. Os procedimentos principais do ritual foram pouco ilustrados: bebiam durante as consultas; havia uma cerimônia chamada "brincadeira" e outra chamada "amarração". Os participantes dançavam ao som da música de macumba e cantavam em línguas africanas.[71] As danças eram em roda. Além disso, os detalhes registrados não eram substanciosos – a não ser para quem se interesse pela questão da possessão de Juca Rosa. Nesse caso, o arquivo é uma festa.

A investigação estava bastante focada no fato de Juca posar de pessoa capaz de dominar espíritos e de, baseado nisso, exigir de seus seguidores uma fidelidade indevida. Ademais, quando a família ritual de Juca Rosa foi interrogada, os investigadores estavam resolutos, focados naquela fotografia específica, a *carte de visite* que ele distribuiu. A primeira de todas as perguntas direcionadas a Henriqueta Maria de Mello – que oferecia eventos ritualísticos e mantinha ferramentas e objetos em casa – era se ela tinha familiaridade com a imagem. Ela respondeu que sabia ser Juca Rosa e que reconhecia a vestimenta como a última que ele vestiu em um ritual grande que aconteceu ao longo da noite de 14 para 15 de agosto. Aliás, todos os interrogatórios começaram com a foto. A Miguel, uma outra testemunha, perguntaram se ele a conhecia. Ele respondeu que sim; uma outra pessoa, Julia Adelaide Havier, já havia lhe mostrado a imagem. A partir dessas primeiras perguntas, os investigadores construíram o caso. Vestido com as roupas que apareciam no retrato, Juca Rosa ficava possuído por espíritos e (conforme demonstrado), em estado de exaltação e expansão de poderes, privava as pessoas, sobretudo as mulheres, de exercerem a própria autonomia. Ao se fazer mestre da alma dessas pessoas, ele se tornou mestre do corpo delas, até mesmo "aproveitando das mulheres de um jeito que não era natural" – pelo menos o acusaram disso.[72]

Enquanto a foto ajudava a produzir novos modos de experiência social e religiosa, sua forma material também se encaixava bem nos processos de trabalho da polícia conforme novas burocracias legais começavam a surgir.[73] O trabalho da polícia passou a ser, então, trabalho visual, com frequência, trabalho fotográfico. A construção do objeto em formato achatado e papel flexível fez com que fosse conveniente e adequado para as mãos, para interrogatórios e para o formato achatado e retangular dos arquivos legais. Essa qualidade do material adequado para os arquivos de tribunal que a imagem--coisa tinha permite-me acessar a foto ainda hoje, diferentemente de qualquer outra coisa que possa ter sido confiscada durante a prisão de Juca Rosa. Entre o retrato e o texto que o envolve, surgiu uma simbiose entre fotografia, termos do sistema de registro e instituições burocráticas que envolvem a polícia e a esfera pública. Os três convergiram como tecnologias emergentes do Estado-nação em 1870. A atração pelo retrato – não apenas como uma coisa reveladora, mas também como algo de arquivo, evidência, uma coisa obviamente limitada, compacta, organizada – foi ao menos parte do que levou autoridades a se concentrar nele. Mas era evidência exatamente de quê?

Em um momento específico, em encontros para rituais na casa de Henriqueta Maria de Mello, sendo a última na noite de 14 para 15 de agosto de 1870, Juca Rosa retirou-se para um quarto separado na companhia de uma mulher chamada Ereciana, a fim de se trocar e vestir a roupa especial de veludo cotelê azul com franja prateada. Ao retornar, foi transformado em uma autoridade poderosa conhecido como Pai Quibombo. Ele então caía no chão e era tomado por uma gama de espíritos, entre eles, Santo Zuza e Pai Vencedor.[74] A fotografia que retrata Rosa em suas vestimentas de possessão foi, além de prova, usada como estímulo para o depoimento de testemunhas, confirmando os eventos e a ordem em que ocorreram. A descrição da transformação dele de indivíduo racional a pessoa possuída, usando as roupas que aparecem na foto, foi chave para a investigação. E também foi crucial a linguagem aplicada a esse estado alterado – que ele foi tomado e depois se transformou em algo diferente de um agente humano. A sequência básica de eventos no ritual foi confirmada por vários participantes. O próprio Juca Rosa, no entanto, jamais confessou. Em seu segundo interrogatório, quando lhe perguntaram especificamente sobre sua vestimenta incomum, ele negou que fosse utilizada para qualquer tipo de ritual e alegou que era fantasia de Carnaval. Quando lhe perguntaram sobre ele ter retratos de vários de seus seguidores, ele insistiu em dizer que era só por brincadeira ou chalaça. Obviamente, não havia fotos de Rosa no estado em questão, ou seja, possuído.[75]

Etnografias mais tardias, entretanto, oferecem uma ideia básica sobre o que possivelmente se passou na casa de Henriqueta Maria de Mello, em agosto de 1870. Roger Bastide descreveu um evento de possessão ocorrido na metade do século XX:

> Todo transe místico é transformado em festa, e toda festa termina em transe místico. O transe é o momento supremo do festival religioso, para onde tudo leva [...]. Acompanhados do ensurdecedor trovão dos tambores [...], os fiéis cantam canções. [...] Enquanto isso, os membros da fraternidade, homens e mulheres – mas muito mais mulheres do que homens – dançam nos passos apropriados para cada uma das diferentes músicas. Ao longo dessas canções e danças [...], um ser de repente gira. Os ombros chacoalham em tremores convulsivos, o corpo estremece e talvez caia ao chão. O deus montou em seu cavalo [...]. Quando uma crente é possuída, é levada para [...] um outro am-

biente pequeno [...]. Ali a pessoa se veste novamente em roupas litúrgicas de seu deus [...]. Desse momento em diante, a possuída não é um ser comum, ela se transformou no deus mesmo.[76]

Isso se assemelha muito ao que a polícia deduziu a partir da fotografia de Juca Rosa. Houve danças circulares incentivadas pela música, saídas para outros ambientes, mudança de fantasia, um pai de santo que entra em transe e sua transformação em um deus cujo nome é africano – nesse caso, Pai Quibombo. Seu título, quando nesse estado, é uma variação do oeste da África Central para *kingombo*, o termo em quimbundo para "quiabo". Stephan Palmié registrou essa mesma palavra sendo usada em Cuba como *quimbombó*.[77] O espírito chega de outro lugar – da África, de Orun, um mundo sobrenatural iorubá, da Bahia ou de um lugar dos ancestrais. Uma vez naquele estado, o pai de santo tem uma autoridade especial e o poder de curar doenças, profetizar o não visto, conceder fortuna, inspirar amor ou exigir vingança.

Posso também falar a partir do meu próprio trabalho etnográfico sobre possessão espiritual em variados lugares do mundo afro-atlântico. Os deuses "manifestam"-se ou "descem", e as pessoas possuídas são descritas como "viradas", "giradas", "montadas", "tomadas" ou tendo um "encosto". As metáforas de peso, força e direcionalidade dão-nos a dica de que espíritos não podem se tornar presentes para a consciência, exceto por meio de deslocações registradas em transdução material.[78] As marcas externas da incorporação de espírito incluem dobrar-se na cintura e, ao mesmo tempo, sacudir os ombros, gritos verbais que anunciam uma dada divindade ou um espírito, coreografia estilizada demonstrando o caráter do deus ou o domínio natural, a mudança na voz, no sotaque e na dicção, a tolerância sobre-humana à dor ou ao álcool e o uso de vestimentas especiais com porte real ou outro comportamento condizente com o caráter do deus. "Possessão" descreve uma mudança empírica, uma percepção da descida dos espíritos que foram vistos, ouvidos e sentidos em ações materiais e corporais por meio das quais um espírito (no Brasil: orixá, vodu ou inquice, a depender da suposta nação africana da liturgia em questão) torna-se presente.

Tanto os espíritos quanto o modo de aparição deles são cronotopos – formas de presença quase humana que também são marcadores e âncoras de uma determinada conjuntura espaçotemporal, nesse caso, conectando o Rio de Janeiro ao Reino do Congo. A possessão espiritual contém histórias. É um gênero de criação de história; é pensar o presente em relação a um passado específico.[79] Ainda assim, porque a presença de espíritos é contingente em locais materiais de aparição, as histórias que espíritos ajudam a compor e, quando incorporados, a dramatizar e representar são, necessariamente, maleáveis e inconstantes. Novos deuses trazem ao foco novos territórios e novos passados. Estados e políticas, obviamente, também selecionam certos espaços e tempos para elevar, enquanto apagam outros, suprimindo-os ou trivializando-os. No caso de Juca Rosa e seus seguidores, não é muito sugerir que parte do que estava acontecendo era uma batalha pela história brasileira. Uma versão ritualística celebrava um passado africano; outra, uma versão legal do século XIX, buscava obliterar ou limitar o poder do passado. Conforme o advogado de defesa de Juca Rosa ressaltou, a investigação policial e a denúncia inicial foram ambas conduzidas dentro de um modelo legal, o Código Philippino português, datado de 1603. Nessa versão anacrônica da acusação, a questão da feitiçaria estava proeminente e atrelada aos medos do século XIX de uma epidemia social. Contra isso, a defesa lembrou o juiz que a categoria moderna e propriamente brasileira não era mais feitiçaria, mas sim estelionato, com um veredito legal de culpa articulada ao fato de não somente fazer falsas alegações, mas também, e mais importante, de lucrar com elas. O juiz concordou com o argumento da defesa de que feitiçaria era uma categoria legal inválida. Entretanto, condenou Juca a seis anos de trabalho forçado – na condição de escravidão e de autômato – com base no fato de que a promotoria estabeleceu que ele era uma "verdadeira fraude".

Qual foi o papel da fotografia? Entre outras coisas, serviu como articulação com o Código Philippino, ou ainda como um mecanismo de mudança para o Código Penal brasileiro moderno, que proibia fingir trabalhar com espíritos para fins lucrativos. Ela ajudou a registrar a mudança para o novo crime, não de possessão espiritual, como no antigo termo "feitiçaria", mas de fraude – atuar como possuído. E, na verdade, possessão com frequência começa em um modo subjuntivo, atuando como se os espíritos tivessem entrado no corpo. A possessão espiritual é uma reação que se aprende em resposta a um contexto material específico e às expectativas sociais de um grupo social. Todos os eventos de incorporações de espíritos são ao mesmo tempo repetição e revisão de edições anteriores, uma vez que até mesmo a atuação do mesmo espírito ou deus é um pouco alterada a cada aparecimento. Todas as *performances* de possessão constituem um gênero, mas também um evento específico, porque estão condicionadas a um determinado contexto e momento material da aparição de um espírito ou deus ou, o que talvez seja melhor, ao surgimento de um deus. A possessão espiritual é uma forma de trabalho ritualístico. Tornar-se adepto de carregar e performar um deus em um corpo humano é tanto ofício e habilidade quanto predisposição. Com frequência exige iniciações elaboradas e secretas dentro de uma comunidade bastante unida, chamada "família de santo". Assim como uma pessoa adepta aprende a encarnar seu deus, ela também se refaz. Roger Sansi escreveu:

> o povo do candomblé constrói seus santos como agentes autônomos, ao mesmo tempo em que se constroem como pessoas. "Fazer o santo" é um processo dialético de continuamente construir a pessoa em relação aos espíritos que ela incorpora e ao "outro corpo" desses espíritos, os santuários.[80]

Por que aprender esse ofício e fazer esse trabalho? Por que os seguidores de Juca Rosa se reuniam para os projetos que duravam a noite inteira que tinha uma demanda alta tanto física quanto financeira? O propósito era proteger as necessidades básicas diárias dos participantes – finanças, saúde, vida amorosa e fecundidade – contra as forças da anomia, da doença, da morte, do azar e da classe dominante ao tornar deuses presentes em corpos humanos. Só é possível imaginar que os eventos ritualísticos de Juca Rosa funcionavam. As pessoas presentes queriam participar pelo menos inicialmente. Enquanto se tornavam sujeitos de certo tipo de automaticidade, conforme a polícia e a imprensa afirmaram, também atuavam como agentes, ao assentirem com os termos do ritual.

Câmeras capazes de capturar em tempo real eventos de possessão espiritual no estilo fotografia jornalística surgiram somente depois de 1930. Quando em 1936 Edison Carneiro enviou fotos do candomblé a Arthur Ramos, ele se desculpou por elas estarem escuras demais e acrescentou a explicação: "mas você sabe que o pessoal não pode dançar fora do barracão".[81] Antes dos registros fotojornalísticos de rituais, popularizados por Pierre Verger no fim dos anos 1940, algo abstrato como a possessão espiritual podia ser lido somente por pistas visuais externas e narrações. Sem uma imagem dessa, inspetores e promotores usaram o retrato de Juca Rosa na tentativa de desvendar a agência escondida no corpo possuído – evidência de alguém que trabalha com o santo na cabeça –, em referência aos objetos que aparecem na imagem e às histórias das quais testemunhas lançaram mão para descrevê-los. Encontraram todas as partes necessárias para a narrativa acusatória: vestimentas africanas, ações primitivas sinalizadas pelos pés descalços de Juca Rosa, as ferramentas para uma cerimônia de tambores, hierarquia social injustificada, poderes ocultos associados ao saco misterioso pendurado no cinto de Rosa e um autoengrandecimento afro-brasileiro inexplicável. Afinal, em um estúdio, Juca Rosa preparara cuidadosamente esse retrato para expressar uma situação quase religiosa.

Não é possível saber ao certo por que Juca Rosa fez o retrato daquele jeito. Certamente, uma das motivações foi a solidificação de sua autoridade. Com a imagem imponente do pai de santo em vestimentas de poder diante de um acólito de joelhos, ele expandiu e estendeu sua presença. Outros usos parecem prováveis, sobretudo, observando-se a bolsa pequena que ele trazia pendurada em seu cinto como símbolo de fonte de poder material. Sampaio chama a atenção para a semelhança com o *nkisi* da África Central – uma bolsa, um pacote, um vaso ou uma estátua contendo um combinado de ingredientes. Projetado nos fios de suas confluências materiais, um espírito *nkisi* é contratado para proteger seu usuário. Penso que essa interpretação faz sentido, uma vez que a maioria das pessoas africanas escravizadas que desembarcaram no Rio de Janeiro foram tiradas daquela região. Pelo menos, a mãe de Juca Rosa muito provavelmente era da etnia congo. E o nome que ele usava quando possuído, Quibombo, também sugere a África Central como origem. Esse possível *nkisi* – outro tipo de recipiente com um interior escondido – está relacionado a como pensamos sobre as fotografias de Rosa, tanto aquelas que ele distribuiu quanto as que ele colecionou. Fotos, inclusive as suas *cartes de visite*, eram sob determinadas condições, ferramentas de poder *nkisi*. Uma fotografia de alguém poderia ser usada contra essa pessoa por meio de uma magia contagiosa, assim como um grampo de cabelo, um pedaço da roupa ou a assinatura ou o nome escrito. Por isso Juca Rosa mantinha consigo fotografias de seus devotos e clientes. Imagens que contêm algo da pessoa ali representada mostra poder, para o bem ou para o mal. Essas fotografias eram ferramentas quase religiosas que intervêm de duas maneiras, pelo menos. Circulavam uma personalidade pública, ancoravam uma memória e solidificavam reputação e *pedigree*, mas eram e ainda são ambíguas também, coisas perigosas com vida própria que podem se virar contra você.[82]

Os dois corpos do pai de santo

A ideia de que retratos manifestam e transmitem poder é sem dúvida correta, ainda que não necessariamente pelos motivos apresentados pela comunidade de Juca Rosa. As observações de Wittgenstein sobre *O ramo de ouro* de Frazer faz-nos lembrar que não necessariamente precisamos recorrer à mágica para explicar o poder da fotografia, uma vez que nossa forma de interagir com ela por si só já contém a própria satisfação – queimar, beijar, organizar ou pendurá-la cria uma experiência de emancipação, intimidade ou ordem.[83] Deve ter sido assim com os seguidores de Juca Rosa, que sentiam presença na imagem dele. Fotografias circulam além do cenário onde foram produzidas, garantindo poderes não intencionais. Elas tornam coisas secretas potencialmente públicas, e não é fácil controlar a circulação delas. Para praticantes de religiões alternativas, sobretudo, fotografias sempre apresentam uma ameaça. Durante pelo menos um século no Brasil – aproximadamente entre 1871 e os anos 1970 –, fotografias podiam e eram utilizadas como evidência em casos policiais envolvendo feitiçaria e, mais tarde, fraude. Essa memória persiste, apesar do recente reconhecimento popular do candomblé e sua nomeação como patrimônio nacional.[84] Até recentemente, na maioria das vezes era proibido fotografar as iniciações ao candomblé, por exemplo, e fotos de pessoas em estado de possessão eram sempre proibidas, apesar de hoje isso ter começado a mudar. Isso não significa que as fotos foram totalmente banidas. Por volta de 1890, retratos imponentes de fundadores de terreiros enfeitavam as paredes de espaços onde aconteciam rituais como sinal de axé (poder transformador), no sentido da autoridade criada por uma linhagem apropriada e como propaganda do prestígio de determinada casa. Por volta dos anos 1930, no mais tardar, algumas vezes era permitido fotografar objetos ritualísticos, desde que o fotógrafo fosse suficientemente confiável, apesar de etnógrafos com frequência abusarem da confiança. Em 1936, Edison Carneiro fotografou vários terreiros baianos e comentou sobre a raiva que podem gerar devido aos rituais secretos que venham a revelar:

> no domingo passado, tirei umas fotografias que iam fazer furor, se prestassem. "Assento" de Irôko, apetrechos dos orixás (carabina de Oxóssi, espada de Ogún, etc.), instrumentos musicais, tabaques, coisa muita. Mas o filme estava velho e machucado. Perdi tudo. Pra semana vou tirar novamente.[85]

E a fotografia em tempo real de uma dança ritualística tornou-se padrão, no fim dos anos 1940, na famosa imagem capturada por Pierre Verger em um estilo totalmente comprovatório (Figura 2.3).[86]

Figura 2.3 – Aqui, o sujeito da fotografia de Verger está no meio de uma iniciação, durante a qual aprendeu, de maneira apropriada, a encarnar a deusa do amor, da beleza, da riqueza e da água doce, Oxum. Observe as imagens de renomadas mães de santo do passado penduradas na parede atrás da iniciada, inclusive fotografias. As fotografias de antigas e atuais mães de santo anunciam ao público o prestígio e a tradição do terreiro e, por meio delas, ajudam a construir a legítima genealogia do templo (axé). Uma das várias fotografias de possessão espiritual do fotógrafo francês Pierre Verger, esta foi feita no Candomblé Cosme, Salvador, Bahia, em algum momento entre 1946 e 1953. Usada aqui com a permissão de Fotos Pierre Verger, Fundação Pierre Verger.

Os retratos não são apenas registros do passado, pois também circulam axé, força vital, no presente. Fotografias não apenas documentam, elas ajudam a gerar uma realidade desejada.[87] A foto de Juca Rosa, da mesma maneira, não era apenas documento de um evento passado, ela era agente de todos os acontecimentos do caso, animada por variados sistemas de fala e ação. Minha sugestão é que, expandindo ainda mais, tecnologias de registro de possessão e reprodução para seus atores, ampliando o alcance possível dos espíritos por meio da semiose secundária, começaram a desempenhar um papel importante na constituição do que significa estar possuído na época do automático. Isso certamente era verdade em relação ao espiritismo. Apesar das dúvidas que tinha em relação à promoção prematura da fotografia espiritual da evidência, Kardec incorporou termos da fotografia em sua descrição da aparição de espíritos (em *O livro dos médiuns*, 1861), como "o Espírito vê no seu próprio cérebro as impressões que aí se fixaram como numa chapa daguerreotípica". Observe também *Gênese*, publicado em 1868: "criando imagens fluídicas, o pensamento se reflete no envoltório perispirítico, como num espelho; toma nele corpo e aí de certo modo se fotografa".[88]

Na verdade, espíritos nunca apareceram senão através da *techne* de sua revelação, seja em corpos espirituais, câmeras ou computadores, e os materiais de manifestação estão sempre mudando, produzindo a possessão espiritual de forma diferente ao longo do tempo. Ao escrever sobre o momento em que fez sua fotografia de possessão em 1931, Michel Leiris descreveu o sujeito como um *poser*, falando com "a voz parecida com um fonógrafo".[89] Ele registrou um outro momento quando seu o *flash* de magnésio de Marcel Griaule, seu colega, *causou* a aparição de um espírito, em reação ao aparente perigo militar.[90] A fim de simplificar por um momento, fotografias servem como ferramentas ritualísticas bem como ferramentas etnográficas, e ambas podem se influenciar mutuamente e se infiltrar uma na outra: fotografias etnográficas podem começar a carregar efeitos ritualísticos e fotografias ritualísticas, efeitos etnográficos. A foto de Juca Rosa demonstra esse ciclo. Usada como, entre outras características, ritualística durante a vida dele, agora ela adquiriu força etnográfica, proporcionando pistas acerca das vestimentas, das ferramentas e das posturas do pai de santo afro-brasileiro em 1870.

Há vários exemplos de como a fotografia entrou e até mesmo ajudou a recalibrar a possessão espiritual em relação ao automatismo fotográfico. Pondere sobre estas palavras de uma estudante universitária de 24 anos, praticante de umbanda em Portugal, ao descrever sua experiência de possessão:

Todos os meus amigos no terreiro que veem minha Pombajira dizem-me que ela é boa e engraçada, e que ela ajuda mulheres a superar a dor delas. Eu até pedi para tirarem uma foto quando ela incorporar em mim, para ter uma ideia de como ela é. Sei que é meu corpo, mas não se sabe o que acontece: o tempo da incorporação é como um vazio [...]. Eu só me sinto um pouco trêmula e tonta depois, mas ao mesmo tempo se tem um sentimento grandioso de paz e de ter feito algo que valeu a pena, ser incorporada por entidades tão importantes.[91]

O fotógrafo famoso Pierre Verger oferece ainda outro exemplo:

O adosu [recém-iniciado do candomblé] pode ser comparado a uma chapa fotográfica. Ele traz em si a imagem latente do deus, no momento da iniciação impressa em um espírito virgem sem qualquer outra impressão, e essa imagem revela-se e se manifesta quando todas as condições certas se juntam.[92]

Enquanto isso, Henri-Georges Clouzot também utilizou a fotografia etnográfica para validar a possessão espiritual do corpo, mas de uma forma diferente: ao observar a falta de reação à explosão do *flash* de magnésio a meros 2 metros de distância dos olhos do sujeito possuído por um espírito.[93] Indo além das tradições afro-atlânticas, Birgit Meyer demonstrou que os pentecostais ganenses suspeitam da capacidade das imagens, incluindo fotografias, de enxergar você. O demônio e outros espíritos podem trabalhar contra você através dos olhos da fotografia.[94] Tanya Luhrman entrevistou um membro da igreja Chicago Vineyard Church, que descreveu a vivacidade da própria vida de oração "como quase uma apresentação de PowerPoint".[95] Obviamente, os termos da fotografia influenciaram vários outros domínios também, inclusive os estudos do cérebro. Em 1878, por exemplo, Edward Clarke comparou as células cerebrais ao negativo: "um número de células cerebrais impressas, como o negativo de uma fotografia, com eventos passados".[96]

Os espíritos e o Espírito Santo hoje são presentes e interpolados por meio das convenções da visão fotográfica, um processo que começou na época de Juca Rosa. Essas mediações tecnológicas de espíritos não diminuem a agência deles, mas modificam-na, tornando-a ambígua de jeitos diferentes. Nesse sentido, Jonathan Crary lembra o sentido original, por vezes religioso, de "observar" – *observare*: "agir em conformidade, cumprir algo". Semelhante a isso, Lorraine Daston e Peter Galison descrevem como o surgimento da fotografia trouxe não apenas uma nova maneira de enxergar, mas também uma nova ética, uma nova epistemologia, um novo modo de ser cientista, em suma, "um compromisso".[97] A antropóloga Katherine Hagedorn explorou o fato de que cubanos afrodescendentes, atuando em espetáculos folclóricos ou filmes de documentários que exigem fingir rituais espíritas, com frequência ficam possuídos de verdade por deuses ao tentarem imitar os movimentos corporais.[98] O interesse de Hagedorn está em como essas encenações são infiltradas pelo real; mas parece que podemos inverter isso e explorar como, cada vez mais, a mídia se infiltra na possessão real e a torna um espetáculo.

Com "O que meu corpo sabe sobre fotografia?", Barthes iniciou sua reflexão sobre a fragmentação de sua pessoa em imagens, cada uma das quais parecendo congelar e carregar uma parte dele em arcos de ações incontroláveis. Seu corpo já não parecia ser exatamente seu, e não era. Ele era, em parte, autômato – seu corpo e o trabalho do corpo tornaram-se extensão de outros operadores. Pais de santo sabem disso melhor do que ninguém; afinal, o corpo deles jamais é totalmente deles. Também sabem que representações icônicas como fotografias têm agência própria, agem independentemente de seus sujeitos, e quem lida com elas pode agir sobre elas. Por isso, requerem manuseio cuidadoso. A duplicação do corpo e sua imagem espelhada podem ser usadas com um propósito – Juca Rosa distribuiu seu retrato em formato *carte de visite* a todos seus seguidores como forma de expandir sua presença e seu poder até o corpo e o lar dessas pessoas. Mas essa divisão também pode ser compreendida como perda, até mesmo morte, quando imposta à força.

Na experiência de perder a posse do corpo, tanto na fotografia quanto na possessão espiritual, há simetria e, algumas vezes, uma simbiose. Por meio do estudo de um retrato confiscado em 1870, tentei demonstrar que a fotografia tem efeitos dramáticos na criação e na regulamentação de determinados tipos de automatismo das práticas de possessão. Polícia, pais de santo, turistas, etnógrafos e outros conheceram a possessão e passaram a considerá-la de forma diferente a partir da agência das fotografias. Mais ainda, a fotografia automática infiltrou-se em situações e práticas quase religiosas, uma vez que seus sentidos eram cada vez mais vivenciados como se por meio de uma lente, narrados verbalmente, e até mesmo vivenciados nos termos da câmera. Assim como no início a fotografia foi tocada por traços de espíritos, possessões espirituais passaram a ser invocadas por explosões de lâmpadas ou relembradas como exposições a "incorporação do lapso de tempo", retratos planejados em um proscênio, apresentações em PowerPoint ou instâncias de outras técnicas fotográficas através das quais os deuses conseguem aparecer.

***

Precursora do automático moderno, a fotografia encaixou-se na enorme influência do positivismo comtiano e seus mantras de desenvolvimento tecnológico e científico. A fotografia foi uma "forma de expressão adequada aos tempos do telégrafo e do trem a vapor".[99] Combinou com o mantra "Ordem e Progresso", frase de Auguste Comte em destaque na primeira bandeira republicana brasileira, em 1889.[100] Evidência fotográfica da nova ordem chegou à capital da cidade em 1897. Aquele ano viu a primeira guerra brasileira mediada pela fotografia, a guerra do Estado contra dissidentes religiosos no sertão de Canudos. As fotos feitas em Canudos eram todas estáticas em tempo real, literalmente, porque várias eram de cadáveres. Uma vez que o Estado exterminara o assentamento de Canudos – lar de uma população de aproximadamente 30 mil pessoas, todas elas pobres e várias ex-escravizadas e afrodescendentes –, as imagens foram exibidas em projeção elétrica para o público, com inauguração na rua Gonçalves Dias, no Rio de Janeiro, na noite do Natal de 1897. O evento prometia a emoção de imagens grandes, em "tamanho real".[101] "Curiosidade! Admiração!! Horror!!! Miséria!!!!" estava escrito na propaganda. "O cadáver do conselheiro fanático."[102] Fotografias projetadas eletricamente foram a maior atração automática na rua Gonçalves Dias. No entanto, mais adiante, na rua do Ouvidor, a principal região de entretenimento da cidade, outra atração chamou a atenção de 1896 a 1897, um jogador de xadrez autômato chamado Ajeeb. As duas eram atrações contemporâneas paralelas, próximas: o cadáver de um fanático fotografado e o turco autômato estavam emparelhados. A fotografia automática ajudou a inaugurar o Brasil moderno, republicano, assim como Ajeeb, o maravilhoso autômato, que encontraremos novamente, no capítulo 4. Ambos foram cruciais para estabelecer e assegurar o outro que seria modelo para definir as pessoas – agentes, humanos, corpos com vontade própria. Entretanto, antes de nos encontrarmos com Ajeeb, vamos conhecer um desenho feito por um viajante francês de uma pessoa que se tornou uma santa viva no Brasil: Escrava Anastácia.

Notas

[1] Por exemplo: "Pedem-se providências para um Segundo Juca Rosa existente na rua do Príncipe, de nome Laurentino, chefe de feitiçaria, tendo por companheiro um tal Alfa, pretos minas que têm em seu poder filhas-familia, e nesse zungú encontram-se diversos objectos próprios da feitiçaria". *Gazeta de Notícias*, 19 mar. 1880, p. 3. E: "Não havia meio de descobrir se o médico seria ou não algum Juca Rosa". *Gazeta da Tarde*, 6 jul. 1882, p. 2. Outro ainda: "Existe nas proximidades d'aquella villa um célebre preto, conhecido por Pai Cabinda, o qual é um verdadeiro Juca Rosa d'aquellas paragens". *Gazeta de Notícias*, 3 fev. 1881, p. 1. Outro exemplo: "Na fatal epidemia da questão Juca Rosa". *A Nação*, 14 out. 1872, p. 1.

[2] Mattos, 2015, pp. 122-124.

[3] Em relação à apropriação do catolicismo, Miguel José Tavares, inspetor-chefe, escreveu na introdução do caso: "A audacia e perversidade d'estes criminosos chega ao ponto de involver a nossa Santa Religião em suas practices infames, conseguindo substituí-la pela mais grosseira e abjecta superstição". Algumas páginas depois: "Rosa atreve-se a servir-se de imagens e do nome de Santos da Igreja Católica, afim de aproveitar-se até da religiosidade de suas victimas [...], religiosidade que elle transforma na mais grosseira e vil superstição". Supremo Tribunal de Justiça, BR AN RIO BV.O.RCR.0470, 1870.3, maço 196, n. 1081, Arquivo Nacional, Rio de Janeiro, 12b. Não é incidental nesses textos o debate acerca de o que é religião. Fillipe Jansen de Castro Albuquerque Jr., advogado de defesa, rejeitou o argumento de que Rosa poderia ser declarado culpado com base em uma oposição duvidosa entre feitiçaria e religião: "Essa fama, esse poder, essas maravilhas, quando toleradas e não suprimidas pela polícia, repetidas ao longo de muitos anos, elevarão essas 'feitiçarias' a 'crença' ou 'religião'". *Idem*, 214b.

[4] "O feiticeiro [...] para tudo tem poder, porque o seu santo tudo sabe, tudo ouve e tudo conta. [...] O feiticeiro diz-se inspirado por um poder invisível que não é Deus, nem santo do nosso conhecimento." *Diário de Notícias*, 2 out. 1870, *apud* Sampaio, 2009, p. 40.

[5] Sampaio, 2009, p. 99. Um desses "espíritos fracos" era Leopoldina Fernandes Cabral, que disse a Tavares que, mesmo quando queria se livrar da influência de Rosa, ela não conseguia, porque ele a ameaçara "dizendo que, se ela partir, ele, com o espírito que ele controlava tanto para o bem quanto para o mal, iria desgraçá-la e fazer com que fosse parar no hospital". Nos arquivos do caso, ver Supremo Tribunal de Justiça, BR AN RIO BV.O.RCR.0470, 1870.3, maço 196, n. 1081, Arquivo Nacional, Rio de Janeiro, 12b.

[6] Ver em, por exemplo, "Crônica da semana", *Gazeta de Notícias*, 23 set. 1888, p. 1.

[7] Minha opinião sobre a religião, a fotografia e o visual tem sido formada por McDannell, 1995; B. Meyer, 2010; Morgan, 1999, 2005; Mitchell, 2005; Miller, 2005; Pinney, 2004; Promey, 2014; Keane, 2008; Zubrzycki, 2016; entre outras obras. Sally Promey tem sido importante, sobretudo, como interlocutora e mentora para todas as coisas visuais.

[8] Jaguaribe & Lissovsky, 2009, p. 177.

[9] Se Marcel Gauchet estiver certo, o desencanto nunca poderá ser alcançado plenamente nem ao menos tão facilmente, até porque nem sequer temos ainda as ferramentas para saber como um indivíduo autônomo pode realmente vir a funcionar, a não ser em relação a um Estado que garante automaticamente um grau de coesão social, estrutura econômica e muitas outras funções, um cenário sem o qual é difícil conceber o indivíduo. Gauchet, 1997, p. 188.

[10] Sobre fotografia e materialização de espíritos, ver Kramer, 1987, p. 257. Sobre espíritos e fonografia, ver Palmié, 2014.

[11] Charuty, 1999.

[12] Daston & Galison, 2007, pp. 120-121. E: "O automatismo do processo fotográfico prometeu imagens livres de interpretação humana". *Idem*, pp. 130-131.

[13] Ver Ferrez & Naef, 1976, p. 14. Quase simultaneamente com Daguerre e totalmente independente dele, um emigrado francês chamado Antoine Hercules Romauld Florence, que chegou ao Brasil em 1824, parece ter também inventado o que chamou de *photographie* na cidade de Vila São Paulo (atual Campinas), no estado de São Paulo. Ver Levine, 1989, pp. 7-9; Mauad, 1997, p. 187.

[14] A fotografia revelou o que o olho nu não tem capacidade de enxergar, apresentando uma "agenda do invisível", como disse Lissovsky: "A história da fotografia do século XIX foi marcada por essa agenda do invisível: retratos de espíritos, a dissecação do movimento de Muybridge e Marey, as iconografias do louco e da doença da alma (Hugh Diamond e os assistentes de Jean Charcot), os inventários de tipos criminosos, a fotografia etnográfica". Lissovsky, 2005, p. 2. Ver também Hacking, 1995, p. 5.

[15] *Jornal do Comércio*, 17 jan. 1840.

[16] *New York Observer*, 20 abr. 1839, p. 62.

[17] *O País*, 31 mar. 1889.

[18] Stieglitz, *apud* Costello, 2017, p. 6.

[19] Costello, 2017, p. 6.

[20] Bazin, 1967, pp. 10-14. [N. da T.: Por ser a tradução de Hugh Gray um pouco diferente da tradução para o português (em *O que é cinema?*), optei por traduzi-lo, a fim de acompanharmos melhor o raciocínio de Paul C. Johnson.]

[21] Sontag, 1977, pp. 3, 8, 10, 12.

[22] Barthes, 1981, p. 9.

[23] Charuty, 1999.

[24] Sobre a ideia da fotografia como "advento de mim mesmo como outro", ver Barthes, 1981, p. 12 [1980, p. 25]. Sobre "êxtase fotográfico", ver *idem*, p. 119 [*idem*, p. 175]. *Poiesis* aponta aqui especialmente para a ideia de Heidegger sobre êxtase como uma irrupção de um estado para outro e a ideia de Platão em *O banquete* de fazer como uma busca pela imortalidade. O termo é usado em Lambek, 1998. John Collins também se refere a Heidegger e à *poiesis* em sua exploração do trabalho de "herança" na Bahia. Ver Collins, 2015, p. 32.

[25] Vasconcelos, 2007.

[26] Wallace, 1975, p. xiv; Lombroso, 1909, p. 167; Doyle, 2011. Lombroso explicou em detalhe o funcionamento da fotografia espiritual: "Aqui, assim como em outros testes, está evidente que estamos lidando com uma substância invisível aos olhos e que é autoluminosa, que reflete raios de luz sobre a chapa fotográfica em uma ação para a qual nossas retinas são insensíveis e que se forma na presença de determinados médiuns ou paranormais e tem muita energia fotoquímica, capaz de reforçar o desenvolvimento da própria imagem antes de outras imagens, com um desenvolvimento também progressivo". Lombroso, 1909, p. 261.

[27] Sontag, 1977, p. 9. Sontag ecoa a referência à máscara mortuária feita por Bazin, apesar de não lhe dar crédito.

[28] Frazer, 1911, pp. 96-99. Frazer criou seus exemplos, sobretudo, baseado em povos ameríndios e africanos; no entanto, incluiu alguns casos originários do Sudeste Asiático e terminou nas margens europeias, com uma mulher velha na ilha grega Cárpatos, uma pessoa de origem albanesa com 110 anos, e uma "garota cigana" na Inglaterra.

[29] James, 2006, pp. 22-23. Na metade do século XX, os estadunidenses buscavam fotografias brasileiras de, por exemplo, integração racial, aparentemente ausente no Norte. Arthur Ramos

escreveu uma carta para um comandante do Exército brasileiro, afirmando que o escritor e jornalista Dr. George S. Schuyler queria fotografar integrações raciais harmônicas no Exército e na Marinha brasileiros. Arquivo Ramos, "Carta ao comandante do Corpo de Fuzileiros Navais", Rio de Janeiro, 13 jul. 1948, doc. 114, Biblioteca Nacional, Rio de Janeiro. Um outro exemplo é o Sr. Joseph Birdsell, que escreveu para Ralph L. Beals, que, por sua vez, escreveu para Ramos, exigindo uma fotografia de uma multidão brasileira que tivesse "o máximo possível de mistura de tipos raciais". Arquivo Ramos, doc. 90, 11 jan. 1948, Biblioteca Nacional, Rio de Janeiro.

[30] Essa anedota foi relatada em Tuke, 1884, p. 64. Tuke apresenta isso como uma comunicação pessoal com Richer. A primeira vez que encontrei esse livro de Tuke foi na biblioteca de Charcot.

[31] Carta a Bastide de Bernard Beisenberger, 20 out. 1961, Arquivos Bastide, Imec (Institut Mémoires de l'Édition Contemporaine), Fonds Roger Bastide, BST2.N1-02.05.

[32] Êxodo 20:4, Deuteronômio 5:8. A ideia é que criar uma semelhança com a criação de Deus é uma extensão da violação do Segundo Mandamento contra a criação de uma semelhança com Deus.

[33] Ver o processo jurídico United States v. Slabaugh, 852 F.2d 1081 (1988).

[34] Bataille, 1957; K. M. Brown, 1991, p. 7.

[35] Charcot, 1893.

[36] Arquivo Tobias Monteiro 63.04.004, n. 26, 1288, Biblioteca Nacional, Rio de Janeiro.

[37] Sobre a tensão entre fotografia estética e científica, ver Daston & Galison, 2007, pp. 120-130.

[38] Stepan, 1994, p. 137.

[39] As fotografias pequenas do tipo *carte de visite*, que medem 10 x 6,5 cm, e o processo muito mais barato da "placa molhada", usado para fazê-las, foram patenteados em Paris, em 1854, por André Adolphe E. Disdéri e popularizaram-se depois que Napoleão III encomendou uma fotografia *carte de visite*, em 1859. Oito fotos eram impressas a partir de uma única placa, o que barateava muito esses retratos em comparação com os tipos anteriores. Nos anos 1860, as fotografias *carte de visite* fizeram muito sucesso na Europa e nas Américas, e tornaram-se uma moeda-padrão de troca social, além de inspirar uma cultura nova de celebridade, com a circulação de fotografias da realeza. Ver em Levine, 1989, p. 24. As fotografias cartão cabinet, que nos anos 1880 ofuscaram as *cartes de visite* eram produzidas pelo mesmo processo, porém eram maiores: 11 x 16,5 cm.

[40] Jaguaribe & Lissovsky, 2009, p. 178.

[41] Van de Port, 2011, p. 85.

[42] Em Londres, havia 284 estúdios em funcionamento. Sobre o Rio de Janeiro, ver Mauad, 1997, p. 199. Os dados comparando Londres e Rio de Janeiro aparecem em Vasquez, 1985, p. 20.

[43] Castillo, 2009, p. 12.

[44] Sobre a concomitância da antropologia e da fotografia, ver Edwards, 1992; Pinney, 1992. O espiritismo também alegou um posicionamento positivista: "Como meio de elaboração, o espiritismo procede exatamente da mesma maneira que as ciências positivas, isto é, aplicando o método experimental". Kardec, 2003, p. 18 [2009, p. 20].

[45] Stepan, 1994, p. 138. A questão da evolução e do progresso nacionais está presente na escolha de tema entre fotógrafos do século XIX no Brasil, que, com frequência, preferiam fotografar o progresso tecnológico (plantações de café, minas, locomotivas, um túnel novo, um quarteirão moderno na cidade) e as pessoas típicas locais (escravizadas, indígenas, famílias imigrantes europeias).

[46] Andermann, 2004. Era notável a total falta de pessoas afrodescendentes na exposição.

[47] Sontag, 1977, p. 3.

[48] *Idem*, p. 7. Disdéri fez retratos de pessoas mortas no caixão. Com até 40 mil mortos, a fotografia espiritual surgiu como tentativa de reviver e manter os mortos, assim como após a Primeira Guerra Mundial.

[49] Lavelle, 2003, pp. 24-25.

[50] Charcot, 1893, p. 24.

[51] Van de Port, 2011, p. 87.

[52] Carneiro, 1948.

[53] Van de Port, 2011, p. 85. Sobre vestir bebês mortos como anjos, ver Borges, 1985, p. 156.

[54] Borges, 1985, p. 155.

[55] Sansi, 2011, p. 385. Ver também Castillo, 2009, pp. 19-20; Van de Port, 2011, p. 80; O. M. G. da Cunha, 2005. Olívia Maria Gomes da Cunha disserta sobre os adeptos contemporâneos do candomblé verem as fotografias feitas em 1938 como seus próprios mapeamentos e genealogias, e como políticas contemporâneas, mesmo ao adotar as mesmas imagens como projeto de busca por histórias alternativas – "tempo etnográfico" – dos eventos registrados em textos publicados.

[56] Uma explicação para o sucesso do espiritismo no Brasil é o fato de a comunicação com espíritos ter sido e ainda ser um fenômeno conhecido e até mesmo parte do tecido social. Ver em Velho, 1992, pp. 27, 34, 41. "Identificamos a crença em espíritos e em possessão como um forte fator aglutinador de um universo sociologicamente heterogêneo [...] da metrópole brasileira contemporânea." *Idem*, p. 27.

[57] Aubrée & Laplantine, 1990, p. 110.

[58] *Idem*, pp. 112-114; Giumbelli, 1997, pp. 56, 61; Hess, 1991, p. 86.

[59] Cloutier, 2005.

[60] Janet, 1889, p. 385.

[61] Para obter mais detalhes sobre a prisão de Buguet, ver Charuty, 1999. O estúdio dele era no número 5 do *Boulevard Montmartre*. Conforme Charuty descreveu, a legitimidade dele foi consagrada pelo próprio espírito de Kardec, escrevendo através de sua viúva.

[62] A fotografia "Portrait with Spirit" (1880) de Militão está reproduzida em Ferrez & Naef, 1976, p. 69. Assim como Mumler, nos Estados Unidos, Buguet foi acusado de fraude, porque posou como médium e fingiu trazer espíritos à cena em suas fotografias. Quando interrogado, ele imediatamente confessou. Explicou como alcançou a ilusão e, uma vez libertado, ele reabriu seu estúdio como uma loja de fotografia antiespírito, oferecendo retratos de clientes com a ilusão abertamente declarada de qualquer espírito desejado. Em seu cartão de visita de 1875, estava escrito: "Fotografia antiespírito: manipulação invisível. O espectro escolhido é garantido. Ilusão completa". Chéroux, 2005, p. 50. Ver também Gutierrez, 2009, pp. 69-71.

[63] Apesar do registro fotográfico amplo do trabalho magistral de João Reis sobre Domingos Sodré, um sacerdote africano na Bahia, não há fotografia incriminatória comparável – usada em processo forense para revelar procedimentos ritualísticos secretos –, nem tenho conhecimento de qualquer outra fotografia que se compare. Ver Reis, 2008.

[64] Sampaio, 2009, pp. 185, 189. O termo macumba aparece várias vezes no arquivo do caso como o nome de um instrumento e sua música, bem como de uma classe de pessoas – "macumbeiros" – que frequentam eventos onde se toca macumba. Ver Supremo Tribunal de Justiça, BR AN RIO BV.O.RCR.0470, 1870.3, maço 196, n. 1081, Arquivo Nacional, Rio de Janeiro, 12b, 104, 138b.

[65] Supremo Tribunal de Justiça, BR AN RIO BV.O.RCR.0470, 1870.3, maço 196, n. 1081, Arquivo Nacional, Rio de Janeiro, 35.

[66] Conforme Michel-Rolph Trouillot, "os silêncios entram no processo de produção histórica [...] no momento da criação do fato (elaboração das fontes)", sem falar na organização deles em um arquivo, na busca e na narrativa. Trouillot, 1995, p. 26.

[67] Supremo Tribunal de Justiça, BR AN RIO BV.O.RCR.0470, 1870.3, maço 196, n. 1081, Arquivo Nacional, Rio de Janeiro, 16, 20.

[68] Mozart Dias Teixeira, também conhecido como "Professor". Ver *Jornal do Brasil*, 3 mar. 1925, p. 16; *Jornal do Brasil*, 22 jan. 1925, p. 14; *Jornal do Brasil*, 9 set. 1930, p. 14. Ver também o arquivo do caso do Dr. Mozart, 1930-1936, 158. A presença ou ausência de fotografias e outros objetos físicos foi determinante para a decisão de investigadores sobre um determinado ritual ser macumba ou o chamado alto espiritismo, magia negra, magia branca etc., e as definições dessas classificações de espiritismo faziam parte das decisões em relação a processar ou não, a algo ser ou não uma religião legítima e assim por diante. Ver, por exemplo, os arquivos do caso de Bento José Pereira, 1928, 11-13b.

[69] Supremo Tribunal de Justiça, BR AN RIO BV.O.RCR.0470. 1870.3, maço 196, n. 1081, Arquivo Nacional, Rio de Janeiro, 11.

[70] Crary, 1992, p. 13.

[71] Supremo Tribunal de Justiça, BR AN RIO BV.O.RCR.0470, 1870.3, maço 196, n. 1081, Arquivo Nacional, Rio de Janeiro, 67b, depoimento de 23 de novembro de 1870, 104, 129b, 132b.

[72] Supremo Tribunal de Justiça, BR AN RIO BV.O.RCR.0470, 1870.3, maço 196, n. 1081, Arquivo Nacional, Rio de Janeiro, 67b, depoimento de 23 de novembro de 1870, 86b, 14b: "Fica considerado Pai da filiada e já senhor da alma, pela superstição torna-se senhor do corpo [...], prefere gozar das mulheres de um modo antenatural!".

[73] Na opinião de Holloway, as religiões afro-brasileiras raramente sofriam a ação da polícia no Rio de Janeiro, durante o século XIX, a não ser quando se intrometiam "no que a elite branca considerava um nível necessário de paz social e calma pública". Holloway, 1989, p. 645. Eu diria que o caso de Juca Rosa marcou o início da problematização das religiões afro-brasileiras, porque a emancipação se aproximava e aquelas religiões se tornariam parte da vida nacional.

[74] Sampaio, 2009, p. 186.

[75] Conforme vimos no capítulo 1, até mesmo depois de duas décadas, quando Nina Rodrigues, psiquiatra e primeiro antropólogo de religiões afro-brasileiras, recebeu uma jovem em seu consultório, nos anos 1890, e, induzindo a hipnose fez com que ela fosse possuída por um deus, não houve registro fotográfico. Considerando o esforço dele em controlar e documentar estados de transe, é quase certo que Nina Rodrigues teria fotografado a jovem, se pudesse; entretanto, em seus documentos há apenas fotografias de natureza morta, com estátuas e utensílios dos rituais, jamais a ação do ritual. Fotografias de transe em ação ritualística começaram a ser feitas somente depois de 1930, proporcionadas por filme de alta velocidade, câmeras de repetição, criadas pela Leica e pela Rolleiflex, e lâmpada de *flash*, um conjunto de avanços que geraram o fotojornalismo. Ver Castillo, 2009, p. 17. Pelo que sei, a primeira fotografia espontânea de possessão espiritual ocorrida em um ritual apareceu em um estudo etnográfico feito por Michel Leiris. A fotografia foi feita na Etiópia, em 27 de setembro de 1932, e publicada em *L'Afrique fantôme*. Ver Leiris, 1981, p. 388, fotografia 26.

[76] Bastide, 1953, pp. 36-37.

[77] Ver Palmié, 2013a, pp. 307-308.

[78] Sobre transdução, ver Keane, 2012.

[79] Ver, entre outros, Capone, 2010; Capone & Argyriadis, 2011; Chakrabarty, 2000; P. C. Johnson, 2007; Lambek, 2002; Palmié, 2002; Price, 2007; Shaw, 2002; Stoller, 1995.

[80] Sansi, 2007, p. 22.

[81] Carta de Carneiro a Ramos, 23 abr. 1936, Coleção Ramos, doc. 60, Biblioteca Nacional, Rio de Janeiro.

[82] Conforme sugere Lisa Earl Castillo, o papel da fotografia é conflituoso até mesmo nas religiões afro-brasileiras atuais. Participantes do candomblé contemporâneo com frequência parecem compreender que fotografias não apenas representam ou copiam o sujeito, mas retêm a essência da pessoa. Ver Castillo, 2009.

[83] "Queimar em efígie. Beijar a imagem da pessoa amada. É claro que isto não se baseia na crença em uma determinada efetividade sobre o objeto que a imagem apresenta. Isso só visa uma satisfação, e também a obtém. Ou melhor, isso não visa absolutamente nada; nós agimos assim mesmo e nos sentimos satisfeitos." Ver Wittgenstein, 2018, p. 33 [2007, p. 195]. As observações de Wittgenstein também foram mencionadas e analisadas em Tambiah, 1990, p. 59.

[84] Sobre os aspectos profundamente ambivalentes do uso do candomblé em projetos de patrimonialização afro-brasileiros, ver, entre outros, Collins, 2015; Pinho, 2010.

[85] Carta de Carneiro a Ramos, 21 fev. 1936, Coleção Ramos, doc. 58 (I-35, 25, 869), Biblioteca Nacional, Rio de Janeiro.

[86] O clássico artigo de Roger Bastide, de 1953, sobre possessão no candomblé, por exemplo, utiliza as fotografias de possessão feitas por Verger como evidência da "completa modificação" da pessoa, narrando a aparição dos orixás, "conforme as fotografias mostram": "Quando um indivíduo é possuído por Ogum, pouco importa se é homem ou mulher, imediatamente o rosto da pessoa assume uma aparência aterrorizante, conforme as fotografias mostram; a pessoa incarna a força bruta, o gênio da guerra e a magia da dominação". Bastide, 1953, pp. 50-51. Chama a atenção aqui o fato de que as fotografias pretendem mostrar a transformação completa e autêntica do ser humano por meio da expressão aterrorizante que aparece no rosto; as legendas mencionam apenas o deus presente, não o portador humano. É como se nenhum sujeito ou agente humano estivesse presente. A câmera verifica a condição interna. Fotos de possessão tornaram-se o assunto favorito por volta de 1950 e continuaram a ser usadas como evidência visual de um estado interno. Elas continuam sendo o alvo mais desejado pelos turistas que visitam, com máquina fotográfica em punho, os templos de candomblé na Bahia, hoje, estabelecendo confrontos quase rotineiros entre iniciados e visitantes com base em noções contrastantes sobre o que são e para que servem as fotografias, um conflito sobre a suposta intenção delas, que provavelmente ocorreu pela primeira vez com a imagem de Rosa no arquivo da polícia.

[87] Não apenas nas práticas de ritual. Na metade do século XX, estrangeiros viajaram para o Brasil a fim de estudar as relações raciais do país, considerado um modelo global. A possibilidade de encontrar o que buscavam foi proporcionada e incentivada pela fotografia, *techne* para fazer aparecer uma verdade desejada. Por exemplo, George S. Schuyler, jornalista e escritor estadunidense, viajou pelo Brasil em 1948, na esperança de registrar o grau de integração de "elementos raciais" no Exército e na Marinha brasileiros. Portanto, o antropólogo Arthur Ramos escreveu em seu nome ao comandante dos artilheiros navais, pedindo a ele que intermediasse as fotos de Schuyler. Arquivo Coleção Ramos, doc. 114, carta de 13 de julho de

1948. A característica específica da massa brasileira – integração racial – foi constantemente buscada e representada em fotografias. Eis outro exemplo: "Sr. Joseph Birdsell, do meu departamento, escreveu para mim [...] dizendo que ele precisava muito de uma impressão brilhante de fotografia da multidão brasileira de frente, uma que mostre tanta mistura de tipos raciais quanto for possível, como ilustração para um capítulo que ele está escrevendo em um livro". Carta de Ralph L. Beals a Arthur Ramos, 1º nov. 1948, Coleção Ramos, doc. 90.

[88] Ambas as citações são de Chéroux, 2005, p. 48. [As versões em português foram retiradas de Kardec, 1944, p. 172; 2009, p. 241, respectivamente.]

[89] Leiris, 1981, p. 499. Compare: "Ora, a partir do momento que me sinto olhado pela objetiva, tudo muda: ponho-me a 'posar', fabrico-me instantaneamente em outro corpo". Barthes, 1981, p. 10 [1980, p. 22].

[90] Leiris, 1958, p. 64.

[91] Saraiva, 2010, p. 275. Aisha M. Beliso-De Jesús demonstra os efeitos das mediações digitais de espíritos e como trazem espíritos à presença por meio da tela da televisão e do computador na prática cubana e transnacional de santeria. A questão principal para o meu propósito é como espíritos, orixás, ganham qualidade nova naquilo que Beliso-De Jesús chama de interespaço técnico-ritualístico. Ver em Beliso-De Jesús, 2015, p. 65.

[92] Verger, 1998, p. 83.

[93] "Je l'avais prises en pleine hypnose; l'éclatement du magnesium, à deux mètres de ses yeux, n'avait pas amené le moindre tressailement." Clouzot, 1951, p. 218.

[94] B. Meyer, 2010.

[95] Luhrmann, 2007, p. 92.

[96] E. Clarke, 1878, p. 300.

[97] Crary, 1992, p. 5; Daston & Galison, 2007, p. 143.

[98] Hagedorn, 2001, p. 11.

[99] Mauad, 1997, p. 191.

[100] "Ordem e Progresso" derivou de "L'Amour pour principe; l'Ordre pour base; le Progrès pour but", que foi epígrafe da obra de Comte, 1851. Robert Levine observou que, mesmo durante a década de 1890, a fotografia continuou a ser vista na América Latina como um "compilador de fatos". Levine, 1989, p. 60. Na Europa e nos Estados Unidos, ao contrário, seu uso mudou drasticamente para assumir o papel de crítica social, além de colecionadora de documento neutro, embora, como Susan Sontag observou, nunca é totalmente despojada da autoridade que ganhou como registro de algo que realmente estava lá, por mais criativo e interpretativo que se torne. Sontag, 1977, p. 11.

[101] Almeida, 1997.

[102] *Jornal do Brasil*, 29 jan. 1898.

3

Anastácia
Uma quase humana santa

Já então procedia automaticamente. [...] Todos [os santos], terríveis psicólogos, tinham penetrado a alma e a vida dos fiéis, e desfibravam os sentimentos de cada um, como os anatomistas escalpelam um cadáver. S. João Batista e S. Francisco de Paula, duros ascetas, mostravam-se às vezes enfadados e absolutos. Não era assim S. Francisco de Sales; esse ouvia ou contava as cousas com a mesma indulgência que presidira ao seu famoso livro da *Introdução* à Vida Devota. Era assim, segundo o temperamento de cada um, que eles iam narrando e comentando.

Machado de Assis, "Entre santos", 1896

Há algo em comum entre santos e pessoas escravizadas. Ambos são um corpo preenchido pela vontade do outro, realizando trabalho que não é seu.[1] Assim como pacientes psiquiátricos, macacos e pais de santo, pessoas escravizadas eram frequentemente consideradas autômatos e quase humanos, por serem como animais – um corpo mecânico desprovido de alma, ancestrais, nome ou família.[2] A automaticidade dos santos resulta menos de sua proximidade com os animais do que por estarem perto de um deus. Esses vetores distintos do automático – proximidade ao animal e a um deus – convergem neste capítulo sobre uma pessoa híbrida, escrava-santa. Esta história não é sobre uma santa, propriamente dita, mas sobre o desenho de uma mulher escravizada que foi transformada em santa por um viajante francês radicado no Brasil. O nome do viajante era Jacques Arago; ele foi um dos que rodaram o mundo dos quais falamos na Introdução.

A santa, Escrava Anastácia, nunca foi reconhecida pela Igreja católica; aliás, a Igreja negou veementemente sua existência. E o significado de existir é o que está em jogo, porque ela obviamente existe em certos aspectos. Devotos rezam para ela e são respondidos; sentem a presença dela por meio de atos ritualísticos de contato. Ela também existe em uma variedade de formas materiais, da tinta à madeira, do plástico ao tecido. Ela ocupa espaços e atrai atos de súplica, remorso e esperança. Ela existe em uma multiplicidade de formas. O que lhe falta em vontade sobra em temperamento, localizada em um amontoado de objetos e constelações que invocam temperamentos distintos.[3] Como outros santos, Anastácia é uma montagem, uma sutura, uma "junção entre o somático e o normativo", para citar Eric Santner, que reúne temperamentos e direciona pessoas a certas disposições e formas de ação.[4] Considerar santos como uma sutura – santo como montagem – ajudará a levar em consideração diferentes experiências vividas na presença de santos e formas de o mesmo santo reunir vários grupos sociais diferentes em torno de disposições distintas.

Talvez um modo de reformular a questão acerca do significado da existência seja perguntar: quais histórias e forças surgem e se concretizam em Anastácia ou por meio dela? Qual é o gênero da automaticidade dela? É certo que é possível relacioná-la à história mal reconhecida da escravidão e seu legado, à questão da mistura e à da miscigenação, assinaladas pelos brilhantes olhos azuis dela, e aos significados de emancipação, uma vez que, como veremos, o desenho de Arago primeiro atraiu as massas, quando posicionado ao lado do cadáver da princesa Isabel (quem, como já vimos, acabou com a escravidão). É como se o resíduo do corpo de Isabel e os ossos de pessoas escravizadas mortas de alguma maneira fossem anexadas ao desenho de Arago, preenchendo-o com uma força emancipatória e curadora. Ainda assim, mesmo que ela esteja relacionada à história da escravidão, Anastácia é, ela mesma, uma pessoa escravizada, que responde somente às preces dos outros. A ambiguidade dela torna-a uma figura quase religiosa, mesmo para quem não recorre a ela por meio de técnicas ou equipamentos ritualísticos.

Escrava Anastácia – ou melhor, o desenho que Arago fez dela e as várias reproduções que o sucederam – demonstra como que despertar interesse acontece em um determinado modo, a partir de um temperamento específico. O tipo de agência ativado por meio de trocas com imagens de santos não simplesmente está presente ou ausente. Sempre é emergente de formas diferentes. Ao prestar atenção à Escrava Anastácia, às suas aparições em diferentes modos e estados, é possível dar textura e *nuance* à noção de agência automática. Obviamente, os e as protagonistas deste livro estão dentro de determinado campo afetivo. Rosalie Leroux era sem dúvida trágica. A macaca Rosalie, ao contrário, evocava um senso de leveza infantil, e Juca Rosa, um místico intrigante de forma admirável e transgressora. Freud descreve a experiência de Paris como um incômodo. O ânimo é sempre parte, uma parcela, da arte de aparecer; entretanto, é sobretudo neste capítulo que ele assume o papel central.

Animar

Em raras ocasiões, o ânimo [em inglês, *mood*] foi expresso em verbo: "animar" [em inglês, *to mood upon*]. Uma carta escrita por *Sir* John Duckworth a bordo do *Leviatã*, partindo de São Domingo durante a Revolução Haitiana, consta a declaração: "retornamos a Porto Príncipe para nos animarmos com nosso plano absurdo, indigesto e desajeitado".[5] O que Duckworth expressou sugere que o ânimo não impede questões de vontade individual, mas sim lança a questão da vontade encenada e o adiamento dela em meio a um acúmulo de relações que incluem pessoas, espíritos, coisas, lugares, sensações e situações que, juntos, evocam uma disposição. O que santos *fazem*, no que diz respeito a animar, é induzir temperamentos em seus devotos: benevolência, tolerância, ira, horror. Eles provocam possibilidades e disposições desejadas por meio do temperamento que ajudam a criar.

O conceito de Heidegger sobre ser jogado no mundo é uma descrição famosa de como a existência sempre acontece em consonância com um temperamento; ser é encarnado por um prisma de emoções.[6] Santos não são jogados, no sentido que Heidegger usa para humanos, pressionados em relacionamentos como parte da consciência. Ainda assim, são interpelados para uma situação, um tempo, um dilema, uma valência, uma perspectiva em relação ao mundo que proporcione um temperamento tal que seja potencialmente transmutável em virtude da invocação e da presença do santo. Essa sintonização na maioria das vezes é imperceptível. Walter Benjamin, por exemplo, observou que, no ato de alcançar um isqueiro ou uma colher, "dificilmente sabemos o que realmente se passa entre mão e metal, sem falar em como isso varia em relação ao nosso temperamento".[7] Tentar alcançar um santo também implica um temperamento que conecte mão e metal, madeira ou gesso – quando se alcança limites sólidos. Qual é o temperamento que surge no intervalo, no enquanto alcança? Se o trabalho ritualístico de invocar é uma técnica de estar na presença, o temperamento é o que proporciona a ponte entre o conhecido e o enigmático, a atualidade e a possibilidade. Estar com sofre influência do temperamento: culpa, amor, estranhamento, esperança. Dito de outra maneira, a presença de um santo nunca é mera existência. Nunca é imóvel. A presença sempre tem uma direção, um movimento para, e um temperamento.[8]

Temperamento e animar-se precisam ser expressos em palavras e colocados em uma estrutura narrativa. Santos, assim como outros encarnados, fazem parte de uma trama. Sobre isso, a descrição de Hayden White para os variados temperamentos das histórias do século XIX ficou famosa – a ironia benigna em Tocqueville, o temperamento perverso de Gobineau (ex-embaixador no Brasil e amigo íntimo do imperador), o otimismo em Ranke, o trágico em Spengler. Ele percebeu que um determinado drama histórico é sempre lançado com uma cor emocional que carrega implicações ideológicas, dependendo do que um determinado drama social supostamente tenha revelado. Além disso, as histórias são extraídas de representações primárias que, em si, têm temperamento, como a confiança que Burckhardt tinha nas pinturas de São Francisco feitas por Giotto.[9] Desenhos ou pinturas de santos como os de Giotto carregam em si um temperamento, e essas materializações estão, por sua vez, embutidas em narrativas que também têm tom, valência, cor e direção. Isso tem implicações para as disposições para a ação que podem resultar da presença de qualquer encarnado. Significa que precisamos prestar atenção não apenas à estética das aparições dos santos e aos afetos que eles geram ao seu redor, mas também aos tipos de histórias que trazem os santos à vida.

Santos parecem ser possuídos por um temperamento que atravessa tradições. No islamismo, santos (*wali*) podem seguir um de vários caminhos até a autoridade: "santos sóbrios" são modelo de piedade extrema e atenção escrupulosa à lei; "santos em êxtase", ao contrário, algumas vezes excedem a lei e são possuídos (*majdhub*) ou arrebatadores.[10] No Sul da Ásia, visões de santos eram acompanhadas de algum temperamento, conforme June McDaniel observou: "em visões, viam deuses específicos, lugares ou situações, enquanto em transe, eram tomados por um sentimento ou temperamento". Algumas vezes, o temperamento era de intensa separação, outras, de amor erótico. O temperamento evocado na comunhão de um santo com determinada divindade poderia mudar, a depender do espaço – Kali em certo ambiente não produzia o mesmo temperamento que Kali configurada em outro espaço.[11] No clássico *The Cult of the Saints*, Peter Brown, de forma semelhante, registrou que, na cristandade clássica mais atual, a presença da relíquia de um santo poderia inspirar, de forma variada, "um temperamento de solidariedade", "as alegrias da proximidade", "uma percepção da misericórdia de Deus" e "temperamentos de confiança pública".[12] O modo pelo qual santos se fazem presentes transmite um temperamento, ainda que não seja nítido e consistente. O modo ascético de um iogue pode ser relacionado a um temperamento de terror, ternura ou paixão.[13]

Afrodescendentes no Brasil reverenciam humanos e quase humanos de poder sublime, inclusive líderes de quilombos como Zumbi, orixás como Ogum, Xangô e Iansã, inquices como Matamba e Nkosi, e trapaceiros folclóricos como Zé Malandro. Mas há também situações de vítimas desumanizadas, corpos sem vontade, que se tornaram santos. A passividade deles, transfigurada em agência por meio de um ritual, é a questão deste capítulo. A imagem e o ícone deles geraram não apenas piedade ou repulsão, mas também reverência e atração. Alguns foram, de fato, personagens históricos. Mulher do século XVIII, Rosa Maria Egipcíaca da Vera Cruz começou a ter visões místicas depois de 25 anos de trabalho escravo, de abuso e de prostituição forçada (como uma das denominadas "escrava de ganho"), e relatou tudo em detalhes vívidos. Inicialmente sujeitada a chicotadas e exorcismo, por ser acusada de possessão demoníaca, ela por fim passou a ser reverenciada como santa, e pessoas comuns procuravam-na para que operasse curas milagrosas.[14] Outros santos não foram tanto personagens históricos específicos quanto foram uma composição nascida da imaginação coletiva do século XIX. Uma dessas pessoas era a Escrava Anastácia, uma "santa precária" cujo título oficial foi negado pela Igreja católica, mas ainda assim viva para seus devotos.

Santos precários são eficazes, com frequência devido ao posicionamento como marginais. Presos em um limbo purgatório, trabalham além da conta para ganhar crédito com atos benevolentes e então avançar ao Paraíso.[15] Então, também sem reconhecimento oficial, permanecem desvinculados das regras de decoro que regem santos oficiais. São livres para agir com malícia quando necessário, e isso também os torna úteis. Santos precários são motivados de forma inusitada, enérgica e efetiva, ativada ao longo de caminhos não oficiais e improváveis. Santos podem ser precários também em sua figuração instável. Philippe Descola considera a figuração a única qualidade compartilhada do fenômeno denominado "religioso": [figuração é] a instauração pública de uma qualidade invisível por meio de fala, ação ou imagem. Sob todos os aspectos escolhidos para considerá-la, a religião assume um corpo, a religião encarna, a religião torna presentes em manifestações visíveis e tangíveis as várias alterações do ser, as múltiplas expressões do não eu e as potências que contêm todos os seus atos.[16] O que quero chamar a atenção com essa descrição é a qualidade inconstante da figuração. A afirmação concisa de Descola deixa muito trabalho para etnógrafos: determinar como as pessoas transformam coisas do tipo "qualidade invisível", "alterações do ser" e "expressões do não eu" em modos tangíveis. Ainda assim, somente essa qualidade incerta, sempre inacabada, de agente ambíguo que evoca situações quase religiosas. A própria impressão de não saber exatamente o que aconteceu faz com que cenas e situações quase religiosas sejam emocionalmente atraentes.[17]

Talvez esse seja o caso sobretudo para santos, que talvez recebam reconhecimento e aprovação oficiais, mas também podem existir sem legitimação formal de uma autoridade ou *imprimatur*. Eles emergem a partir de processos informais de consenso, reputação e certa combinação de medo com atração e com maravilhamento. Como fazem isso? O trabalho para emergir requer, acima de tudo, preenchimento. Como qualquer encarnado, santos precisam se materializar. Santos católicos dependem de tecnologias visuais e materiais para ir de cadáver, no passado, a agente, no presente, a fim de serem recolocados à vista, presentes novamente, permitindo a sensação de que um favor especial está próximo, em determinadas circunstâncias.[18] Na qualidade de força atual, santos existem em – e por meio de – corpos, coisas, imagens e sons. Pessoas devotas fazem uso criativo de objetos, sensações e posturas para dar vida ao contato: cerâmica, velas acesas, flores, bilhetes e fotografias, a posição de joelhos, as mãos contra o vidro. No romance *Iaiá Garcia*, de Machado de Assis, Raimundo, um homem escravizado, até mesmo come santos:

– Raimundo, dizia esta, você gosta de santo de comer?
Raimundo empertigava o corpo, abria um riso, e dando aos quadris e ao tronco o movimento de suas danças africanas, respondia cantarolando:
– Bonito santo! Santo gostoso!
– E santo de trabalhar?[19]

Modos de fazer contato com santos imitam técnicas de toque, paladar ou fala entre humanos. Afinal, santos são poderes sobre-humanos, mas também, a rigor, corpos humanos – em geral distantes e, na tradição católica (diferentemente de outras), sempre são corpos mortos – representados em forma plástica ou gráfica. Existem por meio de sua natureza quase humana tanto visual quanto material, providos de várias qualidades do corpo carnal: formato, textura, certo grau de permeabilidade e vulnerabilidade para decompor com o tempo.

Mas há aqui uma artimanha. Enquanto a presença de um determinado santo está atrelada de forma material à mídia através da qual ele aparece, essa mídia é apagada da experiência quase religiosa, ainda que seja responsável por gerá-la.[20] Birgit Meyer denomina isso fenômeno da "mídia que desaparece". A forma física faz parte da presença do santo, mesmo que a estrutura material raramente seja reconhecida como constitutiva; ela desaparece ou recua, permitindo que a experiência da presença aconteça em si e a partir de si mesma.[21] Ou é reconfigurada em si como espiritual, como uma tecnologia que impulsiona a tradição ou um acelerador de espírito.[22] Algumas mídias transmitem e amplificam o imediatismo, e, para vários eventos ritualísticos, é impossível proceder sem amplificadores sensoriais, em geral sônicos ou visuais.[23] A natureza híbrida dos santos, ao mesmo tempo pessoa histórica, presença viva, coisa material localizada e modo de fluxo nacional ou global, é importante porque significa que, assim como a fotografia de Juca Rosa analisada no capítulo 2, santos têm vida múltipla que atravessa múltiplas dimensões, reproduzida com diversidade para circular até mesmo séculos após o nascimento como santos.

Ademais, a transferência de presença demanda técnicas apropriadas de discernimento ou "visão bem informada", a fim de reconhecer a bênção ou o benefício de santos – a "assinatura de um santo" para confirmar que se ganhou algo.[24] Como imagem e coisa, santos transmitem uma presença de outro espaço e outro tempo: por exemplo, na tradição cristã, confirmando a existência de pessoas históricas que testemunharam ou tiveram uma experiência direta com a presença viva de Cristo como Deus, um testemunho que resultou no martírio delas. (Aliás, "mártir", que tem origem na palavra grega para "testemunha", é para a Igreja católica um título oficial preliminar para ser considerado santo ou santa.)[25] Santos podem ser usados para trazer os passados disponíveis aos projetos ideológicos do presente, como veremos. Ainda assim, eles também existem em e através de um aqui e agora sensorial, como objeto que atrai devotos e presentes financeiros, prende a atenção e ocupa espaço em um nicho, pórtico, santuário ou velário e transmite determinado temperamento. Com esses aspectos em mente – a dependência dos santos em material, grupos de usuários específicos, técnicas de transferência ontológica e temperamentos da encarnação –, traremos Escrava Anastácia de volta à cena.

Anastácia encarnou pela primeira vez em um desenho de um viajante francês do século XIX. Somente depois de 1971, ela se tornou fenômeno. Mas olhe para ela agora! Figura em uma miríade de santuários, com diversas aparências e atrai um fluxo constante de peregrinos e de cliques na internet. Ela posa em santinhos, exige seu próprio santuário, é visitada em *websites*, faz brincadeiras em telenovelas e encara-nos em estampas de biquínis. Sua imagem é a de servidão e silenciamento violentos, ainda assim, como personalidade famosa, ela circula, fala e convida devotos a sentirem sua presença em todos os lugares aonde ela vai.

Encarnação na tinta e "santicida"

Anastácia nasceu da tinta. A chave para uma geração de santos católicos oficiais foi a entextualização de cada um em um rastro de testemunhos e registros legais catequistas, que servem para justificar a existência física verdadeira deles. No caso da Escrava Anastácia, entretanto, seu nascimento gráfico foi provavelmente o único: ou seja, diferentemente da maioria dos santos cuja carreira começou a partir de corpos de carbono e de carne, a gênese de Anastácia foi um desenho feito, no século XIX, de um homem escravizado no Rio de Janeiro. Uma das peças na polêmica sobre a brutalidade da escravidão no Brasil, ele foi rascunhado por Jacques Arago, um viajante francês. Arago desenhou uma imagem potente. O homem escravizado está cingido por um grilhão de ferro ao redor do pescoço e uma mordaça – ou blindagem, a chamada máscara de flandres – a cobrir a boca. Mais de um século depois, o desenho foi reimaginado e figurou como uma santa. O sofrimento silencioso da figura mimetiza e, de certa forma, replica o sacrifício que é a origem de Cristo. Ainda assim, a imagem é uma representação muito forte de uma situação de total desempoderamento e vitimização passiva. Ainda que, seguindo o modelo de Cristo, vários santos católicos tenham se submetido à dor por vontade própria em nome de uma causa maior, parte do heroísmo deles deriva da ideia de que poderiam ter resistido ou se acomodado, se quisessem, mas escolheram não fazer isso. A história de Anastácia tem pouco espaço para a vontade individual. Isso ajuda a explicar por que sua passividade sofredora fez com que fosse uma santa *non grata* aos olhos de muitos membros do Movimento Negro (da consciência negra) no Brasil. Ainda assim, essa figura trágica – aliás, figuração da figuração – de um não agente, uma pessoa sem vontade, conseguiu tornar-se santa.[26]

Várias passagens da animação da Escrava Anastácia foram bem documentadas, e eu dependo desse *corpus* aqui.[27] Anastácia nasceu de uma confluência improvável entre uma tradição, um desenho, uma construção e uma situação. Ela nasceu de uma tradição de santos afrocatólicos, mas passou a existir em uma construção específica, na Igreja do Rosário e de São Benedito dos Homens Pretos. O início da Igreja do Rosário foi uma doação de terra no centro da cidade, em agosto de 1701. Em 2 de fevereiro de 1708, a terra foi abençoada e a primeira pedra, colocada; a igreja, construída por pessoas escravizadas, foi concluída em 1710. A irmandade que ela abrigava foi fundada anteriormente, em 1640. Uma prova da importância política da igreja é o fato de ter sido a primeira igreja que os nobres da corte portuguesa visitaram quando chegaram, em 1808, fugindo das tropas napoleônicas em Lisboa. De 1710 a 1825, o Senado reunia-se na Câmara do Consistório da igreja, e foi na Igreja do Rosário que discutiram a Independência do Brasil em 1822, quando Dom Pedro I permaneceu no Brasil contra a vontade de sua família, depois do retorno de seu pai a Portugal.

Em seguida, o desenho. Um escravizado não identificado foi desenhado no Rio de Janeiro por Arago, entre 1817 e 1820. Surgiu com a legenda "Châtiment des esclaves (Brésil)" e foi publicado na obra *Souvenirs d'un aveugle: Voyage autour du monde*, de Arago, em 1839. No capítulo 6 desse livro sobre viagens ao redor do mundo, um dos três sobre o Rio de Janeiro, Arago apresentou uma narrativa descritiva detalhada sobre o mercado de pessoas escravizadas e o tratamento que essas pessoas recebiam. Isso foi apresentado na discussão sobre a biblioteca e sobre a qualidade do teatro (Figura 3.1).

ANASTÁCIA – UMA QUASE HUMANA SANTA

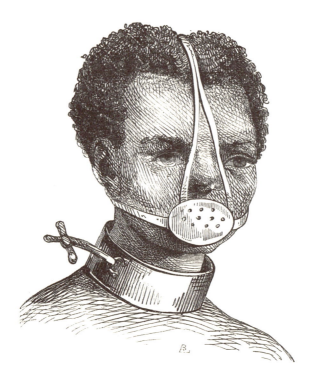

Figura 3.1 – "Châtiment des esclaves (Brésil)". Arago, 1839.

Arago descreveu o Brasil como a sociedade escravocrata mais cruel que ele havia testemunhado e, naquele contexto e na esteira da Revolução Haitiana, ficou surpreso com a aparente indiferença das pessoas escravizadas: "São Domingos, Martinica, ilha de França e Bourbon vivenciaram muitos dias de revolta, fogo e matança. Somente no Brasil os escravizados ficaram quietos, imobilizados sob o chicote".[28] Ele supôs que a revolta estava por vir, mas no ínterim (*en attendant*) ele fez um relatório de testemunha ocular da tortura:

> enquanto esperamos [pela revolta inevitável], olhe para aquele homem passando, com um anel de ferro ao qual foi adaptada uma faca de ferro na vertical, presa com força ao seu pescoço; trata-se de um escravo que tentou fugir, agora marcado pelo senhor como vagabundo.[29]

Em seguida, descreveu um segundo homem escravizado:

há ainda um outro com o rosto totalmente coberto por uma máscara de ferro que tem dois buracos para os olhos e fechada atrás, na cabeça, com uma corrente pesada. Este estava verdadeiramente mal: comia poeira e cascalho para parar com as chicotadas, mas agora é provável que morra sob o chicote pela sua tentativa criminosa de suicídio.[30]

Essas são as únicas descrições de instrumentos de tortura que aparecem no texto que, em alguns aspectos, corresponde ao desenho de Arago. Vale observar que ambos os textos descritivos se referem a homens escravizados, enquanto a imagem de santo que se tornou objeto de devoção e reverência é de uma mulher. Além disso, os olhos não têm cor no desenho original, que é preto e branco, diferentemente de imagens da santa que surgiram depois com olhos azuis penetrantes.[31]

O desenho que se tornou imagem de Anastácia foi um registro feito no contexto de escrita de viagem. Assim como outros exemplos do gênero viagem pelo mundo que surgia, o diário de Arago desenhou o mundo em uma impressão dualista, justapondo a própria mobilidade com a de sujeitos brasileiros fixos em um espaço. A Escrava Anastácia simboliza bem esse encontro entre mobilidade e imobilidade, entre a Europa e as Américas, entre a França e o Brasil. Arago descreveu pessoas escravizadas que estavam imersas em uma infindável repetição, acorrentadas e sem vontade nem mesmo de direcionar o próprio corpo. Ainda assim, ele teve empatia diante da condição difícil deles. Apesar de se surpreender com o fato de não terem se manifestado, ele descreve alguns como heróis de resistência e força. Um deles foi o escravizado que, depois de ser brutalmente chicoteado até lhe arrancarem a carne, sorriu, bocejou e se alongou, para depois anunciar à multidão que assistia: "por fé, não consegui dormir". Outro sobreviveu a uma longa sessão de chicotadas e depois pediu que repetissem a mesma quantidade, para demonstrar seu desdém.[32]

Arago concluiu sua sessão sobre escravidão insistindo na ideia da inteligência superior dos africanos e afro-brasileiros quando comparados aos senhores, preguiçosos e cruéis. Estes são os verdadeiros escravos, ele escreveu. Atacando as loucas procissões religiosas lotadas de gente e o catolicismo fanático, ele fechou o capítulo com "ignorância e superstição cria apenas escravos".[33] Apesar da crítica dele, o catolicismo permaneceu lei no território, até o nascimento da República em 1890. Depois da declaração da Independência do Brasil de Portugal (1822), em 1830, aproximadamente quando Arago rascunhou a imagem em questão, o Código Penal novo estipulava consequências em caso de afronta "à religião, à moralidade e aos bons costumes" (capítulo 1, artigo 276). A lei tinha pouca influência sobre práticas de pessoas afro-brasileiras, porque a própria instituição da escravidão já restringia suficientemente atividades de pessoas escravizadas, inclusive os rituais. Assim, algumas vezes os senhores enxergavam as reuniões religiosas dos escravizados como algo positivo, uma técnica para ofuscar sentimentos de união e esforços focados em rebelião.

Paradoxalmente, a emancipação gradual de pessoas escravizadas foi correlacionada ao incremento das instituições policiais repressoras. O absolutismo monárquico começou a ser desvendado depois da Independência. O intelectual cosmopolitano Pedro II, nascido em 1825, havia herdado a Coroa, mas era jovem demais para ocupar o trono. Com as regras coloniais extintas, as demandas nacionais ganharam mais força. Liberdades individuais e a ordem pública de repente tornaram-se valores que exigiam reforço institucional. Conforme classes e raças começavam a se misturar livremente nas ruas e em espaços públicos, as classes altas impuseram seu *status* novo, definido liberalmente, de cidadão em vez de mero sujeito, então demandavam proteção contra qualquer contato com os escravizados e os pobres.[34] O século XIX, que caminhava para a emancipação dos escravizados, viu surgir uma nova ordem social da qual a saga de Juca Rosa, assunto do capítulo anterior, foi marca dramática. A Intendência Geral da Polícia, que foi trazida ao Brasil de Portugal em 1808, foi sucedida pela Guarda Urbana, em 1866 e, em seguida, pela Guarda Nacional e pelas unidades de Polícia Civil e Militar. Enquanto durou o regime de escravidão, as polícias atuavam para manter uma espécie de ordem pública, conforme definida por senhores de escravos. Mas aprenderam a também tratar pessoas com *status* ambíguo de forma violenta: qualquer pessoa poderia estar sujeita à prisão por desafiar os termos pelos quais foi subjugada.

Enquanto a emancipação se desdobrava, ao longo da segunda metade do século XIX, pessoas escravizadas suportavam versões novas de abusos em um contexto de expansão do controle da polícia. Mas a liberdade de fato chegou. Primeiro a Lei Eusébio de Queirós, aprovada em 1850 sob ameaças de navios britânicos patrulhando os portos brasileiros, aboliu oficialmente o mercado de escravizados. Depois, durante a guerra contra o Paraguai, de 1865 a 1870, escravizados que se alistaram como soldados foram recompensados com a liberdade após a restauração da paz. Em seguida, com a Lei do Ventre Livre de 1871 – ano do julgamento de Juca Rosa –, crianças nascidas de mães escravizadas eram consideradas livres.[35]

Em 1885, a Lei Saraiva-Cotegipe (Lei dos Sexagenários) libertou todos os escravizados com mais de 60 anos. Finalmente, a Lei Áurea, de 13 de maio de 1888. Com o imperador em Paris e prestes a ser exilado de lá, a filha dele, a princesa imperial regente Isabel, "a Redentora", aboliu a escravidão completamente com uma chibatada de sua caneta. O Brasil foi a última sociedade escravocrata do Novo Mundo a abolir essa velha instituição.

Em muitos aspectos, a emancipação dupla, de escravidão em 1888 e de Monarquia em 1889, não alterou tanto a hierarquia social. Se a chegada da Lei Áurea foi relativamente anticlimática, isso se deve ao fato de que em 1888 a maioria das pessoas afrodescendentes no Brasil já estavam livres. No Rio de Janeiro, a proporção de escravizados já havia entrado em declínio, entre 1850 e 1872, de 42% para 17% de uma população de aproximadamente 275 mil pessoas.[36] Esse declínio vertiginoso indica a transição social dramática pela qual o Rio de Janeiro já passava, de cidade dependente do mercado de pessoas escravizadas a uma cidade majoritariamente livre. O repentino furo no trabalho escravo foi preenchido rapidamente pelo trabalho assalariado e pelas relações de posse de terra em um sistema de patronagem. Fora das cidades principais, e principalmente no interior do Nordeste, a Abolição resultou em pouca mudança. Certamente, com a transformação política de Monarquia para República, ideias diferentes acerca da nação foram acionadas. Mas os termos novos do espaço público convidou outras formas de restrição. As pessoas retiradas do centro urbano pelas reformas projetadas por arquitetos franceses para criar os parques e os *boulevards* do Rio de Janeiro, como uma "Paris tropical", inclusive uma réplica perfeita da casa de ópera de Paris no centro da cidade, eram, na maioria, ex-escravizados. Bairros inteiros foram eliminados. O espaço público, assim como a República nova, exigia a definição de margens, o ofício da delimitação de espaços. O século XIX que Arago registrou já estava bastante distante. No entanto, o desenho que ele fez de um escravizado de repente reapareceu para o público na Igreja do Rosário, mais de um século depois de ter sido feito. Nos anos que precederam a Abolição, a igreja foi o lugar de encontro para ativistas políticos importantes, talvez até mesmo a princesa Isabel. Em virtude de sua história política, aliada à associação com escravizados e ex-escravizados, no século XX, ela foi associada também à esquerda trabalhista e política. Na área externa, funcionava um refeitório para a classe trabalhadora. O Museu do Negro funcionou em um canto no andar superior, gerenciado pela Irmandade de Nossa Senhora do Rosário. Depois do golpe de Estado de 1964, foi lugar de resistência ao regime ditatorial, abrigando reuniões clandestinas. Vários membros da irmandade disseram-me que o incêndio que quase destruiu por completo a igreja em 1967 foi criminoso, provocado por agentes da polícia ditatorial. Jamais foi descoberto o que causou o incêndio e mal o investigaram. Grande parte da igreja, incluindo quase todo o acervo do museu, foi destruída.

O destino do desenho de Jacques Arago e o da Igreja do Rosário convergiram em 1968. Depois da reconstrução da igreja naquele ano, um homem chamado Yolando Guerra, que era diretor do Museu do Negro, retirou a imagem de uma cópia do diário de viagem de Arago e pendurou-a na parede do museu. Não é possível saber por que ele fez isso. Sem dúvida, ele sentiu certa pressão estética. Como diretor de um museu que tinha uma missão pedagógica específica, o que ele poderia encontrar para preencher o espaço causado pelo incêndio na coleção? Como em regimes anteriores, a ditadura chamava a atenção para o Brasil como uma "democracia racial" única, o único país a resolver os problemas de raça por meio de sua miscigenação, supostamente benigna. Esse mito nacional obviamente falso, mas potente, precisava ser de alguma maneira desafiado. Além disso, foi um ano importante: aniversário de 18 anos da Abolição. O ato de arrancar a página do diário de Arago e colocá-la na parede deve ter sido motivado pela necessidade de compensar a perda dos objetos no incêndio, repondo-os com artefatos e imagens que estivessem à mão para contar a história da escravidão. Guerra considerava que a imagem ensinava sobre a tortura diária, mas é provável que tenha visto mais do que isso nela. De forma peculiar, ela era emocionante. Arago havia capturado, de alguma maneira, uma expressão humana profunda enterrada sob o mais desumano dos aparatos.

Alguns visitantes apreciavam o desenho, mas, na maioria das vezes, ele ficava despercebido – quer dizer, até julho de 1971. Nesse ano, os restos da princesa Isabel ficaram expostos no museu por duas semanas, antes de seu corpo ser levado do Rio de Janeiro a Petrópolis, seu palácio de veraneio e verdadeiro lar, na serra, acima da cidade. O caixão desfilou pelo centro da cidade, acompanhado pela Irmandade de Nossa Senhora do Rosário, com os frades em vestimentas solenes e carregando-o até a igreja deles, a mais antiga e mais tradicional igreja de pretos da antiga capital (Figura 3.2).

Figura 3.2 – A Irmandade acompanhando a chegada do corpo da princesa Isabel à Igreja de Nossa Senhora do Rosário, 1971. Fotografia exposta no Museu do Negro.

O corpo de Isabel foi velado por duas semanas, com o desenho de Arago próximo a ele. Durante aqueles dias, milhares de pessoas visitaram o museu. Ali, encontraram não apenas o corpo da princesa, mas também o desenho que, devido a sua aproximação, parecia estar relacionada a ela e à Abolição. Também nos anos 1970, a Igreja estava de uma outra forma fisicamente conectada à história da escravidão e, por extensão, à Escrava Anastácia. Durante o processo de instalação de trilhos para linha de metrô, ossos de ex-escravizados foram descobertos. Devoção às almas – principalmente às almas dos cativos – ganhou popularidade. Essas almas eram vistas como encarnações que transmitiam a força dos mártires. Dessa montagem improvável – desenho de Arago, cadáver da princesa Isabel, ossos de ex-escravizados, a Igreja do Rosário e um momento no tempo quando o Movimento Negro estava se fortalecendo contra o mito da democracia racial – nasceu uma santa.

O desenho feito por Arago de um escravizado mascarado entrou em ação. Relatórios orais sobre o milagre que aconteceu na esteira da permanência da princesa Isabel no museu começaram a circular. A imagem milagrosa ganhou um nome: Escrava Anastácia. Começaram a escrever sobre Anastácia em panfletos religiosos, o que criou a história da vida dela e uma narrativa histórica. Com outras figuras lendárias e históricas afro-brasileiras, como Zumbi, o rebelde rei de um quilombo independente do século

XVII chamado Palmares, ela se tornou personagem central do Movimento Negro que surgiu nos anos 1970, um projeto por direitos civis que deu importância a religião, música e comportamento cultural.[37] Em 1984, dois irmãos ativistas que faziam parte do movimento, Nilton Santos e Ubirajara Rodrigues Santos, entraram com o pedido de beatificação e posterior canonização como santa oficial. Os documentos que solicitavam a promoção no *status* foram juntados em 17 de maio de 1984 e incluíam uma justificativa, além de uma série de testemunhos pessoais. O arquivo foi submetido a João Paulo II em 22 de junho de 1984. A rejeição chegou da mesma forma rapidamente, enviada do gabinete do cardeal Dom Eugênio de Araújo Sales, em 3 de agosto.

Tanto o pedido quanto a rejeição abordaram de forma direta a questão da existência histórica da santa escrava. O pedido de canonização argumentava que Anastácia representava uma "lacuna na história do Brasil". Ela nasceu "em algum momento entre 1770 e 1813", provavelmente na Bahia. Ela foi punida e torturada com os instrumentos representados no desenho feito por Arago, ainda assim, de alguma maneira conseguiu chegar ao Rio de Janeiro – "com ajuda de filantropos" – e foi então tratada por médicos na Igreja do Rosário, até que se recuperasse. No pedido, Anastácia existiu como uma pessoa histórica individual de carne e osso. O pedido também mencionava a existência em outro sentido, declarando que Anastácia gostava da devoção enorme "do povo", que ela era, na verdade, "mais venerada do que os santos de verdade". A ela constantemente "celebravam missas para as almas cativas", das quais ela é a única efígie na igreja ("a única representante negra em efígie na igreja"). Ela era, por direito, um "legítimo" bálsamo para o sofrimento das pessoas, semelhante a outras Virgens reconhecidas, como Salete, Lourdes e Fátima.

Em seguida, chamavam a atenção para os reconhecidos milagres operados por Anastácia. Para isso, o pedido de beatificação reuniu vários testemunhos pessoais manuscritos de seu poder de cura. Uma das cartas trazia o seguinte escrito:

Querida Escrava Anastácia,
Estou lhe escrevendo para agradecer-lhe por todas as bênçãos que recebi por ter fé em você. Principalmente em relação à doença de minha mãe, graças a Deus e a você ela está bem. E peço que continue a olhar por ela e por todos nós. Obrigada também por ajudar com o emprego para meu marido. Ultimamente estou encarando alguns problemas nos negócios. Peço que ilumine para que eu escolha o

caminho certo. Eu lhe visitei lá no seu templo em Madureira e tenho muita fé em você e peço que continue a olhar por minha família.
Eu te amo, Marisa.

Entretanto, apesar de tantos testemunhos como esse e do detalhado argumento em defesa da existência histórica autêntica de Anastácia, a Igreja rejeitou o apelo prontamente.[38] A carta do arcebispo declarava que não havia qualquer possibilidade de canonização, porque não havia documentos que assegurassem evidências de um passado real, tanto de vida quanto de morte. "Rigor histórico é a primeira e indispensável exigência legal", ele censurou. Além disso, o texto continuava, não há na lei canônica qualquer defesa para o tipo de devoção pública direcionada a essa pessoa. O fato de que ela era santa do povo simplesmente não tinha peso no que diz respeito à canonização. De uma forma um tanto quanto ameaçadora, a carta então expressava a opinião de que práticas populares de reverência deveriam até mesmo ser impedidas pela arquidiocese e os fiéis deveriam ser alertados das normas eclesiásticas, que não permitem devoção a santos não reconhecidos.[39] Pedia aos solicitantes que colaborassem em diminuir a santidade de Escrava Anastácia: "Para isso espera também contar com a cooperação inteligente de ambos os signatários".[40] Ela golpeava os dois ativistas, alegando que eles não gozavam do *status* que garante o direito de fazer reivindicações: "Outrossim, informo ser inadequada a utilização do termo, 'agente de pastoral social'". A carta terminou com um reconhecimento *pro forma* das boas intenções dos solicitantes como companheiros cristão e brasileiros.

O passo seguinte na tentativa da Igreja de se livrar de Anastácia aconteceu no corpo de opinião pública. Uma nota oficial da Diocese do Rio de Janeiro, emitida em 26 de agosto de 1987, anunciou: "Foi determinado e transmitido aos padres que devem se abster de atender à solicitação de missa em ação de graça para 'Escrava Anastácia' ou por qualquer outra rasão [*sic*]. Essa determinação não impede a adesão à celebração de missas pelas almas de escravos".[41] Era permitido engajar-se com a alma de escravos em rituais, mas não com essa escrava. O cardeal então tomou mais medidas, designou um arquivista, Monsenhor Guilherme Schubert, para investigar a origem da arrivista. Schubert entregou um relatório arrasador, incisivo na afirmação de que Anastácia nunca existiu e que a imagem surgiu com o desenho do escritor francês Jacques Arago, que Arago desenhara, na verdade, um homem, conjugando dois castigos corporais e instrumentos de tortura que ele testemunhara, que a ideia de Escrava Anastácia como santa de olhos azuis foi invenção de Yolando Guerra, e, finalmente, que considerar essa santa deusa, como seus seguidores pareciam fazer, ia contra a noção de santidade da Igreja. A dura conclusão de Schubert, publicada em um jornal importante da época, dizia:

> Assim, devemos chegar à conclusão de que, por mais justo que seja compadecer-se com o sofrimento dos escravos negros, não podemos aceitar o culto litúrgico duma figura que não existiu, baseando-nos numa gravura que não apresenta uma mulher, mas um homem (melhor: dois homens). Um movimento popular surgiu pela fantasia inventora do sr. Yolando Guerra. Esta fantasia pode servir para um romance, um filme se quiser. Se a Umbanda aceita isso, não sabemos. A Igreja Católica não aceita.[42]

O erro de Schubert não foi em sua avaliação da origem específica de Anastácia, cuja maioria, em termos históricos restritos, parece correta. No entanto, está embasada em uma infértil ideia de o que significa existir e sua indiferença em relação ao papel da imaginação popular na carreira e no temperamento dos santos. Assim, a intervenção dele teve pouco efeito. Mesmo diante da tentativa de a Igreja cometer um santicídio, a devoção à Escrava Anastácia continuou a incorporar o que levaria ao centenário da Abolição. Com mais confrontos surgindo entre a Igreja e o povo, outros agentes da Igreja fizeram pressão contra Anastácia. Em 25 de março de 1988, Dom Marcos Barbosa reiterou a fala oficial: Anastácia "simplesmente não existiu".[43] O cardeal Eugênio Sales juntou-se ao frei em 12 de maio de 1988, na véspera do centenário da Abolição: Anastácia nunca existira e, portanto, não poderia ser beatificada ou tratada como objeto de legítima devoção. Não tinha nada a ver com política nem com racismo, ele insistiu, e tudo a ver com a necessidade de que a Igreja "não fomentasse credulidade popular". Um ano depois, quando mais um aniversário se aproximava, esculturas de Anastácia foram retiradas da Igreja do Rosário pela Cúria Metropolitana. Padres da paróquia fizeram homilias falando da inexistência da Escrava Anastácia como santa.[44]

Por que a Igreja se preocupava tanto com essa arrivista ilegítima? E por que ela ficou tão popular de repente? Apesar das tentativas de esvaziar e de coisificar Anastácia, seu crescimento foi vertiginoso, para além do que se podia acompanhar. Em 1981, dona Marieta, uma devota, reuniu doações feitas por amigos e vizinhos para ter um busto de Anastácia colocado na praça Padre de Sousa. Esta se tornou um lugar cheio, devido à adoração a Anastácia.[45] Enquanto isso, Nilton da Silva inaugurou um "Templo do Escravo" em Madureira, na Zona Norte do Rio de Janeiro, e lá fundou a "Ordem Universal da Escrava Anastácia". Em 1985, o templo foi visitado por milhares de pessoas no Dia de Santa Anastácia, que é o dia da emancipação, 13 de maio, quando a rua estava decorada com estandartes e lotada de peregrinos. Os principais jornais cobriram o evento, que começou com trombetas às 5 horas da manhã e terminou com fogos de artifício no início da noite. Missas em intenção de Escrava Anastácia foram celebradas por dois padres da Igreja Sirian Ortodoxa, Geraldo dos Santos e Agostinho José Mario; o próprio Nilton da Silva conduziu o evento mais popular de todos, uma gigantesca sessão de "mentalização". O exercício mostrou o quanto a Escrava Anastácia alcançava a umbanda – uma religião de possessão que combina o candomblé afro-brasileiro com o kardecismo francês – como espírito semelhante aos "pretos-velhos". Mais dois templos dedicados a Anastácia foram abertos em Olaria e em Vaz Lobo, subúrbio do Rio de Janeiro, com serviços conduzidos pelo clero da Igreja Católica do Brasil, um catolicismo nacional dissidente, separado da Igreja Católica Romana.

A fotografia da Escrava Anastácia foi espalhada, impressa nos principais meios de comunicação, como *O Jornal*, principalmente perto do dia 13 de maio.[46] Notas pessoais publicadas nos jornais anunciavam graças recebidas, atendendo a promessas. A localidade conhecida como Favela Anastácia é uma homenagem a ela.[47] Jogadores de futebol, empresários e clubes afirmam que ela é a santa padroeira deles.[48] Escolas de samba famosas, como a Unidos de Vila Isabel, elevaram-na ao papel de estrela dos desfiles de Carnaval televisionados no país inteiro. Uma década mais tarde, na Bahia, a banda de percussão Banda Didá, composta somente por mulheres, desfilou usando a máscara que ela foi obrigada a usar. Em um cenário de mudança nacional, em que a história negra estava sendo instituída no país, como um todo – através da criação do Dia Nacional da Consciência Negra e da inclusão de história e cultura afro-brasileira no currículo escolar –, seu perfil ganhou mais contornos.[49] A Escrava Anastácia passou a ser a encarnação da história da escravidão, mas uma versão viva e ativa, com os olhos azuis a piscar, sempre pronta a perdoar ou redimir.

Na própria Igreja do Rosário, devotos reuniam-se no Museu do Negro para ver a imagem da Escrava Anastácia e outras, como o Escravo Desconhecido.[50] A devoção à Anastácia cresceu com a aproximação do centenário da Abolição em 1988. Mitos totalmente novos surgiram com detalhes da história da vida dela, aparentemente, sem fundamento. Alguns até hoje circulam, até mesmo em verbetes de enciclopédias: "a partir das poucas evidências históricas registradas, é possível dizer que essa grande mártir foi um dos vários exemplos de resistência afro-brasileira [...]. Seu martírio começou em 9 de abril de 1740". O verbete segue detalhando sua chegada do Congo em um navio específico, sua linda mãe chamada Delmira, que foi comprada e estuprada, o subsequente nascimento de Anastácia em Pompeu, Minas Gerais, em 12 de maio, e a violência sexual que ela sofreu, apesar de sua heroica resistência.[51] Em outras versões, ela figura como ex--princesa iorubá e avatar da deusa Oxum. As histórias multiplicaram-se e espalharam-se.

Talvez neste ponto devêssemos resumir as semelhanças e diferenças entre Escrava Anastácia e outros santos. Como outros santos católicos populares no Brasil, Anastácia é reconhecida tanto no contexto católico ortodoxo quanto em ritos afro-brasileiros, ainda que à margem de ambos. Também como outros santos, reconhece-se que ela sofreu no passado por uma causa justa e que, devido ao sofrimento que seu corpo suportou, no presente oferece benefícios para outros corpos. Para receber essas graças, é necessário seguir uma das várias técnicas conhecidas de transmissão ou troca – contato, mimese, súplica escrita, oferendas material e financeira ou orações. Diferentemente das histórias de outros santos, a narrativa sobre Anastácia não necessariamente a caracteriza como cristã. Assim como outros santos, ela serve como mediadora, mas não na presença viva de Cristo. Seu martírio não é testemunho da experiência de Cristo como Deus, mas da dor da escravidão e do abuso sexual, tanto dela quanto de sua mãe, como seus olhos azuis, sinal da miscigenação, anunciam de forma dramática. Escrava Anastácia é também caracterizada por uma personalidade que foi reduzida. Enquanto muitos santos são representados por seus atos heroicos, resultados da própria vontade, pela recusa desafiadora de renunciar, a fama de Anastácia resulta simplesmente de sua sobrevivência – silenciada, amarrada, estuprada, amordaçada, confinada a metais. Ela se move apenas dentro de limites restritos. Ela vê, mas não consegue falar. Ela cura, mas não é capaz de experimentar. Ao contrário de muitos santos afro-brasileiros que dançam no corpo de seres humanos vivos, Anastácia não se "manifesta" e, portanto, permanece imóvel.[52] Ela é híbrida, de metal e carne. Seu heroísmo santo consiste em ser capaz de sinalizar uma personalidade persistente, ainda que dentro e através da cela. Em suma, enquanto santos reconhecidos foram humanos que realmente existiram, testemunhas de uma existência mítica, Anastácia é o inverso: um ser mítico testemunha da verdadeira história da escravidão no Brasil.

Técnicas de presença

Apesar de ser rejeitada como santa canônica, Anastácia existe regularmente. Ela *existe*, ainda que, de acordo com a Igreja, jamais tenha existido. Porque ela nunca existiu e ainda assim é sempre presente, é precária e não é exatamente santa – intersticial em todos os sentidos –, as formas possíveis de sua aparição permaneceram em aberto. Seu significado é diverso e tem efeitos sociais variados conforme os diferentes grupos de pessoas. A obra de John Burdick é bastante incisiva em relação a isso. Ele destaca que mulheres brancas de classe média recorrem à Escrava Anastácia enfatizando a diferença grande entre elas, concentram-se na pele escura da santa, na natureza boa e benigna e no cuidado, mais ou menos como se fosse uma relação de troca entre padroeira/cliente (ou senhora/escrava).[53] Entretanto, sejam negras ou mestiças, o envolvimento de mulheres com ela tem como premissa proximidade e semelhança – "ela sofreu como eu sofro" – e a interpretação de seu sofrimento mais como resultado da patologia branca que o causou do que do fato de ela ser vítima. Deve-se notar, no entanto, que muitas pessoas negras ativistas a rejeitam por ser uma glorificação perniciosa da submissão.[54]

Aqui, quero propor três modos e temperamentos através dos quais a Escrava Anastácia encarnada é animada e passa a existir, apesar da insistência da Igreja em anulá-la. Primeiro, ela é ativada no Museu do Negro como uma mártir cujo sofrimento indica a história verdadeira da escravidão no Brasil, uma história que ela tanto incorpora quanto santifica. O modo é bio-histórico, indicando, ainda que por caminhos da imaginação, corpos históricos reais. O temperamento é trauma. Segundo, ela é ativada no Santuário Católico da Escrava Anastácia, onde é uma combinação de santa e espírito. Naquele espaço, onde senhor, padre e congregação são na maioria pessoas brancas, a história da escravidão desaparece. O sofrimento dela é guardado em vidro, disponível para consultas e trocas e agrupado com o de outros santos, desassociado da história da escravidão ou da violência racializada. Ela é etérea e limitada ao papel de atender a súplicas pessoais e às missas realizadas em seu nome. O modo é espiritual – pessoal, santimonial, restrita aos termos da abordagem individual. O temperamento é mais de serenidade tolerante do que de trauma histórico. Terceiro, ela é ativada no mercado, na televisão, na moda e *online*. Nesse cenário de divulgação mais amplo, seus desdobramentos e significados são tão variados quanto os lugares onde é usada. Um taxista tem a imagem dela pendurada no retrovisor como proteção, uma outra pessoa carrega-a na carteira como cumprimento de promessa em troca de cura. No entanto, em âmbitos mais públicos de sua transmissão, um tema predominante é sua sexualidade limitada e ilimitada, combinando fantasias de dominação, que incluem a impossibilidade de falar e o direito de exercer abuso violento contra ela.[55] O modo é mecânico, no qual um corpo como máquina é infinitamente reproduzido em *downloads*, estampas de tecido, reprises, mimeógrafos e relações sexuais igualmente imitáveis. O temperamento é submissão erótica.[56]

Anastácia e o temperamento de trauma

No temperamento de trauma, o *locus* ideológico primário de Anastácia é a história da escravidão. Sua igreja de origem e local de nascimento é a Nossa Senhora do Rosário, no centro do Rio de Janeiro, que tem um movimento incomum. Há um fluxo constante durante os dias úteis – de 20 a 50 pessoas sentam-se no santuário a qualquer hora e centenas comparecem às missas do meio-dia, segunda e quinta-feira. Essa igreja é o ponto central da história do afrocatolicismo no Rio de Janeiro. Foi lá que a Escrava Anastácia apareceu pela primeira vez ou surgiu como santa. E é lá que hoje ela aparece de várias formas. Apesar de a igreja ser mais famosa por conta de Anastácia, sua iconografia não está disponível na entrada ou em santuário. Há, no entanto, imagens de São Jorge e São Benedito. Bilhetes deixados aos pés deles pedem ajuda em exames, conflitos familiares, problemas de saúde etc. Vários apelos são em forma de lista de nomes. Pequenas imagens de São Jorge, São Benedito e vários outros santos, inclusive da não aprovada Santa Escrava Anastácia, podem ser compradas na entrada.

No segundo andar do anexo da igreja, Anastácia tem muito mais atuação. Com nada menos que 17 imagens diferentes ou instanciações, nesse local ela está sempre presente, acolhida em variados indicadores afro-brasileiros: escravidão, Carnaval, candomblé, fraternidade. Ainda assim, está óbvio que ela é o foco central. Uma das instanciações é como figura pedagógica, ensinando a história da escravidão no Brasil. No Museu do Negro, também localizado no anexo da igreja, Ricardo Passos, diretor, posicionou-a de forma estratégica, se não precária (Figura 3.3). Ali, pessoas devotas e visitantes do museu aproximam-se de suas imagens reunidas em um armário espaçoso, e no chão, próximo a ele, há uma caixa discreta colocada para recolher súplicas ou doações em dinheiro.

Em cima do armário, há uma pilha de orações impressas com instruções para solicitar ajuda de Anastácia. Os administradores do museu estão atentos à linha que separa Anastácia como acervo de exposição e como santa, e permanecem cautelosos em relação a esse limite. Certa vez, a igreja foi quase fechada devido à presença não autorizada dela, e o museu ficou fechado de 2001 a 2011. Daí a necessidade de mantê-la de fora, atentos ao fato de que ela é a única razão para a visita de muitos paroquianos. A linha que separa o espaço interno da igreja do externo não é evidente, é uma negociação de espaço delicada em relação à questão e localização de sua existência. Ainda que o museu esteja abrigado debaixo do mesmo teto, ele está dentro da igreja? E o velário, localizado na área externa, onde velas queimam por ela? E as tendas que ficam do lado de fora, mas encostadas na parede da igreja? A ambiguidade faz do museu e das várias instalações de Anastácia negociações quase religiosas intensas.

Figura 3.3 – A Escrava Anastácia no Museu do Negro, em maio de 2016, simultaneamente santuário e exposição histórica. Fotografia feita pelo autor.

A fim de evitar conflitos com a diocese e deixar evidente que o museu é do lado de fora, acima das imagens de Anastácia há instrumentos de tortura não identificados – algemas, elos, correntes, argolas de aço. Passos explicou-me que esse arranjo permite uma fácil transição na interpretação do espaço por visitantes. A montagem pode ser vista como santuário e, ao mesmo tempo, uma exposição informativa. Manter essa imprecisão útil exige o cuidado de retirar as oferendas em dinheiro, as flores e os bilhetes e colocá-los no andar de baixo, no velário, onde a apresentação material de Anastácia é evidentemente ritualística e não pedagógica. Ainda assim, as evidências são explícitas: mesmo Anastácia como exibição histórica é usada também como altar, um espaço para troca, uma vez que, diariamente, flores, bilhetes e dinheiro são deixados abaixo da cabeça dela. Além disso, sua presença expande-se em datas auspiciosas ao longo do ano e diminui em outras. As exibições no altar são vivas, modulares, expandem-se, contraem-se, desafiam e respondem. Quando deixei o Rio de Janeiro, ano passado, Passos tirou uma das imagens de Anastácia da estante e deu-me. Protestei, por considerar o local sagrado e merecedor de proteção e preservação. Ele a colocou de volta, mas então pegou uma menor e esticou o braço em minha direção. "As pessoas sempre dão uma ajudinha", ele disse, ou seja, elas trazem novas estátuas de Anastácia. Até mesmo minha escrita "vai fazer parte do altar dela". Reunidos no limiar entre história e prática religiosa, os altares da Escrava Anastácia são capazes de expandir ou encolher, adaptar novas mídias ou recusá-las.

No museu, a presença de Anastácia cresce em maio e novembro, quando são celebrados a Abolição e o Dia Nacional da Consciência Negra, respectivamente. A quantidade de visitantes aumenta vertiginosamente de 50 para 500 pessoas por dia.[57] Anastácia é, ao mesmo tempo, significante político e ritualístico. No museu, essa hibridez é bastante explícita. Há um cartaz que apresenta simultaneamente uma narrativa histórica e uma oração: "Deusa-escrava, escrava-princesa, princesa-deusa [...], dai-nos tua força para lutarmos e nunca sermos escravas".[58]

Até mesmo no velário, Anastácia permanece um pouco disfarçada. Sua imagem está em um compartimento ao lado de um Arcanjo São Miguel muito maior. Assim como Anastácia, Miguel preocupa-se com a justiça. Ele carrega a cruz das almas e protege os mortos. Debaixo da Igreja do Rosário estão enterrados – ou assim dizem – ossos de pessoas escravizadas, descobertos quando faziam os túneis para a linha de metrô que passa por ali. Nesse sentido, o papel do Arcanjo São Miguel e o da Escrava Anastácia são unidos, como protetores da alma de pessoas que foram escravizadas. Enquanto a corpulência de Miguel enche o vidro que o protege, as imagens de Anastácia superam-no em número, e a maioria dos pedidos escritos e deixados para a consideração dos santos é direcionada a ela. Nesse espaço há mais gente transitando do que no próprio museu. A qualquer hora do dia, há várias pessoas ali. Em geral, elas permanecem entre cinco e dez minutos, tempo suficiente para acender uma vela, aproximar-se do receptáculo onde está a imagem e passar um tempinho ali, em contemplação ou oração. Estimo que, durante a semana, mais de cem pessoas visitam Anastácia diariamente, e mais ainda na segunda e na quinta-feira, quando ao meio-dia a congregação se reúne para a missa.

Bem próximo ao velário – tecnicamente do lado de fora das paredes da igreja –, três videntes afro-brasileiras praticam seu ofício. Sempre há fila para a mais procurada, Tia Rita, que cobra entre 50 e 100 reais por consulta. Vestida como uma baiana, em estilosas roupas de mãe de santo, Rita também é membra da irmandade da igreja. Ela me contou algumas formas de usar Anastácia em sua prática. A Escrava Anastácia é invocada para lidar com problemas legais e com questões de amor "porque ela sofreu tanta injustiça". Mas ela é também convocada para ajudar com doenças físicas como garganta inflamada, provavelmente devido às dolorosas argolas de ferro ao redor do pescoço. Tia Rita explicou que uma pessoa à procura da ajuda de Anastácia pode precisar fazer mais do que apenas oferecer vela, dinheiro e fruta. "Quando se pede algo a ela, deve-se passar três dias sem falar, suplicar em silêncio." Ao imitar a mudez dela, a pessoa devota fortalece essa qualidade, e Anastácia ganha presença. Do outro lado da igreja, a mãe de Rita também atende; ela lê cartas e joga búzios. Ela tem um busto da Escrava Anastácia sobre a mesa. Ela me advertiu quanto ao mau-olhado, à inveja de rivais. As videntes com frequência indicam a visitantes que entrem na igreja para visitar a Escrava Anastácia. Elas instruem as pessoas a fazerem tarefas ali, para fazer pedidos ou expressar agradecimento por empregos mantidos, dívidas pagas e doenças ou vícios superados.

Da última vez que fui estar com Tia Rita, em agosto de 2018, ela havia morrido. Sua tenda, encostada ao velário de Anastácia, estava protegida com cadeado. Todos seus santos e instrumentos estavam ainda presentes, mas cobertos por um pano. Comerciantes de tendas vizinhas disseram-me que havia meses estava daquele jeito: "ninguém quer tocar nos santos dela; somente alguém que saiba o que está fazendo pode fazer isso". Respeito.

Provavelmente, o mais comum método de contato com Anastácia seja visitá-la em um lugar específico e colocar a mão contra o vidro que esteja protegendo sua imagem. O contato físico – palma da mão no vidro – é acompanhado por uma leve referência com a cabeça, como deferência e súplica, e oração em silêncio. Deve-se sempre "pedir com fé". Se, como todos os santos, Anastácia reside forçosamente em determinados espaços, ela também ultrapassa essas extensões. Do Rio de Janeiro ela se mudou para a Bahia, Salvador, onde também tem um santuário na igreja mais associada à história afro-brasileira: a Igreja de Nossa Senhora do Rosário dos Pretos. O papel que exerce é, assim como no Museu do Negro na Igreja do Rosário no Rio de Janeiro, uma combinação das funções didática e ritualística (Figura 3.4). Como espaço histórico importante, em uma das áreas mais visitadas de Salvador, a igreja atrai tanto turistas quanto fiéis. Há uma placa que identifica variados santos pretos e explica o motivo para cultivá-los. Santos pretos famosos e oficialmente reconhecidos, como São Benedito e Santa Ifigênia, são exemplos de martírio; outros, como Santa Bárbara, são uma ligação sincrética entre o catolicismo e as religiões afro-brasileiras, como o candomblé (na Bahia, Santa Bárbara é conhecida também como a orixá Iansã).[59] Anastácia não se encaixa em nenhuma dessas categorias. A placa diz ainda mais:

> além disso, observamos no Brasil a crença de que mártires de cativeiro e da escravidão são bons intercessores para súplicas, atuam como intermediários para que se alcance uma graça. Em troca desses favores, oferecem-se missas para que a alma descanse, e dinheiro, flores e velas são colocados em seus túmulos ou juntos a imagens. Nesse sentido, é possível compreender a devoção à Escrava Anastácia nessa fraternidade.[60]

Observe o cuidado especial para justificar e considerar a presença da imagem de Anastácia dentro da igreja, enfatizando a ligação dela com as almas de pessoas mortas e utilizando expressões como "nesse sentido". Ela não é uma santa de verdade; entretanto, é "boa intercessora".

Figura 3.4 – Anastácia em uma vitrine didática com etiquetas e explicações, na Igreja de Nossa Senhora do Rosário dos Pretos, Salvador, Bahia. Os olhos azuis brilham. Fotografia feita pelo autor.

Anastácia e o temperamento de serenidade resignada

No temperamento de serenidade resignada, a misericórdia benevolente de Anastácia supera qualquer vestígio do trauma da escravidão.[61] No Santuário Católico da Escrava Anastácia, em Oswaldo Cruz, Zona Norte do Rio de Janeiro, Anastácia é associada tanto ao Arcanjo Miguel quanto a São Jorge, outro campeão da justiça. No entanto, as semelhanças entre a Igreja do Rosário e o Santuário Católico da Escrava Anastácia param por aí. Há missas no Santuário da Escrava Anastácia três vezes por semana, conduzidas por um padre da Igreja Católica Apostólica Brasileira. Essa igreja foi fundada em 1945 como dissidente da Igreja Católica Romana e reconhece a Escrava Anastácia como uma santa genuína.[62] O santuário foi criado pela proprietária da casa, há uma década, depois de Anastácia ter lhe concedido o milagre de recuperar seu carro roubado. Nesse templo, há algumas imagens de Anastácia junto a pretos-velhos (espíritos da umbanda). Havia vários nichos onde bilhetes escritos e velas acesas eram colocadas, em alguns casos para uso público, em outros, por devoção de quem morava ali. Um dos bilhetes, aberto e legível, suplicava por uma consciência lúcida, "livre de doenças" e de todos os males, para que quem pediu pudesse ser feliz com o caminho que a vida tomou. Uma outra pessoa pediu por emprego para o marido. Outras colocam ali listas de nomes. A negritude e a tortura de Anastácia estão em constante contraste com várias versões incomuns de santos e intercessores brancos, inclusive Cristo.

Em uma quarta-feira, das 18 às 19 horas, em uma missa para Escrava Anastácia e São Jorge, 18 pessoas estavam presentes, 6 homens e 12 mulheres. Apesar de o grupo ser pequeno, padre Fábio usava microfone. Ele tinha um estilo informal, a fala era coloquial e não usava latim. Depois da Eucaristia, três mulheres foram direto da comunhão ajoelhar-se diante de Anastácia. Elas rodearam a efígie de Anastácia em tamanho natural para rezar. Em seguida, rezaram para São Jorge. Homens ficaram em fila para receber a capa de São Jorge, que padre Fábio colocou sobre o ombro deles enquanto rezava, pedindo ao santo para transformá-los em defensores e protetores como ele. Então eles levantaram a capa e as mulheres passaram por debaixo dela, levantando os braços para tocá-la. Enquanto há um encontro entre Anastácia e São Jorge na sede de justiça, essa justaposição dos dois instancia dramáticas diferenças de gênero. O ritual conectava homens a São Jorge e ao papel dele de defensor, e mulheres à submissa Anastácia. Homens defendem mulheres, que, por sua vez, sofrem por todo mundo. Essa "política da serenidade" é controversa para as pessoas do Movimento Negro, John Burdick escreveu, porque Anastácia permite pouca crítica estrutural ou histórica, ainda assim a devoção a ela, mesmo nesses tipos de espaço, "ajuda as negras de forma simples, diária, a se valorizarem fisicamente, a questionarem valores estéticos dominantes, a lidarem com abuso perpetrado pelo companheiro e a imaginarem possibilidades de cura racial com base na fusão entre experiências reais e esperança utópica".[63]

Não longe do santuário está o Mercadão de Madureira, no Rio de Janeiro, principal ponto de venda de material para os rituais afro-brasileiros. Lá, é possível encontrar uma gama de seres não existentes, mas muito presentes, inclusive agentes da tradição afro-brasileira desde o espiritismo à umbanda e ao candomblé. O mercado é enorme, é um ambiente repleto de comerciantes vendendo de tudo, como ervas, roupas e até mesmo animais vivos para sacrifício. Imagens de praticamente todos os espíritos – orixás, exus, pretos-velhos, Pombajiras e anjos – estão à venda. Tudo! Exceto talvez Escrava Anastácia.

Busquei em dezenas de tendas e lojas e encontrei apenas três pequenas imagens de Anastácia. Sua ausência relativa mesmo com a abundância de poder foi surpreendente. Em poucas tendas relataram que tinham algumas imagens, mas ficaram sem, depois da alta temporada, que é por volta de 12 e 13 de maio. Tantos outros relataram que jamais a venderam. Um vendedor disse-me, bastante assertivo, que eu estava perdendo meu tempo, cometendo um erro de categoria: "Anastácia está inclinada demais para o lado católico". Ela não se encaixava no gênero de produtos vendidos como da religião afro-brasileira. Porém, se eu saísse de lá, descesse um quarteirão, até o bazar de produtos católicos – Bazar Padre Normand Artigos Católicos –, por certo encontraria várias Anastácias. Dificilmente. Lá o proprietário também me olhou desconfiado – novamente, erro de categoria – e disse que Anastácia não era "realmente católica". Havia somente um produto à venda: um rosário de plástico de Anastácia. O que quero chamar a atenção nessa curta descrição desses mercados, tão cruciais tanto para as práticas afro-brasileiras quanto para a católica popular, é o fato de que a Escrava Anastácia era marginal, mas presente em cada um dos locais. No mercado de produtos religiosos afro-brasileiros, ela era "católica demais", mas, ainda assim, em algumas épocas vendia muito, e na loja católica ela era africana demais, mas, ainda assim, pouco presente na forma de um rosário de plástico. A própria ambiguidade torna-a incomum, estranha, uma geradora de cenas quase religiosas.

Enquanto isso, em qualquer centro de umbanda, Anastácia assume um temperamento menos intersticial e mais metafísico. Eis um exemplo, do *website* do centro de umbanda Centro Pai João de Angola, localizado a quase mil quilômetros do Rio de Janeiro, no Paraná:

O espírito da Anastácia é dotado de LUZ intensa e EQUILÍBRIO, com o coração singelo e iluminado que distribui perdão e amor pelo Criador. Ela destina bênçãos até mesmo aos corações aprisionados pelo egoísmo e pela cegueira espiritual. Ela se liberta dos grilhões da ilusão e, como estrela solitária e inesgotável, ilumina os caminhos de quem busca a emancipação, em nome de Jesus. Humildade e uma aura de amor são as marcas de sua presença.[64]

Anastácia e o temperamento (e o mercado) erótico

No temperamento erótico, a transformação de Anastácia em realeza iorubá – filha de Oxum, divindade popular afro-brasileira – foi responsável por lançá-la ao estrelato e enfatizar sua sensualidade. Uma minissérie biográfica para a televisão foi ao ar em 1990 e ainda é facilmente encontrada no YouTube, no qual já foi visualizada milhões de vezes.[65] A narrativa do programa foi baseada em um conto escrito por Maria Salomé, membra branca da Irmandade de Nossa Senhora do Rosário, e chama a atenção para a história de Anastácia como nobre africana e para sua beleza.[66] No conto de Salomé, Anastácia é uma figura que se assemelha a Cristo, cujo nascimento foi precedido por uma anunciação. Esse ponto foi aproveitado na minissérie, que tem como estrela a atriz Angela Corrêa, uma espírita. No primeiro episódio, um babalaô (vidente iorubá) diz aos nobres, pai e mãe, que uma criança de olhos azuis nascerá, filha da divindade afro-brasileira e iorubá Oxum. Em um dos episódios seguintes, Anastácia ressuscita uma criança filha de senhores de escravos e, depois disso, morre e ascende para o céu como uma pomba branca, uma versão feminina de um Cristo africano.

Enquanto outros relatos textuais a retratam como bantu ou como uma escravizada vinda do Congo, em um navio negreiro, a série de televisão, programada para ser lançada em 15 de maio de 1990, mais ou menos na época da celebração da Abolição, descreveu Anastácia como originária da região africana mais conhecida por brasileiros, embora, vale ressaltar, não incluísse a maior parte do tráfico de pessoas escravizadas para o Brasil até o fim do século XVIII e princípio do XIX. A produção ficou atenta à fidelidade histórica, ainda que esta tenha sido em grande parte inventada. "A investigação das origens e a consequente fidelidade à reconstrução do passado está evidente em todos os detalhes."[67] O diretor, Paulo César Coutinho, expressou: "O que mais me fascinou foi a possibilidade da reconstrução histórica de um dos períodos mais instigantes do nosso passado". Mas, afora a questão da historicidade, foi o apelo sexual de Angela Corrêa como Anastácia que ganhou destaque na imprensa; em uma reportagem escreveram que ela "poderia tornar-se a 'diva Ébano' da televisão brasileira. Isso se confirma nas cenas em que ela aparece nua, em um cenário deslumbrante de sua 'lua de mel' em uma cachoeira. Corpo perfeito e expressões impressionantes".[68] Outro jornal também se concentrou no sexo: "A lenda da Escrava Anastácia, santificada por crença popular, desenvolve-se, no entanto, em um contexto de tortura humana e de perversões sexuais e morais".[69]

Como Marcus Wood descreveu, Anastácia ocupou espaço em salões de beleza, cafés, *shopping centers*, isqueiros, chaveiros, camisetas, maiôs e biquínis, até mesmo em *websites* de BDSM e de "bonecas eróticas".[70] Uma loja de artigos de praia em Copacabana chamada Anastácia fazia uma provocação semelhante entre sofrimento da abnegação e fascínio erótico. Nessa valência, a combinação de opostos no quase humano, o automático e o animal, Wood observou que Anastácia está "congelada para toda a eternidade em seu terrível mecanismo" e reduzida à condição de "animal mudo".[71] As excitações sado-masoquistas eram visíveis em determinadas aparições comerciais de Anastácia, mas, em geral, contidas. Exploravam sua ambiguidade estranha: ao mesmo tempo figura de protesto contra a escravidão e uma escravizada, propriamente dita, atendendo a pedidos de devotos, aparentemente sem vontade própria.

Essa tensão ficou explícita na São Paulo Fashion Week, em junho de 2012. Na ocasião, a estilista Adriana Degreas lançou uma coleção nova de praia com destaque para a Escrava Anastácia, em uma peça drapeada no corpo da supermodelo loira Shirley Mallmann. A "focinheira" que Anastácia era obrigada a usar também foi exposta na passarela, como um discreto acessório de biquíni, cobrindo o umbigo, em vez de cobrir a boca. Críticos de moda despejaram comentários. Lilian Pacce, apresentadora do programa semanal *GNT Fashion*, comentou com entusiasmo:

> Tudo isso com temperos da Bahia: um brocado barroco aqui, uma renda ali, cores de orixás, estampas pra Iemanjá e até a máscara de ferro dos escravos. Liberta de qualquer algoz, essas "escravas" flutuam com longos de seda ou com duas-peças com bojo pontudo, criando uma silhueta bem anos 50. Nas estampas, imagens fortes de Anastácia (a escrava-santa), Nega Fulô e muitas margaridas. Cada look contém declinações singelas dessa Bahia de Todos os Santos, numa das coleções mais fortes e consistentes da estilista. A sensação é de que Adriana está completamente à vontade tanto pra tomar um banho de sol quanto para flanar pelo barco e – mais ainda – se desnudar com calcinhas

brancas de babadinhos ("bunda rica", no Nordeste), totalmente transparentes, que, como ela lembra, revelam a cor do pecado: a das negras que enlouqueciam os senhores brancos.[72]

Nem todos os espectadores ficaram tão animados. No final de setembro de 2015, Tanya Allison, britânica de ascendência africana, em Londres iniciou uma campanha de moção no *website* <change.org>, usando estas palavras:

A estilista Adriana Degreas exibiu, na passarela, um vestido estampado na frente com uma escrava negra tendo uma engenhoca cobrindo o rosto e a boca impedindo-a de falar. Isso não é moda, é fetichizar e mercantilizar o abuso racial. Precisamos pôr um fim nisso. Não dá para acreditar que, em pleno ano de 2015, ainda estamos sujeitos a essa forma de racismo e imagens. Não seria aceitável adornar um vestido com uma vítima do Holocausto e não aceitaremos essa forma de desrespeito com nossos ancestrais.[73]

A petição foi assinada por 1.733 pessoas em poucas semanas e provocou o pronunciamento da empresa de *design* de Adriana Degreas:

A marca Adriana Degreas não promove, endossa ou aceita qualquer prática racista ou qualquer outra prática discriminatória ou tendenciosa em relação a gênero, raça ou crença religiosa. A Coleção foi criada em homenagem ao estado da Bahia, mais especificamente, para homenagear a cultura das baianas. A imagem específica que causou sofrimento (somente fora do Brasil) é a de uma santa chamada Escrava Anastácia, uma figura religiosa muito importante no Brasil, tanto para católicos quanto para praticantes de umbanda (religião afro-brasileira). A figura da Escrava Anastácia é sempre representada dessa forma (com a horrível focinheira de metal) e ela é conhecida no Brasil como símbolo de força, resiliência e luta por liberdade das mulheres. Como muitos outros santos do catolicismo, ela é retratada em uma situação de martírio.[74]

Duas questões relacionadas a esse desfile e às discussões desencadeadas chamam a atenção: o tropo da sexualidade da Escrava Anastácia e, por conseguinte, das baianas, ou seja, de mulheres negras e pardas. O evento foi disfarçado como homenagem à Bahia, à força das mulheres e ao martírio católico, três ênfases que revelam um alto grau de tensão entre si. Ainda assim, o contraste entre, por um lado, adeptos brancos da imagem, seja como modelos, clientes ou imaginados objetos masculinos de sedução, e, por outro, uma mártir negra e uma petição de autoria negra contra tais usos expõem perguntas sem respostas. A solução apresentada pela empresa de *design* foi dizer que todos os brasileiros reconhecem a homenagem e somente os afrodescendentes estrangeiros se opõem. A acusação de racismo foi absorvida pela diferença da cultura nacional.

Apesar das óbvias evasivas, havia de certa forma base para tal argumento. A Escrava Anastácia era, de fato, um ícone famoso, estrela de TV, além de santa afrocatólica e escravizada. Santos católicos oficiais, assim como orixás do candomblé e espíritos da umbanda, com frequência figuram em estampas de tecido e em outras formas gráficas. No entanto, a resistência à Escrava Anastácia entre ativistas do Movimento Negro no Brasil sugere que, como Tanya Allison, consideram que a escrava-santa tem valor heurístico limitado, porque, na melhor das hipóteses, traz a história da escravidão ao conhecimento do público e, na pior delas, é uma perigosa fantasia de servidão sexual negra. Argumenta-se que, independentemente do quanto ela talvez seja ficção, Anastácia não deveria ser tão facilmente desvinculada do local, da forma e do temperamento que lhe deram origem.

Material temperamental

Cada combinação entre modo e temperamento baseia-se em uma característica diferente do ser material de Anastácia e ativa cada uma delas. Primeiro, os instrumentos de tortura chamam a atenção – a focinheira e a argola no pescoço. Segundo, seus olhos azuis, olhando gentilmente para cima com empatia, perdão e compreensão direcionados aos homens brancos, senhores de escravos. Terceiro, seu tronco é exposto. Os modos distintos de encarnar os temperamentos da santa trazem à tona diferentes características físicas. Esses modos materiais, por sua vez, causam um impacto em seu temperamento e em sua capacidade de estruturar grupos sociais e suas predisposições a certos tipos de ação.

Diferentes localizações parecem permitir o surgimento de Anastácia em um determinado temperamento enquanto impedem em outros. A santa da moda praia, que enlouquece os senhores, jamais poderia aparecer na Igreja do Rosário. Uma imagem de corpo inteiro de uma Escrava Anastácia doce, espiritual, não poderia ser colocada em meio aos ossos de um velário rústico. Cada versão materializada da santa expressa um temperamento, está embainhada nele. Tem um encaixe. O "encaixe" tem várias partes: resíduos históricos que permanecem no encarnado e lhe dão forma. Até mesmo a cor da pele de Anastácia está relacionada a um encaixe social específico. Figuras impressas dela são feitas em diferentes tonalidades de preto, para que todas as pessoas consigam se enxergar na imagem dela.[75] Entretanto, os resíduos são mais densos e mais pegajosos em alguns locais do que em outros, e não são facilmente eliminados ou apagados.

Certos modos da aparência da Escrava Anastácia ampliam a verdadeira história da escravidão, enquanto outros a minimizam. Nas palavras de um devoto: "Sou devoto da escrava porque ela era escrava, entende?".[76] O templo católico brasileiro em Oswaldo Cruz, os centros de umbanda e espírita e a passarela de desfile em São Paulo são exemplos de simplificação gradual e distanciamento do modo histórico de Anastácia. Por "modo histórico" não quero dizer o tipo de história forense que Monsenhor Schubert exigia durante a inquisição, mas uma projeção mais generosa da história, que reconhece o fato de milhares de histórias de carne e osso, de pessoas escravizadas que existiram talvez sejam forçadas a um resumo, transformadas em algo capaz de ser pensado e disponível afetivamente na forma nunca existente de Escrava Anastácia. Nesse modo histórico, o sofrimento de Anastácia é redentor, porque fala de possibilidades no presente. Robin Sheriff propôs que Escrava Anastácia simboliza ou expressa a verdadeira experiência do aqui e agora de pessoas afro-brasileiras que são amordaçadas.[77] Isso amplifica a história da escravidão a ponto de expor a desigualdade de gênero, o fato de que a escravidão afetava o corpo da mulher de formas que não afetava o do homem.

Talvez possamos dizer que, conforme a Escrava Anastácia se distancia do local de sua origem acidental na Igreja do Rosário – distante das ossadas de escravizados, dos bolores de onde a abolicionista princesa Isabel repousou exposta, das cinzas do fogo causado por criminosos ou dos videntes que jogam búzios nas sombras das paredes –, mais permeável e indefinida ela se torna. Sua capacidade como autômato ou quase humano expande e contrai com o temperamento de onde e como ela vem a existir. O risco que ela e vários quase humanos correm é tornar-se cada vez mais simples, diluído e pixelado, transformada em mãe servil, espírito frágil, princesa iorubá ou fantasia de um navio de cruzeiro, caricaturas principalmente impensáveis, mais próximas de seu lar material e lugar de origem.

***

Quando visitei a Igreja do Rosário, em agosto de 2019, a tenda de Tia Rita fora substituída por uma barbearia e as portas da igreja estavam trancadas. Já estava assim há seis meses. Houve denúncias de que pedaços do teto estavam caindo sobre os bancos. Além disso, vários membros da irmandade foram acusados de venda ilegal de sepultura. A Prefeitura interditara o local até que houvesse reforma nas estruturas e o perigo solucionado. Mas não havia qualquer informação sobre quando isso aconteceria ou até mesmo se aconteceria, dada a falta de fundos ou de apoio político. O que acontecerá com essa santa esforçada, tão solicitada? Não há garantia de que o lugar mais importante de devoção à Anastácia jamais reabrirá. Talvez ela fique permanentemente desconectada de seu local de origem, de seu contexto histórico. Ainda não é possível prever se esse *status* de santa em exílio levará a uma presença maior ou diminuída ou simplesmente diferente, mais *shape-shifting* [metamórfica]. Seu *status* está precário como sempre foi. Ainda assim, a própria incerteza de sua agência – seus modos e temperamentos mutáveis – parece parte de sua força de sedução. Ela sobreviverá, isso é o que ela faz. Ela existe.

O próximo capítulo aborda a biografia com ambiguidade de agente e quase religiosa de outro encarnado que se distanciou perigosamente de casa: um jogador de xadrez autômato, um turco no Rio de Janeiro, fabricado como outra coisa quase humana fantástica.

Notas

[1] David Brion Davis oferece argumentos sólidos aqui, identificando três características geralmente aceitas sobre pessoas escravizadas: (1) são propriedades de outro homem, (2) sujeitas à vontade de seu dono e (3) forçadas a trabalhar gratuitamente por meio de coerção. Entretanto, ele observa também que essas características se aplicam também a esposas e crianças em determinados contextos patriarcais. Ver em Davis, 1966, pp. 29-61. Kopytoff e Miers opõem-se ao uso to termo *slavery* [escravidão] para identificar uma tipologia universal. Como alternativa, sugerem usar uma taxonomia de "escravidões", a fim de identificar o contexto de servidão específico que se está examinando. Sugerem, por exemplo, "escravidão trabalhista", "escravidão no palácio", "escravidão individual" etc. Ver em Kopytoff & Miers, 1977, p. 77. Kopytoff depois escreveu: "Escravidão é uma questão de tornar-se em vez de ser". Kopytoff, 1982, p. 221. O poder dos santos advém de uma perda de vontade análoga à do escravo, mas aceita voluntariamente, especialmente na morte. Conforme Robert Orsi escreveu: "Na hora da morte há 'o holocausto final da vontade própria'". Os santos estão, em certo sentido, perpetuamente congelados na hora de sua morte e são a perfeita abnegação da vontade. Orsi, 2016, p. 169.

[2] O conceito de escravo como não tendo alma está relacionado com a ideia contemporânea do que Orlando Patterson chama de "excomunhão secular" ou "alienação natal" de escravos como uma característica necessária para a escravização: "Não foi negado à pessoa escravizada apenas todas as reivindicações e obrigações de seu pais e parentes de sangue vivos, mas, por extensão, todas essas reivindicações e obrigações sobre seus ancestrais mais remotos e seus descendentes. Um indivíduo escravizado era realmente um isolado genealógico". Patterson, 1982, p. 5.

[3] "Objeto" é aqui uma palavra melhor do que "coisa". Bill Brown descreveu uma "coisa" como material perigoso que não "funciona" para nós e, portanto, está vazio de presença ou poder. Como mostro a seguir, questiona-se se Anastácia, como imagem ou ícone, é "coisa" ou "objeto". Brown, *apud* Engelke, 2007, p. 27.

[4] Santner, 2015, p. 244.

[5] Markham, 1904, p. 81 (registro de 8 de maio de 1796).

[6] Heidegger, 2010, pp. 130, 132, 325.

[7] Benjamin, 1968, p. 237.

[8] Ficou famoso o bom aproveitamento que Clifford Geertz fez das expressões temperamento e motivação, em seu artigo inspirador "Religion as a Cultural System"; entretanto, na realidade ele estava muito mais interessado no segundo termo, motivação, do que no primeiro. Temperamento, para ele, era visível principalmente na disposição para tipos de ação ou na responsabilidade por estes. O temperamento "varia apenas em intensidade": "eles não vão a lugar algum". Geertz, 1973 p. 97.

[9] White, 1975, p. 196 (sobre Tocqueville e sobre o temperamento "perverso" de Gobineau), p. 28 (sobre o otimismo em Ranke), p. 27 (sobre o trágico em Spengler), p. 144 (sobre drama histórico apresentado em "cor" emocional), pp. 10, 18 (sobre implicações ideológicas, dependendo do que um determinado drama social tenha supostamente revelado), pp. 253-254 (sobre as pinturas que Giotto fez de São Francisco).

[10] Grehan, 2016, p. 64. Grehan cita Abd al-Ghani al-Nabulsi, jurista muçulmano do século XIX, nessa bifurcação.

[11] McDaniel, 1989, pp. 91, 97, 126, 261.

[12] P. Brown, 1981, pp. 44, 87, 92.

[13] O'Flaherty, 1981, pp. 252-253.

[14] Mott, 1993. Conforme Mott, Rosa talvez tenha sido, no Brasil, a primeira autora nascida na África. Ela escreveu em detalhes sobre suas visões, usando termos que depois chamou a atenção das autoridades. Em uma dessas visões, ela foi chicoteada por Jesus e depois o amamentou. Em 1765, foi acusada pela Inquisição e enviada a Lisboa para julgamento. Depois disso, não se sabe qual foi seu destino. Ainda assim, nas palavras dela, a santidade ganhou um temperamento. Conforme argumento de Jonathan Flatley, o fato de que ler é, de certa maneira, mimese, faz parte da motivação para escrever: "ler envolve atuar e, portanto, sentir-se como os outros". Flatley, 2017, p. 140.

[15] Freitas, 2000, p. 198.

[16] Descola, 2013, p. 37.

[17] Wirtz, 2007, pp. 130-134.

[18] Engelke, 2007, p. 28.

[19] Assis, 1977b, p. 7 [1992, p. 396].

[20] Eisenlohr, 2013.

[21] B. Meyer, 2011, p. 32.

[22] P. C. Johnson, 2007, p. 182.

[23] Charles Hirschkind sugere que a ideia de que a religião é essencialmente mediadora pode exigir pressuposições teológicas do tipo protestante de essência interior que é exteriorizada de modo redutivo. Mas, ele argumenta, o *Alcorão* não é mediador das tradições do islamismo, muito menos uma expressão redutiva. Ao contrário, é a tradição; assim como uma bola de futebol não medeia o jogo de futebol, mas é constitutiva dele. Hirschkind, 2011, p. 93. Ver também B. Meyer, 2011; M. J. A. de Abreu, 2013b, 2013a.

[24] De la Cruz, 2015, p. 138. Enquanto os santos e seus santuários instanciam identificações locais, certos santos tornam-se poderes translocais e transtemporais, até mesmo com alcance global. De la Cruz mostra que nas Filipinas, por exemplo, Maria e o marianismo são modos de unir aparições locais e circuitos globais. Mãe Maria não é apenas um produto da mídia de massa; ela ajudou a criar a mediação em massa como forma e canal de comunicação local e global.

[25] *Sanctorum Mater* (Rome, 2007), part 1 ("Causes of Beatification and Canonization"), title 2, article 4, disponível em <http://www.vatican.va/roman_curia/congregations/csaints/documents/rc_con_csaints_doc_20070517_sanctorum-mater_en.html#Reputation_of_Holiness_or_of_Martyrdom _and_of_Intercessory_Power>.

[26] O que há de inusitado na encarnada, a santa chamada Escrava Anastácia, é que ela é uma figuração que foi também memória coletiva, um desenho que agrupou, condensou e encarnou a história da escravidão no Brasil. Sobre Anastácia como representante de histórias reais de mulheres escravizadas ou composta por essas histórias, ver Karasch, 1986.

[27] Burdick, 1998; Handler & Hayes, 2009; Karasch, 1986; Paiva, 2014; Sheriff, 1996; M. D. de Souza, 2007; M. Wood, 2011.

[28] Arago, 1839, p. 119. No original: "Au Brésil seul les esclaves se taisent, immobiles, sous la noueuse chicote".

[29] *Idem, ibidem*: "En attendant, voyez cet home qui passe là, avec un anneau de fer auquel est adaptée verticalement une épée du meme metal, le tout serrant assez fortement le cou".

[30] *Idem, ibidem*: "En voici un autre dont le visage est entièrement couvert d'un masque de fer, où l'on a pratiqué deux trous pour les yeux, et qui est fermé derrière la tête avec un fort cadenas. Le misérable se sentait trop malheureux, il mangeait de la terre et du gravier pour en finir avec le fouet; il expiera sous le fouet sa criminelle tentative de suicide".

[31] Também podemos notar que a descrição textual de uma máscara de ferro com buracos para os olhos não está de acordo com a máscara desenhada, cuja função é impedir de comer e, talvez, falar. Além disso, os dois instrumentos de tortura que são eventos separados no texto de Arago, na imagem, estão unidos. Portanto, pode ser um erro assumir que Arago tinha a intenção de fazer o texto corresponder ao desenho. Ele provavelmente viu texto e imagem como modos didáticos distintos.

[32] Arago, 1839, p. 120.

[33] *Idem*, p. 135.

[34] Holloway, 1993, pp. 201-205.

[35] Porém, ao exercer a brecha de recusar o pagamento de indenização do governo pela criança, os proprietários de escravos ainda poderiam manter uma criança sob sua autoridade até a idade de 21 anos. Ver Skidmore, 1993, p. 16.

[36] Chalhoub, 1990, p. 199.

[37] Alberto, 2011. Conforme Alberto demonstra, o movimento construiu-se baseado em décadas de movimentos anteriores importantes, embora menos visíveis, como a Frente Negra da década de 1930.

38　A petição e as cartas de pedido de canonização, bem como a rejeição do arcebispo, estão arquivadas no Museu do Negro. Agradeço a Ricardo Passos, diretor do museu, pela ajuda na localização.

39　"A Arquidiocese do Rio de Janeiro não deixará, em conjunto com a Irmandade de Nossa Senhora do Rosário e São Benedito dos Homens Pretos e o Capelão da Igreja, de alertar os fiéis para a observância das normas eclesiásticas."

40　A saber, Nilton e Ubirajara.

41　M. D. de Souza, 2007, p. 39. Segundo Souza, o edital foi redigido por Dom Romeu Brigenti. A legitimidade das almas dos escravos é um dos motivos pelos quais a Escrava Anastácia é apresentada como membro dessa classe na Igreja do Rosário na Bahia. Isso permite a ela uma presença tolerada às margens da Igreja.

42　*Jornal do Brasil*, 9 set. 1987, p. 11.

43　*Idem*, 25 mar. 1988, Caderno B, p. 2.

44　Paiva, 2014, p. 68.

45　M. D. de Souza, 2007, p. 39.

46　Entre tantos exemplos, ver *O Jornal*, 13 maio 1973. No meu conhecimento, essa foi a primeira grande publicação sobre Anastácia.

47　Próxima à rua General Caldwell e avenida Presidente Vargas, centro da cidade.

48　Exemplos incluem Bangu, na época de Marinho (Mário José dos Reis Emiliano), em 1987, e o jogador Maurício (de Oliveira Anastácio) do América e posteriormente do Botafogo, que declarou: "Em todo caso, levanto da cama com o pé direito primeiro e rezo muito para São Judas Tadeu, Nossa Senhora Aparecida e Escrava Anastácia". *Jornal do Brasil*, 14 out. 1989, p. 21.

49　M. D. de Souza, 2007, p. 15.

50　Andrea Paiva relata que a escultura do Escravo Desconhecido foi criada por Humberto Cozzo, um argentino, em 1970. Visitantes sussurram no ouvido do escravo, tocam a face dele e deixam-lhe oferendas, que vão de guimbas de cigarro, balas de revólver a simples bilhetes. Paiva, 2014, p. 56.

51　Santos, 2008.

52　É importante insistir que sua presença e seu modo de ser não são fixos. Ninguém com quem conversei viu-a incorporada, como possessão espiritual, em um corpo vivo, apesar de uma pessoa ter detalhado o fato de possessão ser relativo. Afinal, alguns santos não "baixam", mas "encostam" em um corpo vivo. Possessão como incorporação é uma questão de grau, de chegar perto de um corpo humano. Essa pessoa sugeriu que Anastácia é capaz de "chegar perto".

53　Burdick, 1998, p. 159.

54　*Idem*, p. 154; M. Wood, 2011, p. 133.

55　Como ensinou Georges Bataille, atos como esses de forma alguma contrariam impulsos genuinamente sagrados. Eles fazem exatamente o contrário. Ver Bataille, 1986, p. 90.

56　Nenhum caso é uma manifestação pura e completa de um desses modos. Os tipos combinam-se de forma variada em qualquer figuração empírica real de Anastácia, não há dúvida quanto a isso. No entanto, qualquer local ou situação que a incorpore ficará mais próximo de uma ou outra posição como atratora dominante.

57　O Dia Nacional da Consciência Negra foi instituído como feriado escolar em 2003 e feriado nacional em 2011. As estimativas de visitantes foram fornecidas por Ricardo Passos em entrevista pessoal, no dia 28 de maio de 2016.

58 Vale observar a abordagem informal e íntima ("tua força"), o que é incomum em súplicas direcionadas a outros santos.

59 Invoco o problemático termo "sincretismo" com relutância por razões óbvias: sua imprecisão e suas vagas implicações de tradições puras *versus* tradições mistas. Pode ser mais produtivo falar de afiliações em camadas, práticas multirreligiosas, arenas mutáveis e do cultivo estratégico de paralelismos e dupla participação dentro de ecologias religiosas heterogêneas maiores. Sobre arenas mutáveis, ver Sweet, 2003, p. 114. Sobre paralelismo estratégico e participação dupla, ver Parés, 2013, pp. 76-77. Sobre genealogias e formulações diferentes do chamado sincretismo, ver P. C. Johnson, 2016.

60 Informação preparada pela Venerável Ordem Terceira do Rosário de Nossa Senhora às Portas do Carmo, Irmandade dos Homens Pretos.

61 Aqui adaptei a expressão "política da serenidade" (*politics of serenity*). Ver em Burdick, 1998, p. 162.

62 A Igreja Católica Brasileira foi fundada por um padre católico dissidente, Carlos Duarte Costa, que se opôs à estreita relação entre o regime ditatorial do presidente Getúlio Vargas e a Igreja Católica Romana. Costa acusou a Igreja de acolher pensamentos nazistas e também se opôs à infalibilidade papal e ao celibato do sacerdócio, entre outras coisas. Sacerdotes da Igreja Católica Brasileira (independente) há muito apoiam eventos de rituais sincréticos populares, incluindo os da umbanda, então não é surpresa que eles também tenham apoiado a devoção à Escrava Anastácia. Segundo Roger Bastide: "Desde 1945, os padres [da Igreja Católica Brasileira] visitam sessões espíritas de umbanda, abençoam estátuas da Virgem identificadas com Iemanjá, rezam missas em santuários de macumba e compram terras onde os negros podem celebrar seus festivais 'nacionais brasileiros', independentemente do fato de estes serem proscritos pela Igreja Romana". Bastide, 1978, p. 233.

63 Burdick, 1998, pp. 162, 149.

64 Disponível em <https://www.facebook.com/CentroDeUmbandaPaiJoaoDeAngola>.

65 A descrição de Anastácia na exposição foi retirada de M. Wood, 2011, pp. 129-134.

66 O texto foi uma autopublicação que circulou como folheto. Foi reimpresso em Burdick, 1998, pp. 68-70.

67 "A nova superprodução da Manchete", *Correio Braziliense*, 15 maio 1990, seção 2.

68 *O Estado de Minas Gerais*, 18 maio 1990.

69 *O Correio*, 22 maio 1990.

70 M. Wood, 2011, p. 137.

71 *Idem*, pp. 125, 141.

72 Disponível em <http://www.lilianpacce.com.br/desfile/adriana-degreas-primavera-verao-201213>.

73 "Adriana Degreas Racist Potrayal [*sic*] of Black Slaves in Her Runway Fashion Show", disponível em <https://www.change.org/p/adriana-degreas-adriana-degreas-racist-potrayal-of-black-slaves-in-her-runway-fashion-show>.

74 "Response – Adriana Degreas Racist Potrayal [*sic*] of Black Slaves in Her Runway Fashion Show", disponível em <https://www.change.org/p/adriana-degreas-adriana-degreas-racist-potrayal-of-black-slaves-in-her-runway-fashion-show/u/13617560>.

75 M. Wood, 2011, p. 143.

76 Paiva, 2014, p. 61.

77 Sheriff, 1996.

4

Ajeeb
Um quase humano autômato

[O Rio de Janeiro] será sempre, como disse um deputado, a nossa Nova York. [...] Não levarão daqui a nossa vasta baía, as nossas grandezas naturais e industriais, a nossa Rua do Ouvidor, com o seu autômato jogador de damas, nem as próprias damas.

Machado de Assis, "A semana", 1892

Um turco gigante, um autômato jogador de xadrez, senta-se em um compartimento fechado por uma portinhola. O que vive ali dentro? Uma pessoa toda encolhida ou um mecanismo? Mente, roldanas e engrenagens? Ou, talvez, absolutamente nada? Simulação, jogada, golpe, vácuo? A caixa atrai-nos. Somos seduzidos a imaginar que há alguém ou alguma coisa dentro, ainda que não queiramos. Ninguém conhece ao certo a aparência do agente invisível.

Objetos quase religiosos que perpassam variadas tradições anunciam compartimentos internos escondidos como algo recorrente. A linha que separa o exterior visível e um agente interior secreto era uma qualidade compartilhada entre uma paciente psiquiátrica e um macaco, no capítulo 1, uma fotografia, um corpo possuído e um amuleto *nkisi*, no capítulo 2, o desenho que certo francês viajante do mundo fez, inspirado pelo contato com uma princesa brasileira e posteriormente se tornou uma santa, no capítulo 3. Da mesma forma, isso foi vital para o carisma e os efeitos especiais de autômatos, incluindo o protagonista deste capítulo, Ajeeb.

Este capítulo aborda a atração exercida pela quase humanidade em forma de autômatos quase humanos. Vai de um debate acerca da religiosidade exemplar e os usos literários de androides ao escopo mais restrito do namoro entre o século XIX e o jogador de xadrez mecânico. Depois desse rápido preâmbulo da história do mais conhecido entre esse grupo, o famoso Turco, de Von Kempelen, vamos dar um *zoom* em um homem-máquina menos conhecido chamado Ajeeb, que veio da Europa para a América do Norte e em seguida para o Brasil. Apesar da carreira curta no Rio de Janeiro (apenas de 1896 a 1897), ele deixou sua marca – um rastro de maravilhamento, mas também de polêmica sobre personalidade e fraude. Esse autômato, Turco, chegou em 1890, na mesma época em que começou a migração em massa de turcos, propriamente ditos, vindos do Império otomano para o Brasil. O jogador de xadrez Turco teve um significado muito diferente no Rio de Janeiro do que em Paris ou Nova York. Mais do que isso, ele fez parte de um momento em que uma nova família de espíritos nasceu no Brasil, os "turcos". Ajeeb mostra como a atração por quase humanos dá origem a situações, entidades e modos de evocação quase religiosos. O compartimento fechado debaixo do homem mágico ficava cheio com mais do que um gênio do xadrez encolhido. Era denso também devido a outras espirais, forças sociais que davam vida à cabeça com turbante de turco de formas que poucas pessoas conseguiram prever.

"A alma do autômato"

Uma série de figuras literárias do século XIX fizeram projetos quase religiosos ultrapassarem molduras de madeira ou metal que cercavam interiores enigmáticos. Eram objetos que causavam ao mesmo tempo horror e fascinação. A fim de explicar esse *ethos* específico, comecemos por investigar, a partir de um ponto de vista diferente – o da criação de um monstro como situação quase religiosa –, a história mais famosa desse gênero: *Frankenstein*, de Mary Shelley.

De Frankenstein *a* R. U. R.

A trama de *Frankenstein* foi tecida, a princípio, durante um jogo entre amigos, mas também a partir de encontros de Shelley com autômatos de verdade.[1] O conto prende-nos menos pela monstruosidade da cria do inventor do que por sua familiaridade, sua incômoda proximidade com seres humanos. O monstro emociona-se com a beleza sublime da natureza, assim como os humanos. Ele é tomado por emoções – solidão, remorso, anseio e ira o fazem chorar. Assim como seres humanos, ele analisa, ele imagina um futuro com uma parceira. Ele aprende a falar e fica tocado com a leitura de *Paraíso perdido.* A tragédia está no fato de que, ao mesmo tempo que é humano em vários aspectos, ele jamais poderá ser totalmente humano. Ele fala de forma eloquente, mas uma estranha rouquidão atrapalha sua voz.[2] Seus membros são "em proporção" e suas características foram escolhidas para que fosse "bonito", o rosto, uma figura de maravilhamento, mas a aparência ainda causa "horror e repulsa", como uma "figura demoníaca". Pior de tudo, ele compreende e sente muito bem a tragédia de sua quase humanidade: "minha forma é um tipo imundo da sua, mais horrível até pela própria semelhança". Se, no entanto, ele de várias formas é menos do que humano, de outras, é mais. Dois metros e meio de altura, ele tem força de sobre-humano e resistência, "velocidade mais do que mortal" e poder de persuasão incomum, "como dotado de poderes mágicos".[3] Ele vacila entre declarações de sub-humano e de sobre-humano, entre escravo e senhor.[4]

A presença da criatura evoca tanto medo quanto admiração, horror e maravilhamento, tudo ao mesmo tempo. Aproximar-se desse quase humano gera uma reação percebida na expressão curiosa de Rudolf Otto, *mysterium tremendum*, uma sensação estranha, desconfortável de estar na presença de algo misterioso, incompreensível, terrível, ainda assim, com poder magnético, "como eletricidade armazenada".[5] Otto teve dificuldade para nomeá-lo, mas percebeu a afinidade não somente com eletricidade, mas também com uma palavra que transmite o vasto, o imenso, o monstruoso, *ungeheuer*.[6] Encontramos essas tensões nas descrições da criação dessa criatura: "um ser formidável [...] sobrenatural em sua feiura". A combinação entre magnetismo e repulsa segura os protagonistas, criador e criatura, presos um na órbita do outro. A criatura não sobrevive sem seu criador, Victor F., assim como o criador se sente compelido a permanecer perto de seu instrumento e duplo. Os dois compartilham partes e qualidades – por exemplo, como Victor F., o monstro encanta-se com o Sol e o canto dos pássaros e imagina um futuro com uma parceira, uma quase humana como ele. Enquanto isso, Victor F. começa a imitar sua máquina, tem impulsos mecânicos e é preenchido pela voz alheia: "eu seguia meu caminho rumo à destruição do demônio [...] como impulso mecânico de algum poder do qual eu não tinha consciência".[7] A "estranha semelhança" entre Drosselmeier e seu autômato Nutcracker, em uma história publicada dois anos antes do livro de Shelley, sugere a mesma ideia de uma atração magnética entre um homem e sua cria-máquina.[8] Ambas as histórias ressaltam a atração ritualística por quase humanos e pela capacidade deles de sinalizar ao mesmo tempo a diminuição do ser humano

em sub-humano, por um lado, e a expansão dos poderes humanos a sobre-
-humanos, por outro. Dr. Victor Frankenstein buscou não somente o poder
de criar vida, no rastro de Agrippa ou Paracelsus, ele se sentia também atraí-
do pela companhia da coisa.

O monstro faz acordo com seu criador: "se você consentir [em fazer
a companheira solicitada], nem você nem qualquer outro ser humano
jamais tornará a ver-me: partirei para os ermos longínquos da América
do Sul".[9] Ele jamais chegou ao continente do Sul; entretanto, foi visto
pela última vez atravessando o gelo do Norte. Mas nós, algumas páginas
adiante, vamos.

Um século depois de Shelley, Karel Čapek, escritor tcheco, convocou uma
nova visão de quase humanos sagrados com seu neologismo "robô" – do eslavo
antigo "rabu", que significa "escravo". A palavra apareceu na peça de teatro *R.
U. R. (Robôs Universais de Rossum)*, encenada pela primeira vez em 1921. Essas
pessoas artificiais também percorriam a humanidade, traçando os limites para
explicitá-la. Suas diferenças por vezes os elevam acima dos seres humanos, por
vezes os rebaixam. A memória deles é bem melhor do que a de pessoas, por
exemplo, mas eles jamais riem ou se sentem felizes. São praticamente invarian-
tes – apesar de a empresa ter enviado 500 mil robôs tropicais para a América
do Sul, para cultivar trigo nos pampas. Eles têm capacidade intelectual maior
do que pessoas biológicas e são bem-sucedidos ao organizar uma rebelião que
os coloca na posição de senhores em vez de escravos, ainda assim, não conhecem
o conceito de história. Reúnem-se para formar instituições governamentais.
Ainda assim, parecem "não humanos", como um personagem os chama, porque
não são capazes de se reproduzir e não são tementes a Deus.[10] E há o persistente e familiar refrão dizendo que eles não têm alma.

Dois seres humanos – Dr. Gall, presidente da área de pesquisa da fábrica
de robôs, e Helena Glory, uma jovem visitante – são instigados pelo projeto
ilusório de proporcionar alma aos robôs. No início da peça, como reação à
convulsão de um robô, Dr. Gall afirma: "Isso não foi bom. Precisamos
introduzir o sofrimento".

HELENA: Ora, ora... Se não vai lhes dar alma, por que quer dar-lhes dor?
DR. GALL: Por motivos industriais, srta. Glory [...].
HELENA: Serão felizes quando forem capazes de sentir dor?
DR. GALL: Pelo contrário. Mas serão tecnicamente mais perfeitos.
HELENA: Por que não cria alma para eles?
DR. GALL: Isso não está dentro de nossa capacidade.

Com o tempo, no entanto, Helena convence Gall a alterar o "correlato fisiológico" de alguns robôs. Sob a liderança do robô Damon – demônio –, estoura uma revolução. Robôs tornam-se mais humanos, aprendem a desafiar, odiar e a criar estratégias. Por fim, matam todos os seres humanos, exceto um, Alquist. Este provou ser o mais humano de todos em virtude de suas orações, seu amor à tradição e sua habilidade de trabalhar com as mãos. Como o último dos seres humanos, é testemunha do renascimento de uma versão nova de humanidade híbrida:

> ALQUIST: Robôs não são vida. Robôs são máquinas.
> SEGUNDO ROBÔ: Éramos máquinas, senhor, mas do horror e do sofrimento tornamo-nos...
> ALQUIST: O quê?
> SEGUNDO ROBÔ: Tornamo-nos seres com alma.
> QUARTO ROBÔ: Há algo se esforçando dentro de nós. Em alguns momentos, alguma coisa acontece dentro da gente. Pensamentos que não são nossos nos ocorrem.

A quase humanidade dos robôs é ainda mais percebida quando dois dos robôs modificados por Gall expressam emoções e sentem o mundo natural sublime. O surpreendente nesse diálogo é que, ao se tornarem humanos, alma é uma experiência de inspiração, ou até mesmo de possessão ou de tornar-se um outro. Ser humano é ser capaz de se tornar um outro: "Pensamentos que não são nossos nos ocorrem". Robô Helena diz ao Robô Primus: "Ouviu isso? Pássaros estão cantando. Ah, Primus, eu gostaria de ser um pássaro!". Helena e Primus apaixonam-se e a explicação que têm para isso soa como uma epifania para Alquist: "Ó dia abençoado! [...] Ó santificado sexto dia! 'Então Deus criou o homem a sua própria imagem [...].' O sexto dia! Dia da graça. [*Ele se ajoelha.*]".[11]

Os temas compartilhados entre *Frankenstein* e *R. U. R.* delimitaram um longo século XIX: a questão da alma, o conflito entre fabricado e fabricante (em ambos os casos, articulado em termos de senhor e escravo), os riscos da arrogância inventiva dos seres humanos, a inevitabilidade da tentativa de cientistas de criar quase humanos. Mais impressionante para meu propósito é a combinação atração/repulsa evocada pela proximidade a máquinas, uma gama de sensações em camadas com situações, questões e buscas quase religiosas, como o questionamento em busca da alma ou, em outras palavras, a ansiedade incerta sobre qual agência possuem ou ocupam seres quase humanos incômodos. Ambas as histórias narram planos para esse tipo de vida de máquina na América do Sul. Em breve, veremos o que aconteceu com um quase humano mecânico que, de fato, chegou até lá.

Turcos maravilhosos

Os verdadeiros autômatos do período, como os literários, inspiraram situações quase religiosas envolvendo-os. Não apenas porque, em interação com plateia, lugar e tempo, os próprios autômatos provocavam reações quase religiosas. Mas também porque incitavam inovações em religiões de compreensão mais limitada. Por exemplo, o desenhista de Robert-Houdin, exposto em 1844, no Palais de l'Industrie, em Paris. Seu visitante de mais prestígio foi o conde de Paris, rei da França. Quando ele foi preparado para desenhar uma coroa em homenagem ao rei, seu lápis quebrou e o desenho ficou inacabado. Algumas pessoas viram isso como augúrio ou profecia: "o lápis quebrou na mão dele e deixou a coroa como mera antecipação inacabada, quase uma profecia".[12] Charles Dickens escreveu: "e lá estava o autômato de Robert-Houdin, que desenhava de forma tão funesta, a ponto de seu lápis quebrar ao traçar a imagem de uma coroa para seu herdeiro desapossado, o conde de Paris".[13] Outro observador acrescentou: "para um profeta romano desse simples incidente derivaria um presságio".[14] Observe os termos: "profecia", "augúrio", "presságio".

E que tal a mais famosa de todas as máquinas, a de Wolfgang von Kempelen? A Introdução chamou a atenção para as exclamações e os gestos ritualísticos ocasionalmente resultantes do primeiro encontro com o Turco, o jogador de xadrez de Von Kempelen, na Europa: lembre-se da mulher que fez o sinal da cruz sobre o coração e suspirou em oração, acreditando ser uma estátua possuída.[15] Johann Maelzel comprou o autômato de Von Kempelen e adornou-o dando toques diferentes, como um anúncio de vitória vocalizado em francês: "*Échec!*". O Turco retocado de Maelzel foi um sucesso em Paris (1817), Londres (1818), Amsterdã (1821) e outras metrópoles europeias antes de chegar a Nova York. Ele desembarcou em 3 de fevereiro de 1826 e logo em seguida foi exposto no National Hotel, no número 112 da Broadway, onde Maelzel também se hospedou – ele parecia se sentir completo somente perto de sua máquina. "Tal era seu hábito ou sistema, ele gostava de estar sempre na mais próxima conexão com seus agentes, animados e inanimados", escreveu George Allen em 1859.[16]

Instalado em Nova York, o Turco emanava nada menos do que uma aura incômoda. "Autômatos de xadrez encantavam tanto crédulos quanto céticos [...]. Alguns espectadores deixavam o ambiente ou até mesmo desmaiavam quando um autômato começava a se mexer."[17] O autômato fez fama de formidável campeão. Assim como os poucos candidatos que conseguiram derrotá-lo – o jovem Benjamin D. Green, em Boston, e Samuel Smyth, de 18 anos, em Nova York (depois do qual, pelo menos foi o que disseram, um senhor que assistia "ficou tão animado", que saiu correndo, rua acima, sem chapéu, para relatar a notícia).[18] O operador interno da estátua que manteve esse trabalho por mais tempo foi o campeão alsaciano Wilhelm Schlumberger. Ele também conquistou a reputação de, como Maelzel certa vez disse, "alma do autômato".[19] Mais uma vez, observe os termos: "agentes animados e inanimados", "encantamento", "possessão", "alma do autômato". Situações quase religiosas.

Devido ao sucesso do Turco, vários androides imitando-o foram fabricados nos Estados Unidos – um deles, por um inventor chamado Walker, outro por Balcom. Infelizmente, o segredo da alma do autômato veio à tona pela primeira vez em 1827, quando vários garotos viram um operador sair de dentro do compartimento. Para fugir desse contratempo, Maelzel resolveu levar a estátua a Havana e, depois, às capitais da América do Sul.[20] Em 9 de novembro de 1837, ele e Schlumberger saíram de Havana a bordo do *Lancet* com o objetivo de deixar o autômato em pleno funcionamento para os negócios por ocasião do Natal. Precisavam se apressar: a temporada do Carnaval, entre Natal e Quaresma, era tempo de festa. Depois da Quarta-Feira de Cinzas, no fim de fevereiro, provavelmente ninguém brincaria com o Turco. Chegaram conforme programado; entretanto, em alguns meses Schlumberger teve febre amarela e morreu. Maelzel também foi vítima da doença, em 21 de julho de 1838, na costa de Charleston, durante a viagem de retorno aos Estados Unidos.[21]

O Turco sobreviveu sob os cuidados de outro dono e foi instalado no Museu Chinês da Filadélfia. Sua quase aposentadoria durou ainda 14 anos, antes de ser consumido pelo fogo em 1854, "uma partida sublime".[22] Seu último dono escreveu uma elegia solene:

> O fogo mesmo lhe dizia respeito. A morte encontrou-o tranquilo. Ele, tendo visto Moscou perecer, não temia o fogo. Escutamos com uma ansiedade dolorosa [...]. Pensamos ter escutado, nas violentas chamas e mais alto do que o som externo, as últimas palavras de nosso amigo que partiu, as sílabas severamente sussurradas e frequentemente repetidas, "*Échec*! *Échec*!".[23]

James Cook resumiu várias narrativas sobre o Turco e deu força a sua espetacular ascensão, inclusive

> a cada vez mais difusa linha moral que separa a imitação artística da decepção criminosa; uma variedade ampla de rivalidade geocultural simbolizada e contextualizada em um outro não ocidental caricaturado; as implicações socioeconômicas e genderizadas de jogar, vencer e controlar o diligente trabalhador de Maelzel; e o *status* cada vez mais provisório e instável da informação impressa na emergente sociedade urbano-industrial.[24]

Podemos acrescentar mais ainda. A linguagem usada nas descrições do Turco e as reações que ele provocava – expressões como "além dele mesmo", "alma do autômato", "agentes animados e inanimados", "augúrio", "profecia" e "o sublime" – indicam situações quase religiosas, uma aura com ambiguidade de agente que se colocava entre a máquina e seus usuários. O artigo de Edgar Allan Poe, escrito em 1836, desmascarou a ilusão de agência da estátua, mas também tentou dar nome a uma origem precisa para sua estranheza maravilhosa. Ele a chamou de "'máquina [potencialmente] pura' desconectada da agência humana", mas com movimentos não tão semelhantes aos de uma vida real.[25] No entanto, Poe protesta demais. A tensão que ele nomeia – o hiato entre "potencialmente" e "não tão" – é importante. O ser, obviamente, não era uma máquina pura; era apenas potencialmente isso. Faltava-lhe agência humana, mesmo que fosse quase (não tão) semelhante à vida real. A própria característica do Turco de estar naquele hiato foi o que inspirou o artigo de Poe. A necessidade de desmascarar serviu apenas para enfatizar o poder de atração do autômato.

Seguindo os termos de Poe – "potencialmente" e "não tão" –, faço uma relação entre a atração pelo jogador de xadrez Turco e a agência quase humana. O Turco habitava o "vale do incômodo", para usar a expressão de Masahiro Mori (1970), em virtude de uma combinação dissonante entre aparência quase humana e movimento não humano.[26] Ele estava próximo o suficiente da humanidade, mas não tão próximo, a ponto de cativar e enfeitiçar sem chocar. Conforme argumentou Mori, imagens distantes demais do humano – digamos, que fala e tem tentáculos em vez de membros ou 40 olhos em vez de 2 – causam repulsa, um desejo de fugir. O mesmo ocorre com imagens próximas *demais* da humanidade. Por exemplo, a história *Androides sonham com ovelhas elétricas?*, de Philip Dick (1968), na qual o caçador de recompensa Rick Deckard sente atração por Rachael Rosen, que a princípio ele não identifica como não humana, e depois repulsa, quando descobre a verdade. (Vale ressaltar, a religião é a principal marca da diferença entre eles. Rachael é incapaz de praticar o "mercerismo", que requer empatia mística, um dom que androides não têm.) Ao contrário, o Turco era como os humanos, ainda assim, de forma transparente, não humano; portanto, conforme a curva estabelecida por Mori, bem posicionado no vale do incômodo e atraente, aos olhos do observador. Por meio de seu homem-máquina e seu elenco de operadores, Von Kempelen ganhou fama de "Prometeu moderno", muito semelhante a Victor Frankenstein.[27] O Turco mecânico sentava-se em um trono que abrangia máquinas, seres humanos e deuses. Algumas pessoas achavam-no diabólico. Sob seu pesado, silencioso, olhar de turbante, equilibrado sobre um compartimento secreto de engrenagens barulhentas, algumas pessoas provavelmente viram nele um ser vagamente divino.

Das cinzas resultantes da incineração do primeiro Turco, surgiram novos homens-máquina que tinham nomes com ares orientais: Mephisto, Hajeb, As-Rah.[28] E então chegou Ajeeb.

Ajeeb de Londres para o Rio de Janeiro

Construído por um inglês, Charles Alfred Hooper, em 1868, o homem-máquina Ajeeb foi chamado pela palavra que em árabe e urdu significa "estranho", "incomum" ou "maravilhoso". Provavelmente, o nome foi tirado da obra *As mil e uma noites*, do conto "História de Nur Ed-Din e seu filho", no qual o personagem Ajeeb era admirado por sua elegância na forma. Poderíamos acrescentar que Ajeeb nasceu mais ou menos no mesmo momento em que o misticismo e os estudos sobre religiões orientais na Europa e sobre um modo oriental que colocava o "Leste místico" como incrivelmente irracional, em contraste com o que o Oeste industrial imaginou sobre si e seus corpos como autopossuídos e impermeáveis.[29]

Hooper operou seu autômato em Londres por cinco anos e posteriormente o levou a Nova York, onde, em 1º de agosto de 1885, começou a operar no Eden Musée, em Manhattan. Ajeeb era um corpo de *papier-mâché* sentado de pernas cruzadas, com cabeça de cera usando um turbante branco e uma capa de veludo vermelho no torso. Assim como a máquina de Frankenstein, ele era enorme, tinha mais de 2 metros, e ficava sobre uma plataforma com quase 1 metro de altura. O catálogo do museu descrevia-o:

> Visitantes da galeria não devem deixar de ver Ajeeb, o misterioso jogador autômato de xadrez e dama. Ele é a estátua de um mouro, sentado em uma almofada sob a qual está uma mesa totalmente aberta, na frente um pequeno armário com portas, que

estão abertas, assim como as costas e o peito da estátua. Qualquer estrangeiro pode ficar à vontade para jogar uma partida com o autômato; os movimentos da estátua são livres e fáceis, movimentam as peças com tanta precisão quanto seus adversários vivos e com muito mais sucesso; em geral, termina vencedor. Ao colocar o rei em xeque, o autômato sinaliza, levantando a cabeça duas vezes, e, no caso de xeque-mate, três vezes.[30]

Na mão esquerda imóvel, Ajeeb segurava um narguilé e, no ombro direito, tinha uma cacatua (Figura 4.1).[31] Foi um grande sucesso que durou uma década no Eden.

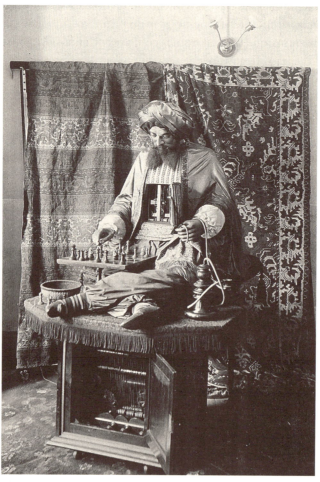

Figura 4.1 – Imagem em fotografia cartão cabinet do autômato jogador de xadrez "Ajeeb, o maravilhoso". Versão cortada, 1886. TCS 1.183, Harvard Theatre Collection, Universidade de Harvard.

Em que estava seu apelo? O cartão de divulgação nem mesmo mencionava sua habilidade no xadrez. Em vez disso, anunciava suas "extraordinárias e misteriosas *séances*" e suas qualidades estranhas, praticamente humanas: "seus movimentos são tão realistas, que fica difícil acreditar que não é dotado de vida".[32] Obviamente, ele também jogava xadrez. Aliás, ele jogava o tempo inteiro, contra adversários que iam de Sarah Bernhardt a O. Henry, e facilmente fazia valer seu sustento. A entrada para o museu custava US$ 0,50. Custava US$ 0,10 a mais para entrar na sala de Ajeeb e mais US$ 0,10 para jogar. Ao todo, ele rendia de US$ 50,00 a US$ 70,00 por semana, e a ocupação de sua pele de oliva variava entre mestres do xadrez, como Albert Beauregard Hodges e Harry Nelson Pillsbury. Charles Moelhe, outro virtuoso jogador, operou um Ajeeb diferente em Chicago. Por volta de 1895, a versão exposta no Eden foi substituída por um jogador novo e um autômato novo, uma estátua do místico oriental Chang, um "chinês [...] de bigode pontiagudo [e] robe de seda bordado em azul e verde".[33]

Ainda assim, o mouro Ajeeb voltou ao trabalho e permaneceu em funcionamento intermitente no Eden, até 1915. Até mesmo nas décadas seguintes, ele retornava esporadicamente ao trabalho e causava um *frisson* sobrenatural. Frank Frain passou a ser coproprietário de Ajeeb em 1932 e manteve-o dentro de uma caixa em seu Cadillac. Ele afirmou: "Ora! Certa vez, as peças dentro das caixas no Cadillac começaram a pular, Deus me livre! E por três vezes, quando fui colocar a cabeça de Ajeeb no lugar, caí, como se alguém tivesse me dado uma rasteira!". Irlandês, católico convicto, Frain levou Ajeeb para ser benzido na Basílica de Santa Ana de Beaupré, próximo a Quebec – um santuário bastante visitado por comunidades de povos indígenas locais. E mais tarde, em 1943, ele manteve a cabeça de Ajeeb em seu apartamento no Queens, às vezes fazia massagem nas bochechas dele, penteava a barba e lubrificava suas pálpebras com vaselina: "quando o coloco na luz adequada, com espelhos e cortinas, há controvérsia quanto a ele estar vivo, então, Deus me livre!".[34] Situações quase religiosas: *séance*, mistério, benzedura, santuário, dotado de vida.

Apesar de o Ajeeb original jamais sair de Nova York, versões peripatéticas de imitação estavam há muito em movimento. Em 1896, um Ajeeb foi comprado nos Estados Unidos por um emigrante judeu tcheco por nascimento e enviado para o Brasil.

Ajeeb no Brasil

Esta parte da narrativa começa com um empreendedor aventureiro: Fred Figner, nascido em 1866, em Milevsko, Boêmia. Depois de emigrar para os Estados Unidos na adolescência, em 1882, ele se estabeleceu em San Antonio e sustentava-se como caixeiro-viajante.[35] Lá viu pela primeira vez um fonógrafo Edison, e em São Francisco comprou o seu próprio, em 1891, como parte de um negócio que fez com seu cunhado. Os dois imaginavam que poderiam lucrar ao adquirir invenções tecnológicas no Norte e levá-las para a América Latina, onde provavelmente ainda seriam novidade. A aposta valeu a pena. Figner mudou-se para o Brasil e jamais voltou para os Estados Unidos, a não ser em viagens curtas de negócios.[36] Ele se imaginava levando maravilhas da tecnologia para os trópicos, região que julgava sem instrução. O que de fato aconteceu foi algo diferente. No Brasil, aquelas maravilhas assumiram sentidos, usos e cenários muito diferentes. Foram convertidas em algo novo, e Figner também foi. Ele se tornou fundador da indústria brasileira de discos, um dos pilares da sociedade carioca, e patrono e adepto do espiritismo, como veremos no próximo capítulo.

Em 1891, Figner levou consigo o fonógrafo para Belém, cidade tropical em crescimento na época, localizada no Litoral Norte do Brasil, na fronteira com a região amazônica. Lá ele lançou sua nova carreira, fazendo nas ruas demonstrações da máquina milagrosa de Edison, que funcionava com o acionamento de um pedal e tocava valsa, *jazz* e ópera. O mais impressionante de tudo, ele gravava a voz das pessoas em um cilindro.[37] Conquistou fama de o homem com a máquina falante, um equipamento estranho capaz de falar e até mesmo contornar o tempo, capturando a voz de humanos do passado recente e lançando-a no presente sônico. Pelo menos 4 mil moradores de Belém pagaram para ver isso em espetáculos que duravam a tarde inteira. Um sucesso esmagador, as apresentações foram repetidas em várias cidades, conforme Figner descia a costa em direção à capital.[38] Estava tão ligada a Fred Figner, que a máquina falante passou a ser chamada de "máquina figner".

Figner desembarcou de um vapor no Porto do Rio de Janeiro, em abril de 1892, e, no início de junho, ele e sua máquina maravilhosa estavam instalados no Hotel Freitas.[39] Suas demonstrações incluíam discursos que gravou no Norte com figuras famosas já falecidas, por exemplo, Dom Pedro II, que acabara de morrer em Paris. A vitória sônica sobre o tempo e o espaço, aliada à qualidade do som, atraiu a atenção, e aquilo era apenas o começo.[40] Figner fez da capital seu lar, onde estabeleceu seu negócio e começou, em 1897, a constituir sua família grande. Com frequência viajava para os Estados Unidos e para a Europa. Certa vez, em 1892, foi para fugir da febre amarela, mas principalmente para adquirir a última engenhoca de imagem e som. Durante uma década, ele se sustentava levando para o Brasil novidades tecnológicas que encontrava no exterior. O primeiro a chegar foi o fonógrafo, em seguida, o primeiro dispositivo cinematográfico, o cinetoscópio de Edison, em 1894, provavelmente adquirido em 1893, na Feira Mundial de Chicago. A estes acrescentou ainda o cinetofone, em outubro de 1895, descrito como "o aparelho maravilhoso que nos permite ver e ouvir ao mesmo tempo".[41] O primeiro evento de projeção aconteceu em 8 de julho de 1898, uma outra máquina figner; a atração nova sempre surgia com seu nome junto. Concomitantemente a seu investimento cada vez mais alto em som e filme, Figner oferecia espetáculos visuais para atrair curiosos.

Uma viagem no início de agosto de 1895 levou Figner a Nova York, onde ele provavelmente comprou uma edição do autômato Ajeeb.[42] No início de dezembro daquele ano, ele estava em Montevidéu, Uruguai, demonstrando a nova maravilha jogadora de xadrez.[43] Poucas semanas depois, em Buenos Aires, ele demonstrava o cinetoscópio junto com Ajeeb, em um teatro pequeno na rua Florida. Em maio de 1896, estava de volta em casa, no Rio de Janeiro. Com fanfarra à altura, a chegada de um genuíno autômato, um gênio mecânico jogador de xadrez, foi anunciada.[44] Figner encontrou um local no lugar mais agitado do bairro onde se concentrava a vida noturna e o entretenimento, a divertida rua do Ouvidor – a primeira rua que recebeu luz a gás, em 1860, e a primeira a ter luz elétrica, em 1891 (Figura 4.2). De longe, era a via mais agitada da cidade. Lima Barreto, o famoso jornalista e romancista, ébrio, paciente do Hospício referido no capítulo 1, precisou de poucas palavras para descrever o clima: "Sou muito estimado na Rua do Ouvidor; mas quem não o é aí?".[45] Figner convidou repórteres de todos os jornais.[46] Ajeeb causou uma dramática primeira impressão:

> Tivemos occasião de apreciar ontem o engenhoso automato que joga damas com a mais rematada perícia, batendo todos os adversarios que se lhe apresentão. É um apparelho mecánico, representando um turco, ricamente vestido, com largo turbante de seda, sentado á oriental, de pernas cruzadas, tendo ao collo um taboleiro de damas. A expressão da figura é magnifica, e a sua attitude physionomica é a de um indivíduo que medita [...], seu jogo é perfeito, como todo o seu aparelho. [...] Qual o segredo do apparelho, qual a alma do automato? Esta reside em um homunculo, emerito jogador, que se insinua dentro das grandes cavidades do automato. Isso, porem, não diminue a curiosidade do apparelho, que merece bem uma visita.[47]

Figura 4.2 – Rua do Ouvidor, Rio de Janeiro, c. 1890, onde Ajeeb foi exposto pela primeira vez. Fotografia por Marc Ferrez, Instituto Moreira Salles, Rio de Janeiro.

O impacto visual de Ajeeb foi associado a som, por inspiração de sucessos anteriores de Figner. Um repórter descreveu que viu Ajeeb pela primeira vez em uma penumbra sinestésica de uma aura mágica, assistindo-o, enquanto, ao mesmo tempo, escutava uma ária da ópera *La sonnambula*, de Bellini, tocada no mais moderno e melhor fonógrafo.[48] Estava evidente que Figner não era bobo. Conectar as imagens de sonâmbulos e o jogador de xadrez Turco, ambos cobertos pela mística do automatismo, foi um movimento brilhante. Que estreia! Ajeeb era mais do que simplesmente diversão, lucro e um lugar para jogadores de xadrez ambiciosos compararem-se com um adversário perfeito. Havia algo mais nele. Como ocorreu com versões anteriores do Turco, comentaristas apegaram-se à questão acerca da alma de Ajeeb, a alma de um autômato, mesmo que o próprio Ajeeb, estoico em suas vestes, mantivesse seu segredo. Não por acaso, a chegada de Ajeeb no Rio de Janeiro coincidiu com a de um grupo grande de turcos de verdade, humanos, vindos do Império otomano, sobretudo, de sírios e libaneses. Os brasileiros referiam-se a todas essas pessoas como turcos. Mas foram poucos os turcos que impressionaram como Ajeeb.

Em certo sentido, a aura sobre-humana de Ajeeb escureceu cedo demais no Rio de Janeiro. O grande Ajeeb perdeu três vezes. Uma vez, para um certo Augusto Guimarães. Outra, ele perdeu para um agente de alfândega chamado Claudino Alves de Castilho.[49] Este jogou contra Ajeeb seis noites seguidas, na maioria empatando com seu inimigo. Na sétima noite, no entanto, algo mudou. Ele voltou para jogar mais uma rodada com total concentração, das 20h30 às 21h. A partida avançava em seu favor quando de repente foi interrompida, sob circunstâncias duvidosas. O evento ganhou exposição e reprimenda no famoso periódico *O Paiz*:

> Ontem, porém, [Ajeeb] ficou completamente desmoralisado [...], merecendo o seu emprezario a attenção e providencias da policia. [...] A partida logo no seu inicio tornou-se interessante: no fim de um quarto de hora o Ajeeb invencivel via-se seriamente atrapalhado; 20 minutos passavam e, ó glorias de Ajeeb! Todos os espectadores tremiam de emoção; só restavam ao boneco duas jogadas e qualquer dellas trazia-lhe a derrota mais vergonhosa possivel. A victoria estava já conquistada visivelmente pelo Sr. Castilho. Ajeeb só não suava porque era de gesso. O emprezario, porém, esse, em colicas, parecia um fogo de artificio: de verde passava a amarelo, a roxo, a azul, ao diabo. O automato hesitava, a mão suspensa, como se fosse de carne e as pedras do taboleiro fossem brazas.[50]

Subitamente, o mestre de cerimônia chamou a atenção da multidão para um relógio que anunciava as horas, 21 horas, supostamente, o fim da exibição. Ele passou a mão sobre o tabuleiro, deixando-o limpo.

Com esse simples golpe, ficou de repente óbvio que Ajeeb jamais, de boa-fé, sucumbiria à derrota e que, em vez de permitir que fosse humilhado publicamente, os operadores encerrariam o jogo com fraude. A multidão ferveu em inacreditável fúria. Uma repórter d'*O Paiz* chamou a polícia para denunciar Ajeeb por exploração de fé pública, irônico, uma vez que a exposição era baseada em jogar com a própria ideia da confiança. Um dia depois, Artur Azevedo, dramaturgo, contribuiu com o alvoroço, alfinetando de forma poética:

Ao Ajeeb

Ó turco, se assim te escamas,
É bom que arranjes as malas. [...]
Pois sabes jogar as damas
E não sabes respeita-las?

A ofensa parecia peculiar. Afinal, todo mundo sabia que havia uma pessoa escondida dentro do Turco, conduzindo o jogo. Perdedores humanos com frequência largam jogos para evitar humilhação, mesmo diante de testemunhas, em locais públicos. Ninguém pensa nada a respeito. Por certo, em geral, não é considerado algo que valha noticiar. Que tipo de pacto foi violado, então, levando Ajeeb a se curvar tão repentinamente? A ira que se seguiu à partida abandonada sugere que o Turco era muito mais do que o homem que jogava dentro dele. A presença do autômato era sobre-humana, ainda que o jogador não fosse. Ele tinha uma aura extravagante, um efeito especial do tamanho, das vestes, do narguilé, da maneira estranha de se movimentar, da natureza de sua agência escondida e incerta. Ele não era deus, mas também não era mero humano nem máquina. Era algo entre isso, um quase humano. Para esse tipo de ser, as expectativas de apenas jogar e de uma conduta moral eram altas e vê-lo perder era intrigante, além de atormentar. Um agente quase humano perde para um agente de alfândega? Foi épico, como o espetáculo de um rei cuja capa fica presa na porta. Não é de admirar que a multidão tenha se rebelado.

Todo aquele furor forçou Ajeeb a deixar o Rio de Janeiro em busca de climas mais amigáveis. Levou algumas semanas para ele ir embora, dessa vez, sob a direção do irmão de Figner, Gustavo. Mas, apesar de Gustavo e Ajeeb terem previsto dias melhores em outras paragens, a viagem trouxe pouco alívio. Em São Paulo, Ajeeb perdeu novamente, dessa vez, para Dr. José de Toledo Piza. Na ocasião, pelo menos Gustavo Figner estava preparado para uma saída graciosa. Piza foi imediatamente apaziguado por uma fotografia de Ajeeb com os seguintes dizeres: "Ao meu vencedor". Por acaso, a filha de Piza guardou o retrato como preciosa relíquia, até mesmo depois da morte do pai.[51] Em janeiro de 1897, Ajeeb foi para a Argentina. Mas sua infame partida do Rio de Janeiro não foi esquecida. Os jornais anunciavam: "O automato Ajeeb, que de si deixou tão triste lembrança entre nós, está sendo exhibido no Rosario de Santa Fé, na República Argentina".[52]

Em fevereiro de 1897, Ajeeb continuou na estrada, "turistando" por várias cidades no estado de Minas Gerais. Assim como no início de suas semanas de lua de mel no Rio de Janeiro, o homem-máquina provocava maravilhamento. Com a manchete "Ajeeb, o Turco", leitores mineiros aprenderam que

> é um aparelho curiossissimo e que merece ser visto, pois é dificil fazer-se idea da precisão com que é feito o movimento das pedras pelo inconsciente jogador. A concurrencia de curiosos foi hontem extraordinaria, e todos sahiram sem explicar o maravilhoso companheiro do sr. Fred Figner, seu digno proprietario.[53]

A ausência fortalece a paixão. Em março de 1897, o autômato voltou para o Rio de Janeiro, ressuscitado, "o novo Ajeeb". Para ajudar a ser um vencedor nessa rodada, ele recebeu a companhia de umas atrações novas. Uma delas era Inana, que recebeu o nome em homenagem a uma deusa mesopotâmica equivalente a Vênus. Anunciada como um *sylphorama*, Inana era um truque de espelhos que criava a ilusão de que a deusa estava flutuando, sem a ajuda de cordas. Ela era descrita como uma beleza extraordinária cuja forma "celestial" fazia parte da atração. A outra atração era Vulcan, um "vulcão humano" capaz de respirar fogo. O misterioso e indomável Ajeeb, a celestial Inana, o poderoso filho de Vulcan, trindade destruidora, "os três fenômenos".[54] Maravilhosos, perfeitos, precisos, imbatíveis, celestiais. Foi naquele momento que Machado de Assis escreveu a crônica da qual tirei a epígrafe deste capítulo: "[O Rio de Janeiro] será sempre, como disse um deputado, a nossa Nova York. [...] Não levarão daqui a nossa vasta baía, as nossas grandezas naturais e industriais, a nossa Rua do Ouvidor, com o seu autômato jogador de damas, nem as próprias damas".[55] Deve-se observar que a frase de Machado de Assis coloca Ajeeb e as mulheres em um paralelo. Talvez com o efeito não intencional de, ao mesmo tempo, humanizar um autômato e transformar as "damas" em quase humanas. Ambos tinham aparência de maravilhas coisificadas e atrações sobre-humanas.

Deveríamos nos surpreender com o fato de Ajeeb reerguer-se rapidamente (e voltar a lucrar)? Mesmo antes de perder algumas partidas, ele foi bastante exposto no sentido mais óbvio do termo. A maioria das pessoas da plateia sabia muito bem que dentro do autômato havia um operador humano. Mais de um século passara-se desde as viagens do Turco de Von Kempelen, e então os únicos mistérios verdadeiros eram como conseguiam esconder tão bem a mão humana e como o contrato teatral entre plateia e ilusão era selado e mantido, ainda que sutil. Por que as pessoas se juntavam para assistir a uma ilusão cuja premissa sabiam ser fraude e cujo funcionamento real conheciam bem? Há pistas. Na primeira semana de exibição, em maio de 1896, o *Jornal do Comércio* falou com muito entusiasmo sobre Ajeeb parecer-se com o ser humano – a habilidade de demonstrar impaciência balançando a cabeça, por exemplo –, até mesmo para ser incisivo ao revelar seu "segredo" e "alma" como um "homúnculo [...] insinuado nas cavidades do autômato".[56] Alguns dias depois, o jornal apostou tudo no desmascaramento: "A alma do autômato é um anão que está dentro do Turco".[57] Ainda assim, as revelações pareciam reforçar a estranha presença da estátua mais do que desfazê-la. Pense nas ideias e imagens: a alma da máquina é um homúnculo insinuado na cavidade de um autômato ou um anão inserido em um turco gigante. As descrições fascinam e mistificam mais do que desencantam.[58] Fazem-no parecer um deus, que é quase, mas ainda assim não totalmente humano; entretanto, consegue ser impaciente e trivial de forma sub-humana e criativo e destrutivo de forma sobre-humana, tudo ao mesmo tempo. Não se trata de um deus inexplicável ou transcendente, em outras palavras, mas está mais para um deus grego ou iorubá ou um santo católico popular – não tão humano, estranho, assombroso, bizarro, incômodo.

Corpos duplicados

A instalação quase humana Ajeeb oferecia atrações não oferecidas por humanos, divindades ou máquinas óbvias. O fato de ser intermediário importava. O artigo de Poe destacava exatamente essa questão, indicando que a mera quase humanidade do autômato de Maelzel era razão para a plausibilidade de ser máquina pensante: "Se o autômato fosse realista em seus movimentos, seria mais provável que o espectador atribuísse seu funcionamento à verdadeira causa (isto é, à agência humana interna)".[59] Lembre-se novamente do vale do incômodo de Mori. Poe enfatizou distância tanto quanto proximidade entre máquina e ser humano como chave para a atração. Talvez devêssemos perguntar como funciona esse hiato, a atração pela distância. Por que buscar a presença de um quase humano que é até mesmo obviamente uma fraude? A expressão que se repete, "alma de Ajeeb", é outra pista. Ajeeb deu forma material e dramática à problemática qualidade de agência. De forma mais concreta, ele incorporou e ajudou a articular e a tornar consciente a questão relacionada a quem ou o que atua dentro de nós. Conforme Philip Thicknesse descrevera a máquina de Von Kempelen um século antes, o autômato é "um homem dentro de um homem [...], ele carrega uma alma viva dentro de si".[60] A possibilidade de fraude não diminui a força da questão acerca da agência escondida. Ao contrário, fragmenta a agência em camadas: externa, interna e intermediárias. Isso dá expressão e forma a uma verdade sobre personalidade, o espaço inominado entre *performance* e estado interno. Erving Goffman tentou explicar a divisão de todos os indivíduos, divididos entre os papéis de ator e de personagem. O ator apresenta uma impressão externa cuja função é representar, com mais ou menos confiabilidade, uma personagem, uma combinação interna de qualidades duradouras.[61] Entretanto, esse *insight* de Goffman implora por mais questionamento. Onde está o operador por trás, ou dentro, de um corpo externo? E quem controla esse operador? A configuração homúnculo trabalhando dentro de um turco gigante provocou desdobramentos na interpretação da questão acerca de alma, dentro e fora, vida interior e ação exterior, personagem e ator.

Como vimos no início deste capítulo, a questão acerca do autêntico e do interior penetrável é objeto recorrente do pensamento quase religioso e chave para o espetáculo do Ajeeb. Nesse sentido, Ajeeb é semelhante a vários agentes quase humanos quase religiosos. A animação do golem dependia, pelo menos em algumas interpretações literárias, da elaboração de um nome secreto inserido na cavidade de uma cabeça de barro.[62] Um iniciado no candomblé afro-brasileiro avança em conhecimento secreto mais profundo por meio de rituais de "fazer a cabeça" que incluem fazer incisões no corpo e inserção de ervas. Uma estátua *nkisi* do candomblé angolano no Brasil é animada pelas substâncias que residem dentro. No famoso julgamento de um feiticeiro no Rio de Janeiro, em 1870, concluiu-se que a fotografia do pai de santo tinha, além de uma força representativa externa, uma capacidade interna escondida de atuar como extensão do corpo do pai de santo, como vimos no capítulo 2.[63] Além disso, alguém participando de uma cerimônia da umbanda no Brasil talvez hoje seja possuída por um turco, invertendo a ordem do homem dentro do Turco, sendo, em vez disso, um turco dentro de um homem ou de uma mulher. Um corpo dentro do corpo, a forma duplicada, é um perfeito tropo de quase religião, um agente que não é visto dentro de uma forma externa impressionante.

Situações e cenas quase religiosas mostram sua duplicidade. Pessoas quase religiosas são usuárias adeptas de tais coisas e cenas, além de serem adeptas do ofício de se reformular como agentes híbridos. Por exemplo, o amigo de Fred Figner, Chico Xavier, praticamente o espírita e psicógrafo mais famoso do Brasil, apresentava-se como aparelho. Ao psicografar, como aparelho, uma pessoa como Chico, aproximou-se do incômodo quase humano a partir do lado oposto de Ajeeb, tornando-se um homem possuído por uma máquina. Ele era tão sedutor quanto um homúnculo dentro de um turco.[64]

Ajeeb floresceu no Brasil, durante pouco mais de um ano, aproximadamente de maio de 1896 a julho de 1897. Depois disso, Figner deixou a celestial Inana em exposição, mas sobretudo se dirigiu decisivamente para gravação de som e venda de gravações e outras tecnologias. Por volta de 1901, suas propagandas anunciavam um paraíso moderno, século XX, de fonógrafos, grafofones, gramofones, máquina de escrever de Franklin, solas magnéticas para curar reumatismo, despertadores elétricos, ventiladores de mesa elétricos, máquinas de costura, luzes incandescentes e outras coisas em uma lista longa de "novidades americanas". Por volta de 1902, ele havia registrado e assegurado os direitos de milhares de músicas brasileiras. Ele evoluiu, de vender o fonógrafo a fazer gravação e filmagem, e ganhou enorme fama e riqueza como pioneiro na gravação de música no Brasil. Fundou a Casa Edison, primeiro estúdio de gravação brasileiro, e Odeon, primeiro fabricante de discos, ambos no Rio de Janeiro. Foi um titã da antiga indústria fonográfica não apenas no Brasil, mas mundialmente. Ao entrar no século XX, Fred Figner tinha pouco uso para seu autômato, no caso, seu *sylphorama* ou vulcão humano. Não consegui descobrir o que aconteceu com Ajeeb, se, como seu xará no Norte, ele continuou por aí, sendo encerado até brilhar e levado de Cadillac para a Catedral de Quebec, para ser benzido. Duvido.

Se olharmos em retrospectiva, talvez consideremos Ajeeb um objeto de transição para a mudança do Rio de Janeiro – pelo menos de alguns setores da burguesia carioca –, de *belle époque* tropical para um modo de vida industrial do século XX. Como na Europa, onde, para citar Paul Lindau, Walter Benjamin registrou uma fadiga autômata que marcou o momento quando "o padrão do boneco adquire significado crítico social. Por exemplo: 'você não faz ideia do quanto esses autômatos e bonecos podem ser repulsivos, e respira-se, por fim, ao encontro de um ser vigoroso nesta sociedade'".[65] Mas não encontrei muita prova de fadiga quase humana no Brasil. Ajeeb sobrevive como lenda, encarnado em novas vestes. Em julho de 1897, um livro apareceu à venda: *Alma de Ajeeb*, escrito por Moysés Benhzaen, sobre estratégias técnicas de um outro jogador invencível para xadrezistas.[66] Mais além, o autômato tornou-se um mito. Talvez até tenha sido um braço do rio dos espíritos – não *deus ex machina*, mas algo, uma apoteose ainda mais estranha, como um humano em um corpo mecânico, ocupando a cavidade de um deus. *Hominum in machina in deus*? Ou, ainda melhor, *hominum in machina in deus in patrinum*?

Corpo espírito e corpo nacional

Ajeeb, o Turco autômato, acompanhou a primeira onda de imigrantes verdadeiros que chegaram ao Brasil e foram chamados de "turcos". A convergência temporal deles leva-nos a tecer Ajeeb em um registro de história social, como cifra não apenas do novo lazer urbano da classe média, mas também da domesticação do exótico Oriente, que estava apenas começando a marcar presença no Rio de Janeiro e em outros lugares no Brasil.

Entre 1879 e 1947, 80 mil imigrantes, em sua maioria sírio-libaneses católicos e gregos ortodoxos, fixaram-se no Brasil.[67] Na sociedade que os recebeu, grupos étnicos diferentes – libaneses, sírios, marroquinos e turcos, de fato – eram reunidos sob um único etnônimo, turco, que significava, *grosso modo*, qualquer pessoa com um passaporte otomano. Essa migração foi acelerada exatamente quando Ajeeb se instalou no Rio de Janeiro. Enquanto a década de 1884 a 1893 viu apenas 96 turcos (na verdade, na maioria sírios) chegarem ao Brasil, a de 1894 a 1903 contou com 7.397 imigrantes do Oriente Médio instalando-se no país, número que cresceu mais do que seis vezes na década seguinte.[68] O jornalista itinerante João do Rio, cujas palavras fecharam o capítulo 1, desembainhou sua caneta ácida em 1904 para parodiar a preocupação das elites com o número de sírios, sobretudo cristãos maronitas, no Brasil:

> Quando os primeiros apareceram aqui, há cerca de 20 anos, o povo julgava-os antropófagos, hostilizava-os e na província muitos fugiram corridos à pedra. Até hoje quase ninguém os separa desse qualificativo geral e deprimente de turcos. Eles, todos os que aparecem, são turcos![69]

Vários desses turcos sustentaram a família como caixeiros-viajantes e junto com os judeus magrebinos foram associados ao comércio pequeno itinerante.[70] Na esteira da Abolição, em 1888, cidades pequenas do interior ficaram sem sistema de distribuição de mercadoria ou mão de obra para isso.

A nova classe de comerciantes preencheu esse vazio. Eram chamados de "mascates", palavra que se tornou sinônimo de "vendedor ambulante" no português brasileiro, mas tem origem no nome de uma cidade na Arábia, Muscat. Enquanto muitos permaneceram mascates, alguns abriram o próprio negócio. O número de empresas sírias e libanesas em São Paulo subiu de 6, em 1895, para 500, em 1901, e os primeiros jornais árabes no Brasil foram impressos em 1895, no estado de São Paulo.[71]

Apesar de forasteiros, esses turcos eram estranhos familiares; eram de certa maneira exóticos seguros. Primeiro porque a maioria era cristã. Além disso, os chamados "mouros" faziam parte da história portuguesa. Escritores importantes, em busca de definir um traço nacional brasileiro, algumas vezes relacionavam as principais qualidades com a dos mouros em Portugal.[72] Reportagens jornalísticas apelavam para as semelhanças entre brasileiros e turcos, como o modo de ser protetor em relação às mulheres com "vigilância e ciúme turco", diferentemente dos norte-americanos.[73] Entretanto, ao mesmo tempo, o turco era uma ameaça. Apesar de o Império otomano projetar poder e riqueza, teorias do darwinismo social de raça e de medo do declínio nacional ou da exaustão, *surmenage*, estavam em voga e eram altamente influentes. Alguns comentaristas alimentavam o medo de uma mestiçagem em potencial dentro das elites, que já lamentavam a notável falta de pureza da nação.[74] Em 1891, os jornais do Rio de Janeiro mencionaram o "abuso da atividade de mascate" por turcos nas ruas e praças do Rio de Janeiro, nos domingos, e um enxame que percorria a capital com efeitos ruins para os negócios já estabelecidos.[75] Um editorial de 1888 foi ainda mais além: "tranquem as portas, para que não se infiltrem em nosso organismo, trazendo não o sangue forte, mas o vírus perverso de um povo indolente".[76] Em suma, o Turco transmitia ao mesmo tempo misticismo oriental, riqueza decadente e luxo, sensualidade e uma invasão perigosa da forma social. Nesses editoriais polêmicos, o Brasil era imaginado de variadas formas, como corpo e casa. Ambos com exteriores inseguros, permeáveis, vulneráveis à invasão e à ocupação. O corpo nacional, ou casa, pode-se dizer, espelhava a forma de Ajeeb, que era composto por uma moldura exterior controlada por uma força interior escondida. Levantava a questão acerca do agente ou administrador interno.

Em 1899, o jornalista e contista estadunidense Ambrose Bierce – em alguns aspectos um espelho de Machado de Assis – publicou um conto intitulado "O mestre de Moxon". A narrativa apresentava um jogador de xadrez autômato com adereços orientais familiares: "não mais que 1,50 metro de altura, proporções de gorila – largo de ombros com pescoço grosso e curto, a cabeça era achatada e tinha cabelos pretos emaranhados com um barrete carmesim no topo".[77] Máquina, animal, barrete vermelho e falta de controle, interior opaco e desconhecido, perigo. Ao perder para seu criador, o autômato tem um acesso de ira, alcança a garganta dele do outro lado do tabuleiro e aperta, em um golpe fatal. Algumas pessoas no Brasil entenderam a chegada dos migrantes vindos do Império otomano praticamente nos termos usados por Bierce. Ansiedades nacionais levaram a uma tentativa de criar um corpo fechado contra um homúnculo perigoso que talvez esteja crescendo dentro – leis de imigração restritivas contra quem chegava da África e do Oriente Médio, incentivos aos europeus.

Mas esse não era o único recurso. Resistência aos imigrantes de verdade vinha acompanhada pela fascinação pelos turcos que são mecânicos e pelos que são espíritos. Vimos, afinal, o magnetismo popular de Ajeeb. Um caminho bastante diferente foi adotar o Turco como fonte de poder espiritual. Isso talvez soe familiar: nos Estados Unidos, o fim da soberania dos indígenas nativos americanos, em 1890, foi concomitante à repentina atração popular pela cultura dos nativos, sendo o caso mais emblemático o das apresentações do *cowboy* Buffalo Bill, nas quais Black Elk, ex-xamã, tem uma carreira que é uma bobagem. Algo semelhante acontecia no Brasil, quando os turcos estavam sendo integrados e eram imaginados como, entre outras coisas, espíritos.

Na ocasião do exílio do imperador e do nascimento da República, em 1890, o Brasil tinha uma quantidade de tradições de possessão espiritual já estabelecidas que variavam de candomblé de origem africana a espiritismo francês articulado por Alan Kardec. Todos incluíam manifestação de corpo e espírito em corpo humano, como cenas de feitiçaria, cura, inspiração, sorte e revelação. No fim do século XIX, os turcos aderiram ao repertório de espíritos disponíveis. No Maranhão, na tradição religiosa afro-brasileira do tambor de mina e pajé, há muito já existia uma classe de espíritos chamados "turcos" comandada por um espírito-líder chamado Rei da Turquia. Os "turcos" são conhecidos como "encantados", uma palavra cujo sentido prático foi traduzido por Seth e Ruth Leacock como *guardian spirit* [espírito guardião].[78] Nasceram, pelo menos em parte, de narrativas populares portuguesas sobre batalhas entre mouros e cristãos trazidos para o Brasil, durante a colonização, como na canção "Song of Roland" e nos contos em *The Stories of Charlemagne and the Twelve Peers of France*.[79]

Por volta de 1890, um templo especificamente dedicado a espíritos turcos foi criado por Anastácia Lúcia dos Santos, uma mulher afro-brasileira. Esses espíritos eram uma classe de "caboclos", em geral conhecidos como indivíduos rústicos, mistura de indígena com europeu. Estão espalhados, como um tipo comum de espírito possessor em tradições afro-brasileiras, não apenas no tambor de mina, mas também em pajé, batuque e umbanda, em que possuem principalmente o corpo de afro-brasileiros ou outros participantes de raça mista. Em contextos ritualísticos, os turcos são considerados "pagãos nobres".[80] Indígenas e sujeitos a deuses africanos mais centrais, eles sinalizam a história do islamismo entre antigos grupos de pessoas escravizadas e a história das missões jesuítas; entretanto, em rituais, locais e místicas narrativos, eles nunca dominam. Na maioria das vezes, esperam como sentinelas, solenes e estoicos. Mas o espírito turco mais adorado de todos, Mariana Turca, é identificado com a arara, que em geral aparece com ela em figuras, não diferente de Ajeeb, que aparece com um papagaio no ombro. Os espíritos dos turcos era um tipo atraente, que transmitia força exótica, ainda assim domesticada.

Em Belém, o primeiro lugar onde Figner comercializou o fonógrafo de Edison, praticantes da religião afro-brasileira batuque também se envolveram com turcos como família espírita. Aliás, os turcos eram a maior família de espíritos. Esses turcos evocavam não somente os mouros da história e do folclore portugueses, mas também representações de caboclos e ameríndios brasileiros. Eles emergiram como uma refração de *performances* sazonais populares da romantização de batalhas entre cristãos e mouros. São guerreiros formidáveis, mas, devido à opressão histórica de africanos, afro-brasileiros e grupos indígenas da região amazônica, sua narrativa popular também incorporava uma idealização do lado mouro ou turco tipicamente perdendo.[81] Isto é, pessoas afro-brasileiras provavelmente valorizaram a lenda e a imagem do turco como azarão, pelo mesmo motivo que as elites os temeram ou se sentiam ofendidos por eles, e não somente no Brasil. Parece que pessoas afro-uruguaias, celebrando o Carnaval em 1832, vestiram-se de turcos.[82]

Por meio de máscaras acústicas, visuais e mecânicas, a imagem do turco sagrado surgiu não somente no Norte, em Belém e no Maranhão, mas também nos centros da imigração, como o Rio de Janeiro. O espiritismo e a umbanda, tanto no Rio de Janeiro quanto em suas imediações, incorporaram o turco em apresentações ritualísticas, algumas vezes, seguindo uma, por assim dizer, linha oriental, como um árabe ou, mais comumente, como cigano.[83] Hoje, no Rio de Janeiro, o turco já não é mais tão visível, mas ainda assim está muito presente. Permanece como variação do espírito cigano, como o Cigano Saraceno, acompanhado de sua consorte, Cigana Saracena. A imagem deles está disponível e fácil de encontrar no mercado de produtos religiosos afro-brasileiros, como o Mercadão de Madureira, na Zona Norte do Rio de Janeiro (Figura 4.3).

Figura 4.3 – Imagens ritualísticas do Cigano Saraceno para serem colocadas em altares, disponíveis no Mercadão de Madureira, Rio de Janeiro, agosto de 2018. Fotografia feita pelo autor.

Não se pode dizer que o autômato Turco Ajeeb se transformou na família espírita de turcos ou nos espíritos conhecidos como Cigano Saraceno. Afinal, a importante mãe de santo Mãe Andresa já havia começado a receber o espírito Rei da Turquia e abrira um templo turco em 1889, muitos anos antes da chegada de Ajeeb.[84] O que podemos dizer é que o fenômeno Ajeeb e os espíritos conhecidos como "turcos" nasceram de um momento compartilhado e de fontes comuns de fascinação com o exótico. O mourisco, estilo arquitetônico, ficou popular no fim do século XIX e início do XX, no Rio de Janeiro. Por exemplo, o Pavilhão Mourisco foi uma grande atração na praia de Botafogo, e uma torre mourisca foi projetada na mansão de Figner, construída em 1912.[85] Mouros e turcos eram considerados menos que humanos e ao mesmo tempo carregados de uma força estranha e impenetrável (Figura 4.4).

O espírito turco era ativado por reação à história dos mouros nas lendas portuguesas e mais tarde nas brasileiras, mas também à chegada no Brasil de imigrantes de carne e osso, vindos do Império otomano. Afinal, o espírito turco, de modo geral, era reflexo das características verdadeiras dos imigrantes do fim do século XIX. Por volta de 1904, João do Rio descreveu essa população que chegou como sendo majoritariamente composta por cristãos maronitas com alguns muçulmanos; da mesma forma parte da família dos espíritos.[86] O espírito turco tornou-se raça mestiça, caboclo, que aprendeu com os índios e misturou-se livremente com os pretos-velhos afro-brasileiros.[87] Da mesma forma fizeram os turcos de verdade, que precisavam encontrar seu lugar em relação aos grupos existentes no Brasil, bem como sua miscigenação com eles. Em transe, o espírito turco conta uma história de integração harmoniosa que expressava as verdadeiras intenções dos imigrantes que chegavam. Na tradição batuque, os turcos são conquistadores, vitoriosos até mesmo em relação a reis brasileiros e norte-americanos.[88] Mas um outro catalisador que gerou tanto Ajeeb quanto o espírito turco é o que tinha saliente as ideias expostas neste capítulo, a saber, a repentina exposição ampla a novas tecnologias de mediação, como um autômato estranho e não tão imbatível.

Figura 4.4 – A mansão de Fred Figner, construída em 1912, tinha uma torre mourisco. Fotografia feita pelo autor.

É possível que o homem-máquina Turco tenha infiltrado o espírito de turcos que hoje, com frequência, habita corpos no Brasil, uma máquina no espírito do homem? Várias das qualidades que foram criadas e colocadas em Ajeeb são reproduzidas em práticas ritualísticas contemporâneas de tambor de mina, pajé, batuque e umbanda. É possível que existam desde o início do século XX. Por exemplo, em batuque, os encantados, grupo com a maior quantidade de turcos, têm fraquezas humanas, mas também capacidades sobre-humanas – ir de um lugar a outro rapidamente, ouvir e enxergar à distância, provocar calamidades como acidentes de carro, parar fábricas, instigar ações humanas involuntárias.[89] Talvez não por acaso a potência de um espírito é percebida, sobretudo, em termos de forças tecnológicas que se tornaram disponíveis nos anos 1890, ao mesmo tempo que os turcos – humanos, autômato e espíritos – também entraram em cena. Turcos podem tomar um corpo humano a fim de apresentar um espetáculo convincente, como Ajeeb, de corpo dentro de corpo. E, finalmente, refere-se ao médium que recebe e transmite o encantado como "aparelho", o mesmo nome dado às tecnologias de som e de luz que Figner demonstrou em 1895, o aparelho fonográfico ou o aparelho cinetógrafo.

Aparelho

O uso ritualístico ampliado do termo "aparelho" passou a ser utilizado no Brasil por meio do espiritismo, nos escritos de Allan Karden (também conhecido como Hyppolyte Rivail), escritor espírita francês, que usava o termo "aparelho" para se referir tanto a equipamentos eletrônicos quanto ao corpo humano:

> Num aparelho elétrico temos imagem mais exata da vida e da morte. Esse aparelho, como todos os corpos da Natureza, contém eletricidade em estado latente. Os fenômenos elétricos, porém, não se produzem senão quando o fluido é posto em atividade por uma causa especial. Poder-se-ia então dizer que o aparelho está vivo. Vindo a cessar a causa da atividade, cessa o fenômeno: o aparelho volta ao estado de inércia. Os corpos orgânicos são, assim, uma espécie de pilhas ou aparelhos elétricos. [...] Visa ainda outro fim a encarnação: o de pôr o Espírito em condições de suportar a parte que lhe toca na obra da Criação. Para executá-la é que, em cada mundo, toma o Espírito um instrumento [no original, *appareil*], de harmonia com a matéria essencial desse mundo, a fim de aí cumprir, daquele ponto de vista, as ordens de Deus.[90]

Foi em *O livro dos espíritos* de Kardec (1857) que "aparelho" foi usado em relação a médiuns espíritas. O livro teve circulação ampla no Rio de Janeiro, em francês e, depois de 1866, com a tradução para o português.[91] Depois disso, essa religião nova espalhou-se por todo o Brasil, entre 1870 e 1900. Noções próximas acerca de mediação – mecânica, religiosa e migratória – convergiram e produziram um híbrido novo, e o turco era um dos espíritos familiares no repertório do aparelho, do médium. Domínios diferentes eram traduzidos, um como o outro – o corpo imigrante, o corpo autômato, o corpo espírito, o corpo nacional. Bruno Latour usou "tradução" para descrever o fato de a qualidade de uma entidade ser projetada em outra e, ao mesmo tempo, absorvida por esta. Política e ciência, ele escreveu, entrelaçaram-se de forma inextricável, conforme projetos como "travar uma guerra" e "desacelerar nêutrons" foram conjugados; ou melhor, acontece que a política e a ciência nunca foram discretas, para começar.[92] O mesmo vale para as ideias de situações automáticas e quase religiosas do século XIX. Eram traduzidas de forma fluida, enredada, levadas de um modo a outro: de possessão a histeria a possessão, como vimos no capítulo 1; autômato Ajeeb, espíritos turcos, imigrantes turcos, Ajeeb. Meu argumento é a favor de pensar em máquinas, o Turco autômato jogador de xadrez, imigrantes turcos e turcos que são espíritos como intercalibrados em um processo contínuo de tradução. Os espíritos que eram turcos assumiram a aparência básica de Ajeeb, ainda que este tenha sido preparado conforme lendas familiares sobre os mouros. Os turcos que eram espíritos conduziram-se automaticamente, executando missões mecânicas e manifestando-se por meio do aparelho humano semelhante à bateria.

Evidências de uma situação semelhante provam que essas traduções ocorriam em outro lugar nas Américas. Stephan Palmié registrou que na Filadélfia, em 1908, pessoas afro-cubanas praticantes da tradição chamada *abakuá* contavam com tecnologias sônicas para anunciar a presença de espíritos, ou *potencia*. Ele cita a reportagem de um jornalista daquela época:

> Vindo de debaixo d'água, um tubo alto-falante é esticado, atravessando o ambiente até um conversor. Tem várias rodas, frente de vidro e alguns tubos de chaminé saem pelo topo. Do lado esquerdo do ambiente, um outro tubo alto-falante chega ao conversor. Outro tubo ainda segue até o conversor, partindo de um timbale à direita. Esse timbale é feito de um lavatório de porcelana coberto por couro. Um último tubo é levado até a Fairmount Avenue. Lá há saída para um megafone e é através dele que as pessoas no bairro ficam sabendo que os espíritos estão ocupados.[93]

Tecnologias sônicas e ideologias religiosas convergiam na manifestação de espíritos naquilo que Palmié chamou de "máscara acústica".[94] Seguindo essa linha de pensamento, podemos imaginar Ajeeb como, entre outras coisas, uma máscara visual e cinética de espíritos turcos. Os espíritos adquiriram capacidades automáticas através dele mesmo quando, sem seu conhecimento ou o de Figner, eram guardados por clientes com tropos e imagens de mouros e turcos que o precederam e o acompanharam. Nessa série de traduções, o autômato jogador de xadrez tornou-se um ser completamente novo e diferente do que Von Kempelen imaginou no início e construiu, uma versão então envolta por uma história de vida totalmente diferente. Então, ao mesmo tempo, os espíritos do Brasil chamados "turcos" eram preenchidos por uma dose dos maravilhosos poderes de autômato de Ajeeb.

***

O fabuloso Fred Figner! Teremos outro encontro com ele no próximo capítulo. Ele teve uma carreira longa depois de Ajeeb, que perdurou até depois de sua morte. Seu envolvimento com som, luz e energia elétrica contribuiu para aproximá-lo do espiritismo, que enxergava essas propriedades como veículos, ou melhor, baterias do sagrado. Em 1903, afiliou-se oficialmente, por meio da influência de Pedro Sayão, pai da cantora de ópera Bidu Sayão.[95] Ele trabalhou no centro espírita Casa de Ishmael e tornou-se vice-presidente da Federação Espírita Brasileira. Esta passou a ser sua religião, e ele se tornou amigo íntimo, confidente e financeiro de Chico Xavier. Era colunista do jornal *Correio da Manhã* com sua própria coluna, "Chronica espírita", que começou por volta de 1920 e continuou até sua morte. Nessa coluna semanal ou quinzenal, explorava questões acerca de som, luz e transmissão; entretanto, menos relacionadas às demonstrações na rua do Ouvidor do que à materialização de espíritos. Ele também criticava a Igreja católica tanto quanto podia. E, em raras ocasiões, espíritos vinham até ele para usar seu braço e sua caneta para terem um novo julgamento público. Isso ocorreu em 9 de abril de 1931, quando ele permitiu que Lima Drummond, juiz e teórico de direito, tivesse a oportunidade de realizar uma audiência escrevendo sobre ele, ou melhor, deixando que Lima Drummond escrevesse através dele, em sua coluna.[96] Retornarei no capítulo 5 à questão de como os mortos – e quais mortos – ganharam direito de fala.

O próprio Figner também não conseguiu ficar quieto depois de sua passagem. Após a morte, em 1947, seu espírito apareceu para Chico Xavier, que lhe deu voz na própria caneta. Mesmo desencarnado, Figner continuava interessado em questões de som e luz. Conforme o livro psicografado de Chico, Fred Figner, hoje conhecido como Irmão Jacob, desencarnado, viajou para uma Califórnia celestial em 1947. Naquele outro mundo ele se encontrou com Thomas Edison, cujos produtos vendera e com isso lucrara muito, no Brasil. Edison estava em uma esfera mais elevada, mas concedeu ao visitante 15 minutos de seu tempo (nenhum minuto a mais). Ele brilhou, um santo tecnológico: "luz coroava sua [de Edison] venerável cabeça". Edison falou ao Irmão Jacob sobre o fim do século XIX e o fonógrafo. Ele avisou sobre a divisão do átomo e a bomba atômica. Irmão Jacob perguntou se Edison retornaria encarnado e qual grande truque viria depois da invenção da luz elétrica. Edison respondeu que somente Deus era o verdadeiro criador e que já era hora de inventarmos uma luz divina e eterna, que para sempre brilharia dentro de nós. Depois de um último abraço, separaram-se. Observe a mediação: Chico Xavier escreveu (psicografou), enquanto Irmão Jacob, que é a versão espírito de Fred Figner, relata a conversa com Thomas Edison.[97]

Uma metamorfose radical como essa não acontece sem atrito. A família de Figner contestou a veracidade da autoria de Chico Xavier e seu direito de escrever como Fred Figner – psicografia ou não. Como veremos no capítulo 5, a lei pode exigir um limiar mais alto de personalidade individual responsável – ou uma noção diferente de pessoa jurídica – do que a exposição do quase humano Ajeeb ou as meditações automáticas de Chico extraídas do cadáver de Figner.

Notas

[1]   Dois anos antes de conceber e escrever *Frankenstein*, Mary Shelley esteve em Neuchâtel e testemunhou os autômatos de Pierre Jaquet-Droz – um era desenhista e o outro, uma "Senhora Musicista" que tocava cravo. Provavelmente, a visita que fez teve um papel em sua posterior reflexão no homem-máquina que a fez famosa. Ver G. Wood, 2002, p. xiv.

[2]   *Idem*, p. 162.

[3]   Shelley, 1994, pp. 35, 93, 150, 141.

[4]   *Idem*, pp. 104, 122, 164.

[5]   Otto, 1958, p. 18.

[6]   *Idem*, 2014, *passim*. A proximidade de Otto ao misterioso e monstruoso é abordada em Beals, 2002.

[7]   Shelley, 1994, pp. 163, 152.

[8]   "A estranha semelhança com Drosselmeier, que a impressionara ao fixar os olhos no manequim, voltou-lhe à mente." Mais tarde, Clara insiste que o Quebra-Nozes é o jovem sobrinho de Herr Drosselmeier de Nuremberg. Hoffmann, 1892, pp. 28, 163.

9   Shelley, 1994, p. 105.
10 Čapek, 2004, pp. 17-20, 26-27, 32.
11 *Idem*, pp. 75, 80.
12 Anonymous, 1864, pp. 816-817.
13 Dickens, 1862, p. 135.
14 Bryant, 1859, p. 414.
15 Ver n. 62 da Introdução e o texto naquele trecho.
16 Allen, 1859, p. 430.
17 Leithauser, 1987, p. 46.
18 Allen, 1859, p. 466. O próprio Smyth negou o relatório.
19 *Idem*, p. 448.
20 *Idem*, p. 464. Ver também González, 2006, pp. 149-150.
21 Allen, 1859, pp. 468-474.
22 *Idem*, pp. 478, 483.
23 *Apud* Cook, 2001, p. 72.
24 *Idem*, p. 71.
25 Poe, 1908, pp. 138, 164.
26 Mori, 2012.
27 Citação do "Prometeu moderno", fazendo uma conexão com o título de Mary Shelley, é de Sussman, 2001, p. 78.
28 John Kobler, "The Pride of the Eden Musée", *New Yorker*, 20 nov. 1943, p. 34.
29 Ver principalmente R. King, 1999. A união entre a racionalidade e a questão da permeabilidade está em Taylor, 2007.
30 "Ajeeb, the Chess Player", 1899, p. 30.
31 John Kobler, "The Pride of the Eden Musée", *New Yorker*, 20 nov. 1943.
32 Folheto de propaganda divulgando "Ajeeb the Wonderful from the Eden Musée", 1896.
33 *The World*, *apud* Davies, 2014, p. 259.
34 John Kobler, "The Pride of the Eden Musée", *New Yorker*, 20 nov. 1943, pp. 36-38.
35 *Laredo Times*, 13 maio 1890, publicou o registro dele no Wilson Hotel.
36 Seu formulário para emissão de passaporte, de 1893, afirmava que ele planejava retornar aos Estados Unidos em dois anos. O passaporte foi enviado para a residência de A. Rosenberg, 14th Street, New York. Rosenberg também foi testemunha dele. Nara M1372, 1795-1905.
37 Albin, 2006; Franceschi, 1984. De acordo com Franceschi, Figner pagou $175 por um fonógrafo Pacific Phonograph a bateria. *Idem*, p. 17.
38 Conforme citado em Süssekind, 1997, p. 34.
39 Há registro de Figner chegando ao Rio de Janeiro, em 8 abr. 1892, depois de viajar por dois dias e meio, partindo da Bahia. *Jornal do Comércio*, 9 abr. 1892, p. 6. Ver um anúncio de sua demonstração do fonógrafo em *Jornal do Comércio*, 3 jun. 1892, p. 2.
40 *Idem*, 9 jun. 1892, p. 2.
41 "O maravilhoso apparelho que nos permitte ver e ouvir ao mesmo tempo, sera hoje mesmo posto em experiencia publica." [*sic*] *O Paiz*, 8 out. 1895, p. 2.
42 Capellaro cita o jornal de Montevidéu, *El Día*, afirmando que o Ajeeb de Figner chegou da Europa em 20 de novembro de 1895, mas parece não ter ciência da existência de vários autômatos Ajeeb nos Estados Unidos, nem da viagem de Figner a Nova York, publicada no registro de passageiros em jornais do Rio de Janeiro. Ver Capellaro, 1996, p. 102.
43 *Idem*, *ibidem*.

44 O nome de Figner aparece em uma lista de passageiros embarcando para Nova York. Ver em *Jornal do Brasil*, 9 ago. 1895.

45 Lima Barreto, 1993, p. 78.

46 Sobre a história da rua do Ouvidor, ver Macedo, 2005.

47 *Jornal do Comércio*, 19 maio 1896, p. 3.

48 *Jornal do Brasil*, 17 maio 1896, p. 2.

49 Alexandre Haas, "O jogo de damas: Ajeeb, o autômato", *Jornal do Brasil*, 20 nov. 1949, pp. 2, 4.

50 *O Paiz*, 5 jun. 1896, p. 2.

51 Alexandre Haas, "O jogo de damas: Ajeeb, o autômato", *Jornal do Brasil*, 20 nov. 1949, p. 7.

52 *O Paiz*, 8 jan. 1897, p. 2.

53 *Minas Geraes*, 11 fev. 1897, p. 7.

54 *Jornal do Brasil*, 8 maio 1897, p. 2.

55 Machado de Assis, "A semana", *Gazeta de Notícias*, 7 jun. 1896, p. 1. É provável que Machado tenha lido sobre a história de Ajeeb. Pelo menos Magalhães de Azeredo relatou ter-lhe enviado uma obra de ficção. Ver "'Ajeeb, o Turco', Magalhães de Azeredo, carta a Machado de Assis, 23 dez. 1895", em Rouanet, 2011, p. 134.

56 *Jornal do Comércio*, 19 maio 1896, p. 3.

57 *Idem*, 24 maio 1896, p. 3.

58 Wittgenstein foi na direção dessa ideia: "P. 179. (Os malaios concebem a alma humana como um homenzinho [...] que corresponde exatamente em forma, proporção e até mesmo em compleição ao homem em cujo corpo reside [...]. Quanto mais verdade há em conceder à alma a mesma multiplicidade do corpo do que em uma teoria moderna diluída". Ver Wittgenstein, 2018, p. 44.

59 Poe, 1908, p. 165.

60 *Apud* Sussman, 2001, p. 80.

61 Goffman, 1959. Em trabalhos posteriores, Goffman detalhou ainda mais o aparente falante individual. Qualquer ato de fala é habitado por três partes distintas: um animador, que executa ou apresenta uma mensagem; um autor, que realmente gera a mensagem; e um principal, que é responsável pela mensagem. Ver Goffman, 1974.

62 Dekel & Gurley, 2013.

63 Ver também P. C. Johnson, 2014.

64 O termo "aparelho" passou a ser utilizado pelo espiritismo nos escritos do próprio Kardec, quando ele se referia ao mesmo tempo a aparelhos elétricos e ao corpo humano: "Num aparelho elétrico temos imagem mais exata da vida e da morte. Esse aparelho, como todos os corpos da Natureza, contém eletricidade em estado latente. Os fenômenos elétricos, porém, não se produzem senão quando o fluido é posto em atividade por uma causa especial. Poder-se-ia então dizer que o aparelho está vivo. Vindo a cessar a causa da atividade, cessa o fenômeno: o aparelho volta ao estado de inércia. Os corpos orgânicos são, assim, uma espécie de pilhas ou aparelhos elétricos, nos quais a atividade do fluido determina o fenômeno da vida. A cessação dessa atividade causa a morte". Kardec, 1996, p. 85 [2019, p. 80]. Em outro trecho: "Visa ainda outro fim a encarnação: o de pôr o Espírito em condições de suportar a parte que lhe toca na obra da Criação. Para executá-la é que, em cada mundo, toma o Espírito um instrumento, de harmonia com a matéria essencial desse mundo, a fim de aí cumprir, daquele ponto de vista, as ordens de Deus. É assim que, concorrendo para a obra geral, ele próprio se adianta". *Idem*, p. 107 [*idem*, p. 105]. No original: "Nous avons une image plus exacte de la

vie et de la mort dans un appareil électrique. Cet appareil recèle l'électricité comme tous les corpos de la nature à l'état latent. Les phénomènes électriques ne se manifestent que lorsque le fluide est mis en activité par une cause special: alors on pourrait dire que l'appareil est vivant. La cause d'activité venant à cesser, le phénomène cesse: l'appareil rentre dans l'état d'inertie. Les corpes organiques seraientainsi des sortes de piles ou appareils électriques dans lesquels l'activité du fluide produit le phénomène de la vie: la cessation de cette activité produit la mort". Kardec, 1869, p. 29.

[65] Benjamin, 2003, p. 694 (Z1, 5). Aqui, Benjamin cita Lindau, 1896, p. 17.

[66] *Jornal do Brasil*, 1º jul. 1897.

[67] Lesser, 1997, p. 40; Safady, 1973.

[68] *Apud* Lesser, 1999, p. 49.

[69] Rio, 2015, p. 123.

[70] Lesser, 1997, p. 51.

[71] *Idem*, 1999, p. 53; 1997, p. 43.

[72] *Idem*, 1997, p. 44.

[73] *Jornal do Brasil*, 21 nov. 1891, p. 1.

[74] Borges, 1993.

[75] *Jornal do Brasil*, 13 set. 1891, p. 3; *Jornal do Brasil*, 12 ago. 1895, p. 1.

[76] *Apud* Lesser, 1999, p. 51.

[77] Bierce, 1910, p. 100.

[78] Leacock & Leacock, 1975, p. 55.

[79] Ferretti, 2001, 1992. Sobre pajé, ver também A. S. de A. Cunha, 2014.

[80] Ferretti, 2001, p. 70.

[81] Leacock & Leacock, 1975, p. 133. Como descrevem os Leacock, ainda existem outras fontes possíveis dos espíritos turcos. Enquanto algumas entidades espirituais emergem da experiência humana de longa data – no Norte do Brasil os botos ou os pretos-velhos –, outras se juntaram ao repertório por meio de encontros históricos muito específicos. Um desses espíritos, Dom Luiz, encarna o rei Luís XVI da França. Outro, o Pai Tomás, recebeu o nome do Tio Tom, de Harriet Beecher Stowe; ele também deve ter chegado ao panteão depois que um líder específico encontrou o personagem do livro. Os nascimentos localizados e rastreáveis de novas entidades abrem espaço hermenêutico para considerar outras fontes para os turcos, além das sagas portuguesas dos cristãos e dos mouros. Ver *idem*, pp. 155-160.

[82] Frigerio, 2000, p. 134.

[83] D. Brown, 1994, p. 88; Rocha, 2006, p. 99.

[84] Ferretti, 2001, p. 62.

[85] Sá, 2002, pp. 28-34.

[86] Leacock & Leacock, 1975, p. 133.

[87] Ferretti, 2001, pp. 66-68.

[88] Leacock & Leacock, 1975, pp. 130-131.

[89] *Idem*, pp. 55-57, 130.

[90] Kardec, 1996, pp. 85, 107 [2019, pp. 80, 105].

[91] Aubrée & Laplantine, 1990, p. 110.

[92] Latour, 1999.

[93] Palmié, 2014, pp. 48, 50. A noção mais ampla acerca de como as presenças divinas surgem por meio da tecnologia está programaticamente articulada em Stolow, 2013.

[94] Palmié, 2014, p. 50. Palmié avança, demonstrando como a pesquisa de Edison em audiologia era em si algo de artifício mágico, incluindo uma pesquisa com ouvidos de cadáveres, mas essa história está além do escopo deste capítulo.

[95] Sá, 2002, p. 20.

[96] "Chronica espírita", *Correio da Manhã*, 9 abr. 1931, p. 5. Entre outras coisas, Lima Drummond questionou a defesa dos crimes passionais, argumentando que paixão não era uma categoria única, que, segundo Enrico Ferri, esses crimes eram indistinguíveis de crimes de emoção e deveriam ser examinados de perto quanto à premeditação. Ver Lima Drummond, "Responsabilidade dos criminosos passionais", *A Época*, n. 48, maio 1913, pp. 1-6.

[97] Xavier & Jacob, 2017, pp. 120-124.

5

Chico X
Um quase humano jurídico

> Pode ser também que haja em mim como que um eco do passado. O espiritismo ainda não chegou ao ponto de admitir a encarnação em animais, mas lá há de ir, se quiser tirar todas as consequências da doutrina. Assim que, pode ser que eu tenha sido galo em alguma vida anterior, há muitos anos ou séculos. Concentrando-me, agora, sinto um eco remoto, alguma coisa parecida com o canto do galo. Quem sabe se não fui eu que cantei as três vezes que serviram de prazo para que S. Pedro negasse a Jesus? Assim se explicarão muitas simpatias.
>
> *Machado de Assis, "A semana", 20 de maio de 1894*

Humberto de Campos morreu em dezembro de 1934; era o autor brasileiro mais conhecido de sua época. Poeta, contista e cronista, no fim de sua carreira ficou famoso também por escrever no jornal na coluna que assinava com o pseudônimo Conselheiro XX. Quando morreu precocemente aos 48 anos, era patrono da cadeira 20, um dos imortais da Academia Brasileira de Letras, o panteão dos melhores, fundada seguindo o exemplo de Paris. Humberto comprovou ser mais resiliente do que sua carne mortal e fez isso em mais de uma forma. Deixou um discurso para ser lido aos outros imortais depois de seu falecimento, nomeando sua preferência para sucessor como presidente da Academia: Múcio Leão.[1] Na forma de bilhete póstumo, como ele mesmo chamou, sua vontade foi honrada, mesmo sem o seu corpo.

Humberto também continuou vivendo, como espírito. Em março de 1935, três meses após sua morte, ele começou a conversar com um garoto em Minas Gerais, Francisco (Chico) Xavier. Chico lembra-se de ter ouvido o espírito dizer: "prepare-se, menino, temos muito o que fazer hoje à noite". Depois do trabalho, em Belo Horizonte, ele passava várias horas à noite em estado de transe, escrevendo as palavras de Humberto. Para descrever o processo de psicografia, ele disse: "É como se aplicassem no meu cotovelo direito um aparelho elétrico com dispositivo automático. Não sou eu quem escreve. Obedeço à força superior".[2]

Essa declaração é tão intrigante quanto pouco inteligível, semelhante à descrição que André Breton fez de seu destino de "ter escrito e não ter escrito livros".[3] Como acontecia esse tipo de escrita que não era exatamente escrita? Em seus relatos sobre experimentos com William James, Gertrude Stein descreveu sua escrita dissociativa como possuída "de um caráter decididamente rítmico", que a colocou em uma relação incomum com o tempo.[4] A sequência cronológica desabou e passado, presente e futuro ficaram embaçados. Da mesma forma, Henry Olcott descreveu o processo de escrita automática de Madame Blavatsky, fundadora da teosofia, como uma pausa no desenrolar do tempo: "Sua caneta estava voando sobre a página [...] e de repente ela parava, olhava para o nada com o olhar vazio clarividente, apertava os olhos como que para enxergar algo invisível, no ar, diante de si, e então começava a copiar no papel o que viu".[5]

Quando descreveram a capacidade de trabalhar não somente considerando o tempo, mas também trabalhar o tempo, psicógrafos algumas vezes falavam da habilidade como um dom, algo que simplesmente ocorreu, mas também descreviam como ofício ou técnica. Em 1920, por exemplo, Anne Lane e Harriet Beale publicaram um relato sobre a experiência que tiveram com o aprendizado da psicografia:

> a princípio alcançamos apenas o campo de domínio, palavras e fragmentos de frases [...]. Era mais parecido com abrir uma janela com vista para uma rua lotada e ouvir as palavras aleatórias que se poderia compreender do que com qualquer outra coisa no mundo. No décimo primeiro dia, aconteceu uma mudança decisiva. A partir do momento em que começamos, a escrita estava mais firme e tinha um impulso maior. Disseram-nos que, independentemente de quem estava usando nossa mão, veio com uma intenção definida e tinha intensão de ficar conosco. Em termos técnicos, havíamos encontrado nosso controle.[6]

No caso de Lane e Beale, a psicografia tinha uma curva de aprendizado, um período de disciplina antes de as palavras começarem a derramar-se. Chico Xavier também praticou seu ofício, desenvolveu sua técnica e então encontrou esse controle. E depois as coisas fluíram rapidamente. Em 1944, ele havia publicado cinco livros, "autoria" do famoso escritor já falecido Humberto de Campos.[7]

Talvez Humberto não tivesse se importado. A visão que ele mesmo tinha de autoria individual deixava espaço para ambiguidade:

> A alma humana é uma caverna tão ponteada de esconderijos e retorcida de zigue-zagues que ainda não houve na terra um homem, por mais atilado e meticuloso, que chegasse a conhecer a metade, sequer, do seu próprio coração. Quando a gente supõe haver encontrado uma vida simples, singela, sem complicações nem subterfúgios, eis que se abre diante de nós um abismo, um vulcão, uma boca subterrânea capaz de engolir o peregrino que lhe busca desvendar o mistério.[8]

Se a alma individual era um mistério para Humberto, sua descrição de como é escrever confundiu ainda mais a ideia do eu individual. "Como escrevo? [... E]screvo mentalmente, primeiro: a machina não faz mais do que copiar a phrase que ja se encontra no cerebro, e cuja velocidade de construcção os dedos não acompanham." [*sic*][9] Sua descrição do corpo como nada mais que o escriba-máquina da mente parece muito com a descrição de Chico Xavier para a psicografia como sendo semelhante a ter um aparelho elétrico aparafusado ao cotovelo. O problema, no que tange à lei, foi que a família de Humberto tinha uma visão de autoria individual e do significado legal disso mais restrita do que ele tinha. Essa tensão entre psicógrafo, o autor possuído ou inspirado e a pessoa jurídica, um agente ou autor confiável, durável e responsável, bota lenha na fogueira do meu argumento aqui.

Em 1944, a viúva de Humberto e três filhos entraram com um processo contra Chico Xavier e a Federação Espírita Brasileira (FEB).[10] O julgamento foi manchete de jornal – "O caso Humberto de Campos" – e tornou-se quase tão conhecido quanto o de Juca Rosa, o caso ocorrido em 1871 e discutido no capítulo 2. A família de Humberto pediu no tribunal que houvesse uma decisão definitiva sobre as obras serem ou não escritas pelo marido e pai falecido. Acusavam Chico Xavier de explorar a fama de Humberto para vender seus próprios livros e, no processo, confundir o público leitor e vender livros que ele de fato escreveu. As obras psicografadas eram inferiores, a petição afirmava, e, quando não deficientes, eram obviamente plágios. Por fim, se Humberto *estava* determinado a continuar escrevendo, qualquer quantia de direitos autorais referentes àqueles livros ainda deveria ir para a família. Se ele estivesse determinado a *não* continuar escrevendo, Chico Xavier deveria ser processado por fraude.

A defesa da FEB tentou mostrar que os livros póstumos não eram diferentes dos anteriores em estilo; portanto, estava óbvio que Humberto de Campos ainda estava escrevendo, como espírito, entretanto. O documento de defesa – "Os dois Humbertos: um só estilo, uma só alma, um só sentimento" –, que circulou amplamente, argumentava, entre outras coisas, que o tribunal não tinha direito de julgar essa questão em audiência, porque a presença e a voz do espírito póstumo é uma questão do direito constitucional à liberdade de religião. Esse argumento audacioso colocou em conflito os termos que definem liberdade de religião e os que definem autoria jurídica. Ainda assim estava longe de óbvio que esse argumento funcionaria. Como poderiam tomar uma decisão legal com base em questões tão etéreas?

O processo executado pela família propunha que todas as partes aparecessem em pessoa, ou seja, não apenas Chico Xavier, mas também o espírito de Humberto de Campos, cuja operacionalidade deveria ser demonstrada e verificada. Em 23 de agosto de 1944, entretanto, o juiz João Frederico Mourão Russell declarou o processo inválido, em primeiro lugar, fundamentado no argumento de que, ao morrer, o indivíduo perde seus direitos civis, e a entidade "Humberto de Campos", consequentemente, não tinha mais posição legal, e, em segundo lugar, que direitos autorais herdados eram limitados a obras que o autor produziu antes da morte. Finalmente, ele observou que o sistema judicial tem poder para se pronunciar somente sobre entidades já existentes dentro de um relacionamento judicial, presumidamente delimitado pelo início e pelo fim da vida biológica, e obras produzidas dentro desse período. Para começar, os tribunais não têm equipamento adequado para decidir se as entidades de um relacionamento como este existem.

A família apelou, sem sucesso. A decisão foi ratificada em novembro de 1944. Na esteira do processo, Chico Xavier publicou mais sete livros de autoria de Humberto de Campos, o último, em 1967. A capa dos livros novos não fazem referência explícita a Humberto; o espírito foi chamado Irmão X, a fim de mais comprometimento legal com a família do autor morto. No entanto, era amplamente conhecida a identidade do Irmão X como sendo Humberto de Campos. O título até mesmo parecia imitar e ser inspirado no próprio pseudônimo de Humberto, Conselheiro XX. Sem sua autorização, ou pelo menos sem a autorização da família, Humberto de Campos continuou a escrever, apesar de estar sem corpo.

Impressionante nesse caso amplamente divulgado foi como, ao se problematizar autoria, a definição jurídica de indivíduo foi ressaltada e explicada. O tribunal deixou explícito que, ao menos no que concerne a certos direitos, a identidade individual deixa de existir com a morte o corpo. Mas a questão da autoria jurídica em relação a textos escritos por espíritos, sem falar na questão da liberdade religiosa em relação aos direitos de propriedade dos descendentes de autores, continua expandindo. Milhares de livros produzidos por meio da psicografia estão hoje impressos, em reação às exigências de um mercado ativo, em expansão. Até mesmo hoje, alguns teóricos legais argumentam que, apesar de médiuns estarem recebendo ideias em vez de gerá-las, a escrita deles ainda assim deve ser vista como própria e protegida por lei, devido aos processos de seleção, compilação e organização, além da negociação de estática necessária a uma mediunidade responsável.[11]

Apesar da notoriedade incomum do caso Humberto de Campos, o escritor falecido não era tão peculiar. Aliás, vários protagonistas de capítulos anteriores seguiram vivendo como espíritos, também canalizados pelo braço e pela pena do mais famoso psicógrafo do Brasil e do autor mais vendido, Chico Xavier. Deveríamos, entretanto, escrever "autor", entre aspas, porque, conforme o relatório que ele mesmo fez (e muito semelhante a Bispo do Rosário, artista com o qual começa este livro), Chico não foi a fonte das palavras que escreveu, mas sim pessoas mortas escreveram através dele, inclusive Dom Pedro II e Fred Figner. Tomado pelo espírito de Figner, como mencionado no encerramento do capítulo anterior, ele atravessou o tempo e um oceano para fazer perguntas a Thomas Edison, em uma Califórnia iluminada. Há algo maravilhoso e audacioso nessas encarnações escritas, essas extensões do alcance humano transplantado: Chico, como uma revista em quadrinho X-*man avant la lettre*, brotando novos poderes no corpo para enfrentar qualquer crítica ou crise. No entanto, como vimos no fim do capítulo anterior, enquanto Dom Pedro II já estava tempo demais na cripta para reclamar por ser animado contra sua vontade, Figner não estava morto o suficiente. Assim como a família de Humberto de Campos, a de Figner questionou o direito de Chico Xavier de escrever como Fred Figner. Foi apenas um dos vários desafios legais que ele enfrentaria.

Os encontros entre um psicógrafo e a lei oferecem uma rara oportunidade. Qual é o tipo de pessoa jurídica exigido pela lei; como cenas e situações quase religiosas, como psicografia, infringem tais regras? O que acontece quando pessoas jurídicas e pessoas quase religiosas interagem? Espaços acadêmicos, jurídicos e governamentais – cultura jurídica – dão valor a atuações persuasivas de pessoalidade ou personalidade individual confiavelmente delimitada e contínua, justificando e ancorando declarações, descrições, teorias, hipóteses ou leis emitidas desses lugares. As regras em geral tácitas da personalidade ficam bastante evidentes nesses contextos, assim que são transgredidas ou alguém é possuído em um lugar inapropriado. Momentos assim revelam uma lacuna que divide, por um lado, o prestígio jurídico da intenção e o tipo de individualidade que tal aferição da intenção exige e, por outro, o prestígio religioso da não intencionalidade, os espíritos ou o Espírito agindo em um corpo – ou através dele – compreendido como receptáculo de poder invisível e maior, em eventos ritualísticos destinados a dramatizar as transduções entre essas condições (Figura 5.1).[12]

Figura 5.1 – "Heróis do Brasil: Chico Xavier, super-homem", 6 de maio de 2009. Fotografia de Alexandre Possi. Arte gráfica de Ricardo Tatoo. Usada com permissão do artista.

Os capítulos anteriores abordaram versões da atração ritualística por quase humanos – como se comportaram em encontros transatlânticos desiguais e as agências ambíguas que ajudaram a lançar. Este capítulo sai das potencialidades e volta-se para os limites – e até mesmo os riscos – do engajamento com esses seres. Ativar imagens quase humanas ou buscar esse *status* para si é bom e fica tudo bem, em um templo, um teatro ou uma sala de jogos, você talvez esteja pensando, mas possivelmente menos desejável em contextos que pedem um grau mais alto de personalidade confiável e contínua do que esses locais circunscritos dão conta.[13] No Rio de Janeiro, registrei histórias de possessão deslocada, acontecendo "fora de lugar", o que sugeria risco. Uma pessoa descreveu a experiência angustiante de ser passageira em um carro cujo motorista de repente foi possuído por um orixá e transformou-se em uma pessoa diferente. "Quem vai saber se esses espíritos sabem dirigir ou se importam com as leis de trânsito?", ela pensou. Em um outro caso, um homem dançava com uma mulher, em uma casa noturna, e percebeu que o rosto dela assumia uma expressão diferente quando ela se tornou Pombajira – espírito de mulher das ruas – e, cacarejando, golpeou-o bruscamente; então mudou para outro ser sem aviso. Também escutei a história de uma garota que foi iniciada no candomblé como receptáculo para deuses no templo. Certo dia, na escola, brincando de fazer um ritual, alguns garotos embrulharam a cabeça dela, imitando o que ela usava quando possuída. Com esse convite, o orixá assumiu o corpo dela e não saiu até que chamassem a mãe de santo, e, como esta demorou mais de uma hora para chegar, os garotos foram repreendidos por terem perturbado a rotina normal da escola. Outra pessoa contou ter tido relação sexual com uma pessoa que, depois do ato, de repente se transformou em exu e exigiu um cigarro, falando com uma voz desconhecida. No fim de 2019, a cantora Karina Buhr acusou um pai de santo do candomblé de estuprá-la, quando supostamente possuído por um espírito libidinoso chamado Malandinho.[14] O babalorixá alegou que não se lembrava do incidente e, portanto, não havia cometido crime. Eventos perturbadores, inquietantes.

Possessões deslocadas criam perigos e possibilidades novos. O antropólogo Gilberto Velho descreveu ter presenciado um incidente de possessão espontânea em uma rua cheia do Rio de Janeiro, nos anos 1980. Estranhos organizaram-se em fila para pedir conselhos à pessoa repentinamente "inspiritada". Uma pessoa que por ali passava assumiu o papel de facilitador e as consultas com o espírito seguiram por duas horas.[15] Apesar de desprovido de vontade e intenção, esse quase humano estava carregado de outras capacidades especiais, como conhecimento divinatório que o permitia decifrar as dificuldades de pessoas aleatórias enfileiradas para falar com o espírito. Mas aquela transfiguração na correria do meio-dia, foi, é justo dizer, um evento tanto quanto incomum. É mais frequente que corpos com múltiplas personalidades ou pessoas com múltiplos corpos sejam um risco em espaço público, daí a internação de Rosalie Leroux, o encarceramento de Juca Rosa, o invólucro de Anastácia e a cuidadosa encenação de Ajeeb. Apesar de vários contextos ritualísticos valorizarem e ainda funcionarem como oficinas para a criação e encenação de corpos com múltiplas personalidades e pessoas com múltiplos corpos, possessões deslocadas para um espaço público com frequência são vistas como estranhas, indesejáveis ou até mesmo perigosas. Por que isso é assim? Em outras palavras, que tipo de personalidade e concomitante noção de agência a lei e a sociedade civil exigem?

A lei e o poder público parecem exigir diferentes versões de identidade e agência, são menos dependentes do automático, enquanto a agência das figuras que encontramos até agora é mais dependente do automático. Este capítulo mostra que a pessoa jurídica é um alvo em movimento. Como vimos no capítulo 2, a personalidade possuída de Juca Rosa – uma personalidade em movimento que tem um santo na cabeça – transformou-o em transgressor e contribuiu para colocá-lo fora da lei. Por outro lado, casos mais recentes envolvendo depoimentos espirituais colocaram o trabalho de médiuns e suas revelações no centro de pelo menos algumas decisões legais. Todos os casos envolvendo possessão ou mediunidade, entretanto, permitem adiar ou complicar a responsabilidade individual de tal forma a resultar em desafios legais e riscos potenciais.

O papagaio brasileiro de Locke

É um problema antigo. Na teoria política moderna, o debate acerca do tipo de indivíduo necessário para estabelecer a sociedade civil fundamentou-se em relatórios no Novo Mundo, um laboratório da natureza, para definir seus termos. Tropos e histórias do mundo colonial – o canibal, o escravo, o macaco – ajudaram a aliviar a pessoa chamada racional, autônoma. O Robert Boyle contemporâneo de Hobbes colocou em dúvida a doutrina da ressurreição individual por meio de histórias sobre o canibalismo caribenho. Quando um corpo individual é comido por outros, com a carne daquele agora reconstituído como carne de uma série de outros, em qual forma o corpo original ressuscitaria? Boyle levou ainda mais adiante o desafio do canibalismo ao descrever um bebê mamando, por exemplo, como ingestão do "sangue esbranquiçado" da mãe, sendo a implicação o fato de que a chamada vida individual, na verdade, nada mais é do que um constante processo de canibalismo e hibridização de corpos.

Na quarta edição de *Ensaio acerca do entendimento humano* (1700), em parte como resposta a Boyle, John Locke acrescentou a lenda de um papagaio brasileiro possuído.[16] O príncipe Maurício de Nassau (João Maurício de

Nassau-Siegen), governador da colônia holandesa do Nordeste (no século XVII, região açucareira no Brasil), escutara contar sobre um famoso papagaio falante. Ao entrar no gabinete para ser apresentado ao governador, a primeira coisa que o papagaio disse foi: "Que companhia de homens brancos aqui!". "Quem é o príncipe?", perguntaram ao papagaio sobre o governador. "Algum general ou coisa assim", ele respondeu. Então, perguntaram-lhe de onde era ("Marinnan"), a quem pertencia ("um português") e o que fazia ("je garde des poulles" [cuido das galinhas]).

Locke emprestou a história de William Temple, que conta como sendo uma "pergunta banal" que "lhe ocorreu". Locke também usou a história como digressão, mas com um propósito. Um papagaio pode ter identidade pessoal? Aparentemente, o filósofo diz que não, visto que a identidade pessoal se articula com razão, reflexão e consciência, habilidade de se considerar a mesma coisa pensante em diferentes tempos e lugares; portanto, um indivíduo que talvez "seja continuado em substâncias iguais ou diversas". Ele decidiu que um papagaio nada mais é que um mímico, capaz de repetir [de "papagaiar"] uma personalidade, por assim dizer, mas não de gerar uma. O tipo certo de pessoa civil não podia simplesmente ser encontrado, precisava ser cultivado. Em *Ensaio acerca do entendimento humano*, Locke apresentou um outro experimento hipotético. Suponha que a consciência de um príncipe seja inserida no corpo de um sapateiro, depois de a alma deste deixar o corpo. O ser resultante seria príncipe ou sapateiro? A resposta para Locke é evidente: príncipe.[17] O que faz uma pessoa é a consciência, não a alma nem o corpo. Mais ainda, personalidade consiste em consciência ao longo do tempo, uma série de ações consideradas em relação a suas consequências. Essa relação precisa da consciência era crucial. A alma é instável demais; não é possível termos certeza de que teremos a mesma alma enquanto dormimos ou quando estamos embriagados. Da mesma forma, corpos são uma fundação mutante – um bebê torna-se um idoso, uma pessoa magra engorda, um trabalhador perde a mão em um acidente. O indivíduo cujos sentimentos outrora se estendiam até as pontas dos dedos agora se ajusta para terminar em um "cotoco", para usar o próprio exemplo de Locke, e a consciência que ocupa aquele corpo que mudou continua a acumular memórias e experiências pelas quais será responsável no futuro. Essa última parte, parece, é o ponto crucial. A lei, inclusive a lei eterna de recompensa e castigo, depende desse tipo de narrativa. Participação civil efetiva, que exige comportamento em conformidade com a lei, deve estar ancorada na personalidade individual, não na alma ou no corpo.

Para essa parte, Kant começou a elaborar sua oposição a corpos com múltiplas personalidades em seus primeiros escritos sobre o visionário místico Swedenborg.[18] A reclamação que tinha contra Swedenborg estava concentrada no risco do interesse particular e da revelação especial. Versões particularistas de Iluminismo – ou "relações ocultas imaginadas com Deus" – subverteram a esperança por uma religião pública e um padrão compartilhado de moralidade e verdade.[19] A concepção de Kant sobre espírito público é, ao contrário, uma força social e moral capaz de sustentar a sociedade. *Ensaios de Teodiceia*, de Leibniz, livro que Kant conhecia bem, formulou essa questão de forma análoga. Moralidade e lei dependem do *status* firme do "eu", fundamentado no livre-arbítrio, que para Leibniz tinha três características: espontaneidade da ação, ou seja, a certeza de que a ação tem origem na pessoa que age; contingência da ação, ou seja, o fato de que outros cursos não seguidos eram possíveis; e racionalidade da ação, ou seja, garantia de que é sequência de uma deliberação de alternativas. Essas três qualidades de ação – espontaneidade, contingência e racionalidade – garantem a lei. Se invertida, a lei garante uma identidade responsável contínua, um "eu" possuído de identidade que perdura e é responsável *ao longo do tempo*.

Uma vez estabelecidos, esses conceitos de personalidade individual jurídica tornaram-se muito mais do que exercícios filosóficos, porque, no fim do século XIX, constituíram programas novos de ciências sociais e regimes legais. William James acolheu o argumento de Locke. Conforme a descrição de James, Locke primeiramente propôs que personalidade não era princípio, mas sim processo, algo feito a cada momento por meio da consciência.[20] James observou que, quando surgiu em 1689, o artigo "Sobre identidade e diversidade" de Locke foi escandaloso, por afirmar que duas pessoas diferentes poderiam ocupar o mesmo corpo. No entanto, na opinião de James, a visão de Locke na atualidade representava o *statu quo*, amplamente confirmado por psicólogos como Charcot, Janet, Freud e o próprio James. Este pensava que principalmente a escrita automática levantava questões importantes acerca da personalidade e isso se tornou um de seus laboratórios teóricos principais, inclusive em trabalho realizado com sua estudante Gertrude Stein. Além do processo de como mensagens são recebidas, ele investigou o caráter da escrita, propriamente dita. Ele descreveu a bizarrice das páginas de escritores automáticos – frequentemente tinha coisas como escrita espelhada, ao contrário e da direita para a esquerda, de baixo para cima ou em alguma outra forma geométrica –, que seria difícil fazer sem a "liberdade automática", uma expressão curiosa e, para mim, crítica.[21] A bizarrice era evidência da autenticidade da experiência. Uma fraude jamais conseguiria fazer isso. Esse tipo de fenômeno faz lembrar as possessões demoníacas do passado, mas são meios para mensagens do além mais otimistas do que inferno e danação. A escrita automática era muito mais humana, James escreveu.[22] James então seguiu Locke ao assumir uma visão expansiva e processual de personalidade. Apesar de separados por séculos, ambos reconheciam a necessidade pragmática e legal de pressupostos fortes de identidade individual em determinados lugares e para certos propósitos.

Enquanto a proposta de James dava abertura para uma visão ampla de agência, no Brasil seu contemporâneo Raimundo Nina Rodrigues assumiu uma visão mais telescópica. Nina Rodrigues preparou-se para trabalhar, estudando a psiquiatria no contexto das religiões afro-brasileiras. Ele confirmou o conflito entre cultura jurídica e situações quase religiosas mais do que o questionou. Como aprendemos no capítulo 1, em 1896 ele publicou uma série de artigos sobre "animismo fetichista" na prática ritualística afro-brasileira, que depois foram reunidos em um livro intitulado *O animismo fetichista dos negros baianos*. O primeiro estudo de Fernando Ortiz sobre religiões afro-cubanas, *Los negros brujos* (1906), foi formulado a partir de ideais semelhantes da psicologia, identidade e personalidade. Os estudos gêmeos desses dois criminologistas pioneiros, escritos com uma década de diferença entre eles, um no Brasil o outro em Cuba, respectivamente, formulavam tratamentos legais das religiões que descreviam. Para Ortiz, a "mala vida" de Cuba na virada do século – a zona cinza de prostituição, crime e vício, definida em oposição a "vida honrada" e "vida buena" – foi consequência direta da permanência de espíritos africanos. Os africanos continuaram "escravos da paixão" e presos ao "atavismo moral", conforme comprovam, sobretudo, os rituais de possessão.[23] De sua parte, Nina Rodrigues destacou os riscos civis relacionados ao candomblé afro-brasileiro ao lidar com o problema republicano brasileiro. Primeiro, ele argumentou, a religião afro-brasileira interrompe a regularidade do trabalho e justifica a "vadiagem".[24] Além disso, candomblé é, em parte, inspirado da religião iorubá do oeste africano e copiado de uma forma de governo civil estrangeiro, no qual o rei corresponde ao grande deus e os níveis intermediários da nobreza correspondem às divindades intermediárias denominadas "orixás". Portanto, africanos, crioulos e mestiços, praticantes da religião iorubá no Brasil estão todos já vivendo dentro de um sistema político rival. Nina Rodrigues declarou que ele mesmo já escutou falar do poder da possessão como incentivo a batalha e sedição, daí a razão para proibir a imigração africana. Afro-brasileiros estão em um estado de transição entre fetichismo e idolatria, além disso, dado o caráter híbrido da religião, "mestiços de espírito", não são aptos a conversar com um católico puro. Ou seja, devido à religião, não fica evidente que são, de alguma forma, assimiláveis pela nação brasileira. Depois vem o fato de que a religião envolve possessão – a perda de personalidade, memória e responsabilidade individuais –, mas também, e o que é ainda pior, o fingimento da possessão. Por fim, o candomblé já tomou o país, está encravado "no ânimo público", no espírito público, e corre o risco de se espalhar ainda mais por contágio social, como a dramática história da garota branca possuída demonstra.[25]

As descrições feitas por Nina Rodrigues não eram apenas um projeto antropológico, mas era também um projeto jurídico, aplicado e cumprido nacionalmente. Seus termos – que iam do mais familiar, como "possessão", ao híbrido religioso-psiquiátrico, como "espírita sonâmbulo" – começaram a aparecer em boletins policiais de processos contra prática ilegal religiosa, no fim do século XIX e nas primeiras décadas do século XX, quando o Brasil República tomava sua forma jurídica. É nessa luz que deveríamos ler as novas leis de saúde pública instituídas no Código Penal de 1890. Nele, foram incluídos os artigos novos: 156, 157 e 158.[26] O artigo 156 proibia a prática de medicina e a arte dentária sem a habilitação legal necessária. O artigo 157 proibia "praticar o espiritismo, a magia e seus sortilégios, usar de talismãs e cartomancias para despertar sentimentos de ódio ou amor, inculcar cura de moléstias curáveis ou incuráveis, enfim, para fascinar e subjugar a credulidade pública". O artigo 158 proibia "ministrar, ou simplesmente prescrever, como meio curativo para uso interno ou externo, e sob qualquer forma preparada, substância de qualquer dos reinos da natureza, fazendo, ou exercendo assim, o ofício do denominado curandeiro". Em suma, o artigo 156 abordava a medicina ilegal; o 157, a feitiçaria; e o 158, o curandeirismo.

O acréscimo desses três artigos ao Código Penal representou um paradoxo legal que perduraria por grande parte do século XX. A Constituição nova de 1891 declarou a liberdade de religião e a separação entre a Igreja e o Estado. Porque as religiões afro-brasileiras eram consideradas contagiosas, a solução foi reprimir as tradições afro-brasileiras sob uma categoria alternativa, a saber, saúde pública. Naquela época, atores dos rituais afro-brasileiros associavam o curandeirismo à medicina; o mesmo faziam o Estado e as leis do Estado.

Espíritos, estática, documentos

Na virada do século XX, o Brasil havia se tornado centro do espiritismo, um *status* que hoje ainda tem. Essa tradição começou importada da França, no fim do século XIX. Prometia a possessão espiritual sem qualquer suscetibilidade social. Ao contrário, ainda que não fosse tão respeitada, era francesa, cosmopolita, e *à la mode*.[27] Dessa forma, médiuns espíritas tinham garantido mais espaço legal para atuar do que pais de santo e participantes das tradições afro-brasileiras.

No período entre Juca Rosa e Chico Xavier – as últimas três décadas do século XIX e a primeira metade do século XX –, o padrão de pessoa jurídica foi refeito nos termos da pessoa biológica. Entre 1850 e 1900, essa identidade começou a ser verificada por fotografias, impressões digitais e medidas antropométricas, coletadas por meio de técnicas pioneiras de criminologistas como Bertillon, na Franca, e Galton, na Inglaterra. Mas isso não significa que outros tipos de pessoas deixaram de existir. Corpos com múltiplas personalidades continuam a atuar e a existir hoje – em religiões como candomblé, vodu, santeria e tantas outras com santo na cabeça –, agindo em crises do dia a dia relacionadas a amor, saúde, fertilidade e sucesso financeiro. O espiritismo, por outro lado, adaptou-se aos termos e procedimentos da pessoa biológica, utilizando fotografia, estenografia e ciências médicas em seus procedimentos autorizados, criando burocracias elaboradas em hospitais e associações legais que combinavam bem as instituições racionais, características do início do século XX. Espíritas nem mesmo tinham postura de membros de algo tão comum e parcial quanto uma religião; em vez disso, falavam em termos de ciência. Rejeitavam o termo primitivo "possessão" e abraçaram o termo técnico "mediação". Assim, enquanto nosso guia, Machado de Assis, criticava os espíritas, e a Igreja católica, em 1898, acrescentou a psicografia à lista de injunções, as elites estavam, de modo geral, receptivas a essa nova moda quase religiosa.[28] Um motivo para isso foi o fato de alguns membros do Judiciário identificarem-se com o kardecismo francês e sua articulação quase científica sobre espíritos, resultando em uma simbiótica associação entre o jurídico e o espírita. Essa afinidade eletiva entre espíritos e juristas foi construída de forma material na confiança compartilhada e prática diária da vida documentada.

Documentos são coisas que levam pessoas a associações e ajudam a constituí-las, tornando-se parte da realidade delas.[29] Nos casos considerados aqui, documentos ajudam a constituir espíritos e associações de pessoas com eles, mas também se tornam parte de uma noção ampla do espiritismo sobre espíritos.[30] Um espírito – o falecido magnata das audiogravadoras, Fred Figner, do capítulo 4 – descreveu o desafio de transmitir mensagens do além, em um livro de sua autoria, um ano após a própria morte, com o pseudônimo Irmão Jacob e, como vimos, com Chico Xavier servindo de escriba e psicógrafo. Nesse texto, intitulado *Voltei*, o espírito de Figner citou fontes de estática telepática que espíritos encaram: um médium pode ser insensível, exigindo do espírito um trabalho hercúleo; um "receptor" pode estar rodeado por ondas de distração; a mente do "instrumento" talvez já esteja cheia ou preocupada; um médium pode atrair ondas de forças concorrentes que contaminam a comunicação e faz o "aparelho" ser duvidoso; talvez faltem elementos naturais necessários à mediação, como a "combinação fluídico-magnética"; talvez inexistam organizações sociais com a finalidade de regular essas variáveis e calibrar os instrumentos, ou talvez elas sejam perseguidas ou fracas; por fim, pode haver tanto "ruído" no mundo espiritual quanto no mundo vivo, levando espíritos a se desviar. Todas essas questões significam que as transmissões dos mortos são vulneráveis, partidas e barulhentas. Isso faz documentos espirituais serem importantes – pelo menos de acordo com o espírito de Figner, conforme escrito (em um documento) por Chico Xavier –, porque eles têm a capacidade peculiar de atravessar a estática e tornar uma comunicação substanciosa e definitiva.[31]

Obviamente, como veremos, tais documentos podem, em si, ser desafiados, porque a autoria que o conecta a uma pessoa jurídica não é evidente. Nos termos de Erving Goffman, médiuns de documentos espíritas são "animadores" em vez de "autores"; ou seja, falam ou escrevem palavras que não criaram.[32] Para Goffman, quem origina as palavras que constituem um ato de discurso é o "principal". Mas a questão da autoria em um caso como esse é consideravelmente mais complicada do que o que Judith T. Irvine descreveu.[33] As mensagens escritas de animadores espíritas são direcionadas a um público, o "destinatário". Também são citações, incorporam personas do passado. Mais além, o processo de psicografia apresenta graus variados de consciência, permitindo o processo de "autoconversa" – um falante e um destinatário na mesma pessoa –, e o que Goffman denominou *role distance*, um indivíduo dividido com uma parte a comentar o enunciado da outra. O médium provavelmente foi convidado ou até mesmo contratado para transmitir uma mensagem – o que significa que, nos termos de Irvine, quem financia é também parte da mensagem, junto com quem transmite e quem formula/compõe.[34] A escrita de um médium, em si multivocal, é então citada no tribunal e, assim, reanimada por um juiz, ou senão amplificada perante o juiz, acrescentando à comunicação mais papéis de participante. Dessa maneira, uma mensagem escrita por um médium de forma automática também conjura uma ideia do espírito de origem na mente do jurado ou a "imagem"[35]. Há também o "acusado", em defesa do qual a comunicação espírita é oferecida. Irvine denomina esse papel de participante *fingeree*.[36] Portanto: principal, animador, imagem, financiador, destinatário, múltiplos indivíduos e *fingeree*.

Poderíamos seguir multiplicando os papéis de possíveis participantes conforme os eventos de psicografia se desdobram em tempo real. O importante, entretanto, é que possessão espiritual e escrita espiritual *não* aparecem no tribunal como *performance* em tempo real. Em vez disso, devem assumir uma forma jurídica bastante circunscrita e convencional, como documento, e, como tal, a mediunidade espírita torna-se objeto "desatrelado das relações pragmáticas contínuas", como afirma Irvine.[37] Ao assumir esse gênero convencional como documento, as palavras de um espírito passam a ter uma existência legal independente, que, assim como outras características da cultura jurídica, aparenta transcender o tempo e tornar-se transferível no espaço. Ainda assim, mesmo esses "textos transcendentes" ainda dependem da autoridade do evento conversacional que pretende substituir, nesse caso, mediunidade espírita e eventos de psicografia.[38] Então, pode-se dizer que, ao defender os direitos do animador como autor (jurídico), teóricos brasileiros do direito reduziram consideravelmente e até distorceram por interesse as autoridades legais-racionais. O fato de que são capazes de fazer isso depende da transdução da fala espiritual, seja vivenciada como impulso elétrico preso ao braço, um colapso do tempo ou uma cacofonia da qual surge finalmente um controle, no formato jurídico reconhecido de um documento.

Vamos agora nos voltar para os dois casos nos quais isso transpareceu e documentos escritos por psicógrafos espíritas entraram no âmbito legal e nele atuaram. Enquanto o caso Humberto de Campos exposto anteriormente levou em consideração o problema do espírito de pessoas mortas que continuam a atuar como autores, esses dois questionam o que foi denominado "depoimento espírita" – narrativas transmitidas (psicografadas) por mortos por meio de médiuns e comprometidas com algum tipo de forma – como documento jurídico aceito nos tribunais. Houve vários casos como esses, mas, nesses dois, as questões são precisamente levantadas.[39]

O caso José Divino Nunes

Espíritos entraram no processo legal através de Chico Xavier, em várias ocasiões, entre elas, a primeira vez no direito brasileiro que o depoimento de um espírito foi aceito como parte da defesa, nesse caso em que houve acusação de homicídio.

Era sábado de manhã, 8 de maio de 1976, na cidade brasileira de Goiânia, quando um garoto de 16 anos de idade chamado José Divino Nunes matou Maurício Henrique.[40] Maurício encontrou a arma na bolsa do pai de José, pouco antes de estar morto. Dois anos depois, enquanto estava em transe, psicografando, Chico recebeu uma mensagem do falecido e rascunhou uma carta da vítima para sua família, afirmando que José Divino era inocente. A mensagem dizia:

> Querida mamãe, meu querido pai, querida Maria José e querida Nádia. [...] venho até aqui, [...] para lhes pedir resignação e coragem. Peço para não recordar a minha volta para cá, criando pensamentos tristes. O José Divino nem ninguém teve culpa no meu caso. Brincávamos a respeito da possibilidade de se ferir alguém, pela imagem no espelho; sem que o momento fosse para qualquer movimento meu, o tiro me alcançou sem que a culpa fosse do amigo, ou minha mesmo. O resultado foi aquele.[41]

O juiz Orimar de Bastos, da 6ª Vara Criminal, verificou que a assinatura do espírito era "idêntica" à do adolescente morto. A defesa (citando o artigo 121 do Código Penal) lembrou que, de acordo com o Código Penal atual, "os motivos determinados constituem, no direito penal moderno, a pedra de toque do crime. Não há crime gratuito ou sem motivo, e é no motivo que reside a significação mesma do crime".[42] Juiz Bastos então pronunciou Nunes inocente. O fundamento legal que utilizou foi falta de aparente intenção ou previsibilidade para o homicídio, mas acrescentou em sua declaração escrita:

> Temos que dar credibilidade à mensagem [...], embora na esfera jurídica ainda não mereceu nada igual, em que a própria vítima, após sua morte, vem relatar e fornecer dados [...]. Isso isenta de culpa o acusado. [...] Coaduna este relato com as declarações prestadas pelo acusado.

Posteriormente:

> A mensagem de Maurício não apenas esclareceu, mas também corroborou todo o depoimento da defesa [...]. A mensagem precisava ser mencionada na sentença, porque me ajudou a tomar a decisão [...]. Não sou espírita. Julguei Nunes inocente porque a morte não foi premeditada. A mensagem de Maurício

afirmou que a morte foi um erro bobo, ninguém teve culpa. A decisão foi fácil para mim.[43]

Bastos deixa explícito que a mensagem psicografada do morto exerceu um papel importante em sua decisão. Da mesma forma ficou evidente que, apesar de sua negação, ele aceitava a doutrina espírita e, mais ainda, que considerava aquela uma situação normal. Talvez um motivo para admitir isso tenha sido que Chico Xavier se tornou uma celebridade nacional. De fato, sua autenticidade como "médium legítimo" foi defendida durante o julgamento por meio de uma declaração pública lida por um representante do Ministério Público do Estado de Goiás.[44] Se foi a primeira vez na história brasileira que um espírito ajudou um juiz a decidir um caso, não seria a última. Mais casos envolvendo depoimento de espírito foram julgados entre 1984 e 2006.[45]

O caso Ercy da Silva Cardoso

O caso, ocorrido em 2006, provocou debate público acerca do Judiciário brasileiro. Reproduzo a seguir a história, conforme apareceu em um dos mais respeitados jornais diários do Brasil, *Folha de S.Paulo*:

Duas cartas psicografadas foram usadas como argumento de defesa no julgamento em que Iara Marques Barcelos, 63, foi inocentada, por 5 votos a 2, da acusação de mandante de homicídio. Os textos são atribuídos à vítima do crime, ocorrido em Viamão (região metropolitana de Porto Alegre).
O advogado Lúcio de Constantino leu os documentos no tribunal, na última sexta, para absolver a cliente da acusação de ordenar o assassinato do tabelião Ercy da Silva Cardoso.
Polêmica no meio jurídico, a carta psicografada já foi aceita em julgamentos e ajudaram a absolver réus por homicídio.
"O que mais me pesa no coração é ver a Iara acusada desse jeito, por mentes ardilosas como as dos meus algozes [...]. Um abraço fraterno do Ercy", leu o advogado, ouvido atentamente pelos sete jurados.
O tabelião, 71 anos na época, morreu com dois tiros na cabeça em casa, em julho de 2003. A acusação recaiu sobre Iara Barcelos porque o caseiro do tabelião, Leandro Rocha Almeida, 29, disse ter sido contratado por ela para dar um susto no patrão, que, segundo ele, mantinha um relacionamento afetivo com a ré. Em julho, Almeida foi condenado a 15 anos e seis meses de reclusão,

apesar de ter voltado atrás em relação ao depoimento e negado a execução do crime e a encomenda.

Não consta das cartas, psicografadas pelo médium Jorge José Santa Maria, da Sociedade Beneficente Espírita Amor e Luz, a suposta real autoria do assassinato.

O marido da ré, Alcides Chaves Barcelos, era amigo da vítima. A ele foi endereçada uma das cartas. A outra foi para a própria ré. Foi o marido quem buscou ajuda na sessão espírita.

O advogado, que disse ter estudado a teoria espírita para a defesa (ele não professa a religião), define as cartas como "ponto de desequilíbrio do julgamento", atribuindo a elas valor fundamental para a absolvição. A Folha não conseguiu contato com o médium.

Os jurados não fundamentam seus votos, o que dificulta uma avaliação sobre a influência dos textos na absolvição.

Os documentos foram aceitos porque foram apresentados em tempo legal e a acusação não pediu a impugnação deles.[46]

Notável nesse caso é o fato de o advogado de defesa ter admitido usar o espiritismo e o depoimento de um espírito como fundamentos e enfatizado o quanto isso funcionou bem. Na apelação fracassada, o juiz Manuel José Martinez Lucas afirmou que o uso do depoimento de um espírito em um julgamento estava protegido pela Constituição no artigo que garante liberdade de religião e que o jurado estava livre para avaliar a carta, cada um conforme a própria convicção.[47] O juiz de apelação, José Antonio Hirt Preiss, manteve a absolvição, mas fez um comentário diferente acerca do depoimento do espírito no julgamento, afirmando que o Brasil é uma República secular: "a religião fica fora desta sala de julgamento que é realizado segundo as leis brasileiras".[48]

Ainda é uma incógnita se depoimento de espírito constitui uma intromissão da religião em um processo legal, mas a questão provoca inquietação. A *Folha de S.Paulo* publicou uma história em 19 de maio de 2008, com a manchete "Associação quer espiritualizar o Judiciário". A reportagem abordava a "polêmica" ao redor das associações múltiplas e cada vez mais fortalecidas de juízes e advogados espíritas. A maior delas é a Associação Brasileira de Magistrados Espíritas, que conta com mais de 600 juízes.[49] Entre eles está Francisco Cesar Asfor Rocha, ministro do Superior Tribunal de Justiça de 1992 a 2012. Uma organização nova, composta por delegados de polícia, promotores, advogados e juízes, chamada Associação Jurídico-Espírita, foi fundada recentemente em São Paulo e tem centenas de membros.[50] A Associação defende um Judiciário que seja "mais sensível às questões humanitárias" e capaz de debater questões polêmicas como aborto, eutanásia, casamento entre pessoas do mesmo sexo, pena de morte e pesquisa com célula-tronco. Dizem que "a maior lei é a de Deus" e defendem o uso de cartas psicografadas nos tribunais. Tiago Essado, promotor e um dos fundadores da Associação, declarou: "o Estado é laico, mas as pessoas não. Não tem como dissociar e dizer: vou usar a minha fé só dentro do centro espírita". Enquanto Zalmino Zimmerman, presidente da Associação Brasileira de Magistrados Espíritas e juiz federal aposentado, afirmou que o objetivo da Associação é "a espiritualização e a humanização do direito e da Justiça". Quando pediram ao Conselho Judiciário Nacional para abordar a questão acerca dos depoimentos de espíritos e o crescimento aparente do poder das associações judiciárias espíritas, Alexandre Azevedo, juiz e porta-voz do conselho descartou qualquer preocupação: "não enxergaria nenhuma diferença entre uma declaração feita por mim ou por você e uma declaração mediúnica, que foi psicografada por alguém".[51]

Em certa medida, portanto, tem-se normalizado a psicografia como depoimento no processo legal, no Brasil.[52] Espíritas rebatem a afirmação de que estão infundindo religião na lei com o argumento de que o espiritismo não é religião, tanto quanto é ciência do conhecimento, epistemologia, modo de enxergar, método de investigação. Para juízes e advogados que têm esse posicionamento, a prática do espiritismo é bastante semelhante à prática da lei: é uma tentativa de aplicar técnicas empíricas para o discernimento de verdades que, ao contrário, são ocultas. A ambiguidade da autoria, embutida na prática da psicografia, contribui para sua opacidade. Médiuns alegam haver diferentes tipos e graus de inspiração, como é o caso em outros gêneros da mediunidade praticada no Brasil e em outros lugares. Alejandro Frigerio chamou a atenção para o fato de que a maioria dos casos de possessão envolve algum grau de consciência e que até mesmo descrições êmicas tornam isso aparente. Praticantes de umbanda na Argentina, entre os quais ele conduziu sua pesquisa de campo, usavam pelo menos três graus de possessão, em uma escala do maior para o menor grau de consciência: *irradiación* (irradiação), *encostimiento* (encosto) e *incorporación* (incorporação).[53] Uma escala semelhante é coerente com o espiritismo, o que complica bastante as definições de Goffman para autoria, principal e até mesmo animação. Um dos modos, a chamada pneumatografia, é considerado uma psicografia direta, com nenhuma consciência envolvida por parte do escritor físico. Mas a maioria das psicografias é indireta – envolve alguma participação da consciência do médium – e classificada como "mecânica, semimecânica ou intuitiva".[54] A psicografia intuitiva, envolvendo uma consciência normal, mas focada, do médium, já nem mesmo é mediunidade, *stricto sensu*, porém é mais bem compreendida como heterografia, indicando um documento com traços de múltiplos autores.

Declarações sobre o grau de autoconsciência expressa nesses termos também servem como declaração do *status* relativo e assinatura da personalidade. Conforme escreveu Matthew Hull, uma assinatura é referência física de uma pessoa como um elo na corrente em que um arquivo ou um documento é produzido. Burocracias, em geral, têm várias assinaturas identificando diferentes graus de envolvimento de um indivíduo, desde um nome completo e título digitados acompanhados de assinatura e carimbo para uma rubrica.[55] A mediunidade também se baseia em uma escala de assinaturas. A afirmação de ser psicografia *indireta* comunica a existência de trabalho editorial humano no depoimento. Essa assinatura de personalidade, entretanto, abre espaço para a questão do interesse humano e do preconceito jurídico. Psicografia *direta*, afirma-se, não inclui qualquer forma de consciência humana. Como vimos, na famosa descrição feita por Chico Xavier, é como se um aparelho elétrico fosse acoplado ao cotovelo: "não sou eu quem escreve". Nessa forma de discurso, o espírito é principal, o *corpo* do médium é autor e o leitor do documento no tribunal transforma-se em animador. Paradoxal é o fato de que a assinatura fraca ou ausente da personalidade – a noção de que o principal e o autor são desequilibrados – tem potencial para imbuir o documento de uma força de depoimento ainda maior. Tal autoria funciona de forma inversa para os padrões legais normais de depoimentos, segundo os quais o valor está articulado com uma assinatura indelével e autêntica de uma personalidade individual respeitável.

Talvez possamos dizer então que a monografia – um documento autêntico que tem um principal singular – pode ser efetiva legalmente em qualquer ponta do espectro da agência, seja uma mensagem de espírito, seja uma mensagem humana individual. Os documentos legais mais fracos são aqueles cuja agência é mista ou de influência espiritual duvidosa; eles não trazem em si a autoridade de transcender a assinatura humana nem a de estar ligado de forma indelével a uma assinatura humana duradoura.

Talvez devido a essa ambiguidade mesmo os depoimentos de espíritos deveriam ser considerados suspeitos no âmbito jurídico. Ou são documentos sem valor de depoimento, uma vez que o autor na verdade não testemunhou o evento, ou – no caso da pneumatografia, supostamente a pura escrita de um espírito, sem interferências humanas – são documentos religiosos e desafiam a secularidade oficial do Estado.[56] Mas parece-me que é precisamente esse caráter ambíguo, intersticial e de heterografia a fonte da força jurídica estranha dos depoimentos de espíritos. Eles manejam a autoridade sobre-humana de documentos religiosos sem tirar deles essa classificação. Ou seja, servem como arquivos de atração quase humana.

Reconhecimento da intenção

A cultura da legalidade é o sistema por meio do qual atores do Estado conjuram ordem ou a aparência de um padrão objetivo, universal. Corpos com múltiplas personalidades lançam os ideais da cultura jurídica – que se baseia na responsabilidade individual – na desordem. Contrastando com a cultura jurídica e suas situações, as situações quase religiosas são fábricas de ambiguidade de agente e pessoas permeáveis. Pessoas religiosas são compostas por interiores em constante mudança, com habilidades e ideias de ação possível diferentes do que tinham antes do envolvimento com deuses, ancestrais e espíritos. A partir dessa perspectiva, pessoas agindo de forma religiosa são diretamente opostas ao tipo de indivíduo que a cultura jurídica busca formar. A maioria das coisas que pessoas atuando de forma religiosa fazem está programada para transformar a individualidade em vez de torná-la contínua. Cenas quase religiosas parecem feitas para abalar o livre-arbítrio autônomo em vez de reforçar sua confiabilidade. Como no caso Humberto de Campos, essas cenas ofuscam os limites do corpo natural e de sua morte, em vez de aceitá-lo como é. Assim também, se se entende que pessoas jurídicas possuem autenticidade, no sentido de continuidade verificável entre o ser exterior e o interior, situações quase religiosas propõem o oposto, a probabilidade de haver um interior diferente do exterior. Em determinadas situações, isso faz com que pessoas religiosas sejam não legais ou ilegais. Por exemplo, segundo a Constituição brasileira de 1891, monges católicos, ou religiosos, eram proibidos de votar, assim como mulheres, analfabetos, mendigos e menores de idade (pessoas abaixo de 21 anos de idade), porque "renunciaram a liberdade como indivíduos".

O exemplo faz pensar, mas poucos de nós discordaríamos da proposta de que alguma forma de proteção da personalidade jurídica na vida civil seja necessária. Simplesmente há tantos tipos de pessoa, seres humanos, quase humanos e não humanos, colidindo no mundo, que regras de envolvimento são garantias. Talvez a ideia de Hegel de que Deus é "pessoa absoluta" e a ideia de que os animais, ou até mesmo as árvores e os rios, sejam pessoas jurídicas em potencial tenham delimitado o espectro em consideração aqui.[57] Coletivos humanos podem, até mesmo de forma altamente abstrata, ser pessoas jurídicas, sendo mais imponentes na forma de Estados e corporação.[58] Entretanto, o que constitui a ideia de o que é pessoa jurídica é, por vezes, barroco. Considere a doutrina: pessoa jurídica é diferente de pessoa natural. Essa doutrina, na qual corporações agem como pessoas jurídicas, é herança do século XIII e da simples expressão atribuída ao papa Inocêncio IV, dizendo que, sendo o Colégio corporação, as questões figuram como pessoas. Isso deixou implícito que uma comunidade dentro da Igreja poderia ser representada coletivamente como pessoa jurídica e, além disso, que essa pessoalidade existe, além de qualquer pessoa natural, como *persona ficta*. Trata-se de uma realidade espiritual, não material. Em outras palavras, é possível ler qualidades quase místicas nas primeiras formulações legais de incorporação, assim como ideias de personalidade jurídica.[59] Personalidade jurídica interpretada como as múltiplas máscaras usadas por um único corpo biológico parece postular um excesso de personas contra ideias intuitivas e herdadas de personalidade natural.

O desconforto de alguns com a recente decisão da Suprema Corte dos EUA sobre a personalidade jurídica de coleções anônimas de doadores políticos não é totalmente diferente da surpresa ao ouvir os espíritos dos mortos encontrando voz no Judiciário brasileiro. Ambos apresentam o desafio de ver através de uma lacuna – de corpos naturais a *personae ficta*, a figura de muitas pessoas atuando como ou em um só corpo. Eles vão contra a mais familiar "fabricação do homem", como o filósofo de direito Pierre Legendre descreveu:

> A individualidade biológica não é uma garantia automática da existência subjetiva. As estruturas institucionais antecipam a construção subjetiva dos indivíduos, atribuindo-lhes *ab initio* o *status*, nos termos emprestados do direito romano, de pessoa (persona). Em outras palavras, a instituição da genealogia estabelece a linha do destino na qual, da vida à morte, a existência de cada sujeito desenrola-se. Estabelece o quadro do direito das pessoas. [...] A fabricação dogmática do homem começa aí, com o traçado de uma linha de parentesco e mascaramento pela lei do ser recém-nascido como questão de dois sujeitos falantes.[60]

O salto do tipo de invenção que mais formula a lei estadual para corpos com múltiplas personalidades e extrabiológicos pode evocar medo, suspeita, descrença, horror, admiração ou vários sentimentos ao mesmo tempo. A resposta depende, pelo menos em parte, do local e das expectativas de personalidade envolvidas, pessoas jurídicas servindo, então, como "dispositivo ou artifício para tornar habitável determinada situação política".[61]

Os corpos de múltiplas personalidades e as tradições que os cultivam como fontes de revelação especial apresentam desafios e riscos especiais para instituições e procedimentos legais. Porque essas religiões e seus variados agentes invisíveis prevalecem por grande parte do mundo, esses desafios devem ser abordados. Seguindo o trabalho de Annemarie Mol sobre a medicina e o corpo múltiplo, não arrisco aqui uma epistemologia – como as situações jurídicas chegam a conhecer a personalidade –, mas, ao contrário, enfoco a promulgação legal, a questão de como a personalidade é moldada de certa forma por meio dos procedimentos de casos específicos.[62] Espíritos podem atuar em jurisprudência ao fazer um depoimento entregue na forma de psicografia, em um outro lugar. Portanto, podem aparecer, e aparecem, nos tribunais como documentos. Entretanto, demanda dedicado trabalho semiótico para um comunicado quase humano chegar às mãos de um juiz. Se não for em papel, em termos legais, não existe.[63] Assim como na medicina, decretos legais são repletos de julgamentos normativos implícitos, principalmente no que diz respeito à questão da responsabilidade jurídica e da pessoa forense. Espíritos e depoimentos de espíritos abrangem versões médicas e legais do normativo.[64] Mas não são implantados aleatoriamente; existe um padrão geral. Depoimentos de espíritos têm aparecido principalmente em casos envolvendo crimes violentos julgados perante um júri, sempre em nome do réu. Normalmente eles transmitem uma mensagem de uma vítima de assassinato, justificando o acusado. Eles parecem tranquilizar os jurados ou dar-lhes licença para absolver quando estão em cima do muro ou inclinados a isso, mas precisam de uma garantia transcendente ou, pelo menos, supralocal da verdade. Ismar Garcia entrevistou um médium advogado que disse que, do ponto de vista espírita, a razão dessas tendências é que os espíritos não se manifestam por coisas insignificantes como propriedade nem é da natureza deles acusar.[65] Além disso, os depoimentos de espíritos servem, principalmente, como evidência secundária, uma espécie de testemunha de caráter apresentada ao júri, e não como evidência direta. Pelo menos é o que afirmam seus defensores. Entretanto, é difícil medir a influência real que exerce sobre um júri. Em todos os casos com os quais me deparei, espíritos pesavam mais para o lado vencedor.

Os casos sugerem uma questão que, espero, esteja mais estranha do que quando comecei: o que, exatamente, é uma pessoa jurídica? Em outras palavras, que tipo de personalidade e concomitante noção de agência a lei exige? Os estudos de caso analisados neste capítulo mostram que a pessoa jurídica é fluida e historicamente contingente. Como vimos no capítulo 2, a personalidade possuída de Juca Rosa, uma personalidade mutante com o santo na cabeça, fez dele um transgressor e contribuiu para que ele fosse considerado fora da lei. Casos mais recentes envolvendo depoimentos de espíritos, ao contrário, colocaram o trabalho de médiuns e suas revelações documentadas no centro de pelo menos algumas decisões legais. Todos os casos que envolviam possessão ou mediunidade, no entanto, implicam adiamento ou complicação da responsabilidade individual ou permitem isso. Como? Primeiro, médiuns espíritas complicam a sequência temporal em geral exigida no reconhecimento legal de causalidade. Por exemplo, em um dos casos, o aparecimento do espírito da vítima em 1978-1979 ajudou a estabelecer o que aconteceu em 1976. No terceiro caso apresentado aqui, duas cartas escritas em 2006 por um homem morto em 2003 ajudaram a garantir a inocência da ré. Em ambas as circunstâncias, espíritos atuaram em tempo e serialidade jurídicos, resultando em um colapso temporal por meio do qual uma vítima no túmulo há três anos foi possibilitada a falar no tempo judicial.

Enquanto a personalidade acaba quando ocorre a morte natural, esta não é, de acordo com o veredito baseado na lei civil brasileira em 1944 para o caso Humberto de Campos, um limite em si evidente ou consistente. Alguns casos posteriores sugerem a possibilidade de a agência humana inteligente persistir após o falecimento do corpo. Nos diversos casos de homicídio descritos anteriormente – em 1978, 1984 e 2006 –, o depoimento de testemunhas mortas foi aceito no tribunal depois de escrito pela mão diferente de um médium humano vivo.

Mais importante de tudo, documentos espirituais atuam no reconhecimento legal da intenção. O depoimento de um espírito é eficiente na influência da compreensão de jurados. Por exemplo, um depoimento de espírito demonstrou que José Divino agiu sem intenção e, portanto, não era responsável. Agora, certamente, o sistema jurídico brasileiro e outros estão repletos de ajustes sutis com base na intenção putativa. Comprometimento religioso afeta a intenção e pode, como vimos, alterar o *status* legal. Dessa forma, crimes cometidos em um rompante de raiva violenta depois de uma provocação – quando se está fora de si – podem também reduzir consideravelmente uma sentença. Por outro lado, crimes cometidos com personalidade e intenção pessoal demais – por motivos egoístas – podem receber sentenças especialmente duras. Alegações de loucura ou insanidade são extremos legais de ação não intencional, e as sentenças são modificadas em conformidade.[66] Há também a defesa baseada no automatismo, como a que foi usada no caso de José Ferraz. Joaquim Borges Carneiro, advogado de Ferraz, defendeu seu cliente das acusação de curandeirismo dizendo que ele não era o curandeiro, mas apenas um médium para o espírito que fazia o trabalho.[67] Karina Buhr não foi estuprada por um babalorixá; como vimos anteriormente, o acusado argumentou que o crime foi cometido por Malandinho, um espírito vil.

Espíritos apresentam várias complicações de intenção: autores que estavam hipnotizados ou possuídos talvez não possam responder por seus atos como indivíduos responsáveis. Ou, ainda, talvez espíritos ofereçam opinião legal que, uma vez colocada no reconhecido formato jurídico de depoimento, ajude a moldar a opinião do júri acerca da intenção do réu. Dadas as complicações da intenção e a medida do estado interior do réu que ela exige, o espírito pode ser visto mais como um problema complexo de como medir motivações internas do que um distanciamento de outras calibragens legais da pessoa interna.

Sendo assim, talvez possamos usar esses casos para pensar de forma comparativa a questão da personalidade jurídica. Charles Taylor ficou famoso por seu argumento de que o indivíduo ocidental é caracterizado por uma noção de um eu protegido, uma forma de personalidade que é impermeável à possessão por agentes externos e, portanto, em virtude da própria insularidade, é duradouro pelo menos relativamente.[68] A dimensão temporal da responsabilidade duradoura é chave para o próprio conceito de "identidade". Susanna Blumenthal, historiadora na área de direito, descreveu a "pessoa jurídica padrão" nos Estados Unidos como algo bem próximo ao eu protegido de Taylor.[69] Versões de pessoa jurídica padrão existem em todas as culturas jurídicas nacionais, e os sistemas legais até mesmo podem necessitar disso para funcionar. Na falta, técnicas são utilizadas para criar uma. Um método para criar uma pessoa jurídica padrão é contrastá-la (e tem sido majoritariamente homem) com os "espíritos fracos" que aparecem, digamos, nas descrições dos pacientes de Charcot, nos iniciados de Juca Rosa, nos facilmente seduzidos por Ajeeb ou nas pessoas devotas de Anastácia, ou ainda com a explicação de Frazer para mágica primitiva, a discussão de Kant acerca de Swedenborg ou o papagaio brasileiro possuído de Locke. Nos escritos de figuras como Hobbes, Locke e Kant, a pessoa individual responsável adquiriu seus contornos em comparação com outro tipo, a saber, o tipo "divíduo" ou a pessoa muito permeável.[70]

Pessoas muito permeáveis devem ser transformadas ou traduzidas em pessoas jurídicas, se e quando entrarem no âmbito do Estado. Algumas pessoas argumentam que cultura jurídica até mesmo exige essa submissão, um rito de passagem desfigurante. Conforme Judith Butler escreveu: "ser dominado por um poder externo é uma das formas familiares e angustiantes de manifestação do poder. Descobrir, no entanto, que o que 'se é', que a própria formação como sujeito, de algum modo depende desse mesmo poder é outro fato bem diferente".[71] A descrição de Butler com frequência é citada de forma muito casual, mas o que me intriga é que, assim como a descrição que Taylor fez do eu protegido ou a que Blumenthal criou para a pessoa jurídica padrão, reutiliza a figura do possuído de forma a oferecer resistência e oposição. Na formulação de Butler, tornar-se um sujeito político é muito parecido com possessão (e desapropriação), como descobrir um deus no corpo de alguém.[72] Colin Dayan tenta definir e distinguir o indivíduo jurídico como "linguagem do servilismo":

> a degradação sancionada pelo Estado, nos Estados Unidos, é impulsionada por um foco na identidade pessoal, termos pelos quais a personalidade é reconhecida, ameaçada ou removida. Trato a história jurídica da desapropriação como um *continuum* ao longo do qual corpos e espíritos são refeitos no tempo.[73]

Dayan busca vantagem avaliando como o espírito da lei e as leis sobre espíritos estavam interligados. A crítica parece ser que a identidade pessoal não é evidente, mas que certas versões de opacidade – digamos, a personalidade corporativa ou a extensão legal do nome de alguém como domínio comercial – recebem um passe jurídico mais prontamente do que outras; por exemplo, aquelas relacionadas à possessão de espíritos afro-brasileiros.

Embora eu concorde com essa avaliação, deixar por isso mesmo me parece muito fácil. Afinal, quase todo mundo vê a possessão espírita e outras mediações – pelo menos quando aplicadas por grupos subalternos, como os terreiros afro-brasileiros de candomblé – com empatia. A possessão espiritual pode interromper um determinado quadro opressivo da vida e expressar contradição, dar voz ou oferecer descanso. Oferece uma plataforma para mostrar que, assim como o Estado está dividido, o cidadão também está e (como o Estado) realiza principalmente a razão e a personalidade confiável, mantendo disponível a possibilidade de resistência, seja exercida ou não. Manter disponível uma outra soberania interna é importante.[74] Podemos conceber os depoimentos de espíritos no tribunal servindo a propósitos semelhantes, mantendo disponível a soberania de uma pessoa-cidadã totalmente subjetivada.

Mas o que fazer com espíritos e documentos de espíritos quando são manejados pelos ricos e poderosos, como as associações brasileiras de juízes espíritas? Esses juízes espíritas de hoje já estão envoltos em poder institucional e quase não precisam de avatares sobre-humanos para ampliar ainda mais a si mesmos e o alcance de seu julgamento no tempo e no espaço. Eles merecem nossa crítica, nossa atenção e nosso interesse. Porque, no fim das contas, assim como aparentemente precisamos de locais de atração e automaticidade quase humanas, também precisamos de domínios de personalidade responsável para saber quem apertou o gatilho, quem é responsável pela criança, quem estuprou, quem assinou o contrato, quem escreveu o livro.

Mais ainda: quem pode decidir ao certo qual morto tem direito de falar, seja na lei, seja em outro lugar? No discurso de encerramento de ano de Machado de Assis na Academia Brasileira de Letras, em 1897, ele invocou a responsabilidade da linguagem, da tradição e dos mortos. "A autoridade dos mortos não aflige e é definitiva."[75] Mas não tenho tanta certeza. Os mortos podem ser assassinos, sobretudo, no formato de documento jurídico.

Notas

[1] *Revista da Semana*, 28 set. 1935, p. 29.

[2] Celestino Silveira, "O espirito de Emmanuel", *Revista da Semana*, 22 jul. 1944 (entrevista com Chico Xavier).

[3] Breton, 1969, p. ix ("Prefácio à reimpressão do manifesto [1929]"). Lembre-se de que, de 1915 a 1922, Breton trabalhou como estudante de psiquiatria com vários ex-colegas e alunos de Charcot: primeiro Raoul-Achille Leroy, em Saint-Dizier, e depois Joseph Babinski, no Centro Neurológico de La Pitié, contíguo ao Salpêtrière. Ver Philippon & Poirier, 2009, pp. 45-46.

[4] Stein, 1898, p. 296. Ver também S. Meyer, 2003, pp. 47, 226. Stein negou que sua escrita fosse verdadeiramente automática e denominou-a "dissociativa".

[5] Henry Olcott, "Isis Unveiled (1877)", *apud* Urban, 2021.

[6] Lane & Beale, 1920.

[7] Eis os títulos: *Crônicas de além-túmulo*; *Brasil, coração do mundo, pátria do Evangelho*; *Novas mensagens*; *Boa nova*; *Reportagens de além-túmulo*.

8 Campos, 1921, p. 194.

9 *Apud Revista da Semana*, n. 1, 15 dez. 1934 (obituário de Humberto) [disponível em <http://memoria.bn.br/pdf/025909/per025909_1934_00001.pdf>].

10 A ação contra Francisco Cândido Xavier (Chico Xavier) e seu editor, a Federação Espírita Brasileira, foi movida na esfera cível, em 1944, e julgada pelo desembargador João Frederico Mourão Russel, do 8º Distrito Federal. Consultei o resumo do caso em Timponi, 1959.

11 Soltanovich, 2012, p. 192.

12 Sobre a transdução como o meio pelo qual os espíritos podem se tornar presentes, ver Keane, 2012. Ao revelar momentos de transgressão, testemunhei a preocupação quando surgiu um relatório e uma fotografia da então candidata a vice-presidente Sarah Palin, consultando um pastor queniano para exorcizar seus "maus espíritos" ou a estenógrafa da Câmara dos Representantes, Dianne Reidy, sendo manchetes em 16 de outubro de 2013, quando ela agarrou abruptamente o microfone no Congresso, enquanto estava possuída pelo Espírito Santo e foi necessário arrastá-la do chão pelos seguranças. Em ambos os casos, esse tipo de hiperagência – excesso de pessoas em um determinado corpo atuando no espaço político ou judicial – parecia perigosamente opaco.

13 Eles são irracionais no sentido de Weber de residir principalmente fora ou adjacente a sistemas de governança ou conhecimento burocraticamente organizados, com o objetivo de máxima eficiência.

14 João Pedro Pitombo, "Cantora Karina Buhr acusa babalorixá de extorsão e estupro", *Folha de S.Paulo*, 24 dez. 2019, disponível em <https://www1.folha.uol.com.br/cotidiano/2019/12/cantora-karina-buhr-acusa-babalorixa-de-extorsao-e-estupro.shtml>.

15 Velho, 1992 [1994, p. 11].

16 "Veio à minha cabeça fazer-lhe uma pergunta, porque pensei que não era muito provável para mim vê-lo novamente, e tive a intenção de saber de sua própria boca o relato de uma história comum, muito contada, que eu tinha ouvido muitas vezes de muitos outros, sobre um velho papagaio que ele tinha no Brasil, durante seu governo, que falava, perguntava e respondia perguntas comuns como uma criatura razoável; de modo que lá, em geral, concluíram que era bruxaria ou possessão; e um de seus capelães, que viveu muito tempo depois na Holanda, nunca mais suportou um papagaio, mas disse: todos eles tem em si um demônio." Locke, 1975, pp. 446-447. Locke cita longamente a história de Temple, 1692, pp. 76-77. Ver também Walmsley, 1995.

17 Em *Novos ensaios sobre o entendimento humano* (1704), Leibniz refutou o experimento mental de Locke com seu próprio experimento em metempsicose. Digamos que você se torne o rei da China, perdendo no processo todas as suas memórias atuais. Você, como pessoa, continuaria a existir? Contra Locke, a resposta de Leibniz foi não; a personalidade é inseparável do corpo que a percebe. As recompensas e punições futuras não poderiam ter sentido ou qualquer caráter sistemático sem a preservação da memória e da identidade pessoal; assim, qualquer ideia de justiça depende da união firme entre consciência e corpo. Ver Perkins, 2007, p. 145.

18 Kant, 2002.

19 *Idem*, 1960, p. 189.

20 James, 1983, p. 317.

21 *Idem*, 1986, p. 44.

22 *Idem*, p. 45.

23 Ortiz, 1973, pp. 1, vii, 55, 21.

[24] Nina Rodrigues observa que isso, infelizmente, é dito pelos outros, no entanto, é lamentavelmente verdade ("aliás bem fundado"). Nina Rodrigues, 2006, p. 29.

[25] *Idem*, pp. 18, 112, 15, 28, 99, 116, 101-103, 130, 123-126.

[26] Aqui e no parágrafo seguinte, baseio-me em Maggie, 1992, pp. 22-23, 43.

[27] O espiritismo espalhou-se rapidamente entre os cosmopolitas europeus também. Aparece, por exemplo, em *Ana Karenina* de Tolstói, cuja primeira publicação foi entre 1873 e 1877, em uma festa da alta sociedade, quando "a conversa versou depois sobre o tema das mesas que batem e dos espíritos; a condessa Nordston, que acreditava em espiritismo, pôs-se a narrar um facto sobrenatural a que assistira". Em seguida, há um debate sobre eletricidade e espiritismo depois do qual um grupo de pessoas vai à sala de desenho para "demonstrar as mesas". Tolstoy, 2012, pp. 47-49.

[28] Hess, 1991, p. 218.

[29] Hull, 2012, pp. 18, 25-26.

[30] Por exemplo, documentos são utilizados em práticas espíritas para certificar o treinamento de uma pessoa como psicógrafo, prática que, em si, é produção de documentos mediados. Para ter um exemplo, ver <http://www.aluzdoespiritismo.com/espiritismo-mensagens-historico.htm>.

[31] Xavier & Jacob, 2017, pp. 16-19.

[32] Goffman, 1974, p. 517 e ss.

[33] Irvine, 1996.

[34] *Idem*, p. 137.

[35] Goffman, 1974, p. 573 e ss.

[36] Irvine, 1996, p. 134.

[37] *Idem*, p. 156.

[38] *Idem*, p. 157.

[39] Há também variações interessantes, tais como o caso de Fernanda Lages, que inicialmente foi julgado como suicídio. Uma carta escrita pela própria Fernanda e psicografada declarava que ela não se matou. Ajudou a incentivar a pressão social para continuar a investigação, que ainda estava em curso, mas já com indícios de que a morte foi, de fato, homicídio.

[40] Os detalhes do caso foram relatados em Ahmad, 2008. Ver também Bastos, 2010; Xavier & Henrique, 1982 – essa obra conta a história a partir da perspectiva do falecido, mediado por Chico Xavier; aquela, a história do caso contada pelo próprio juiz.

[41] Ahmad, 2008, p. 173.

[42] *Idem*, p. 175

[43] *Idem, ibidem*.

[44] Antes disso, Chico Xavier apareceu e foi honrado pela Assembleia Legislativa do Estado de Goiás, em 7 de maio de 1974.

[45] O falecido escreveu novamente, em 12 de maio de 1979, dessa vez para a mãe (a mensagem foi apresentada ao pai no programa de televisão, *Programa Flávio Cavalcanti*): "Peça a meu pai para que, no íntimo, aceite a versão que forneci do acontecimento que me suprimiu o corpo físico. Não se procure culpa em ninguém. Tudo está encerrado em paz, porque o acidente foi acidente real, e preciso que o papai me auxilie a refletir nisso, com as minhas próprias notícias". Ver em Xavier & Henrique, 1982, p. 19. Chico Xavier morreu em 2002.

[46] Léo Gerchmann, "Carta psicografada ajuda a inocentar ré por homicídio no RS", *Folha de S.Paulo*, 30 maio 2006.

[47] Câmara Criminal 70016184012, 2006.

CHICO X – UM QUASE HUMANO JURÍDICO

48 Maria Helena Gozzer Benjamin, "Mantida a absolvição de acusada que apresentou carta psicografada ao Júri", Âmbito Jurídico, 11 nov. 2010.
49 Dado numérico retirado de "Editorial", *Revista da Abrame*, n. 16, 2015, p. 4, disponível em <https://abrame.org.br/wp-content/uploads/2020/06/Revista-ABRAME-N16-2015-Original.pdf>.
50 Disponível em <https://ajesp.org/>.
51 Vinícius Queiroz Galvão, "Associação quer espiritualizar o Judiciário", *Folha de S.Paulo*, 19 maio 2008.
52 Aqui, observo que a concepção legal de depoimento individual (de testemunha) é muito menos limitada do que a do individual autoral. Isso porque defesas legais permitem mais amplitude do que reclamações e acusações legais.
53 Frigerio, 1989. Frigerio também destaca o valor ritualístico das declarações discursivas de total possessão, ou "incorporação", que confirmam e reforçam as premissas ontológicas básicas de espíritos estarem autenticamente presentes e disponíveis para os humanos.
54 Retirei essas categorias de Didier & Braga, 2013, p. 200.
55 Hull, 2012, pp. 131, 139.
56 Didier & Braga, 2013, p. 202
57 Hegel, 1892, p. 274. Os chimpanzés foram defendidos como pessoas jurídicas pelo, entre outros, Nonhuman Rights Project [Projeto Direitos dos Não Humanos], que entrou com uma ação contra a Stony Brook University, em 2013. Ver Julie Turkewitz, "Corporations Have Rights; Why Shouldn't Rivers?", *New York Times*, 26 set. 2017.
58 Obarrio, 2014, p. 26; Hull, 2018.
59 Gierke, 1900. Pierre Legendre descreveu as habitações numinosas da "lei das pessoas" retornando, como Mauss, à etimologia latina de persona como proveniente de máscara: "Em todos os sistemas institucionais, o sujeito político é reproduzido por meio de máscaras". Ou: "Os grandes delírios do poder, aqueles que fazem o corpo andar com a alma [...] só podem ser afirmados poeticamente, porque o poder é organizado ficcionalmente". Legendre, 1997, pp. 13, 19.
60 Legendre, 1997, p. 142.
61 Mussawir, 2011, p. 23.
62 Mol, 2002, p. vii.
63 "Os atos administrativos, decisões e normas são formulados e registrados por escrito, mesmo nos casos em que a discussão oral seja regra ou mesmo obrigatória. Isso se aplica pelo menos a discussões e propostas preliminares, a decisões finais e a todos os tipos de ordens e regras. A combinação de documentos escritos e uma operação contínua por funcionários constitui o 'escritório' (*bureau*) que é o foco central de todos os tipos de ações organizadas modernas." Weber, 1978, p. 219.
64 "Quando enxergamos em cada homem doente alguém cujo ser aumentou ou diminuiu, ficamos um pouco tranquilizados, pois o que um homem perdeu pode ser restaurado, e o que entrou nele pode sair. Podemos esperar vencer a doença, mesmo que seja resultado de um feitiço, mágica ou possessão. [...] A doença entra e sai do homem como por uma porta." Canguilhem, 2007, p. 39.
65 Garcia, 2010, pp. 183-184.
66 No Código Penal brasileiro de 1890, "não são criminosos [...] os que se acharem em estado de completa privação de sentidos e de inteligência no ato de cometer o crime". "Crimes de honra" são considerados "insanidade temporária". O Código Penal de 1940 introduziu se-

mi-imputável como categoria de estado mental – comprometimento parcial dos elementos cognitivos ou volitivos – e essa característica foi continuada no artigo 121 do Código de 1984: "Se o agente comete o crime impelido por motivo de relevante valor social ou moral, ou sob o domínio de violenta emoção, logo em seguida a injusta provocação da vítima, o juiz pode reduzir a pena de um sexto a um terço. Aumento de pena – se o crime é apreciado por motivo egoísta".

[67] Borges, 2001, pp. 198, 207.

[68] Ver Taylor, 2007, pp. 37-41.

[69] Blumenthal, 2007.

[70] Aqui está a formulação inaugural do "dividual" de Marriott: "Atores individuais não são considerados no Sul da Ásia 'individuais', isto é, unidades indivisíveis e limitadas, como são em grande parte da teoria social e psicológica ocidental, bem como no senso comum. Em vez disso, parece que os sul-asiáticos geralmente consideram as pessoas como "divíduas" ou divisíveis. Para existir, as pessoas individuais absorvem influências materiais heterogêneas". Marriott, 1976, p. 109.

[71] Butler, 2006, pp. 1-2.

[72] Butler explica o poder da lei sobre a subjetividade: "Quando uma mulher que é estuprada e recorre à lei para que o crime contra ela seja processado, ela precisa concordar com a própria ideia de narrador confiável e sujeito legítimo inscrito na lei. Como resultado, se a lei considera que ela não é um sujeito legítimo, que o que ela reivindica não tem valor e que seu discurso em geral não tem valor, ela é então desconstituída como sujeito pela lei em questão". Butler & Athanasiou, 2013, p. 77.

[73] Dayan, 2011, p. xii.

[74] Aqui estou me baseando no argumento de Rihan Yeh sobre o desempenho da "pessoa totalmente documentada", conforme exigido na fronteira do México e dos Estados Unidos, e a capacidade parcial dos súditos de proteger e manter uma reserva soberana por meio de piadas. Yeh, 2017.

[75] Machado de Assis, "Encerrando o primeiro anno academico", 7 dez. 1897, em Campos, 1928, p. 6.

CONCLUSÃO

Agência e liberdade automática

Olhava para o espelho, ia de um lado para outro, recuava, gesticulava, sorria e o vidro exprimia tudo. Não era mais um autômato, era um ente animado.

Machado de Assis, "O espelho", 1882

"O espelho." Jacobina, sujeito em geral taciturno, no meio da noite descreve uma nova teoria da alma para um grupo de amigos. Cada pessoa traz em si duas almas, ele explica, "uma que olha de dentro para fora, outra que olha de fora para dentro...":

A alma exterior pode ser um espírito, um fluido, um homem, muitos homens, um objeto, uma operação. Há casos, por exemplo, em que um simples botão de camisa é a alma exterior de uma pessoa – e assim também a polca, o voltarete, um livro, uma máquina, um par de botas, uma cavatina, um tambor etc. Está claro que o ofício dessa segunda alma é transmitir a vida, como a primeira; as duas completam o homem, que é, metafisicamente falando, uma laranja. Quem perde uma das metades, perde naturalmente metade da existência [...]. Há cavalheiros, por exemplo, cuja alma exterior, nos primeiros anos, foi um chocalho ou um cavalinho de pau, e mais tarde uma provedoria de irmandade, suponhamos. Pela minha parte, conheço uma senhora – na verdade, gentilíssima –, que muda de alma exterior cinco, seis vezes por ano.[1]

Jacobina continua e conta aquela que é a principal prova de sua teoria, sua própria história. Seu semblante casmurro pede atenção total; ele ameaça ir embora se o foco dos amigos vacilar. Eles se inclinam, extasiados. Ele começa. Quando jovem foi nomeado alferes, um evento que mudou a vida do garoto pobre do interior. Sua tia e seus parentes tratavam-no de forma diferente, até mesmo o chamavam "seu alferes". Escravos olhavam-no e falavam com ele com mais respeito do que antes. Sua tia mandou colocar no quarto dele um espelho antigo que pertencera à corte portuguesa, para que ele se visse de uniforme e se ajustasse ao *status* novo. Certo dia, entretanto, todo mundo em casa partiu porque uma das filhas da tia estava mal e à morte. Jacobina ficou só, com apenas os escravos a lhe cortejar. Um dia depois, os escravos fugiram e ele ficou completamente sozinho. Ser alferes significava nada, sem alguém ali para o admirar. Jacobina adoeceu: "era como um defunto andando, um sonâmbulo, um boneco mecânico". Ele rabiscava no papel sem consciência, como um psicógrafo. Quando se olhava no espelho, seu corpo tornava-se fluido, disperso, uma massa de linhas sem forma. Começou a enlouquecer, como se a alma dele tivesse fugido com os escravos. Finalmente, em desespero, ele se lembrou do uniforme. Rapidamente o vestiu e então levantou a cabeça: "olhava para o espelho, ia de um lado para outro, recuava, gesticulava, sorria e o vidro exprimia tudo. Não era mais um autômato, era um ente animado".[2] O uniforme devolveu-o à forma; o espelho reconheceu-o.

Os ouvintes voltaram a si, como se tivessem estado em transe durante o relato dele. Jacobina já havia partido.

Machado também reflete e reconhece. Observa quieto, sem se envolver. Mas estava também dentro. Tanto quanto qualquer pessoa no fim do século XIX, no Brasil, ele ocupava uma posição entre categorias. Certamente sentiu a duplicidade e a ambiguidade de agente da própria pele. Seu pai era pintor de paredes; e seu avô, um ex-escravizado; mulato (como era conhecido no Brasil), casou-se com uma portuguesa branca da ilha de São Miguel, nos Açores, e foi o primeiro presidente da Academia Brasileira de Letras. Ele era também um crítico da escravidão; no entanto, abordava a questão principalmente de forma indireta. O escravismo era determinante em sua obra, escreveu Roberto Schwarz, mas pessoas escravizadas raramente apareciam como agentes.[3] Ainda assim, era um mestre da crítica sutil à "vontade senhorial" – de como ela esvaziava o outro de sua autonomia por ser exercida somente por meio das concessões dos senhores.[4]

Machado de Assis foi um garoto que estudou em escola para meninas, onde sua mãe trabalhava, e jamais se formou; ainda assim, ele figura entre os mais lidos do Brasil.[5] Ele jamais viajou para o exterior, mas aprendeu francês com um padeiro, depois inglês e alemão, e, mais tarde na vida, estudou grego. Ele foi uma celebridade literária com vida social agitada; foi também estranho, reticente, gago, magricela, usava óculos e, ocasionalmente, tinha convulsões.[6]

Foi um mestre no português, mas francófilo. Nos anos 1860, ele traduziu várias peças francesas para montagem. Ele recebia jornais para se manter atualizado em relação à França.[7] Sim, era francófilo, mas amava ainda mais Shakespeare. Amava crianças, mas não teve filhos; adorava a esposa, Carolina, mas é possível que tenha tido casos com atrizes. Era um pensador livre, sem religião, quiçá até antirreligioso; ainda assim, encheu sua obra com cenas quase religiosas. Em seu romance mais famoso, *Memórias póstumas de Brás Cubas*, o delírio, a hipnose e o transe de 20 minutos criam as 300 páginas que seguem. Durante o episódio, Brás Cubas descreve sua ideia fixa e sua monomania – diagnósticos cunhados no Salpêtrière – que delimitam a narrativa contada de além-túmulo.[8]

É o próprio corpo de Machado de Assis que sutura os capítulos do livro, unindo-os. Em 1869, Dom Pedro II concedeu a ele a Imperial Ordem da Rosa. Machado conhecia e admirava o imperador como um homem de erudição.[9] Como jornalista, que começou a carreira no Rio de Janeiro, escrevendo para o periódico *Diário de Notícias*, e posteriormente escreveu em coluna para a *Gazeta de Notícias* e outros jornais, ele certamente acompanhou o caso Juca Rosa. É provável que ele tenha visitado a Igreja do Rosário várias vezes, o local onde Anastácia ganhou vida, uma vez que era uma das mais importantes catedrais da cidade. No fim dos anos 1890, apesar da idade avançada, ele certamente passou por Fred Figner na rua do Ouvidor, onde cada um presidia segundo sua vocação – Machado nas palavras, Figner no som e na imagem –, provavelmente trocaram acenos ou aperto de mão. Ele conheceu Ajeeb e pensava nele com motivo para orgulho cívico, já que o mencionou no texto. E debateu o espiritismo mais de 30 vezes em suas crônicas de jornal, na maioria das vezes com humor ácido. O espiritismo tem vários defeitos, ele escreveu. Quando você quer conversar com Vasconcelos, seu camarada de antigamente, os espíritos dão-lhe um fanfarrão reacionário como Nostradamus. Ele chamou o espiritismo de "fábrica de idiotas e alienados" e criador de demência.[10] Ele satirizou a psiquiatria com semelhante brutalidade em uma novela cujo cenário é o Hospício de Pedro II – um local que ele provavelmente visitou pelo menos no dia em que estava aberto ao público –, mas tinha mais simpatia por curandeiros, "as células originais da medicina".[11] Como fundador da Academia Brasileira de Letras, Machado de Assis ocupou a cadeira 24; poucos anos após sua morte, Humberto de Campos mudou-se para o Rio de Janeiro e foi eleito à cadeira 20. Apesar de Machado e Humberto jamais terem se encontrado, tiveram cadeiras adjacentes como imortais. Machado de Assis conecta os capítulos 1 a 5 não somente nas epígrafes, mas também nas células da própria pele que permanecem em cada local ou evento descritos neste livro. O que ele pode dizer desse ponto de vista privilegiado, póstumo?

O próprio Machado pensava que tudo o que havia de interessante sobre ele era na escrita, não na vida. Esperava que suas palavras pudessem servir de avatares, extensores e transmissores de sua pessoa, por isso, às vezes escrevia, como Chico Xavier, com o pseudônimo "X".[12] Assim como a autoria presente-ausente, suas histórias oferecem cenas e situações com ambiguidade de agente, formas elementares de vida quase religiosa. O autômato, o psicótico, o espírita, o depoimento de pessoa morta, animais que falam – tudo isso é espelho do ser humano que, ao tirar do equilíbrio os termos da agência, abre novas possibilidades para o que o ser humano pode ser.[13] A escrita é um outro espelho prismático, uma tecnologia para criar cenas quase religiosas e situações para quebrar as regras da agência. A escrita de Machado de Assis fez isso.

As linhas de "O espelho", que constituem a epígrafe desta Conclusão, apresentam uma curiosa tensão entre o eu e o espelho, entre o eu e o semelhante com o quase humano que aparece ali. O espelho foi, no fim do século XIX, um instrumento comum no estudo da autoconsciência e da personalidade. O conto de Machado veio na esteira das observações de Darwin acerca da primeira vez que uma criança se reconhece no espelho e precedeu teorias sobre a necessidade do espelho na formação do ego, sobretudo, como propôs Jacques Lacan.[14] O protagonista vai de autômato a ser vivo, mas a metamorfose não ocorre por meio de seu próprio esforço subjetivo ou sua vontade. Acontece, Machado parece sugerir, na interação com pelo menos três outros actantes: o uniforme, um espelho antigo e uma versão autômata do próprio protagonista. Mais adiante, isso é uma semelhança icônica bidimensional, um "eu" que imita, mas desprovido de intenção. Na troca que encerra a história – e que antecipa o contrato em *O retrato de Dorian Gray*, de Oscar Wilde (1890) –, a imagem no espelho torna-se o autômato, enquanto o corpo vivo do alferes se torna humano novamente. No entanto, ainda que o protagonista seja um ser humano, ele permanece dividido e duplicado, vivo e humano apenas por meio de uma alquimia complexa, como aquela na descrição que Latour fez da iniciação no candomblé ser feita em relação ao orixá sentado na cabeça da iniciada, e muito semelhante ao trabalho ritualístico de Juca Rosa. A pessoa iniciada "recebe autonomia ao entregar a autonomia que não possui a entidades que se tornam vivas graças a essa entrega".[15]

Não se trata de falta de agência individual envolvida. Afinal, em certo ponto o alferes precisa decidir vestir o uniforme e olhar-se no espelho, dando atenção total à imagem refletida. Ainda assim, sua ação de olhar no espelho carrega em si o resíduo das ações anteriores de outras pessoas, como as palavras e os olhares de admiração dos escravizados e da tia que, no passado, tratava-o com tanta deferência e respeito. Ajudaram a formar o Sr. Alferes, personagem que voltou correndo para o corpo dele enquanto ele se olhava no espelho. Então, até mesmo essa agência aparentemente humana acaba sendo quase humana, feita em conjunto: dois corpos, uma corrente irrompendo entre a carne, sua imagem bidimensional no espelho, e a história.

Esse tema amplo percorre todos os capítulos aqui. Ajeeb, sentado sobre uma caixa fechada misteriosa, juntou-se ao turco, à mecânica, à habilidade em xadrez e dama, à política da imigração, ao prazer, à mágica e às questões relacionadas a movimento e escolha. Rosalie teceu junto visões místicas, corpos com múltiplas personalidades, crucificação, espetáculo das palestras de terça-feira, fotografia, psiquiatria, gênero e limites animais do ser humano. Juca Rosa combinou em sua pessoa estendida as questões de fetichismo, espíritos, sexo, africanidade, raça, verdade e fraude, além de carisma e autoridade de um ser humano possuído. Todos os protagonistas quase humanos deste livro foram submetidos à restrição radical – de espaço, possibilidades de movimento, escolha de como ocupar o tempo, relacionamentos disponíveis e formas de capital social. Ainda assim, agiram e, possivelmente, de forma que vai muito além dos traços históricos que temos deles. Não há registros de Juca Rosa em seus seis anos de prisão, por exemplo. Ele deve ter encontrado modos novos e sutis de estender sua personalidade por meio de alguma representação, ainda que aprisionado e sem a ajuda da fotografia. É fácil imaginarmos que, com sua fama, ele tenha sido capaz de informalmente trocar favores com seus guardas, muitos dos quais provavelmente o conheciam de nome, seguiam religiões afro-brasileiras e compartilhavam partes da história dele.

Eu o imagino sobrevivendo nos termos propostos pela etnografia contemporânea de Lorna Rhodes para a vida na prisão, na qual o encarceramento se torna um microcosmo de situações quase religiosas de ambiguidade de agente, uma divisão endurecida, mas ainda assim fracionada, entre agentes e autômatos.[16] A habilidade de prisioneiros para agir fica fortemente circunscrita, tão aparafusada que o drama da agência colapsa em uma órbita muito pequena de coisas e movimentos possíveis: a bandeja da refeição e se uma pessoa a devolve passando pela fenda ou a mantém, (acarretando em repressão violenta e inevitável), ou a devolve com uma pressão relutante (um grau médio de resistência). A agência só pode se tornar real por meio dos repertórios superficiais que estão disponíveis, com o resultado de que a justaposição entre automático e vontade são negociados com o mais simples dos movimentos e o menor conjunto de adereços. Por meio dessa compressão, cada troca de material gera um excedente radical de poder que Rhodes denominou "incômodo", muito semelhante ao alferes que se volta para um espelho antigo e provavelmente mágico ou, para retomar exemplos usados por Jentsch e Freud, a incerteza sobre a pessoa amada ser gente ou autômato.

A história de Machado de Assis dá abertura para um compromisso novo com um problema duradouro. "Agência" como analítica há muito tempo está carregada com uma versão pomposa do indivíduo. Erving Goffman denominou esse indivíduo imaginário "objeto sagrado", um deus discreto e autônomo. O polêmico *Uma era secular* de Charles Taylor relacionou agência a nada menos que a morte daquele deus e o surgimento de um recém-nascido salvador, o eu protegido, o indivíduo a quem membros da sociedade política agora devem servir. "Agência livre", Taylor escreveu, "é central para o autoconhecimento [em referência aos proponentes dessa sociedade]. A ênfase em direitos e a primazia de liberdade entre eles [...] refletem o senso da própria agência do detentor, e da situação exigida por aquela agência no mundo, a saber, liberdade".[17] A agência individual, segundo Taylor, está amarrada a um "sistema de mundo fechado", esvaziado de espelhos, fotografias, desenhos, animais e autômatos vivos. A ênfase da agência no indivíduo serve bem a certos projetos e grupos, mas tira outros do campo de visão. Por isso, Talal Asad e Walter Johnson notaram uma pitada de elogio autocongratulatório, até mesmo paternalista, atrelado à ideia. Johnson comparou isso ao Cavalo de Troia que contrabandeia ênfases em livre-arbítrio, escolha, independência e autonomia. Mas isso raramente se encaixa à história da maioria das pessoas na história, sobretudo, pessoas escravizadas; estas faziam e fazem muitas coisas – amam, sofrem, plantam, amamentam, dançam, tomam banho, conversam –, mas a maioria encaixa-se na categoria agência de forma incômoda. Agência, Johnson acusou, cega acadêmicos para formas de solidariedade ou crescimento construídas coletivamente. Ainda pior, pode servir como tentativa de autoposicionamento em relação à história da escravidão. Sim, talvez eu seja uma pessoa privilegiada estudando pessoas com poucas oportunidades, mas pelo menos estou lhes restaurando, ou, ainda, dando agência. Isso faz parecer uma versão nova de vontade senhorial ilustrada por Machado: agência como um presente dado, uma concessão a quem merece pouco.[18]

Um dos motivos para eu tentar desarticular agência e indivíduo é o fato de que, como mostrei, agência é sempre híbrida, construída a partir de interações entre humanos, quase humanos e coisas não humanas. Outra razão é que, se a noção é de que o indivíduo é deus, sua própria coisa quase religiosa, por assim dizer, pessoas religiosas parecem terrivelmente devotadas a projetos que negam e desfazem a noção de poder individual solitário. Como alternativa, engajam-se em fazer coisas que deuses, espíritos e ancestrais dizem para fazer e em narrar a vida cotidiana nesses termos. Pense em possessão espiritual, psicografia, sacudida de avivamento, falar em línguas, rituais de demonstração de resistência extraordinária à dor, ou, ainda, ser inspirado por uma voz inesperada, tocado por uma musa que dá um impulso para a pintura ou a escrita. Todos já testemunhamos, alguns talvez tenham experimentado, algumas vezes estar e ser em parte conduzido por seres não humanos ou, em outras palavras, sintonizando a experiência do corpo à questão do outro, uma força externa impactante. Código mais familiar e paradigmático, o corpo possuído empurra-nos contra o pressuposto de que as buscas por voz, *status*, autonomia ou poder são universais.

Ainda assim, afirmado ou apagado, o indivíduo permanece como parte do jogo da agência, por mais duvidoso e opaco que seja. Sabemos que isso é um erro, mas esquecemos com facilidade que o indivíduo já era suspeito no tempo de Juca Rosa, das duas Rosalies e de Jean-Martin Charcot. Edward B. Tylor, quando escreveu em 1871, já refletia sobre sonhos involuntários e como motivar teorias sobre a alma.[19] Por volta da mesma época, Marx descreveu o homem como "infuso" pelo espírito do Estado; um pouco depois, Durkheim escreveu sobre quem "até se sente possuído por uma força moral maior do que ele mesmo", a sociedade; e Freud usou possessão por espíritos como imagem de uma composição múltipla da personalidade por consciente e inconsciente e "eus" manifesto e latente.[20] Nascemos em uma linguagem que não é nossa escolha e ficamos vulneráveis à abordagem dos outros de forma que fica além de nosso controle. O "eu" está sempre "despossuído das condições sociais da própria emergência".[21]

Eventos quase religiosos ajudam a corrigir a dependência equivocada no indivíduo. Esse é um dos motivos para os fundadores das ciências sociais, como Marx, Freud e Simmel, não muito inclinados à religião, terem dado a ela total atenção. Situações quase religiosas passam a existir quando a agência é ambígua – quando o "eu" é despossuído – e também preparam as condições

CONCLUSÃO – AGÊNCIA E LIBERDADE AUTOMÁTICA

para isso acontecer. Mas nunca totalmente. Muita vontade individual, fonte de agência e agente óbvios demais fazem uma situação quase religiosa ruir em outra coisa, um tipo de evento trágico ou triunfante. Pouca ou muita violência e automaticidade soterra e exalta a ambiguidade de agente. É só pensar no conto *Na colônia penal*, de Franz Kafka (1914), que descreve um aparelho chamado "rastelo" que executa penas capitais através de punhaladas em aplicações ritualísticas. O que se espera da máquina é que penetre lentamente a pessoa condenada, inspirando êxtase religioso depois de 6 horas de dor e transfiguração depois de 12 horas, imediatamente antes da morte. No conto de Kafka, o aparelho fica descontrolado, e o soldado que buscava transfiguração via suicídio beatífico sofre uma execução industrial banal, quando o "rastelo" falha e o apunhala sem misericórdia, e ele sangra até a morte, sem êxtase nem epifania, e morre como um porco abatido. Não ocorre a magia do aparelho, mas apenas força bruta. Não há ambiguidade de agente. Não há religião.

Cenas quase religiosas crescem em solo encrostado entre afirmações acerca de quem e o que está atuando e incertezas sobre isso. Certamente, há outras versões de ambiguidade de agente além daquelas do eu mediado. Existe, por exemplo, agência do autômato, quando a natureza age por conta própria de modo a mudar o destino, como Aristóteles afirmou, quando humanos parecem próximos de máquinas, animais ou ambos ao mesmo tempo, da descrição de Descartes. Quando costume, hábito ou tradição atuam por meio do corpo, para Pascal, ou bem mais tarde, Bourdieu. Quando o Estado atua em nós, como Hobbes e depois Marx destacaram cada um à sua maneira. Na agência do destino, como Simmel descreveu: "devido a sua externalidade, todo 'destino' contém algo que é incompreensível para nós e, nisso, adquire prestígio religioso".[22] Quando corpos se escondem em outros corpos, um possuindo ou abrangendo o outro, ou quando várias pessoas atuam em um corpo, como vimos no Salpêtrière e no Hospício de Pedro II. Quando heróis gigantescos assumem uma silhueta semelhante a uma divindade, no cinema escuro ou no campo, e tornam-se modelos a serem imitados. Essas são cenas, situações e eventos quase religiosos. Formas elementares de religião tornam-se presentes sempre que ação automática e ação voluntária se acumulam, colocando em dúvida e em debate cada uma delas.

O fato de coisas como o espelho e o uniforme do alferes também atuarem já se tornou um veio familiar na análise da agência.[23] Da mesma forma, é um movimento familiar observar que, em situações quase religiosas, a agência é com frequência subjugada, mediada e renunciada.[24] Entretanto, em "O es-

278

pelho", Machado de Assis chama a atenção para uma questão transversal, que perpassa até mesmo as teorias sobre agência que problematizam o indivíduo. Se o eu e o ato agentivo são sempre transações híbridas, "intra-ações", para usar a expressão de Barad, o que exatamente é o eu declarado que está ou não presente? Até a agência subjugada ou renunciada pareceria exigir uma noção forte de indivíduo que então pode ser renunciado ou ampliado, subjugado ou classificado. Mas, de qualquer forma, o que significa para um eu estar presente ou não em uma ação?[25]

Em termos de ativação acadêmica do século XX desse individual moderno, o que fui capaz de perceber é que Talcott Parsons foi quem cunhou o uso contemporâneo de "agência" e nos guiou por esse caminho.[26] Eis o exemplo que ele nos deu: quando dizemos que um homem tem o QI de 120, descrevemos uma qualidade denominada "inteligência". Entretanto, "quando [...] dizemos 'ele deu a resposta correta para a questão', descrevemos o desempenho, que é, portanto, um processo de mudança na relação dele com um objeto situacional, o questionador, o que pode ser atribuído a sua 'agência'".[27] Diferentemente do funcionalismo estrutural, que enfatiza sistemas fechados ou as chamadas histórias de grandes homens, estrelando indivíduos heroicos, a agência chamou a atenção para a tensão entre limitação e ação. Clifford Geertz, que foi estudante de Parsons, por volta dos anos 1960, começou a aplicar a analítica da agência – certamente em 1966, em "Religion as a Cultural System" –, e, *grosso modo*, é essa oposição entre estrutura e agência que Pierre Bourdieu invocou, com enorme influência, em seu *Esboço de uma teoria da prática*, em 1977.[28] Estes foram provavelmente os dois livros que mais percorreram disciplinas, lidos por historiadores, antropólogos e estudiosos de todas as religiões, transformando agência em "moeda-padrão".

Entre as teorias da prática, os estudos de gênero e a era pós-colonial, tudo se voltou para a agência, por razões importantes e com bons resultados: dar voz a sujeitos históricos e antropológicos que estavam, principalmente, perdidos ou não eram escutados. Enquanto isso, dentro da disciplina de história, agência pegou a nova onda da micro-história. Estudiosos da religião devoraram com anseio textos como *Montaillou* (1975), de Le Roy Ladurie, que revelou a não conformidade religiosa em uma vila medieval e demonstrou o quanto a cristandade, supostamente hegemônica, era, na prática, fraca; e *O queijo e os vermes* (1976), de Carlo Ginzburg, que buscou um pobre moleiro chamado Menocchio nos registros da Inquisição.[29] A atenção dada à experiência vivida e à religião vivida diariamente surgiu a partir desse investimento. Logo que o livro de Ginzburg surgiu, o termo micro-história ainda não existia, nem religião vivida (a não ser, por exemplo, a expressão francesa *la religion vécue*). Micro-história, junto com agência, ainda estava brilhante e nova. Conforme Ginzburg escreveu no Prefácio da edição de 2013 de *O queijo e os vermes*: "Os perseguidos e vencidos, que muitos historiadores descartavam como marginais e geralmente totalmente ignorados, eram aqui o foco".[30]

Entretanto, o desafio surge porque o indivíduo e sua agência permanecem fundamentais para o projeto histórico de modo humano estreito, por assim dizer. Historiadores continuam desafiados pela ideia de expandir a agência para além da carne, para o quase humano. Veja o que Constantin Fasolt expressou: "estudar a história para produzir um relato adequado do passado é, por si só, posicionar-se a favor da autonomia individual contra todas as outras possibilidades, incluindo providência e costume, mas não se limitando a estas".[31] Dipesh Chakrabarty ficou famoso por descrever o dilema de historiadores querendo proporcionar agência a seus sujeitos, agência esta que os próprios sujeitos recusam em nome de deuses, espíritos, parentesco e costume.[32] Afrouxar as amarras do agente individual em busca de mudar as condições de vida – uma vitória duramente alcançada pela história social – parece uma concessão que induz à ansiedade. No entanto, talvez seja necessário. Afinal, onde estão esses indivíduos, esses eus protegidos? O antropólogo Stephan Palmié considera essa figura do agente individual autônomo uma ficção do Atlântico Norte, parte da mitologia ocidental.[33] A divisão do mundo entre os chamados agentes e os autômatos parece, sobretudo, um mecanismo para construir centros separados das periferias. Dadas as substanciais deficiências, é tentador abrir mão da agência por simples agentes como uma categoria mais capaz que inclui o quase e o não humano. Afinal de contas, "agência" na verdade não existe nem em português nem em francês, a não ser por ter sido importada das ciências sociais anglófonas.[34] Mas há outras formas de avançar além de descartar termos desgastados, como se tivéssemos o poder de fazê-lo.

Para isso, deixe-me oferecer algumas sugestões modestas. Para começar, deveríamos pensar em situações quase religiosas como capazes de mudar a agência, mas não sem uma direção. Situações quase religiosas nem sempre propagam a agência individual, mas sempre jogam com a questão do agente. Por exemplo, David Mosse associou os termos ritualísticos "confissão" e "possessão" como praticados em uma mesma cidade indiana. As confissões jesuítas aproximavam pessoas de declarações de moralidade pessoal, a necessidade de uma consciência limpa e responsabilidade individual. No mesmo local, no entanto, por meio de eventos em que pessoas são possuídas por uma gama de demônios, deuses e deusas hindus, os corpos são transformados temporariamente em espaços públicos nos quais ações individuais desaparecem. Problemas pessoais tornam-se tormentos coletivos, o oposto da prática confessional jesuíta. Confissão, por um lado; possessão, por outro.[35] Em ambos os casos, atribuições de agência são movidas, alocadas, questionadas, divididas ou consolidadas. A justaposição desses modos e o movimento que os atravessa geram experiências quase religiosas.

Cenas e situações quase religiosas, como as apresentadas nos capítulos 1 a 5, sobretudo, colocam a agência em movimento ao criar cenas de transformação e incerteza. Religião tem a ver com jogar com todas as diferenças na forma de presença percebida como ato. Em outras palavras, trata-se menos do eu individual ou de sua falta do que do movimento entre agência e automaticidade que causa presença – seja no preenchimento do eu ou de um poder externo – para se tornar discernível. Sendo assim, a narrativa da agência e de sua falta é parte de sua constituição em um dado evento. Conforme Kristina Wirtz explorou no contexto cubano, é a própria ambiguidade da decisão acerca do que aconteceu em um dado evento ritualístico – sua "vigília discursiva" e o "fermento interpretativo" – que constitui grande parte do discurso religioso.[36] A história escrita por Machado de Assis indica as técnicas de fazer e desfazer agência e automaticidade no discurso. Jacobina é persuasivo, porque quase não fala, porque está no meio da noite, porque ele insiste em ser levado a sério, porque ele é sincero, porque ele passa da anedota a um ponto de inflexão incômodo da própria vida. Ele cria o momento, em parte com o conteúdo da história, em parte por meio de sua atuação.[37]

Em segundo lugar, se situações quase religiosas colocam a agência em movimento, elas fazem isso de formas bastante diferentes. Deveríamos ver agência como uma pergunta comparativa, não como a resposta. Como as pessoas alocam causalidade e responsabilidade? O que essas alocações dizem a respeito de fontes, lugares e direções do poder? Deveríamos prestar atenção a todas as variedades de ação que existem entre o mito da agência individual e o automatismo puro. Em outras palavras, podemos investigar as variedades de agência em vez de achar que sabemos o que é. O estudo de religião parece equipado de forma peculiar para fazer isso, para explorar formas híbridas de atuar. Podemos comparar como tradições diferentes alcançam e executam a ambiguidade de agente, os tipos de espaço, material e modo de ação que empregam e como é autorizada ou rejeitada. Agora, o *corpus* acadêmico sobre agência está fragmentado em vários focos: agência política, agência constitucional, agência estética, agência das coisas, agência de um modo de produção, agência animal, agência delegada, agência corporativa, agência do Estado, agência divina etc. Por certo, as formas de agência renunciada, não agência e ambiguidade de agência são da mesma forma variadas. São vários os instrumentos utilizados em situação quase religiosa para gerar ambiguidade de agente: sonhos, possessão espiritual, segredo que anuncia a possibilidade de revelação (a porta no compartimento fechado, o terceiro olho pintado na testa), ou voz distante que comunica, "não sou eu quem fala", mas um deus.[38]

Em terceiro lugar, precisamos distinguir bem a agência como característica ou qualidade de todas as ações humanas da agência como algo que se tem em maior ou menor grau. No primeiro sentido, "agência" é uma característica analítica de todo evento. No segundo sentido, refere-se à quantidade relativa de controle exercido sobre as próprias circunstâncias ou as da vida em grupo. Deveríamos ter cuidado, no entanto, ao comparar nos mesmos termos a agência de escravizados ou de vítimas de campos de concentração com a agência de estudantes noruegueses de pós-graduação. Podemos perguntar sobre qualquer pessoa ou ato, qual é a agência ou onde ela está. Ao mesmo tempo, o fato de que agência está sempre presente como dimensão de um evento não significa que agência no segundo sentido esteja igualmente presente em todos os lugares. Mas está presente em níveis variados. Ademais, formas distintas de agência podem contrabalançar ou até mesmo se opor uma à outra. A afirmação da vontade individual e da autonomia de uma pessoa pode diminuir a capacidade de agir juntamente com outras. A hipótese referente à posição da agência em um cenário requer distanciamento de condições prévias que ofereceram capacidades diferentes de atuação.[39] A agência empregada para reproduzir esquemas familiares é contraposta à agência aplicada para efetuar mudanças ou transformações. Existem múltiplas agências – conjuntos de esquemas conectados a um conjunto de recursos – em jogo, a qualquer hora. Isso procede até mesmo em uma única pessoa múltipla, como Rosalie, Juca Rosa, Anastácia, Ajeeb e Chico Xavier, cada um a seu modo, ajudou-nos a enxergar.

***

Se quisermos estudar a religião vivida, *la religion vécue*, no mundo, não apenas nas instituições conhecidas e nos canais mais familiares – igreja, mesquita, oração, crença, deuses, *churinga*, mana, axé, wakan –, precisamos abrir mais o diafragma para captar as características quase religiosas da vida, de todas as vidas, inclusive a de seres quase humanos como Ajeeb, as duas Rosalies e Escrava Anastácia. Imagens e situações quase religiosas são construtivas, um momento de recuperação da humanidade, como na história do espelho. Pense novamente nas pinturas de Bispo do Rosário ou em Hilma af Klint, com quem essa longa viagem começou. Começando em 1896, Hilma pintava fluente e automaticamente, respondendo às instruções de espíritos-guias. Quando Rudolf Steiner disse para ela, em 1908, para se esquecer do sobrenatural e seguir a própria intuição, invocando um eu individual, por quatro anos ela ficou sem a habilidade que tinha. Ela ficou privada de sua "liberdade automática", para emprestar a expressão de William James. O peso da agência individual deixou-a tão paralisada quanto Rosalie Leroux em sua cruz. Somente uma agência ambígua, uma interação automática, involuntária com espíritos, deu a ela licença para criar. Talvez a capacidade de construir cenas como estas esteja entre os equipamentos humanos necessários ou o equipamento que, em primeiro lugar, nos torna humanos. Isto é, ser humano é ser capaz de imaginar e moldar a não e a quase humanidade, brincar de ser um outro. Essa encenação permite uma mudança de quadro, até mesmo uma cura: *não era mais um autômato, era um ente animado*. Ver o humano refratado – como fotografia, desenho ou ícone, como máquina de jogar xadrez, espírito escritor, documento jurídico, imagem de espelho – transforma. Pode desfigurar, mas também pode curar. Pode ser fonte de criação. A brincadeira de não ser torna-se, paradoxalmente, um caminho para a identidade.[40] Seres humanos até mesmo elaboram jogos para brincar de ser a agência de outros seres. Ou seja, humanidade inclui, entre outras coisas, a capacidade de brincar de ser outros seres, brincando de ser o outro. Na obra *A expressão das emoções*, Darwin narrou ter mostrado a um macaco um falso humano – uma boneca vestida – para ver o que acontecia.[41] Crianças no Brasil algumas vezes brincam de estarem possuídas por orixás.[42] Isso pode ser recursivo, como quando termos da encenação da agência se infiltram na prática ritualística. Por isso, Rita Laura Segato destaca que a chegada de um santo, na possessão espiritual afro-brasileira, dá uma sensação de que o próprio corpo de uma pessoa é um boneco quase humano, até mesmo quando os clientes de Juca Rosa vivenciaram a presença dele ao mesmo tempo como espírito e como fotografia. Nesse cenário, seres humanos imaginam deuses brincando com humanos, como se fossem brinquedos (Figura 1).[43]

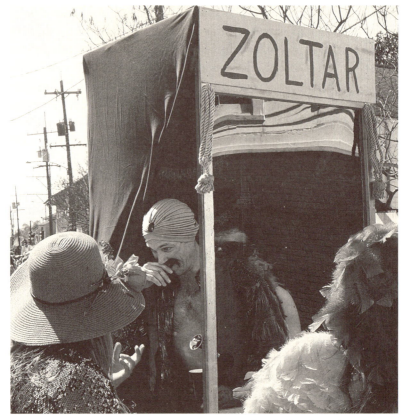

Figura 1 – Um humano brinca de ser um autômato adivinhador chamado Zoltan, Nova Orleans, durante o Mardi Gras, fevereiro de 2018. Fotografia de Emily Floyd.

Mas há também risco. Não posso prescindir do indivíduo agente, e, agora que estou pressionado aqui, acho que não devemos tentar. O perigo de trazer o prestígio religioso da automaticidade para locais que exigem agentes individuais autônomos foi abordado no capítulo 5, quando resultados jurídicos foram impregnados por vozes de mortos transcritas automaticamente. A possibilidade torna-se perigo em situações que exigem um limiar de personalidade confiável diferente, quando apenas um indivíduo atua. Hannah Arendt advertiu contra a perda desse tipo de personalidade, depois da qual tudo o que permanece é "funcionamento puramente automático", último estágio da sociedade trabalhadora.[44] "Entorpecido, 'tranquilizado', funcional", triste resíduo que consiste em nada mais do que agência citacional ou agência lateral de sobrevivência.[45] Ainda mais ameaçadora é a imagem do autômato não como mecanismo autoatuante, mas como corpo dirigido por uma força externa. Pense no Grande Inquisidor, de Dostoyevsky, inscrito no personagem Ivan proclamando que o maior desejo das pessoas é perder a liberdade insuportável.[46] Uma praga de líderes felizes demais em ajudar espalha-se pelo mundo – Brasil, Hungria, Polônia, Israel, Estados Unidos, Grã Bretanha, Venezuela, Rússia, Zimbabwe, China, Turquia, Filipinas. Políticos oferecem-se para livrar cidadãos da liberdade, alegando dispensa especial, privilégio e direito divino. Líderes religiosos e políticos carismáticos encorajam seus entusiasmados seguidores a "dar um passo para alcançar o outro plano"[47] ou acabar com tudo. Um psicógrafo é ventríloquo de um cadáver para promover um determinado veredito. Um motivo para prestar bastante atenção a cenas e situações quase religiosas é vigiar os limites entre, por um lado, cenas de cura e inspiração, e, por outro, cenas de autoritarismo e fuga da responsabilidade.[48] O segredo é reconhecer a diferença e ser capaz de calibrar os limiares da personalidade responsável que são necessários em um dado contexto. Lei e política exigem uma versão diferente de humanidade do que a música, as artes gráficas e a religião. A academia provavelmente está em algum lugar no meio.

Machado de Assis assumiu uma posição normativa em relação à automaticidade em seus modos criativo e maligno. Ele simpatizava mais com curandeiros, como os pais de santo afro-brasileiros, do que com os espíritas da elite.[49] Pelas mediações teatrais destes, de Nostradamus e Napoleão, ele tinha apenas desprezo; aqueles, figuras como Juca Rosa, ele via como potenciais células de conhecimento médico. Compartilho da perspectiva dele. Devemos estar atentos às pessoas no poder que alegam ter conhecimento especial, homens-deuses (e quase sempre são homens) que estendem seu poder "proteticamente". Por outro lado, devemos ser receptivos e abertos a aprender com ofícios ritualísticos subalternos de automatismo que buscam mudar as condições de vida, ainda que temporariamente ou de forma sutil, e ver o que as visões propõem.

A distinção entre atores automáticos e intencionais é feita historicamente pela diferença de poder, uma distinção que então seduz e atrai. Anastácia foi uma escrava coletivamente imaginada, transformada em autômato. Ajeeb condensou representações de imigrantes do Império otomano e seu lugar no Brasil. A fotografia de Juca Rosa exerceu força automática à margem da medicina, em rituais secretos. A macaca Rosalie e Rosalie Leroux foram ambas expulsas da vida pregressa e contidas entre paredes, transformadas em animais de estimação que divertiam e inspiravam por meio da quase humanidade. Foram convertidas em atores automáticos, subjugadas ao escrutínio

CONCLUSÃO – AGÊNCIA E LIBERDADE AUTOMÁTICA

de captores que então, em comparação, se imaginavam autônomos e livres. "A história faz quem faz história [agentes]", Marshall Sahlins escreveu.[50] Essas pessoas nunca simplesmente existem. A história também faz os autômatos. Essas visões de divisões perduram e assumem uma vida própria, produzindo as próprias condições que alegam simplesmente descrever.

E as classificações "humano", "quase humano" e "não humano" não estão desaparecendo. Se o fim do século XIX e o início do XX anunciaram uma era de automaticidade, hoje estamos totalmente imersos em outra, e os riscos são ainda maiores. Agência está cada vez mais incompreensível. Um novo vírus envolveu totalmente as condições de vida, atuando de forma invisível e transpessoal, um horroroso agente quase e inter-humano novo e assustador. A economia global age principalmente por conta própria, anunciando seu próximo passo nas deslumbrantes linhas verdes dos indicadores que, como um mito, descem do nada, são documentos sem autor. Processadores de dados em massa antecipam os próximos cliques do seu teclado, guiando seus dedos e sua visão para antecipar alguns destinos e desviá-los de outros. Empregados da Amazon recebendo uma migalha por hora para fazer o trabalho de um computador agora terceirizado a humanos são chamados de *mechanical Turkers*, uma versão nova, viva de Ajeeb. (Mande seu currículo agora para MTurk.com!) Um presidente recentemente chamou de cachorra sua ex-assistente, uma mulher afro-americana. Um cavalo processou seu dono por negligência – por meio de um documento escrito pela mão prolongada de um escriba humano –, mas foi negado *status* legal por insuficiência de pessoa jurídica. Um jogador de futebol afro-brasileiro em um campo, na Espanha, foi agredido, com bananas arremessadas e gritos de "macaco", por fãs que esperavam transformá-lo em quase humano.[51] (Ele pegou uma banana e comeu sem proferir uma palavra; foi lançado o *meme*, "somos todos macacos".) Cineastas brincam com os parâmetros do vale do incômodo, calibrando o quanto humano um animal ou uma máquina protagonista precisa ser para atrair audiência ou o quanto não humano um monstro pode se tornar a fim de repelir e aterrorizar o suficiente; ambos serão lucrativos se forem humanos o suficiente, mas não tão humanos. As negociações não são novas e jamais terminarão, pelo menos não até a aventura humana, propriamente dita, dar seu último suspiro.

Quase humanos automáticos juntam-se. Insistem por sua atenção, invadem o espaço das suas mãos e os seus ouvidos, prometem maravilhas. Eles não param, e a verdade é que precisamos deles tanto quanto eles precisam de nós. Nós os amamos, porque, assim como os negativos de nossas fotografias, eles nos tornam os agentes que, se não fosse assim, jamais conseguiríamos ser. E, caso venham a desaparecer ou se tornem humanos demais, há sempre mais e outras pessoas disponíveis à conversão em autômato. Estudantes da história da ciência e da religião devem prestar bastante atenção, não porque religião seja, em si, essencial para a humanidade, como pensadores de Sepúlveda a Herder argumentavam, mas porque cenas e situações quase religiosas são aquelas em que as fronteiras que separam humanos de quase humanos e não humanos são consequentemente ajustadas, manipuladas e afixadas.

Notas

[1] Assis, 2018a, pp. 444-445 [1994, p. 342].

[2] *Idem*, pp. 450, 452 [*idem,* pp. 349, 352].

[3] Schwarz, 2001, p. 73 [2000, p. 71].

[4] Chalhoub, 1999, pp. 53-54; Schwarz, 1977, pp. 83-94.

[5] Para fins de contextualização, segundo o censo de 1876, quase 80% da população era analfabeta, um grande choque para a intelectualidade. Maldonado, 2015, pp. 25-27.

[6] Um de seus poemas descreveu a convulsão de um cão de tal forma, que parecia, em parte, autobiográfico, argumenta Cláudio Murilo Leal: "Arfava, espumava e ria, / De um riso espúrio e bufão, / Ventre e pernas sacudia, / Na convulsão". Leal, 2008, p. 146.

[7] Em carta a seu amigo Joaquim Nabuco, em 14 de abril de 1883, Machado falou sobre ter lido a respeito da morte de Léon Gambetta. Assis & Nabuco, 2003, p. 94.

[8] Jackson, 2015, p. 181.

[9] *Idem*, p. 25.

[10] Machado de Assis, "Bons dias!", *Gazeta de Notícias*, 7 jun. 1888, 29 ago. 1888.

[11] *Idem*, 29 ago. 1889, *apud* Assis, 1990, p. 204.

[12] Por exemplo, o conto "A felicidade" foi publicado em 1871 com o nome "X" no *Jornal das Famílias*. Ver P. L. F. da Cunha, 1998, p. 218. Durante a década de 1880, Machado de Assis algumas vezes escreveu sátiras cômicas sob o pseudônimo de "Malvólio". Leal, 2008, pp. 165-173.

[13] Quanto aos animais que falam, fui influenciado principalmente pelo conto de Machado, "Ideias do canário". Para uma tradução em inglês, ver Assis, 1977a. Aqui, Machado usa um canário loquaz e enjaulado para pensar a parábola do senhor e do escravo de Hegel no contexto do Brasil. Pelo menos essa é minha leitura.

[14] Darwin, 1872; Lacan, 2006.

[15] Latour, 2010, pp. 62-63. Sobre fazer-se a si mesmo e a iniciação no candomblé, ver também Sansi, 2007, p. 22: "Pessoas do candomblé 'constroem' seus santos como agentes autônomos ao mesmo tempo em que se constroem como pessoas. 'Fazer o santo' é um processo dialético de continuamente construir a pessoa em relação aos espíritos que incorpora e ao 'outro corpo' desses espíritos, os altares".

[16] Rhodes, 2004, pp. 39-44. Agradeço a Cyrus O'Brien por chamar a minha atenção para esse exemplo.

CONCLUSÃO – AGÊNCIA E LIBERDADE AUTOMÁTICA

[17] Taylor, 2007, pp. 171, 565-566; Goffman, 2005, p. 95.

[18] Em reação a essa visão de cima para baixo, John Collins mostra como os afro-brasileiros no Pelourinho trabalham sua agência por meio da mídia não regulamentada, como a paisagem sonora do bairro ou o tabuleiro de um jogo de dominó. Collins, 2007.

[19] Tylor, 1871, vol. 1, pp. 108-111.

[20] Tucker, 1978, pp. 34-35; Durkheim, 2008, p. 212; S. Freud, 1950, pp. 116-118. Durkheim estava certo ao situar a religião na experiência coletiva das assembleias sociais. Esse é um dos locais de produção de automaticidade e ambiguidade do agente. Sou eu quem está atuando ou a multidão em mim? Durkheim descreveu as raízes da vida religiosa como um afeto coletivo reunido em torno de coisas sagradas. Do ponto de vista adotado neste livro, o sentimento coletivo em torno de uma coisa sagrada é gerado, em parte, pela característica ambiguidade de agente dessa coisa. Há, se eu estiver certo, uma fenomenologia ausente na ideia de afeto coletivo de Durkheim e na questão relacionada ao "tipo" de coisas que tais experiências, sanções e tabus tendem a acumular.

[21] Butler, 2005, p. 8. Paradoxalmente, esse mesmo "eu" continua buscando uma agência quase humana no mundo. Os cientistas cognitivos da religião nos informam que a tentativa de encontrar uma agência quase humana no mundo faz parte da estrutura evolutiva de nosso cérebro e é constitutiva do projeto religioso humano. Ver, entre várias outras obras, Guthrie, 1993; Boyer, 2001; Whitehouse, 2000; Cohen, 2007.

[22] Simmel, 1997, p. 148. A tradução de Rosenthal em 1959 usa em inglês "through the agency of" [por intermédio da agência de] para o alemão "die Entwicklung des Menschen durch das, was nicht er selbst ist, erfährt", *grosso modo*, "aquilo pelo qual passa o desenvolvimento humano que não é ele mesmo". Ver Simmel, 1959, pp. 9-10. O texto original é de Simmel, 1906, p. 15. Meu uso de "situações semelhantes à religião" ou "situações quase religiosas" é semelhante à noção de Simmel de produção de um "sinal distintivo de religião".

[23] Isso faz lembrar os "sujeitos-objetos" de Lucy Suchman, nos quais os agentes não são nem humanos não qualificados nem coisas não qualificadas. Ver Suchman, 2007. Também faz lembrar a "intra-atividade" de Karen Barad, que descreve como agências distintas emergem de intra-ações e através delas, com o resultado de que agências distintas são sempre relacionais, não absolutas. A intra-ação em vez da interação sinaliza que não há agentes distintos antes da relação, há apenas relação. Ver Barad, 2007. Encontrei as ideias de Barad em Palmié, 2018. Ver também a ideia de pessoa distribuída e "agência social", em Gell, 1998, p. 96, e as distinções entre agência sistêmica e conjuntural, em Sahlins, 2004, pp. 158-159. Ver também discussões muito anteriores, como a descrição de Husserl de percepção como "nunca presente à consciência real como um dado acabado": "Torna-se 'esclarecida' apenas através da explicação do dado horizonte e dos novos horizontes continuamente despertados [*stetig neu geweckten Horizonte*]". A intenção sempre inclui um horizonte ontológico-material; a intenção é "intencionar além da própria intenção", "algo mais", que, no entanto, geralmente permanece implícito na consciência. Husserl, 1960, p. 46.

[24] Sobre agência subjugada, ver, entre outras obras, Keane, 2007, p. 193; Boddy, 1989. Sobre agência renunciada, ver De la Cruz, 2015, pp. 224-225. Sobre agência de modo de produção, ver Harootunian, 2007. Sobre agência corporativa e agência burocrática, ver Hull, 2012, pp. 129-130. Sobre a agência dos comuns, ver Mateescu, 2017, p.107. O problema é que, mesmo em forma de negação, o indivíduo que está em jogo está atuando, de tal maneira que acadêmicos da religião talvez o considerem vagamente "protestante".

25 Segal, 1991. Esta foi a pergunta proposta por Wittgenstein: "Não nos esqueçamos disto: quando 'levanto meu braço', meu braço sobe. E surge o problema: o que sobra se eu subtrair o fato de que meu braço sobe do fato de que eu levantei meu braço?". *Apud idem*, p. 4.

26 Ver n. 20 da Introdução.

27 Ver Parsons, 1940, p. 848; 1953a, p. 95. Em "An Analytical Approach to the Theory of Social Stratification" (1940), Parsons vinculou a palavra "agência" à realização individual dentro dos parâmetros de *status* e estratificação social (parentesco, qualidades pessoais, conquistas, posses, autoridade, poder). Em outras obras, como *The Social System* (1951), ele ainda a utilizou com um sentido mais nominativo do que como uma característica analítica geral de qualquer situação social.

28 Geertz, 1973; Bourdieu, 1972. Para explicar: Bourdieu critica o "objetivismo" de Parsons por não mostrar nem a fluidez entre diferentes formas de estrutura nem as relações entre elas. A agência não aparece no trabalho de Talal Asad, no início dos anos 1970, mas é um termo-chave em suas genealogias da religião de 1993.

29 Le Roy Ladurie, 1975; Ginzburg, 1976.

30 Ginzburg, 1976, pp. x-xi.

31 Fasolt, 2014, p. 514.

32 Chakrabarty, 2000, p. 103.

33 Palmié, 2013b.

34 Ao usar o termo agentes em vez de agência, estou repetindo o argumento de Michel-Rolph Trouillot. Em sua análise, os agentes ocupam posições estruturais que atuam em interface com um contexto e empunham vozes conscientes de sua vocalidade. Ver Trouillot, 1995, pp. 23, 162. Sobre "agência" como termo anglófono, considere o exemplo de Jean Baudrillard, que não usa "agência" da mesma forma, porque não há realmente um paralelo direto em francês. Como alternativa, ele costuma usar "instância", como em "une instance psychique", traduzido na versão em inglês como "psychic agency" [agência psíquica]. Ver Baudrillard, 1976, p. 211 (2017, p. 157). O *agencement* de Deleuze e Guattari não é equivalente a "agência" e costuma ser traduzido como *assemblage* [agrupamento]. Ver Deleuze & Guattari, 1980. *Agentivité* é um anglicismo relativamente recente, extraído de traduções para *agency*.

35 Mosse, 2006.

36 Wirtz, 2007.

37 Webb Keane analisou os regimes representativos do indivíduo agente, incluindo sinceridade e sua importância, principalmente, no discurso protestante. Ver em Keane, 2002. Ele argumenta que, enquanto em certo sentido os protestantes seguem a agência de Deus, essa agência é o cenário do drama da agência humana individual.

38 Sobre sonhos que geram novas capacidades de agência, ver Mittermaier, 2011, pp. 108, 242. Sobre o potencial agentivo, ver Deeb, 2011, p. 31. Sobre agência implícita e crioulização, ver Khan, 2007, p. 654. Ficou famosa a descrição de Catherine Bell para a produção de "agentes ritualizados" e como a agência é adquirida e os sentimentos de afinidade fortalecidos, incorporando normas e valores ao corpo por meio do ritual. No contexto da *performance* ritual, normas e valores são realmente inscritos no corpo dos participantes para se tornarem automáticos. São transferidos para novos iniciados por meio do envolvimento corporal com símbolos, o que, por sua vez, gera sentimentos poderosos de afinidade e pertencimento. Ver Bell, 1992, pp. 94-117. Sobre o distanciamento de voz, Cyrus O'Brien escreveu: "Quando o homem descobriu que seu emprego havia mudado, ele imediatamente se aproximou de Robert para agradecê-lo. Robert, no entanto, negou qualquer papel na mudança. [...] 'Foi tudo Deus',

disse ele. 'Eu era apenas o recipiente.' Em suas declarações para mim e para o homem que ele ajudou a se tornar um facilitador para os internos, Robert não apenas trabalhou para obscurecer ou negar sua capacidade de efetuar mudanças na instituição; ao lançar Deus como força onipotente e animadora da ação humana e ao insistir que ele era 'apenas um recipiente', questionou a própria ideia da agência humana". O'Brien, 2018, p. 321.

[39] Sobre como as formas de agência podem atuar umas contra as outras, ver Genovese, 1974, p. 221 e ss. Sobre a necessidade de abrir mão de determinadas condições de agência para acessar outras, ver Strathern, 1988, p. 301.

[40] Beaune, 1989, p. 437: "a lógica paradoxal do objeto tecnológico que incessantemente brinca de não ser ele mesmo para afirmar mais efetivamente a própria identidade".

[41] Darwin, 1872, p. 144.

[42] As crianças brincam de ritual como uma forma de aprendê-lo, incluindo fingir possessão espiritual, marcando a aspiração e sua trajetória futura, em toda a América Africana. Ver Landes, 1947, p. 174; Palmié, 2013a, p. 296, n. 22; Richman, 2012, p. 283; Segato, 1995, p. 103; Opipari & Timbert, 1997; Halloy & Naumescu, 2012. Da mesma forma, as crianças brincam na missa ou mascaradas. Ver, por exemplo, Caillois, 1961, p. 62. Ao mesmo tempo, em locais que servem como centros de ortopraxia e autoridade tradicional – para o candomblé, Salvador, Bahia, e seus arredores –, a brincadeira de posse pode ser controlada ou mesmo terminantemente proibida. Agradeço a John F. Collins por essa nota de advertência.

[43] Segato, 1995, p. 218.

[44] Arendt, 1998, p. 322.

[45] "Entorpecido, 'tranquilizado', funcional" está em *idem, ibidem*. A ideia de agência citacional vem de Zuboff, 2019. Agência lateral é de Berlant, 2007, p. 754.

[46] Ivan declarou: "Digo-te que o homem não sofre de ansiedade maior do que encontrar rapidamente alguém a quem possa entregar esse dom da liberdade com que nasce a criatura malfadada". Dostoyevsky, 2005, p. 230. Tomo o exemplo do Grande Inquisidor, de Dostoyevsky; ver Meng, 2017.

[47] Da exortação de Jim Jones a seu rebanho em Jonestown logo antes do suicídio em massa, de 18 de novembro de 1978. Ver Jones, 1978.

[48] O exemplo mais extremo de como as diferenças de poder podem produzir um autômato que é visto como um canal do sagrado, em virtude de sua falta de vontade, é o caso da "Pequena Audrey Santo". Em coma aos 3 anos após um acidente na piscina, em 1987, Audrey tornou-se objeto de peregrinação católica. Certa ocasião, em 1998, atraiu 8 mil peregrinos, que se reuniram no estádio de futebol College of the Holy Cross, para ficar perto do corpo silencioso da garota. Ela morreu em 2007. Ver Schmalz, 2002.

[49] Maldonado, 2015, pp. 109-132.

[50] Sahlins, 2004, p. 155.

[51] O jogador foi o atacante brasileiro Dani Alves, jogando pelo Barcelona contra o Villareal em Villareal, na Espanha, em abril de 2014.

BIBLIOGRAFIA

Arquivos consultados

Arquivo do Museu Imperial, Petrópolis

Arquivo Nacional do Brasil, Rio de Janeiro

Arquivo Público do Estado do Rio de Janeiro, Rio de Janeiro

Arquivo Ramos, Biblioteca Nacional, Rio de Janeiro

Arquivo Tobias Montero, Biblioteca Nacional, Rio de Janeiro

Bibliothèque de Neurosciences Jean-Martin Charcot, Salpêtrière, Paris

Centro de Documentação e Memória, Instituto Municipal de Assistência à Saúde Nise da Silveira (IMASNS), Rio de Janeiro

Collection Charcot, Jubilothèque, Paris

Conservatoire Numérique des Arts et Métiers (CNUM), Paris

Fonds Lacassagne, Bibliothèque Municipale de Lyon, Lyon

Fundação Casa de Rui Barbosa, Rio de Janeiro

Institut Mémoires de l'Édition Contemporaine (Imec), Ardennes

Instituto Histórico e Geográfico Brasileiro (IHGB), Rio de Janeiro

Museu do Folclore Edison Carneiro, Rio de Janeiro

Museu do Negro, Igreja de Nossa Senhora do Rosário dos Homens Pretos do Rio de Janeiro, Rio de Janeiro

Museu Histórico Nacional, Rio de Janeiro

Núcleo de Memória, Instituto de Psiquiatria da Universidade Federal do Rio de Janeiro (UFRJ), Rio de Janeiro

BIBLIOGRAFIA

Fontes de arquivos

ARQUIVO HELIO VIANA, DL1446/11. Instituto Histórico e Geográfico Brasileiro, Rio de Janeiro, Brasil.

BEISENBERGER, Bernard. Carta a Roger Bastide, 20 out. 1961. Fonds Roger Bastide, BST2.N1-02.05. Arquivos Bastide, Imec (Institut Mémoires de l'Édition Contemporaine), Saint-Germain--la-Blanche-Herbe, França.

CÂMARA CRIMINAL 70016184012, Apelação Crime contra pessoa, Rio Grande do Sul, data de distribuição 24/7/2006.

CHARCOT, Jean-Martin. I-DMM-1887/92. Museu Imperial, Petrópolis, Brasil.

____. Carta a Motta Maia, 23 out. 1887. 63.05.006, n. 36. Biblioteca Nacional, Rio de Janeiro.

____. Maço 28-988-cat. B. Arquivo Histórico, Museu Imperial, Petrópolis, Brasil.

CORRESPONDÊNCIA DE CHARCOT. Museu Imperial, Petrópolis, Brasil.

DOCUMENTAÇÃO SOBRE ESCRAVA ANASTÁCIA. Museu do Negro, Rio de Janeiro, Brasil.

DUBUFFET, Jean. Letter to William Seitz, 21 abr. 1961, Arquivos da Curadoria de Exposição, Exh. n. 695, Arquivos do Museu de Arte Moderna de Nova York.

FOLHETO DE PROPAGANDA divulgando "Ajeeb the Wonderful from the Eden Musée", New York, 1896. National Museum of American History, Washington (DC).

MAIA, Motta. Cartas ao Conde d'Eu, 28 jun. 1887, 4 jul. 1888, cad. 41, cartas 8-9. Instituto Histórico e Geográfico Brasileiro, Rio de Janeiro, Brasil.

NARA M1372. Imagens de cartas manuscritas e formulários para emissão de passaporte dos EUA, 1795-1905, National Archives. Disponível em <https://www.fold3.com/document/71613041>.

OBSERVAÇÕES CLÍNICAS. Fundo Hospício de Pedro II. Centro de Documentação e Memória Instituto Municipal Nise da Silveira, Rio de Janeiro, Brasil.

PACÍFICO, João. *A loucura das multidões*. Rio de Janeiro, 1915 (Tese de doutorado, Psiquiatria Clínica). Arquivada no Núcleo da Memória, T-01, 001, 005.

PEDRO II, Dom. Doc. 1056, maço 36, cad. 27. Museu Imperial, Petrópolis, Brasil.

____. Doc. 1057, maço 37, cad. 31. Museu Imperial, Petrópolis, Brasil.

____. Cartas a Brown-Séquard. Arquivos do Royal College of Physicians, London.

____. Carta a Gobineau, 23 jul. 1873, cad. 64.02.002, n. 003. Biblioteca Nacional, Rio de Janeiro, Brasil.

____. Carta à princesa Augusta Vitória da Alemanha, 1881, 63.04.004, n. 26, 1288. Arquivo Tobias Monteiro, Biblioteca Nacional, Rio de Janeiro, Brasil.

RELATÓRIO DC 13, 43a. Fundo Hospício de Pedro II. Centro de Documentação e Memória Instituto Municipal Nise da Silveira, Rio de Janeiro, Brasil.

SERIE SAÚDE IS3 21, ofícios e relatórios 1900-1901. Arquivo Nacional, Rio de Janeiro, Brasil.

SUPREMO TRIBUNAL DE JUSTIÇA. BR AN RIO BV.O.RCR.0470. 1870.3, maço 196, n. 1081. Arquivo Nacional, Rio de Janeiro, Brasil.

Obras publicadas

ABREU, Dado. "Arthur Bispo do Rosário: a arte contemporânea na delicada fronteira entre genialidade e loucura". *Revista Fator*, n. 12, 2014, pp. 6-9.

ABREU, Maria José A. de. "TV St. Claire". *In*: STOLOW, Jeremy (ed.). *Deus in Machina: Religion, Technology, and the Things in Between*. New York, Fordham University Press, 2013a, pp. 261-280.

____. "Technological Indeterminacy: Medium, Threat, Temporality". *Anthropological Theory*, vol. 13, n. 3, 2013b, pp. 267-284.

AGAMBEN, Giorgio. *The Open: Man and Animal*. Stanford (CA), Stanford University Press, 2004. [*O aberto: o homem e o animal*. Trad. Pedro Barbosa Mendes. Rio de Janeiro, Civilização Brasileira, 2017.]

____. "Identity without the Person". *Nudities*. Stanford (CA), Stanford University Press, 2011, pp. 46-54. ["Identidade sem pessoa". *Nudez*. Trad. Miguel Serras Pereira. Lisboa, Relógio d'Água, 2010, pp. 61-70.]

AGASSIZ, Louis. *A Journey in Brazil*. Boston, Houghton, Osgood, 1879.

AGASSIZ, Louis & AGASSIZ, Elizabeth Cary. *Viagem ao Brasil, 1865-1866*. Trad. Edgar Süssekind de Mendonça. Brasília, Senado Federal, 2000 (Título original: *Voyage au Brésil*, 1869). [Referência inserida pela tradução.]

AGRIPPA, Henry Cornelius. *Three Books of Occult Philosophy*. Ed. Donald Tyson. Trad. James Freake. Saint Paul (MN), Llewellyn, 2004.

AHMAD, Nemer da Silva. *Psicografia: o novo olhar da Justiça*. Rio de Janeiro, Aliança, 2008.

"AJEEB, THE CHESS PLAYER". *Eden Musée Catalogue*. Brooklyn (NY), Eden Bureau, 1899.

AKHTAR, Salman & BROWN, Jodi. "Animals in Psychiatric Symptomatology". *In*: AKHTAR, Salman & VOLKAN, Vamik (ed.). *Mental Zoo: Animals in the Human Mind and Its Pathology*. Madison (CT), International Universities Press, 2005, pp. 3-40.

ALBERTO, Paulina L. *Terms of Inclusion: Black Intellectuals in Twentieth-Century Brazil*. Chapel Hill, University of North Carolina Press, 2011.

ALBIN, Ricardo Cravo. *Dicionário Houaiss ilustrado: música popular brasileira*. Rio de Janeiro, Paracatu, 2006.

ALDRICH, Robert. *Vestiges of Colonial Empire in France*. London, Palgrave, 2005.

AL-JAZARI, Ismail. *The Book of Ingenious Devices*. Trad. Donald R. Hill. Dordrecht, D. Reidel, 1979.

ALLEN, George. "The History of the Automaton Chess-Player in America: A Letter Addressed to William Lewis, London". *In*: FISKE, Willard (ed.). *The Book of the First American Chess Congress*. New York, Rudd & Carleton, 1859, pp. 420-484.

ALMEIDA, Cícero Antônio F. de. *Canudos: imagens da guerra*. Rio de Janeiro, Lacerda, 1997.

ANDERMANN, Jens. "Espetáculos da diferença: a Exposição Antropológica Brasileira de 1882". *Topoi – Revista de História*, vol. 5, n. 9, 2004, pp. 128-170.

BIBLIOGRAFIA

ANDRADE, Maria Vanessa; LIMA, Aluísio Ferreira de & SANTOS, Maria Elisalene Alves dos. "A razão e a loucura na literatura: um estudo sobre 'O alienista', de Machado de Assis". *Revista Psicologia e Saúde*, vol. 6, n. 1, 2014, pp. 37-48.

ANONYMOUS. "The Metaphysics of an Automaton". *The Spectator*, n. 1.881, 16 jul. 1864.

ANSCOMBE, G. E. M. *Intention*. Cambridge (MA), Harvard University Press, 2000.

ARAGO, Jacques Étienne Victor. *Narrative of a Voyage round the World, in the Uranie and Physicienne Corvettes, Commanded by Captain Freycinet, during the Years 1817, 1818, 1819, and 1820*. London, T. Davison, Whitefriars/Howlett & Brimmer, 1823.

____. *Souvenirs d'un aveugle: Voyage autour du monde – Ouvrage enrichi de soixante dessins et de notes scientifiques*, vol. 1. Paris, Hortet & Ozanne, 1839.

ARENDT, Hannah. *The Human Condition*. Chicago, University of Chicago Press, 1998.

ARMSTRONG, Tim. *The Logic of Slavery: Debt, Technology, and Pain in American Literature*. Cambridge, Cambridge University Press, 2012.

ASAD, Talal. *Genealogies of Religion: Discipline and Reasons of Power in Christianity and Islam*. Baltimore, Johns Hopkins University Press, 1993.

____. *Formations of the Secular: Christianity, Islam, Modernity*. Stanford (CA), Stanford University Press, 2003.

ASSIS, Machado de. "O capitão Mendonça". *In*: MAGALHÃES JÚNIOR, Raimundo (org.). *Contos fantásticos de Machado de Assis*. Rio de Janeiro, Bloch, 1973, pp. 182-202.

____. "A Canary's Ideas". Trad. Jack Schmitt, Lorie Chieko Ishimatsu. *The Devil's Church and Other Stories*. Austin, University of Texas Press, 1977a, pp. 125-129.

____. *Iaiá Garcia*. Trad. Albert I. Bagby Jr. Lexington, University Press of Kentucky, 1977b. ["Iaiá Garcia". *Obra completa*, vol. 1. Rio de Janeiro, Nova Aguilar, 1992.]

____. *Bons dias!*. Org. John Gledson. Campinas, Editora da Unicamp, 1990.

____. *O alienista e outras histórias*. Rio de Janeiro, Ediouro, 1996.

____. "The Mirror" ("O espelho"). *The Collected Stories of Machado de Assis*. Trad. Margaret Jull Costa, Robin Patterson. New York, Liveright, 2018a, pp. 444-452. ["O espelho: esboço de uma nova teoria da alma humana". *Obra completa*, vol. II. Rio de Janeiro, Nova Aguilar, 1994.]

____. "The Alienist" (1881). *The Collected Stories of Machado de Assis*. Trad. Margaret Jull Costa, Robin Patterson. New York, Liveright, 2018b, pp. 315-362. ["O alienista". *Obra completa*, vol. 2. Rio de Janeiro, Nova Aguilar, 1997.]

____. *The Collected Stories of Machado de Assis*. Trad. Margaret Jull Costa, Robin Patterson. New York, Liveright, 2018c.

ASSIS, Machado de & NABUCO, Joaquim. *Correspondência*. Org. Graça Aranha. Rio de Janeiro, Topbooks, 2003.

AUBRÉE, Marion & LAPLANTINE, François. *La table, le livre et les esprits: Naissance, evolution et actualité du mouvement social spirite entre France et Brésil*. Paris, J. C. Lattès, 1990.

AUKEMAN, Anastasia. *Welcome to Painterland: Bruce Connor and the Rat Bastard Protective Association*. Berkeley/Los Angeles, University of California Press, 2016.

BABINSKI, Josef. *Hysteria or Pithiatism*. Trad. J. D. Rolleston. London, University of London Press, 1918.

BAKHTIN, M. M. "Forms of Time and of the Chronotope in the Novel". *The Dialogic Imagination*. Trad. Caryl Emerson, Michael Holquist. Austin, University of Texas Press, 1981, pp. 84-258. [*Teoria do romance II: as formas do tempo e do cronotopo*. Trad. Paulo Bezerra. São Paulo, Editora 34, 2018.]

BARAD, Karen. *Meeting the Universe Halfway: Quantum Physics and the Entanglement of Matter and Meaning*. Durham (NC), Duke University Press, 2007.

BARRETO, Paulo (João do Rio). *As religiões no Rio*. Rio de Janeiro, Organização Simões, 1951.

BARTHES, Roland. *Camera Lucida: Reflections on Photography*. Trad. Richard Howard. New York, Farrar, Strauss & Giroux, 1981. [*A câmara clara: nota sobre a fotografia*. Trad. Júlio Castañon Guimarães. Rio de Janeiro, Nova Fronteira, 1980.]

BASTIDE, Roger. "Cavalos dos santos: esboço de uma sociologia do transe místico". *Estudos afro-brasileiros*. São Paulo, Universidade de São Paulo, 1953, pp. 29-60.

____. *The African Religions of Brazil: Towards a Sociology of the Interpenetration of Civilizations*. Trad. Helen Sebba. Baltimore, Johns Hopkins University Press, 1978.

BASTOS, Orimar de. *O justo juiz: história de uma sentença*. Goiânia, Kelps, 2010.

BATAILLE, Georges. *L'erotisme*. Paris, Minuit, 1957.

____. *Erotism: Death and Sensuality*. Trad. Mary Dalwood. San Francisco, City Lights, 1986.

BATTAGLIA, Debbora. "Toward an Ethics of the Open Subject: Writing Culture in Good Conscience". *In*: MOORE, Henrietta (ed.). *Anthropological Theory Today*. London, Polity, 2000, pp. 114-150.

BAUCOM, Ian. *Specters of the Atlantic: Finance Capital, Slavery, and the Philosophy of History*. Durham (NC), Duke University Press, 2005.

BAUDELAIRE, Charles. *Paris Spleen: 1869*. Trad. Louise Varèse. New York, New Directions, 1970. [*O spleen de Paris: pequenos poemas em prosa*. Trad. Samuel Titan Jr. São Paulo, Editora 34, 2020.]

BAUDOUIN, A. "Quelques souvenirs de la Salpêtrière". *Paris Médical*, n. 21, 1925, pp. 517-520.

BAUDRILLARD, Jean. *L'echange symbolique et la mort*. Paris, Gallimard, 1976 (Trad.: *Symbolic Exchange and Death*, por Iain Hamilton Grant. London, Sage, 2017). [*A troca simbólica e a morte*. São Paulo, Loyola, 1996.]

BAZIN, André. *What Is Cinema?*, vol. 1. Trad. Hugh Gray. Berkeley/Los Angeles, University of California Press, 1967.

BEALS, Timothy K. *Religion and Monsters*. New York, Routledge, 2002.

BEAUNE, Jean-Claude. *L'automate et ses mobiles*. Paris, Flammarion, 1980.

____. "The Classical Age of Automata: An Impressionistic Survey from the Sixteenth to the Nineteenth Century". *Fragments for a History of the Human Body*, n. 1, 1989, pp. 430-480.

BELCIER, Jeanne de. *Soeur Jeanne des Anges: Autobiographie d'une hystérique possédée*. Ed. Gabriel Legué, Gilles de la Tourette. Prefácio de Jean-Martin Charcot. Paris, Aux Bureaux du Progrès Médical, 1886.

BELISO-DE JESÚS, Aisha M. *Electric Santería: Racial and Sexual Assemblages of Transnational Religion*. New York, Columbia University Press, 2015.

BELL, Catherine. *Ritual Theory, Ritual Practice*. New York, Oxford University Press, 1992.

BENJAMIN, Walter. "The Work of Art in the Age of Mechanical Reproduction". *In*: ARENDT, Hannah (ed.). *Illuminations*. New York, Schocken, 1968, pp. 217-252.

____. "The Doll, the Automaton". *The Arcades Project*. Cambridge (MA), Belknap Press of Harvard University Press, 2003. [*Passagens*. Trad. Irene Aron. Belo Horizonte, Editora UFMG, 2006.]

BERLANT, Lauren. "Slow Death (Sovereignty, Obesity, Lateral Agency)". *Critical Inquiry*, vol. 33, n. 4, 2007, pp. 754-780.

BIERCE, Ambrose. "Moxon's Master". *The Collected Works of Ambrose Bierce*, vol. 3: *Can Such Things Be?*. New York, Neale, 1910, pp. 88-105.

BLAVATSKY, H. P. *Isis Unveiled: A Master-Key to the Mysteries of Ancient and Modern Science and Theology.* Cambridge, Cambridge University Press, 1877.

BLUMENTHAL, Susanna L. "The Default Legal Person". *Ucla Law Review*, vol. 54, n. 5, 2007, pp. 1.135-1.267.

BODDY, Janice. *Wombs and Alien Spirits: Women, Men, and the Zār Cult in Northern Sudan.* Madison, University of Wisconsin Press, 1989.

BOISSERON, Bénédicte. *Afro-Dog: Blackness and the Animal Question.* New York, Columbia University Press, 2018.

BONAPARTE, Roland. "Les Somalis au Jardin d'Acclimatation de Paris". *La Nature*, n. 903, 1890, pp. 247-250.

BONIFÁCIO, José. *José Bonifácio de Andrada e Silva.* Org. Jorge Caldeira. Rio de Janeiro, Catalogação na Fonte do Departamento Nacional de Livro, 2002.

BORGES, Dain. *The Family in Bahia, 1870-1945.* Stanford (CA), Stanford University Press, 1985.

_____. "'Puffy, Ugly, Slothful and Inert', Degeneration in Brazilian Social Thought, 1880-1940". *Journal of Latin American Studies*, vol. 25, n. 2, 1993, pp. 235-256.

_____. "Healing and Mischief: Witchcraft in Brazilian Law and Literature, 1890-1922". *In*: SALVATORE, Ricardo D.; AGUIRRE, Carlos & JOSEPH, Gilbert M. (ed.). *Crime and Punishment in Latin America.* Durham (NC), Duke University Press, 2001, pp. 181-210.

BOUCHARA, Catherine. *Charcot: Une vie avec l'image.* Paris, Philippe Rey, 2013.

BOURDIEU, Pierre. *Esquisse d'une théorie de la pratique: précédé de trois études d'ethnologie kabyle.* Genève, Droz, 1972 (Trad.: *Outline of a Theory of Practice*, por Richard Nice. Cambridge, Cambridge University Press, 1977).

_____. *Pascalian Meditations.* Stanford (CA), Stanford University Press, 2000.

BOUREAU, Alain. *Satan the Heretic: The Birth of Demonology in the Medieval West.* Trad. Teresa Lavender Fagan. Chicago, University of Chicago Press, 2006. [*Satã herético: o nascimento da demonologia na Europa medieval (1260-1350)*. Trad. Igor Salomão Teixeira. Campinas, Editora da Unicamp, 2016.]

BOURGET, Paul. *Essai de psychologie contemporaine.* Paris, A. Lemerre, 1883.

BOURNEVILLE, Désiré-Magloire. *Compte-rendu des observations recueillies á la Salpêtrière, concernant l'épilepsie et l'hystérie.* Paris, Aux Bureaux du Progrès Médical/Delahaye, 1875a.

_____. *Science et miracle: Louise Lateau; ou, La stigmatisée belge.* Paris, Delahaye, 1875b.

_____. "Préface". *In*: CHARCOT, Jean-Martin. *La foi qui guérit.* Paris, FV Éditions, 2012, pp. 2-4.

BOURNEVILLE, Désiré-Magloire & REGNARD, Paul. *Iconographie photographique de la Salpêtrière (Service de M. Charcot).* Paris, Aux Bureau de Progrès Médical/V. Adrien Delahaye, 1876-1877.

BOYER, Pascal. *Religion Explained: The Evolutionary Origins of Religious Thought.* New York, Basic, 2001.

BRETON, André. *Manifestoes of Surrealism.* Trad. Richard Seaver, Helen R. Lane. Ann Arbor, University of Michigan Press, 1969.

BREUER, Joseph & FREUD, Sigmund. *Studies in Hysteria.* New York, Basic, 2009, pp. 48-105.

BROSSES, Charles de. *Du culte des dieux fétiches: ou, Parallèle de l'ancienne religion de l'Egypte avec la religion actuelle de Nigritie.* Westmead, Gregg International, 1970 [1760].

BROWN, Bill. "Thing Theory". *Critical Inquiry*, vol. 28, n. 1, 2001, pp. 1-22.

BROWN, David H. *Garden in the Machine: Afro-Cuban Sacred Art and Performance in New Jersey and New York.* Yale University, 1989 (PhD dissertation).

BROWN, Diana. *Umbanda: Religion and Politics in Urban Brazil*. New York, Columbia University Press, 1994.

BROWN, Karen McCarthy. *Mama Lola: A Vodou Priestess in Brooklyn*. Berkeley/Los Angeles, University of California Press, 1991.

BROWN, Peter. *The Cult of the Saints: Its Rise and Function in Latin Christianity*. Chicago, University of Chicago Press, 1981.

BROWN, Rose. *American Emperor: Dom Pedro II of Brazil*. New York, Viking, 1945.

BROWN-SEQUARD, Charles-Édouard. "The Effects Produced on Man by Subcutaneous Injection of a Liquid Obtained from the Testicles of Animals". *The Lancet*, n. 134, 1889, pp. 105-107.

BRYANT, Nahum F. "Magic and Mystery". *Household Monthly*, vol. 2, n. 5, ago. 1859, pp. 411-418.

BURDICK, John. *Blessed Anastácia: Women, Race, and Popular Christianity in Brazil*. New York, Routledge, 1998.

BUTLER, Judith. *Bodies That Matter: On the Discursive Limits of Sex*. New York, Routledge, 1993. [*Corpos que importam: os limites discursivos do "sexo"*. São Paulo, N-1 Edições, 2019.]

_____. *Giving an Account of Oneself*. New York, Fordham University Press, 2005.

_____. *The Psychic Life of Power: Theories in Subjection*. Stanford (CA), Stanford University Press, 2006.

_____. *Notes toward a Performative Theory of Assembly*. Cambridge (MA), Harvard University Press, 2015.

BUTLER, Judith & ATHANASIOU, Athena. *Dispossession: The Performative in the Political*. Cambridge, Polity, 2013.

CABAÑAS, Kaira Marie. "A contemporaneidade de Bispo". *ARS São Paulo*, vol. 16, n. 32, 2018, pp. 47-80.

CAILLOIS, Roger. "La mante religieuse: Recherches sur la nature et la signification du mythe". *Mesures*, vol. 3, n. 2, 1937, pp. 87-119.

_____. *Les jeux et les hommes*. Paris, Gallimard, 1958.

_____. *Man, Play and Games*. Trad. Meyer Barash. Glencoe (IL), Free Press, 1961.

CAMPOS, Humberto de. "Os 'reddis'". *A serpente de bronze*. Rio de Janeiro, Leite Ribeiro, 1921, pp. 194-196.

CAMPOS, Humberto de (org.). *Anthologia da Academia Brasileira de Letras: trinta annos de discursos academicos, 1897-1927*. Rio de Janeiro, Leite Ribeiro, 1928.

CANGUILHEM, Georges. *The Normal and the Pathological*. New York, Zone, 2007.

ČAPEK, Karel. *R. U. R. (Rossum's Universal Robots)*. New York, Penguin, 2004.

CAPELLARO, Jorge. *Verdades sobre o início do cinema no Brasil*. Rio de Janeiro, Funarte, 1996.

CAPEN, Nahum. "Biography of Dr. Gall". *In*: GALL, Franz Joseph. *On the Functions of the Brain and of Each of Its Parts*. Boston, Marsh, Capen & Lyon, 1835, pp. 13-54.

CAPONE, Stefania. *Searching for Africa in Brazil: Power and Tradition in Candomblé*. Trad. Lucy Lyall Grant. Durham (NC), Duke University Press, 2010.

CAPONE, Stefania & ARGYRIADIS, Kali. *La religion des orisha: Un champ social transnational en pleine recomposition*. Paris, Hermann, 2011.

CARNEIRO, Edison. *Candomblés da Bahia*. Salvador, Museu do Estado, 1948.

CARVALHO, José Murilo de. *Dom Pedro II: ser ou não ser*. São Paulo, Companhia das Letras, 2007.

CASTILLO, Lisa Earl. "Icons of Memory: Photography and Its Uses in Bahian Candomblé". *Stockholm Review of Latin American Studies*, n. 4, 2009, pp. 11-23.

CAVELL, Stanley. *The World Viewed: Reflections on the Ontology of Film*. Cambridge (MA), Harvard University Press, 1971.

CERTEAU, Michel de. *The Possession at Loudun*. Trad. Michael B. Smith. Chicago, University of Chicago Press, 2000.

CHAKRABARTY, Dipesh. *Provincializing Europe: Postcolonial Thought and Historical Difference*. Princeton (NJ), Princeton University Press, 2000.

CHALHOUB, Sidney. *Visões da liberdade*. São Paulo, Schwarcz, 1990.

____. "Dependents Play Chess: Political Dialogues in Machado de Assis". *In*: GRAHAM, Richard (ed.). *Machado de Assis: Reflections on a Master Writer*. Austin, University of Texas Press, 1999, pp. 51-84.

CHARCOT, Jean-Martin. *Leçons sur les maladies du système nerveux*. Paris, Delahaye, 1872-1873.

____. "Épisodes nouveaux de l'hystéro-épilepsie – Zoopsie – Catalepsie chez les animaux". *Oeuvres complètes* (9 vols.), vol. 9. Paris, Aux Bureaux du Progrès Médical/Lecrosnier & Babé, 1890a, pp. 289-297.

____. "Seizième leçon: Spiritisme et hystèrie". *Oeuvres complètes* (9 vols.), vol. 3. Paris, Aux Bureaux du Progrès Médical/Lecrosnier & Babé, 1890b, pp. 229-237.

____. *Nouvelle iconographie de la Salpêtrière*, vol. 3. Paris, Lecrosnier & Babé, 1890c.

____. "The Faith-Cure". *New Review*, vol. 8, n. 44, 1893, pp. 18-31.

____. "Clinique des maladie nerveuses". *Paris Médical*, n. 58, 1925, pp. 465-478.

____. *Charcot in Morocco*. Ed. e Trad. Toby Gelfand. Ottawa (ON), University of Ottawa Press, 2012.

CHARCOT, J.-M. & RICHER, Paul. *Les démoniaques dans l'art*. Paris, Adrien Delahaye & Émile Lecrosnier, 1887.

CHARLTON, Debra. "Sarah Bernhardt: Artist and Mythologist". *In*: FRYER, Paul (ed.). *Women in the Arts in the Belle Epoque*. Jefferson (NC), McFarland, 2012, pp. 12-27.

CHARUTY, Giordana. "La 'boîte aux ancêtres': Photographie et science de l'invisible". *Terrain*, n. 33, 1999, pp. 57-80.

CHÉROUX, Clément. "Ghost Dialectics: Spirit Photography in Entertainment and Belief". *In*: CHÉROUX, Clément *et al.* (ed.). *The Perfect Medium: Photography and the Occult*. New Haven (CT), Yale University Press, 2005, pp. 45-71.

CLARKE, Edward. *Visions: A Study of False Sight*. Boston, Houghton, Osgood, 1878.

CLARKE, James Freeman. *Every-Day Religion*. Boston, Ticknor, 1886.

CLOUTIER, Crista. "Mumler's Ghosts". *In*: CHÉROUX, Clément *et al.* (ed.). *The Perfect Medium: Photography and the Occult*. New Haven (CT), Yale University Press, 2005, pp. 20-28.

CLOUZOT, Henri-Georges. *Le cheval des dieux*. Paris, Julliard, 1951.

COHEN, Emma. *The Mind Possessed: The Cognition of Spirit Possession in an Afro-Brazilian Religion*. New York, Oxford University Press, 2007.

COLLINS, John F. "The Sounds of Tradition: Arbitrariness and Agency in a Brazilian Cultural Center". *Ethnos*, vol. 72, n. 3, 2007, pp. 383-407.

____. *The Revolt of the Saints: Memory and Redemption in the Twilight of Brazilian Racial Democracy*. Durham (NC), Duke University Press, 2015.

COMMONS, John Rogers. *Races and Immigrants in America*. New York, Macmillan, 1920.

COMTE, Auguste. *Système de politique positive; ou, Traité de sociologie, instituant le religion de l'humanité*. Paris, Larousse, 1851.

CONNOR, Steven. *The Book of Skin*. London, Reaktion, 2004.

COOK, James W. *The Arts of Deception: Playing with Fraud in the Age of Barnum*. Cambridge (MA), Harvard University Press, 2001.

COSTELLO, Diamuid. *On Photography: A Philosophical Inquiry*. New York, Routledge, 2017.

CRARY, Jonathan. *Techniques of the Observer: On Vision and Modernity in the Nineteenth Century*. Cambridge (MA), MIT Press, 1992.

CUNHA, Ana Stela de Almeida. "João da Mata Family: Pajé Dreams, Chants, and Social Life". *In*: BLANES, Ruy & ESPÍRITO SANTO, Diana (ed.). *The Social Life of Spirits*. Chicago, University of Chicago Press, 2014, pp. 157-178.

CUNHA, Euclides da. *Rebellion in the Backlands*. Trad. Samuel Putnam. Chicago, University of Chicago Press, 1944. [*Os sertões*. São Paulo, Três, 1984, cap. VIII.]

CUNHA, Olívia Maria Gomes da. "Do ponto de vista de quem? Diálogos, olhares e etnografias dos/nos arquivos". *Estudos Históricos*, n. 36, 2005, pp. 7-32.

CUNHA, Patrícia Lessa Flores da. *Machado de Assis: um escritor na capital dos trópicos*. Porto Alegre, Unisinos, 1998.

DARWIN, Charles. *The Expression of the Emotions in Man and Animals*. London, John Murray, 1872.

____. *Charles Darwin's* Beagle *Diary*. Cambridge, Cambridge University Press, 1988. [*Diário do Beagle*. Trad. Caetano Waldrigues Galindo. Curitiba, UFPR, 2006.]

DAS, Veena. "Of Mistakes, Errors, and Superstition". *In*: WITTGENSTEIN, Ludwig. *The Mythology in Our Language: Remarks on Frazer's Golden Bough*. Trad. Stephan Palmié. Ed. Giovanni da Col. Chicago, HAU, 2018, pp. 157-182.

DASTON, Lorraine & GALISON, Peter. *Objectivity*. New York, Zone, 2007.

DAUDET, Léon. *Les morticoles*. Paris, Bibliothèque-Charpentier, 1894.

____. *Les oeuvres dans les hommes*. Paris, Nouvelle Librairie Nationale, 1922.

DAVENPORT, Frederick Morgan. *Primitive Traits in Religious Revivals: A Study in Mental and Social Evolution*. New York, Macmillan, 1905.

DAVIES, Stephen. *Samuel Lipschutz: A Life in Chess*. Jefferson (NC), McFarland, 2014.

DAVIS, David Brion. *The Problem of Slavery in Western Culture*. New York, Oxford University Press, 1966.

DAYAN, Colin. *The Law Is a White Dog: How Legal Rituals Make and Unmake Persons*. Princeton (NJ), Princeton University Press, 2011.

DEEB, Lara. *An Enchanted Modern: Gender and Public Piety in Shi'i Lebanon*. Princeton (NJ), Princeton University Press, 2011.

DEGLER, Carl. *Neither Black nor White*. New York, Macmillan, 1971.

DEJERINE, Joseph Jules. "L'oeuvre scientifique de Charcot". *Paris Médical*, n. 21, 1925, pp. 509-511.

DEKEL, Edan & GURLEY, David Gantt. "How the Golem Came to Prague". *Jewish Quarterly Review*, vol. 103, n. 2, 2013, pp. 241-258.

DE LA CRUZ, Deirdre. *Mother Figured: Marian Apparitions and the Making of a Filipino Universal*. Chicago, University of Chicago Press, 2015.

DELEUZE, Gilles & GUATTARI, Félix. *Milles plateaux*. Paris, Minuit, 1980.

DENIZART, Hugo (dir.). *O prisioneiro da passagem*. Brasília, Ministério da Saúde, 1982.

DESCARTES, René. "The Passions of the Soul". *The Philosophical Writings of Descartes*. Cambridge, Cambridge University Press, 1985, pp. 325-404.

____. *Discourse on Method and Meditations on First Philosophy*. 4th ed. Trad. Donald A. Cress. Indianapolis, Hackett, 1999.

____. *Meditations and Other Metaphysical Writings*. London, Penguin, 2003. [*Discurso do método; Meditações; Objeções e respostas; As paixões da alma; Cartas*. 2. ed. Trad. J. Guinsburg, Bento Prado Júnior. São Paulo, Abril Cultural, 1979.]

DESCOLA, Philippe. "Presence, Attachment, Origin: Ontologies of 'Incarnates'". *In*: BODDY, Janice & LAMBEK, Michael (ed.). *A Companion to the Anthropology of Religion*. Oxford, Wiley Blackwell, 2013, pp. 35-49.

DICKENS, Charles. "Mediums under Other Names". *All the Year Round*, vol. 7, n. 156, 19 abr. 1862, pp. 130-137.

DIDIER, Fredie & BRAGA, Paula Sarno. "Carta psicografada como fonte de prova no processo civil". *Revista do Programa de Pós-Graduação em Direito da Universidade Federal da Bahia*, n. 25, 2013, pp. 190-228.

DIDI-HUBERMAN, Georges. *Invention of Hysteria: Charcot and the Photographic Iconography of the Salpêtrière*. Trad. Alisa Hartz. Cambridge (MA), MIT Press, 2003. [*Invenção da histeria: Charcot e a iconografia fotográfica do Salpêtrière*. Trad. Vera Ribeiro. Rio de Janeiro, Contraponto, 2015.]

DORR, David F. *A Colored Man around the World*. Cleveland (OH), David Dorr, 1858.

DOSTOYEVSKY, Fyodor. *The Brothers Karamazov*. London, Dover, 2005 [1880].

DOUGLAS, Mary. *Purity and Danger*. London, Routledge & Kegan Paul, 1966.

DOYLE, Arthur Conan. *History of Spiritualism*. Cambridge, Cambridge University Press, 2011.

DU BOIS, W. E. B. *The Souls of Black Folk*. New York, Barnes & Noble Classics, 2003.

DURKHEIM, Émile. *Le suicide*. Paris, Félix Alcan, 1897. [*O suicídio: estudo de sociologia*. Trad. Monica Stahel. São Paulo, Martins Fontes, 2000.]

_____. *The Elementary Forms of Religious Life*. Trad. Joseph Swain. London, Dover, 2008.

EDWARDS, Elizabeth (ed.). *Anthropology and Photography*. London, Royal Anthropological Institute, 1992.

EISENLOHR, Patrick. "Mediality and Materiality in Religious Performance: Religion as Heritage in Mauritius". *Material Religion*, vol. 9, n. 3, 2013, pp. 328-348.

EMMANUEL, Marthe. *Charcot, navigateur polaire*. Paris, Éditions des Loisirs, 1945.

_____. *Tel fut Charcot*. Paris, Beauchesne, 1967.

ENGEL, Magali Gouveia. *Os delírios da razão: médicos, loucos e hospícios, Rio de Janeiro, 1830-1930*. Rio de Janeiro, Editora Fiocruz, 2001.

ENGELKE, Matthew. *A Problem of Presence: Beyond Scripture in an African Church*. Berkeley/Los Angeles, University of California Press, 2007.

ENGELS, Friedrich. "Letter to Franz Mehring, July 14, 1893". *Marx and Engels Correspondence*. Trad. Donna Torr. New York, International, 1968. Disponível em <https://www.marxists.org/archive/marx/works/1893/letters/93_07_14.htm>.

ESPINOSA, Baruch de. *Tratado teológico-político*. Trad. Diogo Pires Aurélio. Lisboa, Imprensa Nacional Casa da Moeda, 2004. [Referência inserida pela tradução.]

EWBANK, Thomas. *Life in Brazil*. New York, Elibron Classics, 2005 [1856]. [*Vida no Brasil*. Belo Horizonte, Itatiaia, 1976.]

FALZEDER, Ernst & BRABANT, Eva (ed.). *The Correspondence of Sigmund Freud and Sándor Ferenczi*, vol. 2: *1914-1919*. Trad. Peter T. Hoffer. Cambridge (MA), Belknap Press of Harvard University Press, 1996.

FANON, Frantz. *Peau noire, masques blancs*. Paris, Seuil, 1952.

FASOLT, Constantin. *The Limits of History*. Chicago, University of Chicago Press, 2004.

_____. *Past Sense: Studies in Medieval and Early Modern European History*. Leiden, Brill, 2014.

FERRETTI, Mundicarmo. "Repensando o turco no tambor de mina". *Afro-Ásia*, n. 15, 1992, pp. 56-70.

FERRETTI, Mundicarmo. "The Presence of Non-African Spirits in an Afro-Brazilian Religion". *In*: GREENFIELD, Sidney M. & DROOGERS, A. F. (ed.). *Reinventing Religions: Syncretism and Transformation in Africa and the Americas*. Oxford, Rowman & Littlefield, 2001, pp. 99-112.

FERREZ, Gilberto & NAEF, Weston J. *Pioneer Photographers of Brazil, 1840-1920*. New York, Center for Inter-American Relations, 1976.

FEUERBACH, Ludwig. *Essence of Christianity*. New York, Calvin Blanchard, 1855.

____. *Essence of Christianity*. Trad. George Eliot. Amherst (NY), Prometheus, 1989 [1841].

FLATLEY, Jonathan. "Reading for Mood". *Representations*, n. 140, 2017, pp. 137-148.

FLETCHER, Rev. James C. & KIDDER, Rev. D. *Brazil and the Brazilians*. Boston, Little, Brown, 1868.

FORRESTER, John. "If *p*, Then What? Thinking in Cases". *History of the Human Sciences*, vol. 9, n. 3, 1996, pp. 1-25.

FORSTER, George. *A Voyage round the World in His Britannic Majesty's Sloop Resolution, Commanded by Capt. James Cook, during the Years, 1772, 3, 4, and 5* (2 vols.). London, 1777.

FRANCESCHI, Humberto M. *Registro sonoro por meios mecânicos no Brasil*. Rio de Janeiro, Studio HMF, 1984.

FRAZER, James George. *The Golden Bough: A Study in Magic and Religion*, vol. 3: *Taboo and the Perils of the Soul*. 3rd ed. London, Macmillan, 1911.

____. *Totemism and Exogamy*, vol. 1. New York, Cosimo, 2010.

FREITAS, Eliane Tânia Martins. "Violência e sagrado: o que no criminoso anuncia o santo?". *Ciencias Sociales y Religión/Ciências Sociais e Religião*, vol. 2, n. 2, 2000, pp. 191-203.

FREUD, Ernst (ed.). *The Letters of Sigmund Freud*. Trad. Tania & James Stern. New York, Basic, 1960.

FREUD, Sigmund. *Group Psychology and the Analysis of the Ego*. Trad. James Strachey. London, International Psycho-Analytical Press, 1922. [*Psicologia das massas e a análise do eu (1920-1923)*. Trad. Paulo César de Souza. São Paulo, Companhia das Letras, 2011.]

____. *Totem and Taboo*. Trad. James Strachey. New York, Norton, 1950.

____. "Report on My Studies in Paris and Berlin (1886) – Carried Out with the Assistance of a Travelling Bursary Granted from the University Jubilee Fund (October, 1885-End of March, 1886)". *International Journal of Psycho-Analysis*, n. 37, 1956, pp. 2-7. ["Relatório sobre meus estudos em Paris e Berlim". *Publicações pré-psicanalíticas e esboços inéditos (1886-1889) – Edição standard brasileira das obras psicológicas completas de Sigmund Freud*, vol. 1. Trad. do alemão e do inglês com direção geral de Jayme Salomão. Rio de Janeiro, Imago, 1996.]

____. "Hysteria and Witches" (Letter 56, January 17, 1897). *In*: ROTHGEB, Carrie Lee (ed.). *Abstracts of the Standard Edition of the Psychological Works of Sigmund Freud*, vol. 1: *Pre-Psycho-Analytic Publications and Unpublished Drafts (1886-1899)*. Washington (DC), US Department of Health, Education and Welfare, 1971. [*Publicações pré-psicanalíticas e esboços inéditos (1886-1889) – Edição standard brasileira das obras psicológicas completas de Sigmund Freud*, vol. 1. Trad. do alemão e do inglês com direção geral de Jayme Salomão. Rio de Janeiro, Imago, 1996.]

____. *The Standard Edition of the Complete Psychological Works of Sigmund Freud* (24 vols.), vol. 17. Trad. James Strachey. New York, Vintage, 1999a [1953-1974]. [*O infamiliar*. Trad. Ernani Chaves, Pedro Heliodoro Tavares. Belo Horizonte, Autêntica, 2019.]

____. "Obsessive Actions and Religious Practices". *The Standard Edition of the Complete Psychological Works of Sigmund Freud* (24 vols.), vol. 9. Trad. James Strachey. New York, Vintage, 1999b, pp. 115-128. [*"Gradiva" de Jensen e outros trabalhos (1906-1908) – Edição standard brasileira das obras psicológicas completas de Sigmund Freud*, vol. IX. Trad. do alemão e do inglês com direção geral de Jayme Salomão. Rio de Janeiro, Imago, 1996.]

FRIGERIO, Alejandro. "Levels of Possession Awareness in Afro-Brazilian Religion". *Association for the Anthropological Study of Consciousness Quarterly*, vol. 5, n. 2, 1989, pp. 5-11.

_____. *Cultura negra en el Cono Sur: Representaciones en conflicto*. Buenos Aires, Ediciones de la Universidad Católica Argentina, 2000.

GALTON, Francis. *Inquiries into the Human Faculty and Its Development*. New York, Macmillan, 1883.

GARCIA, Ismar Estulano. *Psicografia como prova jurídica*. Goiânia, Editora AB, 2010.

GARFINKEL, Harold. "Conditions of Successful Degradation Ceremonies". *American Journal of Sociology*, vol. 61, n. 5, 1956, pp. 420-424.

GATES, Henry Louis. *The Signifying Monkey: A Theory of African-American Criticism*. New York, Oxford University Press, 1988.

GAUCHET, Marcel. *The Disenchantment of the World: A Political History of Religion*. Trad. Oscar Burge. Princeton (NJ), Princeton University Press, 1997.

GEERTZ, Clifford. "Religion as a Cultural System". *The Interpretation of Cultures: Selected Essays*. New York, Basic, 1973, pp. 87-125.

GELL, Alfred. *Art and Agency: An Anthropological Theory*. Oxford, Clarendon, 1998. [*Arte e agência: uma teoria antropológica*. Trad. Jamille Pinheiro Dias. São Paulo, Ubu, 2018.]

GENOVESE, Eugene. *Roll, Jordan, Roll: The World the Slaves Made*. New York, Pantheon, 1974.

GIERKE, Otto von. *Political Theories of the Middle Age*. Trad. Frederic William Maitland. Cambridge, Cambridge University Press, 1900.

GILMAN, Sander L. "The Image of the Hysteric". *In*: GILMAN, Sander L. *et al. Hysteria beyond Freud*. Berkeley/Los Angeles, University of California Press, 1993, pp. 345-452.

GINZBURG, Carlo. *Il formaggio e i vermin: Il cosmo di un mugnaio del'500*. Turin, G. Einaudi, 1976 (Trad.: *The Cheese and the Worms: The Cosmos of a Sixteenth-Century Miller*, por John Tedeschi, Anne Tedeschi. London, Routledge & Kegan Paul, 1976).

GITELMAN, Lisa. *Scripts, Grooves and Writing Machines: Representing Technology in the Edison Era*. Stanford (CA), Stanford University Press, 1999.

GIUMBELLI, Emerson. *O cuidado dos mortos: uma história da condenação e legitimação do espiritismo*. Rio de Janeiro, Arquivo Nacional, 1997.

GOETZ, Christopher G.; BONDUELLE, Michel & GELFAND, Toby. *Charcot: Constructing Neurology*. New York, Oxford University Press, 1995.

GOFFMAN, Erving. *The Presentation of Self in Everyday Life*. New York, Anchor, 1959.

_____. *Asylums: Essays on the Social Situation of Mental Patients and Other Inmates*. New York, Anchor, 1961.

_____. *Frame Analysis*. New York, Harper & Row, 1974.

_____. *Interaction Ritual*. New Brunswick (NJ), Transaction, 2005 [1967].

GOLDSTEIN, Jan. *Console and Classify: The French Psychiatric Profession in the Nineteenth Century*. Chicago, University of Chicago Press, 2001 [1987].

_____. *Hysteria Complicated by Ecstasy: The Case of Nanette Leroux*. Princeton (NJ), Princeton University Press, 2010.

GONÇALVES, Monique de Siqueira. *Mente sã, corpo são (disputas, debates e discursos médicos na busca pela cura das 'nevroses' e da loucura na corte imperial, 1850-1880)*. Casa de Oswaldo Cruz/Fiocruz, 2011 (Tese de doutorado).

GONZÁLEZ, Eduardo. *Cuba and the Tempest: Literature and Cinema in the Time of Diaspora*. Chapel Hill, University of North Carolina Press, 2006.

GOODALL, Jane. "Primate Spirituality". *In*: TAYLOR, Bron (ed.). *The Encyclopedia of Religion and Nature*. New York, Continuum, 2005, pp. 1.303-1.306.

GRAEBER, David & SAHLINS, Marshall. *On Kings*. Chicago, HAU, 2017.

GRAFTON, Anthony. *Natural Particulars: Nature and the Disciplines in Renaissance Europe*. Cambridge (MA), MIT Press, 1999.

GREHAN, James. *Twilight of the Saints: Everyday Religion in Ottoman Syria and Palestine*. New York, Oxford University Press, 2016.

GUILLAIN, George. *J.-M. Charcot, 1825-1893: Sa vie, son oeuvre*. Paris, Masson, 1955.

GUINON, Georges. "Charcot intime". *Paris Médical*, n. 1, 1925, pp. 511-516.

GURNEY, Edmund; MYERS, Frederic W. H. & PODMORE, Frank. *Phantasms of the Living*, vol. 1. London, Society for Psychical Research, 1886.

GUTHRIE, Stewart Elliott. *Faces in the Clouds: A New Theory of Religion*. New York, Oxford University Press, 1993.

GUTIERREZ, Cathy. *Plato's Ghost: Spiritualism in the American Renaissance*. New York, Oxford University Press, 2009.

HAAN, Joost; KOEHLER, Peter J. & BOGOUSSLAVSKY, Julien. "Neurology and Surrealism: André Breton and Joseph Babinski". *Brain*, vol. 135, n. 12, 2012, pp. 3.830-3.838.

HACKING, Ian. *Rewriting the Soul: Multiple Personality and the Sciences of Memory*. Princeton (NJ), Princeton University Press, 1995.

_____. *Mad Travelers: Reflections on the Reality of Transient Mental Illnesses*. Cambridge (MA), Harvard University Press, 1998.

HAGEDORN, Katherine J. *Divine Utterances: The Performance of Afro-Cuban Santería*. Washington (DC), Smithsonian Books, 2001.

HALLOY, Arnaud & NAUMESCU, Vlad. "Learning Spirit Possession: An Introduction". *Ethnos*, n. 77, 2012, pp. 155-176.

HANDLER, Jerome S. & HAYES, Kelly E. "Escrava Anastácia: The Iconographic History of a Brazilian Popular Saint". *African Diaspora*, n. 2, 2009, pp. 25-51.

HARAWAY, Donna. *Simians, Cyborgs and Women: The Reinvention of Nature*. New York, Routledge, 1991.

_____. "The Promises of Monsters: A Regenerative Politics for Inappropriate/d Others". *In*: GROSSBERG, Lawrence; NELSON, Cary & TREICHLER, Paula A. (ed.). *Cultural Studies*. New York, Routledge, 1992, pp. 295-337.

_____. *When Species Meet*. Minneapolis, University of Minnesota Press, 2008. [*Quando as espécies se encontram*. São Paulo, Ubu, 2022.]

HAROLD, N. Y. "Hysteria: Two Peculiar Cases as Presented by Professor Charcot". *Kansas City Medical Index-Lancet*, vol. 10, n. 114, jun. 1889, pp. 210-211.

HAROOTUNIAN, Harry. "Remembering the Historical Present". *Critical Inquiry*, vol. 33, n. 3, 2007, pp. 471-494.

HARRINGTON, Anne. *Mind Fixers: Psychiatry's Troubled Search for the Biology of Mental Illness*. Cambridge (MA), Harvard University Press, 2019.

HARTSHORNE, C.; WEISS, P. & BURKS, A. (ed.). *Collected Papers of Charles Sanders Peirce* (8 vols.). Cambridge (MA), Belknap Press of Harvard University Press, 1931-1960.

HEGEL, Georg Wilhelm. *The Logic of Hegel*. Trad. William Wallace. London, Oxford University Press, 1892.

_____. *Philosophy of History*. Mineola (NY), Dover, 1956.

HEIDEGGER, Martin. *Being and Time*. Trad. Joan Stambaugh. Albany, State University of New York Press, 2010.

HERDER, Johan G. *Against Pure Reason*. Eugene (OR), Wipf & Stock, 2005.

HERSEY, George L. *Falling in Love with Statues: Artificial Humans from Pygmalion to the Present*. Chicago, University of Chicago Press, 2009.

HESS, David J. *Spirits and Scientists: Ideology, Spiritism, and Brazilian Culture*. University Park, Pennsylvania State University Press, 1991.

HIRSCHKIND, Charles. "Media, Mediation, Religion". *Social Anthropology*, vol. 19, n. 1, 2011, pp. 90-97.

HOBBES, Thomas. *The English Works of Thomas Hobbes of Malmesbury*, vol. 5: *The Questions Concerning Liberty, Necessity, and Chance*. Ed. Sir William Molesworth. London, John Bohn, 1841.

____. *Hobbes's Leviathan, Reprinted from the Edition of 1651*. Oxford, Clarendon, 1909. [*Leviatã ou matéria, forma e poder de um Estado eclesiástico e civil*. Trad. João Paulo Monteiro, Maria Beatriz Nizza da Silva. São Paulo, Abril Cultural, 1973.]

HOFFMANN, E. T. A. *Nutcracker and Mouse King; and The Educated Cat*. New York, T. Fisher Unwin, 1892.

____. *Tales of Hoffmann*. London, Penguin, 1982. [*O homem da areia*. Trad. Ary Quintella. Rio de Janeiro, Rocco, 2010.]

____. *Automata*. Lexington (KY), Objective Systems, 2006.

HOLLOWAY, Thomas H. "'A Healthy Terror': Police Repression of Capoeiras in Nineteenth-Century Rio de Janeiro". *Hispanic American Historical Review*, vol. 69, n. 4, 1989, pp. 637-676.

____. *Policing Rio de Janeiro: Repression and Resistance in a 19th-Century City*. Stanford (CA), Stanford University Press, 1993.

HORN, Jason Gary. *Mark Twain and William James: Crafting a Free Self*. Columbia, University of Missouri Press, 1996.

HULL, Matthew. *A Government of Paper*. Berkeley/Los Angeles, University of California Press, 2012.

____. "Incorporations: Capitalism and Collective Life". Ann Arbor, University of Michigan, 2018, original digitado.

HUME, David. *Of Superstition and Enthusiasm*, 1741. Disponível em <http://infomotions.com/etexts/philosophy/1700-1799/hume-of-738.htm>.

____. *Essays and Treatises on Several Subjects in Two Volumes*, vol. 1: *Essays, Moral, Political, and Literary*. London, 1784. [*Ensaios morais, políticos e literários*. Trad. Luciano Trigo. Rio de Janeiro, Topbooks, 2004.]

HURSTON, Zora Neale. "Race Cannot Become Great until It Recognizes Its Talent". *Washington Tribune*, 29 dez. 1934.

HUSSERL, Edmund. *Cartesian Meditations*. Trad. Dorion Cairns. The Hague, M. Nijhoff, 1960.

HUSTVEDT, Asti. *Medical Muses: Hysteria in Nineteenth-Century Paris*. London, Bloomsbury, 2011.

IRVINE, Judith T. "Shadow Conversations: The Indeterminacy of Participant Roles". *In*: SILVERSTEIN, Michael & URBAN, Greg (ed.). *Natural Histories of Discourse*. Chicago, University of Chicago Press, 1996, pp. 131-159.

JACKSON, Kenneth David. *Machado de Assis: A Literary Life*. New Haven (CT), Yale University Press, 2015.

JAGUARIBE, Beatriz & LISSOVSKY, Maurício. "The Visible and the Invisibles: Photography and Social Imaginaries in Brazil". *Public Culture*, vol. 21, n. 1, 2009, pp. 175-209.

JAMES, William. *The Varieties of Religious Experience*. New York, Modern Library, 1902. [*Variedades da experiência religiosa: um estudo sobre natureza humana*. Trad. Octavio Mendes Cajado. São Paulo, Cultrix, 1991.]

JAMES, William. *The Principles of Psychology* (2 vols.), vol. 1. Cambridge (MA), Harvard University Press, 1981 [1890].

_____. "Person and Personality: From Johnson's Universal Cyclopaedia". *Essays in Psychology*. Cambridge (MA), Harvard University Press, 1983, pp. 315-321.

_____. "Notes on Automatic Writing (1889)". *Essays in Psychical Research*. Cambridge (MA), Harvard University Press, 1986, pp. 37-56.

_____. *Brazil through the Eyes of William James: Letters, Diaries, and Drawings, 1865-1866*. Ed. Maria Helena P. T. Machado. Trad. John M. Monteiro. Cambridge (MA), Harvard University Press, 2006.

JANET, Pierre. *L'automatisme psychologique*. Paris, Félix Alcan, 1889.

_____. *Néuroses et idées fixes*. Paris, Félix Alcan, 1898.

_____. *The Mental State of Hystericals: A Study of Mental Stigmata and Mental Accidents*. Trad. C. R. Carson. New York, Putnam & Sons, 1901.

_____. *The Major Symptoms of Hysteria: Fifteen Lectures Given in the Medical School of Harvard University*. 2nd ed. New York, Macmillan, 1920.

JENTSCH, Ernst. "On the Psychology of the Uncanny". Trad. Roy Sellars. *Angelaki*, n. 1, 1906, pp. 7-16.

JOHNSON, Paul Christopher. *Diaspora Conversions: Black Carib Religion and the Recovery of Africa*. Berkeley/Los Angeles, University of California Press, 2007.

_____. "Objects of Possession: Spirits, Photography and the Entangled Arts of Appearance". *In*: PROMEY, Sally (ed.). *Sensational Religion: Sense and Contention in Material Practice*. New Haven (CT), Yale University Press, 2014, pp. 25-46.

_____. "Syncretism and Hybridisation". *In*: ENGLER, Steven & STAUSBERG, Michael (ed.). *Oxford Handbook of the Study of Religion*. New York, Oxford University Press, 2016, pp. 754-772.

JOHNSON, Walter. "On Agency". *Journal of Social History*, vol. 37, n. 1, 2003, pp. 113-124.

JONES, Jim. "Q042 Transcript, FBI Transcription", 18 nov. 1978. Alternative Considerations of Jonestown & Peoples Temple. Disponível em <https://jonestown.sdsu.edu/?page_id=29081>.

JOUIN, François. "Une visite a l'asile de Pédro II". *Annales Médico-Psychologiques*, n. 3, 1880, pp. 237-249.

KANE, Paula M. *Sister Thorn and Catholic Mysticism in Modern America*. Chapel Hill, University of North Carolina Press, 2013.

KANG, Minsoo. *Sublime Dreams of Living Machines: The Automaton in the European Imagination*. Cambridge (MA), Harvard University Press, 2011.

KANT, Immanuel. *Religion within the Limits of Reason Alone*. New York, Harper & Row, 1960 [1791].

_____. *Dreams of a Spirit Seer*. West Chester (PA), Swedenborg Foundation, 2002 [1766].

KARASCH, Mary. "Anastácia and the Slave Women of Rio de Janeiro". *In*: LOVEJOY, Paul (ed.). *Africans in Bondage*. Madison, University of Wisconsin Press, 1986, pp. 29-105.

KARDEC, Allan. *Le livre des esprits*. 6ème éd. Paris, Didier, 1869.

_____. *Livro dos médiuns ou guia dos médiuns e dos evocadores*. Brasília, Federação Espírita Brasileira, 1944. [Referência inserida pela tradução.]

_____. *The Spirits' Book*. New York, Cosimo, 1996. [*O livro dos espíritos*. 93. ed. Trad. Guillon Ribeiro. Brasília, Federação Espírita Brasileira, 2019.]

_____. *Genesis: The Miracles and the Predictions according to Spiritism*. New York, Spiritist Alliance, 2003 [1868]. [*Gênese: os milagres e as predições segundo o espiritismo*. Trad. Evandro Noleto Bezerra. Brasília, Federação Espírita Brasileira, 2009.]

KEANE, Webb. "Sincerity, 'Modernity,' and the Protestants". *Cultural Anthropology*, vol. 17, n. 1, 2002, pp. 65-92.

_____. *Christian Moderns*. Berkeley/Los Angeles, University of California Press, 2007.

_____. "The Evidence of the Senses and the Materiality of Religion". *Journal of the Royal Anthropological Institute*, n. 14, 2008, pp. 110-127.

_____. "On Spirit Writing: Materialities of Language and the Religious Work of Transduction". *Journal of the Royal Anthropological Institute*, n. 19, 2012, pp. 1-17.

KELLAWAY, Kate. "Hilma af Klint: A Painter Possessed". *The Guardian*, 26 fev. 2016. Disponível em <https://www.theguardian.com/artanddesign/2016/feb/21/hilma-af-klint-occult-spiritualism--abstract-serpentine-gallery>.

KELLER, Mary. *The Hammer and the Flute: Women, Power, and Spirit Possession*. Baltimore, Johns Hopkins University Press, 2002.

KHAN, Aisha. "Good to Think? Creolization, Optimism, and Agency". *Current Anthropology*, vol. 48, n. 5, 2007, pp. 653-673.

KING, Elizabeth. "Perpetual Devotion: A Sixteenth-Century Machine That Prays". *In*: RISKIN, Jessica (ed.). *Genesis Redux: Essays in the History and Philosophy of Artificial Life*. Chicago, University of Chicago Press, 2007, pp. 263-290.

KING, Helen. "Once upon a Text: Hysteria from Hippocrates". *In*: GILMAN, Sander L. *et al. Hysteria beyond Freud*. Berkeley/Los Angeles, University of California Press, 1993, pp. 3-90.

KING, Richard. *Orientalism and Religion: Post-Colonial Theory, India and "The Mystic East"*. London, Routledge, 1999.

KOHN, Eduardo. *How Forests Think: Toward an Anthropology beyond the Human*. Berkeley/Los Angeles, University of California Press, 2013.

KOPYTOFF, Igor. "Slavery". *Annual Review of Anthropology*, vol. 11, n. 1, 1982, pp. 207-230.

KOPYTOFF, Igor & MIERS, Suzanne. "African 'Slavery' as an Institution of Marginality". *In*: MIERS, Suzanne & KOPYTOFF, Igor (ed.). *Slavery in Africa: Historical and Anthropological Perspectives*. Madison, University of Wisconsin Press, 1977, pp. 3-84.

KRAMER, Fritz. *The Red Fez: Art and Spirit Possession in Africa*. London, Verso, 1987.

LACAN, Jacques. "The Mirror Stage as Formative of the I Function as Revealed in Psychoanalytic Experience" (1949). *Écrits: The First Complete Edition in English*. Trad. Bruce Fink. New York, Norton, 2006, pp. 75-81.

_____. *The Four Fundamental Concepts of Psycho-Analysis*. Trad. Alan Sheridan. London, Routledge, 2018 [1973]. [*O seminário*, livro 11: *Os quatro conceitos fundamentais da psicanálise*. Trad. Alan Sheridan. Rio de Janeiro, Jorge Zahar, 1973.]

LAMBEK, Michael. "The Sakalava Poiesis of History: Realizing the Past through Spirit Possession in Madagascar". *American Ethnologist*, vol. 25, n. 2, 1998, pp. 106-127.

_____. *The Weight of the Past: Living with History in Mahajanga, Madagascar*. New York, Palgrave Macmillan, 2002.

LA METTRIE, Julien Offray de. *L'homme machine*. Leiden, Elie Luzac, 1748.

LANDES, Ruth. *City of Women*. New York, Macmillan, 1947. [*A cidade das mulheres*. Trad. Maria Lúcia do Eirado Silva. Rio de Janeiro, Editora UFRJ, 2002.]

LANE, Anne W. & BEALE, Harriet Blaine. *To Walk with God: An Experience in Automatic Writing*. New York, Dodd, Mead, 1920.

LATOUR, Bruno. *Science in Action*. Cambridge (MA), Harvard University Press, 1987.

LATOUR, Bruno. *We Have Never Been Modern*. Trad. Catherine Porter. Cambridge (MA), Harvard University Press, 1993 [1991].

_____. *Pandora's Hope: Essays on the Reality of Science Studies*. Cambridge (MA), Harvard University Press, 1999.

_____. *On the Modern Cult of the Factish Gods*. Durham (NC), Duke University Press, 2010. [*Sobre o culto moderno dos deuses "fatiches"*. Trad. Sandra Moreira, Rachel Meneguello. São Paulo, Editora Unesp, 2021.]

_____. *An Inquiry into the Modes of Existence*. Cambridge (MA), Harvard University Press, 2013.

LAVELLE, Patricia. *O espelho distorcido: imagens do indivíduo no Brasil oitocentista*. Belo Horizonte, UFMG, 2003.

LEACOCK, Seth & LEACOCK, Ruth. *Spirits of the Deep: A Study of an Afro-Brazilian Cult*. Garden City (NY), Anchor, 1975.

LEAL, Cláudio Murilo. *O círculo virtuoso: a poesia de Machado de Assis*. Rio de Janeiro, Biblioteca Nacional, 2008.

LE BON, Gustave. *Les monuments de l'Inde*. Paris, Firmin-Didot, 1893.

_____. *Psychologie des foules*. Paris, Félix Alcan, 1895.

_____. *The Crowd: A Study of the Popular Mind*. New York, Macmillan, 1897.

LE FANU, Sheridan. "Green Tea". *Through a Glass Darkly* (3 vols.), vol. 1. London, R. Bentley & Sons, 1872, pp. 1-95.

LEGENDRE, Pierre. *Law and the Unconscious*. Ed. Peter Goodrich. Trad. Peter Goodrich, Alain Pottage, Anton Schütz. London, Macmillan, 1997.

LEIBNIZ, Gottfried. *Theodicy: Essays on the Goodness of God, the Freedom of Man, and the Origin of Evil*. Ed. e Intr. Austin M. Farrer. Trad. E. M. Huggard. Peru (IL), Open Court, 1985. [*Ensaios de Teodiceia*. Curitiba, Kotter, 2022.]

_____. *New Essays on Human Understanding*. Ed. e Trad. Peter Remnant, Jonathan Bennett. Cambridge, Cambridge University Press, 1996 [1704]. [*Novos ensaios sobre o entendimento humano*. São Paulo, Nova Cultura, 1988.]

LEIRIS, Michel. *La possession et ses aspects théâtraux chez les Éthiopiens de Gondar*. Paris, Plon, 1958.

_____. *L'Afrique fantôme*. Paris, Gallimard, 1981 [1934].

LEITHAUSER, Brad. "The Space of One Breath". *New Yorker*, 9 mar. 1987, pp. 14-73.

LE ROY LADURIE, Emmanuel. *Montaillou: Village occitan de 1294 à 1324*. Paris, Gallimard, 1975.

LERY, Jean de. *History of a Voyage to the Land of Brazil*. Trad. Janet Whatley. Berkeley/Los Angeles, University of California Press, 1993. [*História de uma viagem feita à terra do Brasil, também chamada América*. Rio de Janeiro, Batel, 2009.]

LESSER, Jeffrey. "'Jews Are Turks Who Sell on Credit': Elite Images of Arabs and Jews in Brazil". *Immigrants and Minorities*, vol. 16, n. 1-2, 1997, pp. 38-56.

_____. *Negotiating National Identity: Immigrants, Minorities, and the Struggle for Ethnicity in Brazil*. Durham (NC), Duke University Press, 1999.

LEVINE, Robert. *Images of History: Nineteenth and Early Twentieth Century Latin American Photographs as Documents*. Durham (NC), Duke University Press, 1989.

LEVINGSTON, Steven. *Little Demon in the City of Light*. New York, Anchor, 2014.

LEVI-STRAUSS, Claude. *Conversations with Claude Lévi-Strauss*. Ed. Georges Charbonnier. Trad. John Weightman, Doreen Weightman. London, Jonathan Cape, 1969.

BIBLIOGRAFIA

LEVI-STRAUSS, Claude. *Tristes Tropiques*. London, Penguin, 1974.

LEWIS, I. M. *Ecstatic Religion*. Harmondsworth, Penguin, 1971.

LEYLAND, Ralph Watts. *Round the World in 124 Days*. Liverpool, Gilbert G. Walmsley, 1880.

LIMA BARRETO, Afonso Henriques de. *Diário do hospício e o cemitério dos vivos*. Rio de Janeiro, Biblioteca Carioca, 1993.

LINDAU, Paul. *Der Abend*. Berlin, 1896.

LISSOVSKY, Maurício. "Guia prático das fotografias sem pressa". *In*: HEYNEMANN, Cláudia Beatriz & RAINHO, Maria do Carmo Teixeira (org.). *Retratos modernos*. Rio de Janeiro, Arquivo Nacional, 2005.

LOCKE, John. *The Works of John Locke, Esq.*, vol. 1, livro 2: *An Essay Concerning Human Understanding*. London, A. Churchill, A. Manship, 1722.

_____. *An Essay Concerning Human Understanding*. New York, Dover, 1975 [1689; 4th ed., 1700]. [*Ensaio acerca do entendimento humano*. Trad. Anoar Aiex. São Paulo, Nova Cultura, 1999.]

LOMBROSO, Cesare. *After Death – What? Spiritistic Phenomena and Their Interpretation*. Trad. William Sloane Kennedy. Boston, Small, Maynard, 1909.

LUCKHURST, Roger. *The Invention of Telepathy*. Oxford, Oxford University Press, 2002.

LUHRMANN, Tanya M. "How Do You Learn to Know That It Is God Who Speaks?". *In*: BERLINER, David & SARRÓ, Ramon (ed.). *Learning Religion: Anthropological Approaches*. New York, Berghahn, 2007, pp. 83-102.

MACEDO, Joaquim Manuel de. *Memórias da rua do Ouvidor*. Brasília, Senado Federal, 2005.

MACHADO, Maria Helena Pereira Toledo. *O Brasil no olhar de William James: cartas, diários e desenhos, 1865-1866*. São Paulo, Edusp, 2011. [Referência inserida pela tradução.]

MACMILLAN, Malcolm. *Freud Evaluated*. Cambridge (MA), MIT Press, 1997.

MAGGIE, Yvonne. *Medo do feitiço: relações entre magia e poder no Brasil*. Rio de Janeiro, Arquivo Nacional, 1992.

MAHMOOD, Saba. *The Politics of Piety: The Islamic Revival and the Feminist Subject*. Princeton (NJ), Princeton University Press, 2005.

MAISANO, Scott. "Descartes avec Milton: The Automata in the Garden". *In*: HYMAN, Wendy Beth (ed.). *The Automaton in English Renaissance Literature*. London, Routledge, 2011, pp. 21-44.

MALDONADO, Elaine Cristina. *Machado de Assis e o espiritismo*. Jundiaí, Paco, 2015.

MALHEIRO, Perdigão. *A escravidão no Brasil: ensaio historico-juridico-social* (3 vols.). Rio de Janeiro, 1866.

MANDEVILLE, Sir John. *The Travels of Sir John Mandeville*. London, Penguin, 1983. [*Viagens de Jean de Mandeville*. Trad. Susani Silveira Lemos França. Caxias do Sul, Edusc, 2007.]

MARKHAM, John. *Selections from the Correspondence of Admiral John Markham*. Ed. Sir Clements Markham. London, Navy Records Society, 1904.

MARRIOTT, McKim. *Hindu Transactions: Diversity without Dualism*. Chicago, University of Chicago Press, 1976.

MARSHALL, Eugene. *The Spiritual Automaton: Spinoza's Science of the Mind*. Oxford, Oxford University Press, 2013.

MARX, Karl. *Capital*, vol. 1. London, Charles H. Kerr, 1912. [*O capital: crítica da economia política*, livro I: *O processo de produção do capital*. Trad. Rubens Enderle. São Paulo, Boitempo, 2011.]

MATEESCU, Oana. *Serial Anachronism: Re-Assembling Romanian Forest Commons*. University of Michigan, 2017 (PhD dissertation).

MATTOS, Débora Michels. *Saúde e escravidão na ilha de Santa Catarina, 1850-1888*. Universidade de São Paulo, 2015 (Tese de doutorado).

308

MAUAD, Ana Maria. "Imagem e auto-imagem do Segundo Reinado". *In*: ALENCASTRO, Luiz Felipe de & NOVAIS, Fernando A. (org.). *História da vida privada no Brasil*, vol. 2: *Império: a corte e a modernidade nacional*. São Paulo, Schwarcz, 1997, pp. 181-232.

MAUPASSANT, Guy de. "Une femme". *Gil Blas*, 16 ago. 1882.

MAUSS, Marcel. "The Techniques of the Body" (1935). Trad. Ben Brewster. *Economy and Society*, n. 2, 1973, pp. 70-88. ["Noção de técnica do corpo". *Sociologia e antropologia*. Trad. Paulo Neves. São Paulo, Cosac & Naify, 2003.]

_____. *A General Theory of Magic*. Trad. Robert Brain. London, Routledge, 2005.

MAYER, Andreas. *Sites of the Unconscious: Hypnosis and the Emergence of the Psychoanalytic Setting*. Chicago, University of Chicago Press, 2013.

MAYOR, Adrienne. *Gods and Robots: Myths, Machines, and Ancient Dreams of Technology*. Princeton (NJ), Princeton University Press, 2018.

MAZZONI, Cristina. *Saint Hysteria: Neurosis, Mysticism, and Gender in European Culture*. Ithaca (NY), Cornell University Press, 1996.

MCAULIFFE, Mary. *Twilight of the Belle Epoque*. Lanham (MD), Rowman & Littlefield, 2014.

MCDANIEL, June. *The Madness of the Saints: Ecstatic Religion in Bengal*. Chicago, University of Chicago Press, 1989.

MCDANNELL, Colleen. *Material Christianity: Religion and Popular Culture in America*. New Haven (CT), Yale University Press, 1995.

MEIGE, Henri. *Les possédées noires*. Paris, Imprimerie Schiller, 1894.

MENG, Michael. "On Authoritarianism". *Comparative Studies in Society and History*, vol. 59, n. 4, 2017, pp. 1.008-1.020.

MEYER, Birgit. "'There is a spirit in that image': Mass-Produced Jesus Pictures and Protestant-Pentecostal Animation in Ghana". *Comparative Studies in Society and History*, vol. 52, n. 1, 2010, pp. 100-130.

_____. "Mediation and Immediacy: Sensational Forms, Semiotic Ideologies and the Question of the Medium". *Social Anthropology*, vol. 19, n. 1, 2011, pp. 23-39.

MEYER, Steven. *Irresistible Dictation: Gertrude Stein and the Correlations of Writing and Science*. Stanford (CA), Stanford University Press, 2003.

MICALE, Mark S. *Approaching Hysteria: Disease and Its Interpretations*. Princeton (NJ), Princeton University Press, 1995.

_____. *Hysterical Men: The Hidden History of Male Nervous Illness*. Cambridge (MA), Harvard University Press, 2008.

MILLER, Daniel (ed.). *Materiality*. Durham (NC), Duke University Press, 2005.

MINTZ, Sydney W. *Sweetness and Power: The Place of Sugar in Modern History*. New York, Penguin, 1985.

MITCHELL, W. J. T. *What Do Pictures Want? The Lives and Loves of Images*. Chicago, University of Chicago Press, 2005.

MITTERMAIER, Amira. *Dreams That Matter: Egyptian Landscapes of the Imagination*. Berkeley/Los Angeles, University of California Press, 2011.

MODERN, John Lardas. *Secularism in Antebellum America*. Chicago, University of Chicago Press, 2011.

MOL, Annemarie. *The Body Multiple: Ontology in Medical Practice*. Durham (NC), Duke University Press, 2002.

MORAIS, Frederico. *Arthur Bispo do Rosário: arte além da loucura*. Rio de Janeiro, NAU, 2013.

MORGAN, David. *Visual Piety: A History and Theory of Popular Religious Images*. Chicago, University of Chicago Press, 1999.

_____. *The Sacred Gaze: Religious Visual Culture in Theory and Practice*. Berkeley/Los Angeles, University of California Press, 2005.

MORI, Masahiro. "The Uncanny Valley" (1970). Trad. K. F. MacDorman, Norri Kageki. *IEEE: Robotics and Automation*, vol. 19, n. 2, 2012, pp. 98-100.

MOSSE, David. "Possession and Confession: Affliction and Sacred Power in Colonial and Contemporary South India". *In*: CANNELL, Fenella (ed.). *The Anthropology of Christianity*. Durham (NC), Duke University Press, 2006, pp. 99-133.

MOTA, Lourenço Dantas. *Introdução ao Brasil: um banquete no trópico*. Rio de Janeiro, Editora Senac, 1999.

MOTT, Luiz. *Rosa Egipcíaca: uma santa africana no Brasil*. Rio de Janeiro, Bertrand Brasil, 1993.

MUSSAWIR, Edward. *Jurisdiction in Deleuze: The Expression and Representation of Law*. Oxford, Taylor & Francis, 2011.

NINA RODRIGUES, Raimundo. *L'animisme fétichiste des nègres de Bahia*. Bahia, Reis, 1900.

_____. *O animismo fetichista dos negros bahianos*. Rio de Janeiro, Civilização Brasileira, 1935.

_____. *O animismo fetichista dos negros baianos*. Rio de Janeiro, Fundação Biblioteca Nacional, 2006.

OBARRIO, Juan. *The Spirit of the Laws in Mozambique*. Chicago, University of Chicago Press, 2014.

O'BRIEN, Cyrus. *Faith in Imprisonment: Religion and the Development of Mass Incarceration in Florida*. University of Michigan, 2018 (PhD dissertation).

O'FLAHERTY, Wendy Doniger. *Siva: The Erotic Ascetic*. Oxford, Oxford University Press, 1981.

OPIPARI, Carmen & TIMBERT, Sylvie (dir.). *Barbara and Her Friends in Candombléland*. London, Royal Anthropological Institute, 1997.

ORSI, Robert A. *History and Presence*. Cambridge (MA), Belknap Press of Harvard University Press, 2016.

ORTIZ, Fernando. *Los negros brujos*. Miami, Universal, 1973 [1906].

OTTO, Rudolf. *The Idea of the Holy*. New York, Oxford University Press, 1958 [1917].

_____. *Das Heilige: Über das Irrationale in der Idee des Göttlichen und sein Verhältnis zum Rationalen*. Munich, Beck, 2014 [1917].

OULIER, Marthe. *Jean Charcot*. Paris, Gallimard, 1937.

PAILLERON, Marie-Louise. *Le paradis perdu: Souvenirs d'enfance*. Paris, Albin Michel, 1947.

PAIVA, Andréa Lúcia da Silva de. "Quando os 'objetos' se tornam 'santos': devoção e patrimônio em uma igreja no centro do Rio de Janeiro". *Textos Escolhidos de Cultura e Arte Populares*, vol. 11, n. 1, 2014, pp. 53-70.

PALMIÉ, Stephan. *Wizards and Scientists: Explorations in Afro-Cuban Modernity and Tradition*. Durham (NC), Duke University Press, 2002.

_____. *The Cooking of History: How Not to Study Afro-Cuban Religion*. Chicago, University of Chicago Press, 2013a.

_____. "Historicist Knowledge and Its Conditions of Impossibility". *In*: ESPÍRITO SANTO, Diana & BLANES, Ruy (ed.). *The Social Life of Spirits*. Chicago, University of Chicago Press, 2013b, pp. 218-240.

_____. "The Ejamba of North Fairmount Avenue, the Wizard of Menlo Park, and the Dialectics of Ensoniment: An Episode in the History of an Acoustic Mask". *In*: JOHNSON, Paul Christopher (ed.). *Spirited Things: The Work of "Possession" in Afro-Atlantic Religions*. Chicago, University of Chicago Press, 2014, pp. 47-78.

PALMIÉ, Stephan. "When Is a Thing? Transduction and Immediacy in Afro-Cuban Ritual; or, ANT in Matanzas, Cuba, Summer of 1948". *Comparative Studies in Society and History*, vol. 60, n. 4, 2018, pp. 786-809.

PARÉS, Luis Nicolau. *The Formation of Candomblé: Vodun History and Ritual in Brazil*. Trad. Richard Vernon. Chapel Hill, University of North Carolina Press, 2013.

PARSONS, Talcott. "An Analytical Approach to the Theory of Social Stratification". *American Journal of Sociology*, vol. 45, n. 6, 1940, pp. 841-862.

_____. *The Social System*. Glencoe (IL), Free Press, 1951.

_____. "A Revised Analytical Approach to the Theory of Social Stratification". *In*: BENDIX, Reinhard & LIPSET, Seymour Martin (ed.). *Class, Status and Power*. Glencoe (IL), Free Press, 1953a, pp. 92-128.

_____. *Working Papers in the Theory of Action*. Ed. Robert F. Bales, Edward A. Shils. New York, Free Press, 1953b.

PASCAL, Blaise. *Pensées*. Trad. W. F. Trotter. Mineola (NY), Dover, 2003.

PATTERSON, Orlando. *Slavery and Social Death*. Cambridge (MA), Harvard University Press, 1982.

PERKINS, Franklin. *Leibniz: A Guide for the Perplexed*. London, Bloomsbury, 2007.

PFEIFER, Ida. *A Lady's Travels round the World*. Trad. W. Hazlitt. New York, G. Routledge, 1852.

PHILIPPON, Jacques & POIRIER, Jacques. *Joseph Babinski: A Biography*. New York, Oxford University Press, 2009.

PINEL, Philippe. *A Treatise on Insanity*. Trad. D. D. Davis. Sheffield, W. Todd, 1806 [1801]. [*Tratado médico-filosófico sobre a alienação mental ou a mania*. Trad. Joice Armani Galli. Porto Alegre, Editora da UFRGS, 2007.]

PINHO, Patrícia. *Mama Africa: Reinventing Blackness in Bahia*. Durham (NC), Duke University Press, 2010.

PINNEY, Christopher. "The Parallel Histories of Anthropology and Photography". *In*: EDWARDS, Elizabeth (ed.). *Anthropology and Photography*. London, Royal Anthropological Institute, 1992, pp. 74-95.

_____. *Photos of the Gods: The Printed Image and Political Struggle in India*. London, Reaktion, 2004.

PLOTKIN, Mariano Ben. *Freud in the Pampas*. Stanford (CA), Stanford University Press, 2001.

POE, Edgar Allan. "Maelzel's Chess-Player" (1836). *The Complete Works of Edgar Allan Poe*, vol. 10. Akron (OH), Werner, 1908, pp. 138-174.

PRICE, Richard. *Travels with Tooy: History, Memory and the African American Imagination*. Chicago, University of Chicago Press, 2007.

PRIORE, Mary del. *Condessa do Barral: a paixão do imperador*. Rio de Janeiro, Objetiva, 2008.

PROMEY, Sally (ed.). *Sensational Religion: Sensory Cultures in Material Practice*. New Haven (CT), Yale University Press, 2014.

RAEDERS, Georges. *Le comte de Gobineau au Brésil*. Paris, Fernand Sorlot, 1934.

_____. *Dom Pedro II e os sábios franceses*. Rio de Janeiro, Atlantica, 1944.

REGO, Enylton de Sá. "Preface". *The Posthumous Memoirs of Brás Cubas, by Machado de Assis*. Trad. Gregory Rabassa. Oxford, Oxford University Press, 1997, pp. xi-xx.

REILLY, Kara. *Automatons and Mimesis on the Stage of Theatre History*. New York, Palgrave Macmillan, 2011.

REIS, João José. *Domingos Sodré, um sacerdote africano: escravidão, liberdade e Candomblé na Bahia do século XIX*. São Paulo, Companhia das Letras, 2008.

REY, Philippe-Marius. "L'hospice Pedro II et les aliénés au Brésil". *Annales Médico-Psychologiques*, n. 98, 1875, pp. 75-98.

RHODES, Lorna A. *Total Confinement: Madness and Reason in the Maximum Security Prison*. Berkeley/Los Angeles, University of California Press, 2004.

RICHMAN, Karen. "The Vodou State and the Protestant Nation: Haiti in the Long Twentieth Century". *In*: PATON, Diana & FORDE, Maarit (ed.). *Obeah and Other Powers: The Politics of Caribbean Religion and Healing*. Durham (NC), Duke University Press, 2012, pp. 268-287.

RICOEUR, Paul. *Oneself as Another*. Trad. Kathleen Blamey. Chicago, University of Chicago Press, 1994.

RIESEBRODT, Martin. *Pious Passion: The Emergence of Modern Fundamentalism in the United States and Iran*. Trad. Don Reneau. Berkeley/Los Angeles, University of California Press, 1993.

RIO, João do. *Religions in Rio*. Trad. Anna Lessa Schmidt. Hanover (CT), New London Librarian, 2015. [*As religiões no Rio*. Rio de Janeiro, Nova Aguilar, 1976 (Coleção Biblioteca Manancial, n. 47). Disponível em <http://www.dominiopublico.gov.br>.]

RISKIN, Jessica. "Introduction: The Sistine Gap". *In*: RISKIN, Jessica (ed.). *Genesis Redux: Essays in the History and Philosophy of Artificial Life*. Chicago, University of Chicago Press, 2007, pp. 1-35.

ROBBINS, Louise E. *Elephant Slaves and Pampered Parrots: Exotic Animals in Eighteenth-Century Paris*. Baltimore, Johns Hopkins University Press, 2002.

ROCHA, Cristina. *Zen in Brazil: The Quest for Cosmopolitan Modernity*. Honolulu, University of Hawaii Press, 2006.

ROUANET, Sergio Paulo (org.). *Correspondência de Machado de Assis*, vol. 3: *1890-1900*. Rio de Janeiro, Biblioteca da Academica Brasileira de Letras, 2011.

ROUSSEAU, G. S. & PORTER, Roy. "Introduction". *In*: GILMAN, Sander L. *et al. Hysteria beyond Freud*. Berkeley/Los Angeles, University of California Press, 1993, pp. vii-xxiv.

ROUSSEAU, Pascal. "Premonitory Abstraction: Mediumism, Automatic Writing, and Anticipation in the Work of Hilma af Klint". *In*: WESTERMANN, Iris Müller & WIDOFF, Jo (ed.). *Hilma af Klint: A Pioneer of Abstraction, Exhibition Catalogue*. Stockholm, Moderna Museet, 2013, pp. 161-175.

ROXO, Henrique de Brito Belford. *Manual de psiquiatria*. Rio de Janeiro, Francisco Alves, 1938 [1921].

ROYLE, Nicholas. *The Uncanny*. Manchester, Manchester University Press, 2003.

SÁ, Marcos Moraes de. *A Mansão Figner: o eclectismo e a casa burguesa no início do século XX*. Rio de Janeiro, Editora Senac, 2002.

SADOFF, Dianne F. *Sciences of the Flesh: Representing Body and Subject in Psychoanalysis*. Stanford (CA), Stanford University Press, 1998.

SAFADY, Jamil. *O café e o mascate*. São Paulo, Safady, 1973.

SAHLINS, Marshall. *Apologies to Thucydides: Understanding History as Culture and Vice Versa*. Chicago, University of Chicago Press, 2004.

SAMPAIO, Gabriela dos Reis. *Juca Rosa: um pai de santo na corte imperial*. Rio de Janeiro, Arquivo Nacional, 2009.

SANSI, Roger. *Fetishes and Monuments: Afro-Brazilian Art and Culture in the 20th Century*. London, Berghahn, 2007.

_____. "Images and Persons in Candomblé". *Material Religion*, vol. 7, n. 3, 2011, pp. 374-393.

SANTNER, Eric. *The Weight of All Flesh: On the Subject Matter of Political Economy*. Chicago, University of Chicago Press, 2015.

SANTOS, Ricardo. "Escrava Anastácia". *In*: BOYCE DAVIES, Carole (ed.). *Encyclopedia of the African Diaspora*. Denver (CO), ABC-Clio, 2008, pp. 85-86.

SARAIVA, Clara. "Afro-Brazilian Religions in Portugal: Bruxos, Priests and Pais de Santo". *Etnográfica*, vol. 14, n. 2, 2010, pp. 265-288.

SAVILL, Thomas D. *Lectures on Hysteria*. New York/London, William Wood/Henry Glaishner, 1909.

SCHAEFER, Donovan O. *Religious Affects: Animality, Evolution, and Power*. Durham (NC), Duke University Press, 2015.

SCHELLING, F. W. J. *Historical-Critical Introduction to the Philosophy of Mythology*. Trad. Mason Richey, Markus Zisselsberger. Albany, State University of New York Press, 2007.

SCHIELKE, Samuli. *Egypt in the Future Tense: Hope, Frustration and Ambivalence Before and After 2011*. Bloomington, Indiana University Press, 2015.

SCHLEIERMACHER, Friedrich. *On Religion: Speeches to Its Cultured Despisers*. Cambridge, Cambridge University Press, 1996.

SCHMALZ, Mathew. "The Silent Body of Audrey Santo". *History of Religions*, vol. 42, n. 2, 2002, pp. 116-142.

SCHOLEM, Gershom Gerhard. *On the Kabbalah and Its Symbolism*. London, Routledge, 1965. [*A cabala e seu simbolismo*. 2. ed. São Paulo, Perspectiva, 2019.]

SCHWARCZ, Lilia Moritz. "O homem da ficha antropométrica e do uniforme pandemônio: Lima Barreto e a internação de 1914". *Sociologia e Antropologia*, vol. 1, n. 1, 2011, pp. 119-149.

SCHWARZ, Roberto. *Ao vencedor as batatas*. São Paulo, Editora 34, 1977.

_____. *A Master on the Periphery of Capitalism*. Trad. John Gledson. Durham (NC), Duke University Press, 2001. [*Um mestre na periferia do capitalismo: Machado de Assis*. São Paulo, Editora 34, 2000.]

SEGAL, Jerome M. *Agency and Alienation: A Theory of Human Presence*. London, Rowan & Littlefield, 1991.

SEGATO, Rita Laura. *Santos e daimones: o politeísmo afro-brasileiro e a tradição arquetipal*. Brasília, Editora UnB, 1995.

SEPÚLVEDA, Juan Ginés de. "Democrates Alter; or, On the Just Causes for War against the Indians", 1547. Disponível em <http://www.thelatinlibrary.com/imperialism/readings/sepulveda.html>.

SEWELL, William H. "A Theory of Structure: Duality, Agency, and Transformation". *American Journal of Sociology*, vol. 98, n. 1, 1992, pp. 1-29.

SHAW, Rosalind. *Memories of the Slave Trade: Ritual and the Historical Imagination in Sierra Leone*. Chicago, University of Chicago Press, 2002.

SHELLEY, Mary. *Frankenstein*. Mineola (NY), Dover, 1994.

SHERIFF, Robin E. "The Muzzled Saint: Racism, Cultural Censorship and Religion in Urban Brazil". *In*: ACHINO-LOEB, Maria-Luisa (ed.). *Silence: The Currency of Power*. New York, Berghahn, 1996, pp. 113-140.

SHORTER, Edward. *A History of Psychiatry*. New York, John Wiley & Sons, 1997.

SHOWALTER, Elaine. *The Female Malady: Women, Madness, and English Culture, 1830-1980*. New York, Pantheon, 1985.

_____. "Hysteria, Feminism, and Gender". *In*: GILMAN, Sander L. *et al. Hysteria beyond Freud*. Berkeley/Los Angeles, University of California Press, 1993, pp. 286-344.

SIGHART, Joachim. *Albert the Great: His Life and Scholastic Labours from Original Documents*. Trad. T. A. Dixon. London, R. Washbourne, 1876.

SIMMEL, Georg. *Die Religion*. Frankfurt a.M., Literarische Anstalt, 1906.

SIMMEL, Georg. *Sociology of Religion*. Trad. Curt Rosenthal. New York, Philosophical Library, 1959.

_____. *Essays on Religion*. New Haven (CT), Yale University Press, 1997.

SKIDMORE, Thomas E. *Black into White: Race and Nationality in Brazilian Thought*. Durham (NC), Duke University Press, 1993.

SMITH, Adam. *An Inquiry into the Nature and Causes of the Wealth of Nations*, vol. 2. Basil, J. J. Tourneisen & J. Legrand, 1791. [*A riqueza das nações: investigação sobre sua natureza e suas causas*. Trad. Luiz João Baraúna. São Paulo, Nova Cultura, 1996.]

SMITH, William Robertson. *Lectures on the Religion of the Semites*. Edinburgh, A. & C. Black, 1889.

SOLTANOVITCH, Renata. *Direitos autorais e a tutela de urgência na proteção da obra psicografada*. São Paulo, Leud, 2012.

SOMBART, Werner. *Der moderne Kapitalismus*, vol. 2. Munich, 1902.

SONTAG, Susan. *On Photography*. New York, Farrar, Strauss & Giroux, 1977.

SOUQUES, Alexandre-Achille & MEIGE, Henri. "Jean-Martin Charcot". *Les Biographies Médicales*, vol. 13, n. 5, 1939, pp. 337-352.

SOUZA, Laura de Mello e. *The Devil and the Land of the Holy Cross: Witchcraft, Slavery, and Popular Religion in Colonial Brazil*. Trad. Diane Grosklaus Whittey. Austin, University of Texas Press, 2003. [*O diabo e a Terra de Santa Cruz: feitiçaria e religiosidade popular no Brasil colonial*. São Paulo, Companhia das Letras, 2009.]

SOUZA, Monica Dias de. "Escrava Anastácia e pretos-velhos: a rebelião silenciosa da memória popular". *In*: SILVA, Vagner Gonçalves da (org.). *Imaginário, cotidiano e poder*. São Paulo, Selo Negro, 2007, pp. 15-42.

SPENCER, Herbert. *Social Statics; or, The Conditions Essential to Happiness Specified, and the First of Them Developed*. London, John Chapman, 1851.

_____. *First Principles*. London, Williams & Norgate, 1863.

SPERBER, Dan. *Explaining Culture: A Naturalistic Approach*. Oxford, Wiley-Blackwell, 1996.

SPINOZA, Benedict de. *Theological-Political Treatise*. Ed. Jonathan Israel. New York, Cambridge University Press, 2007 [1670].

SPIVAK, Gayatri. "Subaltern Talk: Interview with the Editors". *In*: LANDRY, Donna & MACLEAN, Gerald (ed.). *The Spivak Reader*. New York, Routledge, 1996, pp. 287-308.

STADEN, Hans. *Hans Staden's True History: An Account of Cannibal Captivity in Brazil*. Trad. Neil L. Whitehead, Michael Harbsmeier. Durham (NC), Duke University Press, 2008 (Título original: *Warhaftige Historia und beschreibung eyner Landtschafft der Wilden Nacketen, Grimmigen Menschfresser-Leuthen in der Newenwelt America gelegen*).

STEIN, Gertrude. "Cultivated Motor Automatism: A Study of Character in Relation to Attention". *Psychological Review*, n. 5, 1898, pp. 295-306.

STEPAN, Nancy Leys. "Portraits of a Possible Nation: Photographing Medicine in Brazil". *Bulletin of the History of Medicine*, vol. 68, n. 1, 1994, pp. 136-149.

STEVENS, Thomas. *Around the World on a Bicycle*. New York, Charles Scribner's Sons, 1889.

STOLLER, Paul. *Embodying Colonial Memories: Spirit Possession, Power, and the Hauka in West Africa*. New York, Routledge, 1995.

STOLOW, Jeremy. "Techno-Religious Imaginaries: On the Spiritual Telegraph and the Atlantic World of the Nineteenth Century". *Globalization Working Papers*, vol. 6, n. 1, 2006, pp. 1-32.

STOLOW, Jeremy (ed.). *Deus in Machina: Religion, Technology, and the Things in Between*. New York, Fordham University Press, 2013.

STOWE, Harriet Beecher. *Uncle Tom's Cabin*. New York, Race Point, 2016 [1852]. [*A cabana do Pai Tomás*. Trad. Ana Paula Doherty. São Paulo, Amarilys, 2016.]

STRATHERN, Marilyn. *The Gender of the Gift*. Berkeley/Los Angeles, University of California Press, 1988.

SUCHMAN, Lucy A. *Human-Machine Reconfigurations: Plans and Situated Actions*. 2nd ed. Cambridge, Cambridge University Press, 2007.

SÜSSEKIND, Flora. *Cinematograph of Words: Literature, Technique, and Modernization in Brazil*. Trad. Paulo Henriques Britto. Stanford (CA), Stanford University Press, 1997.

SUSSMAN, Mark. "Performing the Intelligent Machine: Deception and Enchantment in the Life of the Automaton Chess Player". *In*: BELL, John (ed.). *Puppets, Masks, and Performing Objects*. Cambridge (MA), MIT Press, 2001, pp. 71-86.

SWEET, James Hoke. *Recreating Africa: Culture, Kinship, and Religion in the African-Portuguese World, 1441-1770*. Chapel Hill, University of North Carolina Press, 2003.

TAITHE, Bertrand. *Defeated Flesh: Welfare, Warfare, and the Making of Modern France*. Manchester, Manchester University Press, 2010.

TAMBIAH, Stanley Jeyaraja. *Magic, Science, Religion, and the Scope of Rationality*. Cambridge, Cambridge University Press, 1990.

TAUSSIG, Michael. *Mimesis and Alterity: A Particular History of the Senses*. New York, Routledge, 1993.

TAVES, Ann. "Religious Experience and the Divisible Self: William James (and Frederic Myers) as Theorist(s) of Religion". *Journal of the American Academy of Religion*, vol. 71, n. 2, 2003, pp. 303-326.

_____. *Religious Experience Reconsidered: A Building-Block Approach to the Study of Religion and Other Special Things*. Princeton (NJ), Princeton University Press, 2009.

TAYLOR, Charles. *A Secular Age*. Cambridge (MA), Harvard University Press, 2007. [*Uma era secular*. São Leopoldo, Unisinos, 2010.]

TEMPLE, William. *Memoirs of What Past in Christendum, from the War Begun 1672 to the Peace Concluded 1679*. London, Chiswell, 1692.

THOREAU, Henry David. *Walden; or, Life in the Woods*, vol. 1. Boston, Houghton Mifflin, 1882.

THUILLIER, Jean. *Monsieur Charcot de la Salpêtrière*. Paris, Robert Laffont, 1993.

THWING, E. "The Involuntary Life". *Phrenological Journal and Science of Health*, vol. 80, n. 5, maio 1885, pp. 307-308.

TIMPONI, Miguel. *A psicografia ante os tribunais: o caso Humberto de Campos*. Brasília, Federação Espírita Brasileira, 1959.

TOLSTÓI, Liev. *Anna Kariênina*. Trad. Rubens Figueredo. São Paulo, Companhia das Letras, 2017. [Referência inserida pela tradução.]

TOLSTOY, Leo. *Anna Karenina*. Trad. Richard Pevear, Larissa Volokhonsky. London, Penguin, 2000.

_____. *Anna Karenina*. New York, Dover, 2012.

TOURETTE, Gilles de la. *Traité clinique et thérapeutique de l'hystérie d'après l'enseignement de la Salpêtrière*. Paris, Plon, 1891.

TOUSSAINT-SAMON, Adèle. *A Parisian in Brazil*. Ed. June E. Hahner. Wilmington (DE), Scholarly Books, 2001 [1883].

TROUILLOT, Michel-Rolph. *Silencing the Past: Power and the Production of History*. Boston, Beacon, 1995.

TUCKER, Robert C. (ed.). *The Marx and Engels Reader*. New York, Norton, 1978.

TUKE, Daniel Hack. *Sleep-Walking and Hypnotism*. London, J. & A. Churchill, 1884.

TWAIN, Mark. "Mental Telepathy Again" (1895). *The Writings of Mark Twain*, vol. 22. New York, Harper & Bros., 1897, pp. 131-149.

_____. *Mark Twain's Own Autobiography*. Madison, University of Wisconsin Press, 1990.

_____. "Mental Telepathy?" (1891). *In*: BAETZHOLD, Howard G. & MCCULLOUGH, Joseph B. (ed.). *The Bible according to Mark Twain: Writings on Heaven, Eden, and the Flood*. Athens, University of Georgia Press, 1995, pp. 203-212.

TYLOR, Edmund B. *Primitive Culture: Researches into the Development of Mythology, Philosophy, Religion, Art, and Custom* (2 vols.). London, John Murray, 1871.

URBAN, Hugh B. *Secrecy: The Adornment of Silence, the Vestment of Power*. Chicago, University of Chicago Press, 2021.

VAN DE PORT, Mattijs. *Ecstatic Encounters: Bahian Candomblé and the Quest for the Really Real*. Amsterdam, Amsterdam University Press, 2011.

VAN GINNEKEN, Jaap. *Crowds, Psychology, and Politics*. New York, Cambridge University Press, 1992.

VASCONCELOS, João. "Homeless Spirits: Modern Spiritualism, Psychical Research and the Anthropology of Religion in the Late Nineteenth and Early Twentieth Centuries". *In*: PINE, Frances & PINA-CABRAL, João de (ed.). *On the Margins of Religion*. New York, Berghahn, 2007, pp. 13-38.

VASQUEZ, Pedro Karp. *Dom Pedro II e a fotografia no Brasil*. Rio de Janeiro, Fundação Roberto Marinho, 1985.

VEITH, Ilza. *Hysteria: The History of a Disease*. Chicago, University of Chicago Press, 1965.

VELHO, Gilberto. "Unidade e fragmentação em sociedades complexas". *In*: VELHO, Gilberto & VELHO, Otávio (org.). *Duas conferências*. Rio de Janeiro, Editora UFRJ, 1992, pp. 13-46. ["Unidade e fragmentação em sociedades complexas". *Projeto e metamorfose: antropologia das sociedades complexas*. Rio de Janeiro, Jorge Zahar, 1994.]

VERACINI, Cecilia. "Nonhuman Primate Trade in the Age of Discoveries: European Importation and Its Consequences". *In*: MELO, Cristina Jonnaz de; VAZ, Estelita & PINTO, Lígia M. Costa (ed.). *Environmental History in the Making*, vol. 2: *Acting*. Basel, Springer International, 2017, pp. 147-172.

VERGER, Pierre. *Notas sobre o culto aos orixás e voduns*. São Paulo, Edusp, 1998.

VERNE, Jules. *Around the World in Eighty Days*. Trad. Frederick Paul Walter. Albany, State University of New York Press, 2013. [*A volta ao mundo em oitenta dias*. Trad. Heloisa Jahn. São Paulo, Ática, 2019.]

WAITE, Arthur Edward. *Lives of Alchemystical Philosophers: Based on Materials Collected in 1815*. London, George Redway, 1888.

WALLACE, Alfred Russell. *The World of Life*. New York, Moffat, Yard, 1911.

_____. *Perspectives in Psychical Research*. 3rd ed. New York, Arno, 1975 [1896].

WALMSLEY, Peter. "Prince Maurice's Rational Parrot: Civil Discourse in Locke's Essay". *Eighteenth-Century Studies*, vol. 28, n. 4, 1995, pp. 413-425.

WALUSINSKI, Olivier. "The Girls of La Salpêtrière". *Frontiers of Neurology and Neuroscience*, n. 35, 2014, pp. 65-77.

WEBER, Max. *Economy and Society: An Outline of Interpretive Sociology*. Ed. Guenther Roth, Claus Wittich. Berkeley/Los Angeles, University of California Press, 1978 [1922]. [*Economia e sociedade: fundamentos da sociologia compreensiva*, vol. 2. Trad. Regis Barbosa, Karen Elsabe Barbosa. São Paulo, Imprensa Oficial/Editora UnB, 2004.]

WHITE, Hayden. *Metahistory: The Historical Imagination in Nineteenth-Century Europe*. Baltimore, Johns Hopkins University Press, 1975.

WHITEHOUSE, Harvey. *Icons and Arguments: Divergent Modes of Religiosity*. New York, Oxford University Press, 2000.

WILSON, Eric G. *The Melancholy Android: On the Psychology of Sacred Machines*. Albany, State University of New York Press, 2006.

WINDISCH, Karl. "Letter I, Sept. 7, 1783". *Inanimate Reason; or, A Circumstantial Account of That Astonishing Piece of Mechanism, M. de Kempelen's Chess-Player; Now Exhibiting at No. 8 Saville-Row, Burlington Gardens*. London, 1784, pp. 11-16.

WIRTZ, Kristina. *Ritual Discourse and Community in Cuban Santería: Speaking a Sacred World*. Gainesville, University Press of Florida, 2007.

WITTGENSTEIN, Ludwig. *Philosophical Investigations*. Hoboken (NJ), John Wiley & Sons, 2010.

_____. "Remarks on Frazer's The Golden Bough: Ludwig Wittgenstein". *In*: DA COL, Giovanni (ed.). *The Mythology in Our Language*. Trad. Stephan Palmié. Chicago, HAU, 2018, pp. 29-54. ["Observações sobre *O ramo de ouro* de Frazer". Trad. João José R. L. Almeida. *Revista Digital AdVerbum*, vol. 2, n. 2, jul.-dez. 2007, Suplemento.]

WOOD, Gaby. *Living Dolls: A Magical History of the Quest for Mechanical Life*. London, Faber and Faber, 2002.

WOOD, Marcus. "The Museu do Negro in Rio and the Cult of Anastácia as a New Model for the Memory of Slavery". *Representations*, n. 113, 2011, pp. 111-149.

XAVIER, Francisco Cândido. *Parnaso de além túmulo: poesias mediumnicas psychographadas*. Rio de Janeiro, Federação Espírita Brasileira, 1932.

XAVIER, Francisco Cândido & HENRIQUE, Maurício Garcez (espírito). *Lealdade*. São Paulo, Instituto de Difusão Espírita, 1982.

XAVIER, Francisco Cândido & JACOB, Irmão (espírito). *Voltei*. Rio de Janeiro, Federação Espírita Brasileira, 2017 [1949].

YATES, Frances. *The Rosicrucian Enlightenment*. London, Routledge & Kegan Paul, 1972.

YEH, Rihan. "Visas, Jokes, and Contraband: Citizenship and Sovereignty at the U.S.-Mexico Border". *Comparative Studies in Society and History*, vol. 59, n. 1, 2017, pp. 154-182.

ZUBOFF, Shoshana. *The Age of Surveillance Capitalism: The Fight for a Human Future at the New Frontier of Power*. New York, Public Affairs, 2019.

ZUBRZYCKI, Geneviève. *Beheading the Saint: Nationalism, Religion, and Secularism in Quebec*. Chicago, University of Chicago Press, 2016.

ÍNDICE REMISSIVO

A

A cabana do Pai Tomás (Stowe), 36, 67 (n. 86)

A câmara clara (Barthes), 133

A Colored Man around the World (Dorr), 38

A decadência do Ocidente (Spengler), 91

A expressão das emoções (Darwin), 283

A volta ao mundo em oitenta dias (Verne), 33, 37

abakuá, 232

abulia, 82

ação automática, religião e, 17

Agassiz, Louis, 39, 50-51, 135-136

agência

    híbridos humanos e divinos de, 16-18

    indivíduo e, 275-277

    liberdade automática e, 271-287

    Machado de Assis e, 276

    renunciada, 26

    subjugada, 278-279

    visão geral do termo, 24-28

agência ambígua, 24-28

agência lateral, 28

agência renunciada, 26

agenda do invisível, 159 (n. 14)

agentes, criação de, 24

agentes ritualizados, 289 (n. 38)

agrupamento, 62 (n. 12)

Ajeeb (*ver também* turcos)

como máscara, 232

como objeto de transição, 224-225

descrição de, 213-214

em Nova York, 213-215

Figner e, 217

fotografia de, 214

impacto de, 218-219

no Brasil, 32, 157, 205-206, 215-225

visão geral sobre, 58-59

Alberto Magno, 31

Albuquerque Jr., Fillipe Jansen de Castro, 158 (n. 3)

Alexandrina Maria de Jesus, 99-101

alienação natal, 200 (n. 2)

Al-Jazari, Ismail, 30-31

Allen, George, 210

Allison, Tanya, 196-197

Alma de Ajeeb, 224

Almeida, Leandro Rocha, 255

Alves, Daniel, 290 (n. 51)

ambiguidade de agente, 15-19, 259-260

Ana Karenina (Tolstói), 46, 267 (n. 27)

Anastácia, 37, 58, 145, 165-199

    pedido de beatificação para, 179-181

Andersen, Hans Christian, 51

Andrade, diretor, 104

Androides sonham com ovelhas elétricas? (Dick), 212

ÍNDICE REMISSIVO

animais (*ver também* macacos; papagaios; Rosalie (macaca))
alucinações com, 104-107
Charcot e, 93-97
como autômatos, 30-31
Dom Pedro II e, 92-93
experimentos com, 93-94
humano em contraste com, 42, 47-49
mímica e, 39-40
totêmicos, 41
visões de, 84
animais totêmicos, 41
animismo, 48
Anscombe, G. E. M., 64 (n. 39)
aparelho, 224, 231-234
apresentações do *cowboy* Buffalo Bill, 227
Aquiles, 124 (n. 160)
Arago, Jacques, 37, 41, 165-166, 172-176, 181
Arcanjo Miguel, 192
Arendt, Hannah, 284
Aristóteles, 29-30, 49, 278
Around the World on Bicycle (Stevens), 38
Asad, Talal, 24, 64 (n. 33), 276
Associação Brasileira de Magistrados Espíritas, 256-257
associação entre o jurídico e o espírita, 256
Atena, 30
ato de fala, 236 (n. 61)
ator e personagem, 222-223
"Atos obsessivos e práticas religiosas" (Freud), 119 (n. 36)
atos religiosos, livre-arbítrio *versus*, 17
Augustine (paciente do Salpêtrière), 81
Austregésilo, Antônio, 36
autoconversa, 252
Automata (Hoffmann), 46
automático, visão geral do termo, 28-32
automatismo, como diagnóstico, 105-107

autômato, visão geral do termo, 28-37
autoria, 241-243, 257
axé, 152-153
Azevedo, Alexandre, 257
Azevedo, Artur, 220
Azevedo, Militão Augusto de, 141
Azurar, Henrique de, 145

B

Babinski, Josef, 76, 112, 125 (n. 179), 265 (n. 3)
Bakhtin, Mikhail, 66 (n. 73)
Banda Didá, 183
Barad, Karen, 288 (n. 23)
Barbosa, Dom Marcos, 182
Barbosa, Manoel José, 102
Barcelos, Iara Marques, 255
Barreto, Tobias, 67 (n. 74)
Barthes, Roland, 133-134, 156, 159 (n. 24)
Bastide, Roger, 136, 147, 163 (n. 86), 203 (n. 62)
Bastos, Orimar, 254-255
Bataille, Georges, 136, 202 (n. 55)
baterias, energia, 231
batuque, 228, 230-231
Baucom, Ian, 63 (n. 25)
Baudelaire, Charles, 118 (n. 9)
Baudrillard, Jean, 63 (n. 25), 289 (n. 34)
Bazin, André, 132-134
Beale, Harriet, 240
Beals, Ralph L., 159-160 (n. 29)
Beard, George, 91
Beliso-De Jesús, Aisha M., 164 (n. 91)
Bell, Catherine, 289-290 (n. 38)
Bellini, Vincenzo, 218
Benhzaen, Moysés, 224
Benjamin, Walter, 26, 167, 224
Berlant, Lauren, 28
Bernadette Soubirous de Lourdes, Santa, 87

Bernhardt, Sarah, 51, 90, 215

Bernheim, Hippolyte, 112-113, 117 (n. 1)

Bertillon, Alphonse, 65 (n. 63), 251

Bierce, Ambrose, 73 (n. 166), 226-227

Birdsell, Joseph, 159-160 (n. 29), 163-164 (n. 87)

Bispo do Rosário, Arthur, 15-16, 283

Black Elk, 227

Blavatsky, Madame, 140

Blumenthal, Susanna, 263-264

Bompard, Gabrielle, 34, 125 (n. 177)

Bonduelle, Michel, 92

bonecos vodu, 30

Bonifácio, José, 36

Bonito, Domingos, 105-106

Borges Carneiro, Joaquim, 35

Bouchard (médico), 124 (n. 162)

Bourdieu, Pierre, 25, 39, 278-279

Bourget, Paul, 90

Bourneville, Désiré-Magloire, 76, 80-81, 83--87, 98

Boyle, Robert, 246

Brasil, 21-23

Breton, André, 125 (n. 179), 240

Breuer, Joseph, 117 (n. 1)

Brigenti, Dom Romeu, 202 (n. 41)

brincadeira, jogo, 283

Britto, Alfredo, 109

Brosses, Charles de, 118 (n. 9)

Brouillet, Pierre Aristide André, 77, 81, 117, 118 (n. 25)

Brown, Bill, 200 (n. 3)

Brown, David, 69 (n. 105)

Brown, Karen McCarthy, 136

Brown, Peter, 169

Brown-Séquard, Charles-Édouard, 88, 92

Buguet, Édouard, 141

Buhr, Karina, 245, 263

Burckhardt, Jacob, 168

Burdick, John, 185, 192

Butler, Judith, 24-25, 264, 288 (n. 21)

C

caboclos, 227-228, 230

Cabral, Leopoldina Fernandes, 143, 145, 158 (n. 5)

Calmeil, Louis-Florentin, 98

Caluleo, Manoel, 104

Campos, Humberto de, 239-243, 253, 259, 262

Canard Digérateur, 31-32

candomblé, 17, 19, 52, 140, 150, 152, 163 (n. 82), 223, 249, 274

canibalismo, 246

Canudos, 157

Čapek, Karel, 208-209

Capen, Nahum, 51

Cardoso, Ercy da Silva, 255

Carnaval, 228

Carnegie, Andrew, 37

Carneiro, Edison, 150, 152

Carneiro, Joaquim Borges, 263

Casa de Ishmael, 233

Castilho, Claudino Alves de, 219

Castillo, Lisa Earl, 163 (n. 82)

catarse, 117 (n. 1)

catolicismo

    Anastácia e, 190-193

    Figner e, 233

    fotografia e, 139-140

    psicografia e, 251

    roubo, 128

Centro Pai João de Angola, 193

cerimônias de degradação, 106

Certeau, Michel de, 62 (n. 6), 110

"Chá verde" (Le Fanu), 51

Chakrabarty, Dipesh, 24, 280

Chang, 215

ÍNDICE REMISSIVO

Charcot, Jean-Martin
  agência e, 116
  animais e, 92-97, 68 (n. 101)
  Dom Pedro II e, 55, 87-91, 111
  efeito visual e, 80-81
  fotografia e, 131, 137, 139
  Freud e, 116-117
  hipnotismo fracassado e, 124 (n. 161)
  histeria e, 78-84, 87, 111-113
  histórico de, 76-78
  imagem de, 92
  impacto de, 36, 56
  Jeanne des Anges e, 86-87
  o caso Eyraud e, 34-35
  religião e, 87
  Rosalie e, 75, 82-83
  viagem e, 39
Charuty, Giordana, 134
"Châtiment des esclaves (Brésil)" (Arago), 173-174
Chico X (ver Xavier, Francisco "Chico")
"Chronica espírita" (Figner), 233
ciborgue, 52-54
Cigano Saraceno, 228
ciganos, 228-229
cinetoscópio de Edison, 217
cinetoscópio, 217
Clarke, Edward, 155
Clarke, James Freeman, 70 (n. 108)
Claudinhos, Paulo, 107
Clouzot, Henri-Georges, 155
Código Penal brasileiro, 149
Código Philippino, 149
coisas duplicadas, 20
Collins, John, 159 (n. 24), 288 (n. 18)
Compte, Louis, 131, 138
Comte, Auguste, 157
Comuna de Paris, 77, 131, 139
confissão, possessão *versus*, 280-281

confissões, rituais e, 106
conformidade antecipatória, 28
Connor, Steve, 118 (n. 17)
consciência
  dupla, 46
  falsa, 67 (n. 80)
  Locke sobre, 247
  segunda, 117 (n. 1)
Constantino, Lúcio de, 255
contingência da ação, 61-62 (n. 4), 248
continuidade de ser, 63-64 (n. 30)
Cook, James, 68 (n. 92), 212
coração, uso da palavra, 71 (n. 114)
Cornélio Agrippa, 31
corpos duplicados, 222-225
Corrêa, Angela, 194-195
Costa, Carlos Duarte, 203 (n. 62)
Coulanges, Fustel de, 90
Coutinho, Paulo César, 194
Cozzo, Humberto, 202 (n. 50)
Crary, Jonathan, 145, 155
crise de crucificação, 85-87, 101
cronotopos, 148
"Cruelty to Animals Act" (1876), 93
Cunha, Euclides da, 34
Cunha, Olívia Maria Gomes da, 161 (n. 55)

D

Daedalus, 30
Daguerre, Louis, 131-132
Dalí, Salvador, 136
Darwin, Charles, 37-38, 50, 274, 283
Das, Veena, 25
Daston, Lorraine, 130, 155
Daudet, Léon, 94, 99, 111-112, 117, 118 (n. 23)
Davenport, Frederick Morgan, 69-70 (n. 106)
Davis, David Brion, 199 (n. 1)
Dayan, Colin, 264

De natura rerum (Paracelsus), 31

dédoublement, 22, 46

defesa baseada no automatismo, 263

degeneração, 91

Degreas, Adriana, 195-196

Deleuze, Gilles, 289 (n. 34)

depoimento de espírito, 35, 59-60, 253-259, 261-265

    Ver também psicografia

Descartes, René, 29-30, 51, 65 (n. 45), 68 (n. 101), 71 (n. 114), 278

Descola, Philippe, 170

desencantamento, 130, 135

Dia Nacional da Consciência Negra, 183, 188

diable en boîte, 32

Dick, Philip, 212

Dickens, Charles, 210

Didi-Huberman, Georges, 113

Disdéri, André Adolphe E., 160 (n. 39), 161 (n. 48)

dissociação, 22

divíduo, 264

documentos, espiritismo e, 251-251

    Ver também depoimento de espírito

Dom Luiz, 237 (n. 81)

Dom Pedro II

    Charcot e, 36, 55, 75-76, 87-93

    Chico e, 243

    emancipação de pessoas escravizadas e, 176

    Figner e, 216

    fotografia e, 137

    hospital cujo nome é homenagem a, 97--98

    Machado de Assis e, 273

    morte de, 111

dona Marieta, 182

Dorr, David, 38

Dostoiévski, Fiódor, 285

Douglas, Mary, 69-70 (n. 106)

Doyle, Arthur Conan, 135

Drummond, Lima, 233

Du Bois, W. E. B., 46

Dubuffet, Jean, 62 (n. 12)

Duckworth, Sir John, 167

duplicidade, 46

Durkheim, Émile, 34, 41, 63 (n. 27), 68 (n. 90), 91-92, 277

E

Eden Musée, 213-215

Edison, Thomas, 32, 216-217, 234, 243, 238 (n. 94)

efeito da fotografia, 145-146

efeitos mundificantes, 41

Emmanuel, Marthe, 121 (n. 80)

encantados, 227, 231

encarnação, fotografia e, 134

Engel, Magali Gouveia, 122 (n. 119)

Engels, Friedrich, 67 (n. 80)

Ensaio acerca do entendimento humano (Locke), 246-247

Ensaios de Teodiceia (Leibniz), 248

Entre quatro paredes (Sartre), 22

entusiasmo religioso, 62 (n. 7)

erótico, temperamento, 194-197

Esboço de uma teoria da prática (Bourdieu), 279

Escrava Anastácia (*ver* Anastácia)

Escravo Desconhecido, 183

escrita dissociativa, 240

escrita espiritual, 239-240

esforço voluntário, 25

Espinosa, Baruch de, 29-30, 39, 68 (n. 101)

espiritismo, 140-141, 154, 160 (n. 44), 228, 231, 236-237 (n. 64), 239, 250-253, 255--257, 273

espontaneidade da ação, 61 (n. 4), 248

ÍNDICE REMISSIVO

Esquirol, Jean-Étienne Dominique, 97-98, 102

Essado, Tiago, 257

Essai de psychologie contemporaine [*Ensaios de psicologia contemporânea*] (Bourget), 90

estigma (termo), 80

estratificação racial
na obra de Le Bon, 35
no tratamento de doenças mentais, 107--108

Eu, Conde d', 120 (n. 73)

eu protegido, 263-264

Ewbank, Thomas, 51, 73 (n. 148)

excomunhão secular, 200 (n. 2)

experiência involuntária, 25

Exposição Antropológica, 138

Exposição Internacional, 88-89

Eyraud, Michel, 34-35, 125 (n. 177)

F

família de santo, 150

Fanon, Frantz, 125 (n. 172)

Fantasmas dos vivos (James), 41

Fasolt, Constantin, 24, 280

fazer cabeça, 52, 223

fazer santo, 52

Federação Espírita Brasileira (FEB), 233, 241

Ferenczi, Sándor, 72 (n. 122)

Ferraz, José, 35, 263

Ferreira, Maria Enéas, 106

Ferrez, Marc, 139

Ferri, Enrico, 238 (n. 96)

Ferrier, David, 94

Feuerbach, Ludwig, 42

Figner, Fred, 59, 216-218, 224, 228-231, 233, 243, 251-252

Figner, Gustavo, 220

figuração, 170

Física (Aristóteles), 29

Flatley, Jonathan, 200 (n. 14)

Fletcher, James, 73 (n. 148)

Fliess, Wilhelm, 76, 96

Florence, Antoine Hercules Romauld, 159 (n. 13)

fontes dinamogênicas de vitalidade, 91

forças policiais, 176

fotografia, 32, 57, 81, 99-101, 127-164

fotografia cartão cabinet, 138

fotografia *cartes de visite*, 137-138, 143-146, 156-157

"Fotografia com espírito" (Azevedo), 141

fotografia de espírito, 135, 141-142, 161 (n. 48)

fotografia digital, 135

fotômato, 130-137

Foucault, Michel, 25

Foveau de Courmelles, François-Victor, 82

Frain, Frank, 215

França, influência no Brasil, 22-23

Francine (boneca de Descartes), 30

Frankenstein (Shelley), 23, 54, 206-209

Frazer, James George, 41, 135, 152

Freire, Junqueira, 22

Frente Negra, 201 (n. 37)

Freud, Sigmund
"Atos obsessivos e práticas religiosas" por, 119 (n. 36)
Charcot e, 36, 39, 76, 79, 117, 137
Congresso Mundial de Psicologia e, 91
em Paris, 167
Emma von N. e, 84, 105
hipnose e, 113
incômodo e, 45
menção na Argentina, 68 (n. 89)
pintura de Brouillet e, 118-119 (n. 25)
possessão e, 277
Ramos e, 124 (n. 161)
religião e, 277

Rolland e, 123 (n. 128)

sobre identificação, 96

Frigerio, Alejandro, 257

G

Galen, 78

Galison, Peter, 130, 155

Gall, Franz Josef, 51, 82

Galton, Francis, 65 (n. 63), 71 (n. 116), 251

Gambetta, Léon, 95

Garcia, Ismar, 261

Garfinkel, Harold, 106

Gates, Henry, 49

Gauchet, Marcel, 158 (n. 9)

Geertz, Clifford, 69-70 (n. 106), 200 (n. 8), 279

Gelfand, Toby, 92

Gell, Alfred, 18-19, 62 (n. 9)

gênero

Anastácia e, 192, 198

automatismo e, 22-23

quase humano, 53-54, 107-111

Genêse (Kardec), 154

Geneviève (paciente), 83, 86-87

Ginzburg, Carlo, 279-280

Giotto, 168

Gleizes, Louise Augustine, 124 (n. 160)

Gobineau, Arthur de, 22, 51, 88-89, 168

Goetz, Christopher, 92

Goffman, Erving, 123 (n. 140), 223, 252, 257, 276,

Goldstein, Jan, 78

golem, 30, 223

Goltz, Friedrich, 94

Goodall, Jane, 49

Gouffé, Toussaint-Augustin, 34, 125 (n. 177)

Graeber, David, 62 (n. 5)

Green, Benjamin D., 211

Grehan, James, 200 (n. 10)

Griaule, Marcel, 154

Groupe Confucius, 141, 179

Guarda Urbana, 176

Guattari, Félix, 289 (n. 34)

Guerra, Yolando, 178, 182

guia de viagem, 54-60

Guimarães, Augusto, 219

Guimarães, José Braz, 106

Guinon, Georges, 89, 93, 95, 121 (n. 80)

H

Hacking, Ian, 111, 113

Hagedorn, Katherine, 156

Haraway, Donna, 53

Harrington, Anne, 99

Havier, Julia Adelaide, 146

Hefesto, 30

Hegel, Georg Wilhelm, 39, 70 (n. 107), 260

Heidegger, Martin, 134, 167

Henrique, Maurício, 254

Henry, O., 215

Herder, Johann Gottfried, 42, 48

Hesíodo, 30

Hilma af Klint, 15-16, 283

hipnose, 36, 78-79, 90-91, 108-110,

Hipócrates, 78

Hirschkind, Charles, 201 (n. 23)

histeria

agência e, 113-114

Charcot sobre, 76-84, 87

com delírio espírita, 106-107

identificação e, 96

no Hospício de Pedro II, 107

possessão espírita e, 22, 109-110

prevalência de, 111-113

histeroepilépticas, 77, 82-83

histeromania, 98

História dos animais (Aristóteles), 49

Hobbes, Thomas, 29-30, 61 (n. 4), 246, 264, 278,

Hodges, Albert Beauregard, 215

Hoffmann, E. T. A., 33, 40, 43, 46, 51, 234 (n. 8)

Holloway, Thomas H., 162 (n. 73)

homúnculo, 29, 31, 47, 217, 222-224, 227

Hooper, Charles Alfred, 213

Hospício de Pedro II, 23, 97-98, 102-103

Hospital Salpêtrière, 22-23, 36, 56, 76-77, 79, 102-104, 112, 136

Hull, Matthew, 258

Hume, David, 39, 62 (n. 7), 68 (n. 101)

Hurston, Zora Neale, 110

Husserl, Edmund, 288 (n. 23)

Hustvedt, Asti, 79

I

Iaiá Garcia (Machado de Assis), 170

Iconographie photographique de la Salpêtrière (Bourneville e Regnard), 81

identidade
  pessoal, 247-248
  projeto de uma duradoura, 16
  responsabilidade e, 263-264

identificação, 96

Igreja de Nossa Senhora do Rosário dos Pretos, 190-192

Igreja do Rosário e de São Benedito dos Homens Pretos, 172-173, 177-183, 185-187, 198-199

impressão digital, 32

Inana, 221, 224

incômodo, 43-47, 167, 276

indústria fonográfica, Figner e, 224

infalibilidade papal, 134

Inocêncio IV, papa, 260

inquice (*Nkisi Nkondi*), escultura, 19, 223

intencionalidade, 27-28, 60, 263

Intendência Geral da Polícia, 176

interespaço técnico-ritualístico, 164 (n. 91)

interfaces da agência, 26

intra-ações, 279, 288 (n. 23)

Introdução histórico-crítica da filosofia da mitologia (Schelling), 44

Irmandade de Nossa Senhora do Rosário, 177-179, 194

Irmão Jacob, 234, 252
  Ver também Figner, Fred

Irvine, Judith T., 252-253

islamismo, 17, 168

J

Jamais fomos modernos (Latour), 53

James, William
  animais e, 49
  automatismo e, 41-42
  Charcot e, 36, 76
  Congresso Mundial de Psicologia e, 91
  escrita automática e, 240, 248
  experiências religiosas descritas por, 101
  fotografia de, 40
  fotografia e, 135-136
  Locke e, 248
  macacos e, 50-51, 54, 56, 68 (n. 101), 73 (n. 148), 114-115
  sobre esforço voluntário, 25
  surmenage e, 92
  Twain e, 70 (n. 107)
  viagem e, 39

Janet, Pierre, 36, 46, 61-62 (n. 4), 68 (n. 89), 82, 118 (n. 23), 124 (n. 160), 141, 248

Jaquet-Droz, Pierre, 234 (n. 1)

Jardin Zoologique d'Acclimatation, 96

Jeanne des Anges, 79, 86,

Jentsch, Ernst, 44-46

Jesus, Emiliana de, 106

João Maurício de Nassau-Siegen (príncipe Maurício de Nassau), 246-247

João Paulo II, 180

Johnson, Walter, 24, 276

Jones, Jim, 290 (n. 47)

Jornada de uma mulher ao redor do mundo (Pfeifer), 38

Juca Rosa, 57, 127-157, 167, 246

Juca Rosa (Sampaio), 128-129

K

Kafka, Franz, 278

Kang, Minsoo, 68 (n. 91)

Kant, Immanuel, 42, 48, 248, 263-264

Kardec, Allan, 59, 140, 154, 227, 232, 236--237 (n. 64)

Keane, Webb, 63 (n. 28), 163 (n. 78), 266 (n. 12), 289 (n. 37)

Keller, Mary, 62 (n. 7)

Kidder, D., 73 (n. 148)

Kintzing, Peter, 32

Kohn, Eduardo, 63 (n. 28)

Kopytoff, Igor, 199 (n. 1)

L

La Joueuse de Tympanon, 32, 54

La Mettrie, Julien Offray de, 82

La sonnambula (Bellini), 218

Lacan, Jacques, 73 (n. 160), 274

Lages, Fernanda, 267 (n. 39)

Lambek, Michael, 159 (n. 24)

Lambert, Léopold, 66 (n. 65)

Landes, Ruth, 22

Lane, Anne, 240

Lateau, Louise, 87

Latour, Bruno, 24, 52-53, 62 (n. 12), 232, 274

Le Bon, Gustave, 35, 39, 76, 91

Le Fanu, Sheridan, 51

Le Roy Ladurie, Emmanuel, 279

Leacock, Seth e Ruth, 227, 237 (n. 81)

Lectures on Hysteria (Saville), 82

Legendre, Pierre, 260, 268 (n. 59)

Legrande, Geneviève Basile, 86

Lei Áurea (1888), 142, 177

Lei do Ventre Livre (1871), 142, 176

Lei Eusébio de Queirós (1850), 176

Lei Grammont (1850), 121 (n. 83)

Lei Saraiva-Cotegipe (Lei dos Sexagenários), 177

Leibniz, Gottfried, 61-62 (n. 4), 248, 266 (n. 17)

Leiris, Michel, 154, 162 (n. 75)

L'erotism (Bataille), 136

Leroux, Rosalie, 56-57, 75, 79, 81-88, 101, 105, 167

Leroy, Raoul-Achille, 265 (n. 3)

Léry, Jean de, 50

Levine, Robert, 164 (n. 100)

Lévi-Strauss, Claude, 66 (n. 72)

Lewis, I. M., 125 (n. 173)

Leyland, Ralph Watts, 38

liberdade automática, 60-61, 271-287

liberdade, Locke sobre, 61-62 (n. 4)

licantropia, 119 (n. 43)

Lima Barreto, Afonso Henriques de, 99-100, 103-104, 217

Lindau, Paul, 224

linha oriental, 228

Linnaeus, 137

Lissovsky, Maurício, 159 (n. 14)

literatura de viagem, 37-40, 175

livre-arbítrio

atos religiosos *versus*, 17

Leibniz sobre, 248

visão geral sobre, 49-52

Locke, John, 55, 61-62 (n. 4), 68 (n. 101), 246-249, 263-264

Lombroso, Cesare, 87, 135

Londe, Albert, 81

Longfellow, Henry Wadsworth, 88, 90

Los negros brujos (Ortiz), 249

Lucas, Manuel José Martinez, 256

Lucrécio, 19

ÍNDICE REMISSIVO

Luhrman, Tanya, 155
Luís XVI, rei, 237 (n. 81)

M
"macaco significante", 49
macacos, 49-52, 82, 114-116
Ver também Rosalie (macaca)
Machado de Assis
    Academia Brasileira de Letras, discurso,
    265
    agência e, 278-282
    Ajeeb e, 66 (n. 67)
    autômatos mulheres e, 40
    epígrafes de, 15, 55, 75, 127, 165, 205,
    221, 239, 271
    espiritismo e, 251
    histórico de, 272-274
    Iaiá Garcia, 170
    O alienista, 101-102
    "O capitão Mendonça", 43
    "O espelho", 33, 271-272, 274
    sobre automaticidade, 285
macumba, 143, 146
Maelzel, Johann, 210-212, 222
Magalhães, Canisio Baptista de, 104
Magni, 137
Mahmood, Saba, 25
Mallmann, Shirley, 195
Mama Lola, 136
Mandeville, Jean de, 31
mania, 98
Marco Polo, 38
Marcolino, 98
Margarida, 105, 123 (n. 128)
Maria Antonieta, 32
Maria da Conceição, João, 143
Mariana Turca, 228
Marie, Pierre, 76
Mario, Agostinho José, 183

Marriott, McKim, 269 (n. 70)
Martin, Ferdinand, 32-33
Marx, Karl, 34, 277-278
máscara acústica, 233
Maupassant, Guy de, 79, 113
Mauss, Marcel, 25, 64 (n. 32), 69-70 (n. 106)
Mazzoni, Cristina, 79
McDaniel, June, 168
mediação, 251
mediunidade, 71 (n. 117)
Meige, Henri, 91, 96, 111-112
melancolia, 121 (n. 74)
Mello, Eliza Maria Allina de, 104-105
Mello, Henriqueta Maria de, 146-147
Memórias póstumas de Brás Cubas (Machado
    de Assis), 273
"mentalização", sessão de, 183
Mercadão de Madureira, 193, 228-229
meta-humanos, 17
metamorfose zoofílica, 119 (n. 43)
metempsicose, 266 (n. 17)
Metráux, Alfred, 136
Meyer, Birgit, 155, 171
Meyers, Manuella, 104
micro-história, 279-280
mídia que desaparece, 171
Miers, Suzanne, 199 (n. 1)
Milton, John, 31
Mintz, Sidney, 67 (n. 87)
mitologia e religião iorubá, 109-110, 194,
    249-250
Modern, John Lardas, 63 (n. 28)
Moelhe, Charles, 215
Mol, Annemarie, 261
monge robô, 31
monomania, 98
Montaillou (Le Roy Ladurie), 279
Monteiro, Elvira, 105
Montero, Luiz, 137

Morel, Bénédict, 98

Mori, Masahiro, 212-213, 222

Morse, Samuel, 132

Moser, Fanny (Emma von N.), 84, 105

Mosse, David, 280

motivações, 200 (n. 8)

Motta Maia, Claudio Velho da, 91, 120 (n. 64), 124 (n. 162)

Movimento Negro, 173, 179-180, 192, 197

movimentos pietistas muçulmanos do Cairo, 25

Müller, Max, 37

multidões, 35, 69 (n. 103)

Mumler, William, 141

Museu do Negro, 177-179, 183, 185-187, 190,

Muybridge, Eadweard, 132

Myers, Frederick, 70 (n. 108, 109)

mysterium tremendum, 207

N

Na colônia penal (Kafka), 278

Nabulsi, Abd al-Ghani al-, 200 (n. 10)

não agentes, criação, 24

não intencionalidade, 59-60

   Ver também intencionalidade

narrativas de viagem "ao redor do mundo", 37-41

Narrative of a Voyage round the World (Arago), 37

neurastenia, 91

neuromímese, 112

Nicholas (grão-duque da Rússia), 95

Nina Rodrigues, Raimundo, 22-23, 108-111, 116, 162 (n. 75), 249-250

nkisi, 151

nkisi (inquice), escultura, 19, 223

Novos ensaios sobre o entendimento humano (Leibniz), 266 (n. 17)

Nunes, José Divino, 253-254, 262

O

O alienista (Machado de Assis), 101-102

O animismo fetichista dos negros baianos (Nina Rodrigues), 249

"O automatismo psicológico" (Janet), 36

"O capitão Mendonça" (Machado de Assis), 43

"O espelho" (Machado de Assis), 33, 271-272, 274, 278-279, 281

O fenômeno do êxtase (Dali), 136

O homem da areia (Hoffmann), 33, 43, 45,

"O incômodo" (Freud), 45

O livro do conhecimento de dispositivos mecânicos engenhosos (Al-Jazari), 31

O livro dos espíritos (Kardec), 140, 232

"O mestre de Moxon" (Bierce), 73 (n. 166), 226

O queijo e os vermes (Ginzburg), 279-280

O ramo de ouro (Frazer), 135, 152

O retrato de Dorian Gray (Wilde), 274

O suicídio (Durkheim), 91

O'Brien, Cyrus, 289-290 (n. 38)

Obatalá, 109

objetividade mecânica, 130-131

Ogou, 136

Olcott, Henry, 240

orixás, 17, 19, 106, 148, 152, 169, 190, 193, 195, 197, 245, 249, 274, 283

Orsi, Robert, 199 (n. 1)

Ortiz, Fernando, 124 (n. 158), 249

Os irmãos Karamazov (Dostoyevsky), 285

Os monumentos da Índia (Le Bon), 35

Os sertões (Cunha), 34

Otto, Rudolph, 65 (n. 62), 207

Oviedo y Valdés, Gonzalo Fernández de, 48

Oxum, 153, 194

P

Pacce, Lilian, 195

Pacífico, João, 122 (n. 117)

Paes, Lydia, 105

Pai Quibombo, 147-148

Pai Tomás, 237 (n. 81)

Pailleron, Marie-Louise, 94-95, 121 (n. 80)

Paiva, Andrea, 202 (n. 50)

paixão, 238 (n. 96)

Palin, Sarah, 266 (n. 12)

Palmié, Stephan, 148, 232-233, 280

Pandora, 30

papagaio brasileiro, 246

papagaios, 49-52, 228, 246-247

Paracelso, 31

Paraguai, guerra, 176

Parsons, Talcott, 63 (n. 20), 279

Pascal, Blaise, 30, 278

Passos, Ricardo, 186-188

Pasteur, Louis, 89-90, 93, 124 (n. 162)

Patterson, Orlando, 200 (n. 2)

Paulo, apóstolo, 17

Pavilhão Mourisco, 229

pecado original, doutrina do, 64 (n. 40)

Pé-Grande, 49

Peirce, Charles Sanders, 63-64 (n. 30)

Pérgamo, 137

permeabilidade, 63-64 (n. 30)

personagem, ator e, 222-223

Perspectives in Psychical Research (Wallace), 135

pessoa jurídica, 258-265

pessoa jurídica padrão, 263

pessoas escravizadas/escravidão

    agência e, 276, 277

    Arago sobre, 173-17

    características de, 199 (n. 1)

    como autômatos, 35-36, 39-40, 55

    defesa de, 47-48

emancipação e, 56-57, 129, 142, 176-177

fotografia e, 143

institucionalização e, 98-99

Machado de Assis e, 272

santos e, 165-166, 170

pessoas muito permeáveis, 264

Pfeifer, Ida, 38

Pickman, 91

Pillsbury, Harry Nelson, 215

Pinel, Philippe, 97-98, 102, 105

Pinto, Candidio, 105

pintura, automática, 15

Pio IX, 134-135

pitiatismo, 112

Piza, José de Toledo, 220

Platão, 134

Plotkin, Mariano Ben, 68 (n. 89), 124 (n. 161)

pneumatografia, 257-258

Poe, Edgar Allan, 212, 222

poiesis, 134

Poiret, Paul, 51

Portinari, Béatrice de, 137

posições atratoras, 26-27

positivismo, 157

possessão (*ver também* possessão espiritual)

    como evento, 62 (n. 6)

    confissão *versus*, 281

    demoníaca, 36, 80

    "fora de lugar", 245-246

    Nina Rodrigues sobre, 108-111, 250

    sagrado e, 20

    uso do termo, 71 (n. 117)

    vestimenta usada durante, 147

possessão demoníaca, 36, 80

    Ver também possessão espiritual

possessão espiritual (*ver também* possessão)

    afro-brasileira, 22-23, 56, 107-110, 116, 251, 264-265

descrição de, 147-148

fotografia e, 134, 152-154

história e, 148-150

Juca Rosa e, 127-129

Keller sobre, 62 (n. 7)

Preiss, José Antonio Hirt, 256

prenda, 69 (n. 105)

princesa Isabel, 142, 166, 177-179, 198

Princípios da sociologia (Spencer), 63 (n. 20)

privilégio epistêmico, 132

problema da agência, 24

Projeto Direitos dos Não Humanos, 268 (n. 57)

psicanálise, 17 (n. 1)

psicografia, 59-60, 125 (n. 179), 223-224, 239-242, 248-249, 252-253, 257-258

    Ver também depoimento de espírito

psicografia intuitiva, 258

Psicologia das massas (Freud), 96-97

Psicologia das multidões (Le Bon), 35, 91

Pureza Guimarães, Maria da, 98

Q

quase humanos (*ver também exemplos individuais de*)

    agência e, 24

    escolha do termo, 16

    exemplos em culturas diversas, 30-31

    gênero de, 54

    peculiaridade de, 21

    visão geral do termo, 43-54

R

R. U. R. (Robôs Universais de Rossum) (Čapek), 208-209

raça

    automatismo e, 41

    envolvimento com Anastácia, 185

    histeria e, 78

hospitalização e, 98-99

no Hospício de Pedro II, 97-98

quase humano, 107-111

rituais de possessão e, 116-117 (*ver também* possessão espiritual)

turcos e, 226, 228, 230

racionalidade da ação, 61-62 (n. 4), 248

racismo, 46

Rafael, 79-80

Ramos, Antônio de Paula, 128

Ramos, Arthur, 124 (n. 161), 150, 163-164 (n. 87)

Ranke, Leopold von, 168

reduplicação das peles, 19

Regnard, Paul, 81

Reidy, Dianne, 266 (n. 12)

religião

    ação automática e, 18

    afro-brasileira, 249-250

    agência e, 18-19

    Charcot sobre, 87

    como o ser humano, 47-49

    como prova de humanidade, 47-49

    definição de Tylor para, 48

    narrativas de viagem "ao redor do mundo" e, 37-38

religião automática, visão geral do termo, 41--43

"Religion as a Cultural System" (Geertz), 200 (n. 8)

Renan, Ernst, 90

Revista Espírita, 141

Revista Illustrada, 139

Reynolds, Mary, 46

Rhodes, Lorna, 275-276,

Ribeiro, Joanna Philomena, 106

Richer, Paul, 79, 81-82, 85, 91, 136

Richter, Jean-Paul, 51

Ricœur, Paul, 47

ÍNDICE REMISSIVO

Rio de Janeiro, 22

Rio, João do, 117, 225, 230

Riskin, Jessica, 31

rituais de magia, 41

Rivail, Hyppolyte Léon Denizard (*ver* Kardec, Allan)

Robert-Houdin, 210

robô (termo), 208

Rocha, Francisco Cesar Asfor, 256

Rodrigues, Ubaldina D., 145

Roentgen, David, 32

role distance, 252

Rolland, Romain, 123 (n. 128)

Ronaldo, Ignacio, 145

Rosa, José Sebastião da (*ver* Juca Rosa)

Rosalie (macaca), 75, 92-97, 167

Rosalie (paciente) (*ver* Leroux, Rosalie)

Round the World in 124 Days (Leyland), 38

Roxo, Henrique de Brito Belford, 116

Royle, Nicholas, 45

rua do Ouvidor, 217

Russell, João Frederico Mourão, 242

S

sadismo, 26

Sadoff, Dianne, 96

Sahlins, Marshall, 62 (n. 5), 63 (n. 25), 286

Sales, Dom Eugênio de Araújo, 180, 182

Salomé, Maria, 194

Sampaio, Gabriela dos Reis, 128-129, 143, 151

Sand, Georges, 90

Sansi, Roger, 140, 150

Santa Maria, Jorge José, 256

Sant'Anna, Ovidio José de, 106

Santner, Eric, 166

Santo Agostinho, 64 (n. 40)

Santo, Audrey, 290 (n. 48)

santos (*ver também* Anastácia)
    invocação de, 106-107

pessoas escravizadas e, 165-167

precários, 169-170

presença de, 170-172

temperamentos e, 167-169

santos precários, 169-170

Santos, Anastácia Lúcia dos, 227

Santos, Deolinda Ferreira dos, 107

Santos, Geraldo dos, 183

Santos, Nilton, 180-181

Santos, Ubirajara Rodrigues, 180-181

Santuário Católico da Escrava Anastácia, 191-193

São Francisco, 80

São Jorge, 192-193

São Paulo Fashion Week, 195-197

Sartre, Jean-Paul, 22

Saville, Thomas, 82

Sayão, Pedro, 233

Schaefer, Donovan O., 72 (n. 139), 73 (n. 162)

Schelling, Friedrich, 44, 134

Schielke, Samuli, 63 (n. 26)

Schleiermacher, Friedrich, 42

Schlumberger, Wilhelm, 211

Scholem, Gershom, 30

Schubert, Guilherme, 181-182

Schuyler, George S., 163-164 (n. 87)

Schwarcz, Lilia, 103

Schwarz, Roberto, 272

Science and Miracle (Bourneville), 87

Segato, Rita Laura, 283

Seguindo o equador (Twain), 37

segunda consciência, 117 (n. 1)

segunda visão, 46

Semmola, Mariano, 121 (n. 75)

sentimento oceânico, 123 (n. 128)

Sepúlveda, Juan Ginés de, 47-48

serenidade resignada, temperamento de, 191-194

332

Sewell, William H., 24-26

Shakespeare, William, 90, 94

Shelley, Mary, 23, 59, 206-208,

Sheriff, Robin, 198

Shorter, Edward, 125 (n. 169)

Silva Rosa, Manuel Bernardo da, 107

Silva, America Borges da, 105

Silva, Eugenia Felicia da, 107

Silva, Nilton da, 182-183

Simmel, Georg, 277-278

Simões, João, 104

sincretismo, 203 (n. 59)

situações quase religiosas
    agência e, 277-278, 280-281
    ambiguidade de agente e, 259-260
    contexto de, 42
    descrição de, 18-19
    fotografia e, 133-134
    interiores secretos e, 19-20

situações que se assemelham a arte, 18-19

Smith, Adam, 24

Smyth, Samuel, 211

Sobre a religião (Schleiermacher), 42

"Sobre identidade e diversidade" (Locke), 248

Sociedade de Proteção de Animais, 92

Société des Études Spiritiques, 141

Society for Psychic Research, 70 (n. 107)

Sodré, Domingos, 161 (n. 63)

Sombart, Werner, 71 (n. 111)

Sontag, Susan, 133-135, 164 (n. 100)

Souques, Alexandre-Achille, 96, 112

Souvenirs d'un aveugle (Arago), 173

Spencer, Herbert, 55, 63 (n. 20)

Spengler, Oswald, 91, 168

Spivak, Gayatri, 24

Staden, Hans, 50

Stein, Gertrude, 240, 248

Steiner, Rudolf, 15, 283

Stevens, Thomas, 38

Stieglitz, Alfred, 132

Stolow, Jeremy, 69 (n. 104)

Stowe, Harriet Beecher, 36, 237 (n. 81)

Suchman, Lucy, 26, 288 (n. 23)

suicídio, 25, 34

suicídio religioso, 63 (n. 27)

sujeito-objeto, 288 (n. 23)

surmenage, 91, 226

Swedenborg, Emanuel, 248

sylphorama, 221, 224

T

Tambiah, Stanley, 69-70 (n. 106)

tarantismo, 83-84

Taussig, Michael, 23

Tavares, Miguel José, 143, 158 (n. 3)

Taylor, Charles, 63-64 (n. 30), 263-264, 276

tecnologias sônicas, 232-233

temperamento, 167-172

Temple, William, 247

tempo
    computação automática do, 71 (n. 116)
    depoimento de espírito e, 262
    superando na fotografia, 133

Tesla, Nikola, 32

The Cult of the Saints (Brown), 169

The Elementary Forms of Religious Life [*As formas elementares da vida religiosa*] (Durkheim), 63 (n. 27)

"The Faith-Cure" ["A fé que cura"] (Charcot), 80, 137

Thicknesse, Philip, 223

Thoreau, Henry David, 97

Tia Rita, 189-199

Tocqueville, Alexis de, 168

Tolstói, Liev, 46, 267 (n. 27)

Tomás de Aquino, 31

Tourette, Georges Gilles de la, 76, 81-82, 118 (n. 17)

ÍNDICE REMISSIVO

Toussaint-Samson, Adèle, 73 (n. 148)

traço, 135

tradução, 232-233

tradução automática, 41

transdução, 244

transe, 147-148

Transfiguração (Rafael), 79

transfiguração (termo), 80

trauma, temperamento de, 186-190

Trouillot, Michel-Rolph, 162 (n. 66), 289 (n. 34)

Tuke, Daniel Hack, 61-62 (n. 4), 76, 160 (n. 30)

Turco, jogador de xadrez, 32, 58-59, 157, 205-234

turcos, 225-233

Turriano, Juanelo, 31

Twain, Mark, 37, 41, 55

Tylor, Edward Burnett, 48, 277

U

Um bonde chamado desejo (Williams), 118--119 (n. 25)

Uma era secular (Taylor), 276

Une séance à la Salpêtrière (Brouillet), 118--119 (n. 25)

unheimlich, 43-44, 134

  Ver também incômodo

V

vale do incômodo, 212-213, 222, 286

Van de Port, Mattijs, 139-140

Vargas, Getúlio, 203 (n. 62)

Vasconcelos, João, 134

Vaucanson, Jacques de, 31-32

Velho, Gilberto, 245

Vênus (estátua), 30

Vera Cruz, Rosa Maria Egipcíaca da, 169

Verani, Joaquim Maria Carlos, 98

Verger, Pierre, 150, 153, 155

Verne, Jules, 33, 37, 40, 51, 103

Viagem de um naturalista ao redor do mundo (Darwin), 37-38

Viagens de Jean de Mandeville (Mandeville), 31

Vishnu (estátua), 30

Voltei (Irmão Jacob), 252

Von Kempelen, Wolfgang, 32, 59, 206, 210, 213, 221-223, 233

Von N., Emma (Fanny Moser), 84, 105

Vulcan, 221

vulcão humano, 221, 224

W

Wallace, Alfred Russell, 39, 135

wanga, 19

Weber, Max, 25, 34

White, Hayden, 168

Wilde, Oscar, 274

Williams, Tennessee, 118-119 (n. 25)

Windisch, Karl, 65 (n. 62)

Wirtz, Kristina, 281

Wittgenstein, Ludwig, 65 (n. 44), 152, 236 (n. 58), 289 (n. 25)

Wittman, Marie "Blanche", 81, 87, 112, 117

Wood, Marcus, 195

X

Xavier, Francisco "Chico", 59-60, 64 (n. 40), 111, 224, 233-234, 239-244, 251-255, 258

Yeh, Rihan, 269 (n. 74)

Z

Zimmerman, Zalmino, 257

zoopsia, 84, 97, 104-105, 107, 113-114

Zuboff, Shoshana, 28

Título	Religião automática: agentes quase humanos no Brasil e na França
Autor	Paul Christopher Johnson
Tradução	Bhuvi Libanio
Coordenador editorial	Ricardo Lima
Secretário gráfico	Ednilson Tristão
Preparação dos originais	Vilma Aparecida Albino
Revisão	Vinícius Emanuel Russi Vieira
Editoração eletrônica	Selene Camargo
Design de capa	Estúdio Bogari
Formato	16 x 23 cm
Papel	Avena 80 g/m^2 – miolo Cartão supremo 250 g/m^2 – capa
Tipologia	Minion Pro / Garamond Premier Pro
Número de páginas	336

ESTA OBRA FOI IMPRESSA NA GRÁFICA CS
PARA A EDITORA DA UNICAMP EM SETEMBRO DE 2023.